动物产品安全检验技术

主　编　翟卫红
副主编　许海抚　谢国莲
参　编　王建勋　李秀明　张杨莉　张丽芳
　　　　杜　敏　向　铮　朱　倩　牛玉丰
　　　　董亚萍　解秀梅
主　审　常建军

北京理工大学出版社
BEIJING INSTITUTE OF TECHNOLOGY PRESS

内 容 提 要

本书结合动物产品安全检验相关法律法规和国家标准，着重介绍了动物产品安全检验技术。全书共分五个模块，分别为屠宰加工监督与检验、市场监督与检验、微生物指标检验、理化指标检验、兽药残留指标检验。各模块下设项目与任务，每个任务在提供理论知识资料单的基础上，重点突出以实际操作为主的技能单，并辅以相配套的作业单与评估单，以利于学生动手能力的训练与综合能力的评估。

本书具有理论知识简要概述、实际操作详尽规范、能力培养全面翔实的特点，适合高等院校动物防疫与检疫专业、农产品质量检测专业、动物医学专业学生使用，不同专业可根据人才培养方案选择不同的模块和项目任务；也可作为动物检疫检验员、畜产品检验员职业技术培训教材；同时，还可根据企业行业的需求，分别用于开展员工的职业培训。

图书在版编目（CIP）数据

动物产品安全检验技术 / 翟卫红主编 .—北京：北京理工大学出版社，2021.3
ISBN 978-7-5682-9604-5

Ⅰ . ①动…　Ⅱ . ①翟…　Ⅲ . ①动物产品－卫生检验　Ⅳ . ① TS251.7

中国版本图书馆 CIP 数据核字（2021）第 042447 号

出版发行 / 北京理工大学出版社有限责任公司
社　　址 / 北京市海淀区中关村南大街 5 号
邮　　编 / 100081
电　　话 / （010）68914775（总编室）
　　　　　（010）82562903（教材售后服务热线）
　　　　　（010）68948351（其他图书服务热线）
网　　址 / http：//www.bitpress.com.cn
经　　销 / 全国各地新华书店
印　　刷 / 北京紫瑞利印刷有限公司
开　　本 / 787 毫米 ×1092 毫米　1/16
印　　张 / 26.5　　　　　　　　　　　　　　　　责任编辑 / 阎少华
字　　数 / 780 千字　　　　　　　　　　　　　　文案编辑 / 阎少华
版　　次 / 2021 年 3 月第 1 版　2021 年 3 月第 1 次印刷　　责任校对 / 周瑞红
定　　价 / 99.00 元　　　　　　　　　　　　　　责任印制 / 边心超

本书由具有多年动物产品安全检验技术教学经验的教师及行业领域从事动物产品安全检验工作的专家共同编写而成。本书注重理论与实践一体化，具有技术性、实践性、实用性和针对性等特点，可为学生的可持续发展奠定基础。

动物产品安全检验技术是动物防疫与检验专业、农产品质量检测专业的专业核心技能课程，主要针对动物检疫检验员、畜产品检验员工作技能和素质要求开设，该课程介绍了动物产品生产、加工、储存、运输及销售中的卫生监督与检验技术。通过对动物产品不同检验岗位技能的学习，学生能够掌握屠宰加工监督与检验、动物产品的市场监督与检验、动物产品常规实验室检验工作的程序与技术。本课程以实践教学为主，辅以开放式理论教学，主要任务是帮助学生按照动物及动物产品检验相关国家标准和操作规范要求，对动物及动物产品实施感官检验、理化指标检验、微生物指标检验、药物残留指标检验。

本书在设计方面按照模块、项目、任务进行编写，与职业岗位能力密切结合，强化技能操作训练、知识与技能一体化，使学生从如何完成每一项检验任务的角度来学习本课程。本课程实践性较强，可采用实际操作、录像及多媒体课件演示、企业参观调研、企业实训、开放式理论学习等多种方式进行教学。

本书包括屠宰加工监督与检验、市场监督与检验、微生物指标检验、理化指标检验、兽药残留指标检验五个模块。模块一由张杨莉（青海省祁连县农牧水利和科技局）、李秀明（青海省湟源县畜牧兽医站）、王建勋（青海省湟源县畜牧兽医站）、杜敏（青海农牧科技职业学院）、向铮（青海农牧科技职业学院）编写，模块二由翟卫红（青海农牧科技职业学院）、许海抚（青海省动物卫生监督所）、董亚萍（青海农牧科技职业学院）编写，模块三由张丽芳（青海农牧科技职业学院）、解秀梅（青海农牧科技职业学院）编写，模块四由翟卫红、牛玉丰（青海农牧科技职业学院）编写，模块五由谢国莲（青海省兽药饲料监察所）、朱倩（青海农牧科技职业学院）、翟卫红编写。全书由翟卫红、许海抚、谢国莲统稿，由常建军（青海大学）主审。

本书可供高等院校动物防疫与检疫专业、农产品质量检测专业、动物医学专业必修课程教学使用，也可用于动物检疫检验员、畜产品检验员职业技术培训。

由于编者水平有限，书中难免存在错误及疏漏之处，希望使用本书的广大师生及专业技术人员多提宝贵意见，以便修订时完善。

编　者

Contents 目 录

模块一　屠宰加工监督与检验

项目一　屠宰加工监督与检验岗前知识培训

任务一　动物产品安全检验相关知识培训

【基本概念】

动物产品、动物产品安全检验、动物性食品

【重点内容】

提高我国动物产品质量安全的措施。

【教学目标】

能说出动物产品安全检验监督范围、检验对象、检验技术；熟知提高我国动物产品质量安全的措施。

资料单

一、动物产品安全检验的基本概念

（1）动物产品：动物产品是指动物的肉、蛋、乳、脏器、脂、血液、头、蹄、骨、角、筋、生皮、原毛、绒、精液、卵、胚胎等。

（2）动物产品安全检验：动物产品安全检验是指以动物医学和公共卫生学理论、技术为基础，以国家法律、法规、卫生标准为依据，对动物产品及其制品的安全进行全程监督与检验。

（3）动物性食品：动物性食品是指肉、蛋、乳、水产品及其制品。

二、动物产品安全检验的任务和主要作用

动物产品安全检验是应用动物医学和公共卫生学理论与实践技能直接为人类保健事业服务。其主要任务是改善公共卫生，防止人畜共患病和畜禽疫病的传播，防止农药、兽药、饲料添加剂及其他有毒有害物质对动物产品的污染及对人体的危害，保证产品质量，维护国家出口信誉。其主要作用是执行、完善和普及《中华人民共和国食品安全法》，加强畜禽产品的兽医卫生监督和检验，确保动物产品的卫生质量，保障消费者的健康。

三、动物产品安全检验的监督范围、检验对象、检验技术

监督范围：全程监督生产、加工、储存、运输、销售、食用卫生全过程（场地、设施、人员）。

检验对象：动物产品及其制品（肉、乳、蛋、水产品）、副产品及其制品（皮、毛、骨、

蹄、角、肠、生化制剂）。

检验技术：感官检验、理化检验、微生物检验、残留检验。

四、我国动物产品质量安全存在的问题及影响因素

（一）动物疫病

动物疫病是危害动物产品质量安全的主要因素，许多动物疫病可以通过动物产品传播给人类，威胁人类的身体健康和生命安全。随着畜牧业集约化生产的发展，我国的动物防疫管理体制、动物防疫基础条件和防疫水平远远适应不了畜牧业生产的需要，旧的疫病还未控制，新的疫病又陆续发生，动物疫病日益成为直接影响动物产品质量安全的主要因素。动物疫病危害动物产品安全，动物疫病可以使动物性食品携带细菌、病毒和寄生虫，使人发病甚至死亡。据世界卫生组织估计，全球 5 岁以下儿童每年约发生 15 亿次腹泻性疾病，导致 180 万儿童死亡，其中 7% 以上腹泻是由食源性致病因素引起的。目前已知的人畜共患病有 250 多种，这些疫病直接危害人的生命和健康。

动物疫病严重危害食品安全的事件屡屡发生。1986 年首次发生于英国的疯牛病在 20 世纪 90 年代传遍东欧，人吃了患疯牛病的牛肉或相关食品有可能患一种与疯牛病类似的病症——新型克雅氏病，该病的治疗在医学上还是一个有待解决的难题，至今仍无法控制。口蹄疫是全世界最典型的动物传染病之一，一旦暴发就会迅速传播，危害严重，被世界动物卫生组织排在 A 类动物疫病之首。口蹄疫除了可以使猪、牛、羊等偶蹄动物感染发病外，还能感染人。与此同时，奶牛的结核病、布鲁氏杆菌病和猪乙型脑炎仍然威胁着人类的健康。全世界每年有 310 万人死于结核病，发展中国家牧民布鲁氏杆菌感染率在 20% 以上。世界卫生组织公布的人畜共患病有 90 种，而在很多国家经常发生的有 40 多种。我国已发现的人畜共患病有 240 多种，主要的人畜共患病有 89 种，其中通过肉用动物及其产品传染给人的有 30 多种，主要有炭疽、布鲁氏杆菌病、口蹄疫、猪丹毒、沙门氏菌病、钩端螺旋体病、结核病、狂犬病、猪链球菌病、疯牛病、禽流感、囊尾蚴病、旋毛虫病、弓形虫病、猪肉孢子虫病等。因此，加强动物疫病防治工作是确保动物产品质量安全的关键措施。

（二）兽药残留

（1）兽药质量问题。畜牧业的快速发展带动了兽药业的发展。近年来，兽药质量有所提高，但仍不能令人满意。近几年，全国 27 个省级兽药监察所抽检结果显示，兽药合格率一直在 65% ~ 70% 徘徊。农业部在《兽药管理条例》中取消了兽药行业标准和地方标准，只保留国家标准，其目的就是确保兽药质量安全。

（2）非法使用禁用兽药及其化合物。原农业部在 2003 年 265 号公告中明确规定，不得使用不符合《兽药标签和说明书管理办法》规定的兽药产品。如不得使用《食品动物禁用的兽药及其他化合物清单》所列产品，不得使用未经原农业部批准的兽药，不得使用进口国明令禁用的兽药，肉禽产品中不得检出禁用药物。但在畜牧业生产中，违规使用兽药现象仍然持续存在，如 β-兴奋剂的使用，在饲料中添加性激素和催眠、镇静类药物等。为此，原农业部、原卫生部、国家药品监督管理局联合发文《禁止在饲料和动物饮用水中使用的药物品种目录》，最高人民法院和最高人民检察院也为此类案件具体应用法律若干问题的解释发布公告。

（3）不遵守休药期规定。国家对有些兽药特别是药物饲料添加剂规定了休药期，如抗球虫药二硝托胺、氯羟吡啶、盐霉素、盐酸氨丙啉、磺胺喹噁啉等都注明了产蛋期禁用和休药期；又如抗菌促生长的喹乙醇预混剂，休药期是 35 d，而在生产中不少蛋鸡场不遵守休药期规定，致使鸡蛋中药物残留超标，欧盟已禁止使用该药。

（4）超剂量、超范围用药。在预防和治疗动物疫病时，加大用药剂量和增加用药次数，尤其是饲料中添加药物时，超量添加或超长时间添加，其结果势必造成药物残留超标，甚至

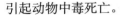

引起动物中毒死亡。

（三）有毒有害物质残留

据统计，危害人体健康的化学物质有400多种，主要是铅、汞、砷、镉、二噁英、亚硝胺，这些物质通过污染饲料、饮用水、空气直接或间接污染动物或动物产品，经食物链进入动物体和人体，引起多种疾病。

（四）饲料原料及饲料污染

（1）饲料中农药残留；

（2）土壤、饲料中的重金属残留，又称无机污染物（主要是铅、砷、镉、汞等）；

（3）有机污染物，包括二噁英、亚硝胺等；

（4）动物性饲料污染，如疯牛病的流行就是因饲喂病牛的肉骨粉而引起的；

（5）违规加入兽药；

（6）微生物污染，有的微生物还会产生毒素，如黄曲霉毒素的污染。

（五）水源污染

水源污染主要是微生物污染和有毒有害物质污染。

（六）饲喂污染

长期饲用泔水，散养畜采食垃圾等废弃物，会增加感染疫病的机会，同时，由于食源的不洁，会影响肉质，造成有毒有害物质残留，如垃圾猪。

（七）屠宰、加工污染

（1）屠宰加工场所卫生、水质条件的影响及污染。私屠滥宰肉品的卫生条件无法保障，加工车间不清洁，屠宰用具、设备不卫生，均会造成肉品的严重污染。

（2）应激影响肉质。如果应激发生于接近屠宰或屠宰时，由于肾上腺素分泌增加，促使磷酸化酶的活性升高，宰后肌肉糖酵解过程加快，产生大量乳酸，使肉的pH值急剧下降，加之屠宰前后高温和肌肉痉挛所引起的强直热，使肌纤维发生收缩，肌浆蛋白凝固，肌肉保水能力降低，游离水增多并从肌细胞中渗出，从而导致PSE（Pale Soft Exudative）肉。

（3）个别工人在卸载、驱赶动物时动作粗暴，甚至殴打动物，造成皮肤、胴体或内脏损伤，局部淤血，影响肉品质量。

（4）候宰时间不足，待宰动物未能得到充分休息。如生猪在长途运输后产生疲劳和收购、运输途中受惊，空间拥挤、通风差，不能饮水、休息等，可造成机体的屏障机能受到抑制，肠道内细菌侵入血液，随血流转移到肌肉组织和其他脏器，造成局部组织器官发生各种病变。

（5）屠宰放血不全，影响肉品卫生质量。如电击过程中电压和时间掌握不当，电压过高或麻电时间过长，引起呼吸中枢和运动中枢麻痹，导致心力衰竭，心脏收缩无力而放血不全。放血刺杀方式不当或刺杀部位不正确，未完全切断颈动脉、颈静脉，血液不能充分排出或在放血时刺破心脏，使屠宰动物心脏的完整性受到破坏，收缩无力致全身血液不能充分排出而发生放血不全。这些不当的放血方式均会影响肉品卫生质量。

（6）动物宰杀时，如果胃内容物外逸会污染血液和局部胴体；开膛时割破或拉断肠管，浸烫过久或开膛时间过长，都可能使肠道细菌逸出而造成污染。

（7）屠宰、加工、销售人员的身体健康。患有人畜共患病的人员从事动物饲养、屠宰和动物产品加工、销售工作，会造成动物产品的污染，进而危害消费者身体健康。

（八）贮藏、流通方式及污染

（1）动物宰杀后肉品的储存。动物宰杀后生产出来的热鲜肉品未经冷却即堆放在一起，热量散不出去会发生酸败变黑，产生硫化氢等有害物质。另外，成熟肉品若长时间存放，由于微生物的作用就会逐渐发生腐败变质，产生大量有机碱和细菌毒素，这种腐败变质肉也会严重危害人体健康。急冻温度未达到要求就转入储存间进行储存会造成肉中水分未及时冻结，肌纤维间的游离水向外挥发，甚至会因渗出水分中带有胴体中未放净的血液使渗出液冻结成红色冰块，微生物生长繁殖，引起肌肉蛋白质分解。

（2）储存和包装材料污染。储存和包装材料可引起肉品的二次污染，污染微生物使肉品产生腐败变质，污染重金属等有毒有害物质会在肉品中残留。

（3）流通、运输和销售过程中的微生物和有毒有害化学物质污染。畜禽被屠宰加工后，肉及其他产品在屠宰加工、运输、贮藏、销售过程中，如果不严格执行卫生操作规程，会被微生物严重污染。其中，沙门氏菌、变形杆菌、大肠埃希氏菌、副溶血性弧菌、金黄色葡萄球菌、肉毒梭菌、产气荚膜梭菌等污染动物性食品，人食入后会引起食物中毒。

（九）人为因素造成肉品污染

人为因素造成肉品污染如肉品注水、食品掺假等。常见的有动物活体注水和宰后灌水，若水质不卫生会严重污染被注水的肉品。

（十）生理因素造成肉品污染

种公畜宰杀后肉品中会有睾酮等性激素，此种肉品被人食用后会影响人体健康。母畜肉因肉质老化，口感差，营养价值低。

五、提高我国动物产品质量安全的措施

1. 加大宣传力度，提高公众对动物产品质量安全的认识

加强宣传教育和科学普及工作，使全社会充分认识质量安全不合格产品的危害性，自觉做好动物疫病防治工作，自觉生产合格兽药，自觉按规定使用兽药，自觉控制动物饲养和动物产品生产加工各个环节的生物性和非生物性污染，使消费者自觉抵制不合格产品，提高无公害食品、绿色食品、有机食品的市场份额。

2. 完善法律法规体系

完善的法律法规体系是搞好动物产品质量安全管理工作的保障，1955年，国务院下发了《国务院关于统一领导屠宰场及场内卫生和兽医工作的规定》。1959年，原卫生部、原农业部、原对外贸易部和原商业部联合颁发了《肉品卫生检验规程（试行）》（简称四部规程）。1979年下发了《中华人民共和国食品卫生管理条例》。1982年11月19日，第五届全国人民代表大会常务委员会第二十五次会议通过了《中华人民共和国食品卫生法（试行）》。1985年国务院发布了《家畜家禽防疫条例》，同年，原农牧渔业部又颁发了《家畜家禽防疫条例实施细则》。1987年，原农牧渔业部、国家工商行政管理总局发布了《关于加强城乡集市贸易市场畜禽及肉类管理、检疫的通知》。1990年11月，原农业部发布了《中国兽医卫生监督实施办法》。1991年，原农业部对《家畜家禽防疫条例实施细则》进行了修改和审议，并于1999年4月8日发布施行。1991年10月30日，第七届全国人大常委会第二十二次会议通过了《中华人民共和国进出境动植物检疫法》。1995年10月30日，第八届全国人大常委会第十六次会议通过了《中华人民共和国食品卫生法》。1996年12月2日，国务院发布了《中华人民共和国进出境动植物检疫法实施条例》。1997年7月3日，第八届全国人大常委会第二十六次会议通过了《中华人民共和国动物防疫法》。1997年12月19日，国务院发布了《生猪屠宰管理条例》。2006年4月29日第十届全国人大常委会第二十一次会议通过了《中华人民共和国农产品质量安全法》。2007年8月30日，第十届全国人大常委会第二十九次会议对《中华人民共和国动物防疫法》进行了修订。新的《中华人民共和国动物防疫法》自2008年1月1日起实施。2007年12月19日，国务院第201次常务会议修订通过《生猪屠宰管理条例》。商务部、财政部2008年发布第9号令《生

猪定点屠宰厂（场）病害猪无害化处理管理办法》。商务部 2008 年发布第 13 号令《生猪屠宰管理条例实施办法》。2009 年 2 月 28 日，第十一届全国人大常委会第七次会议对《中华人民共和国食品安全法》表决通过，自 2009 年 6 月 1 日起正式施行。原农业部 2010 年发布第 6 号令《动物检疫管理办法》。这些法律、法规的健全与不断完善，对预防和扑灭人畜共患病、防止畜禽疫病传播、保证畜禽产品质量、提高人民的健康水平、保障养殖业的发展具有重大意义。

3．加强动物产品质量安全标准体系建设

健全的质量安全标准体系是保障动物产品安全管理工作的基础。国家标准化管理委员会统一管理我国食品标准化工作，食品安全国家标准由国务院卫生行政部门负责制定、公布，国务院标准化行政部门提供国家标准编号。目前，我国已初步形成门类齐全、结构相对合理、具有一定配套性和完整性的食品质量安全标准体系。食品安全标准是国家强制执行的标准，包括食品、食品相关产品中的致病性微生物、农药残留、兽药残留、重金属、污染物质以及其他危害人体健康物质的限量规定；食品添加剂的品种、使用范围、用量；专供婴幼儿和其他特定人群的主辅食品的营养成分要求；对与食品安全、营养有关的标签、标识、说明书的要求；食品生产经营过程的卫生要求；与食品安全有关的质量要求；食品检验方法与规程；其他需要制定为食品安全标准的内容。食品安全标准涉及粮食、油料、水果蔬菜及制品、乳与乳制品、肉禽蛋及制品、水产品、饮料酒、调味品、婴幼儿食品等可食用农产品和加工食品，基本涵盖了从食品生产、加工、流通到最终消费的各个环节。

4．建立并严格实施动物产品市场准入、产地准出制度

市场准入制度是商品经济发展的必然结果，是保障人民身体健康的需要，不但可以避免无序竞争，而且可以把无证、无标识、不合格的动物产品拒于市场门外，从而保证经过认证、质量合格的动物产品的市场份额，为安全消费设置了一道保护屏障，确保消费者放心消费。2001 年，我国建立了食品质量安全市场准入制度。这项制度包括三项内容：一是生产许可证制度，即要求食品生产加工企业具备原材料进厂把关、生产设备、工艺流程、产品标准、检验设备与能力、环境条件、质量管理、储存运输、包装标识、生产人员等保证食品质量安全的必备条件，取得食品生产许可证后，方可生产销售食品；二是强制检验制度，即要求企业履行食品必须经检验合格方能出厂销售的法律义务；三是市场准入标志制度，即要求企业对合格食品加贴 QS（质量安全）标志，对食品质量安全进行承诺。同时，加强对获得食品生产许可证企业的监管。2015 年 10 月 1 日，新修订的《中华人民共和国食品安全法》规定，凡从事食品生产、食品销售、餐饮服务，应当依法取得许可。但是，销售食用农产品，不需要取得许可。食品生产许可证组成编号由英文大写字母 SC 与 14 位阿拉伯数字组成，2018 年 10 月 1 日及以后生产的食品，一律不得继续使用原包装和标签及 "QS" 标志。

为加强食用农产品质量安全监管，贯彻落实《中华人民共和国食品安全法》《中华人民共和国农产品质量安全法》，促进各地农产品市场准入制度的建立与实施，实现农产品产地管理与市场准入的有效对接，保障农产品质量和消费安全，2008 年，原农业部制定了《农产品产地证明管理规定（试行）》。食用农产品生产企业、农民专业合作经济组织生产的上述农产品，须提供食用农产品生产企业、农民专业合作经济组织等开具的自律性检测合格证明或委托检测报告；提供有效期内的"三品一标"（无公害农产品、绿色食品、有机农产品、农产品地理标志）质量标识；提供动物卫生监督机构对畜禽及畜禽产品依法实施检疫并出具的检疫合格证明，加施检疫标识；生猪屠宰企业还要按照《生猪屠宰管理条例》的规定对屠宰的生猪实施肉品品质检验，按照规定依法出具肉品品质检验合格证明；食用农产品生产企业、农民专业合作经济组织销售上述农产品时，应当向购买方出具相关质量合格证明和产地证明或者销售凭证作为食用农产品产地准出的基本条件。

5．加强动物性食品安全诚信体系建设

我国政府重视食品质量安全诚信体系建设，建立了企业食品安全诚信档案，建立了食品生产加工企业红黑榜制度，充分发挥各类商会、协会的作用，促进食品行业的自律。采用网络技术，对食品质量安全实施电子监管网络终端查询，及时、方便、快捷、有效地辨别食品真伪，维护消费者利益，打击假冒伪劣行为，促进企业诚信建设。

6. 建设食品、农产品认证认可体系

国家认证认可监督管理委员会统一管理、监督和综合协调全国的认证认可工作。我国已基本建立了从农田到餐桌全过程的食品、农产品认证认可体系，在食品、农产品认证认可体系中，认证的类别包括饲料产品认证、良好农业规范（GAP）认证、无公害农产品认证、有机产品认证、食品质量认证、HACCP 管理体系认证、绿色食品认证、地理标志农产品认证等，对出口食品生产企业还实施了卫生注册制度。

7. 加强动物性食品安全风险监测和评估，建立健全动物性食品安全追溯制度

国家建立食品安全风险监测和评估制度，对食源性疾病、食品污染及食品中的有害因素进行监测，对食品、食品添加剂中生物性、化学性和物理性危害进行风险评估。同时，建立食品安全信息监管发布制度和食品安全追溯（召回）制度。2007 年 8 月 31 日，原国家质检总局发布第 98 号令，公布并正式实施《食品召回管理规定》，涵盖主动召回、责令召回和召回结果评估与监督及召回食品后处理，以及法律责任。对造成质量安全事故的生产者和经营者进行责任追究，加大对违法生产经营活动的惩罚力度，直至追究刑事责任。

8. 国家实行官方兽医制度与执业兽医资格考试制度

官方兽医（又称兽医官）是由国家畜牧兽医行政管理部门授权，代表国家和地方政府对动物生产、加工、流通等环节的动物防疫及与之相关的公共卫生情况进行监督检查，可签署有关健康证书的国家兽医人员，是一种个人执法主体制度。官方兽医需经资格认可、法律授权或政府任命，其行为需保证独立、公正并具有权威性。国家在农业农村部设立国家首席兽医师，在国际活动中称国家首席兽医官。这种制度的实行，使我国在兽医管理体制上与国际通行做法接轨。官方兽医为国家公务员，代表国家行使法律规定的权力。官方兽医有三项重要的职能：检疫执法、出示检疫证书并对其负责；负责对动物产品从生产一直到餐桌全过程的卫生监管；对社会防疫监督，并负责通报给自己的上级首席兽医师。

国家实行执业兽医资格考试制度。执业兽医是指从事动物诊疗和动物保健等经营活动的兽医。从事动物诊疗应当向当地县级人民政府兽医主管部门申请注册。

作业单

一、简答

1. 动物产品安全检验有什么作用？
2. 动物产品安全检验监督范围、检验对象、检验技术各是什么？

二、论述

根据我国现状，如何提高我国动物产品质量安全？

评估单

【评估内容】

1. 什么是动物产品？
2. 什么是动物产品安全检验？
3. 什么是动物性食品？
4. 简述动物产品安全检验监督范围。
5. 动物产品安全检验的对象有哪些？
6. 目前动物产品质量安全存在的问题是什么？
7. 导致兽药残留的主要原因是什么？
8. 提高我国动物产品质量安全的措施有哪些？
9. 官方兽医的三个重要职能是什么？

【评估方法】

以小组为单位进行评估，每组推选两人，随机抽两题进行回答，采用百分制进行评价。
备注：项目一任务一学习情境占模块一总分的 2%。

任务二 屠宰、肉食品加工企业相关知识培训

【基本概念】

企业理念、现代企业制度

【重点内容】

企业理念与文化的核心内容，动物产品安全管理相关法规与行业标准。

【教学目标】

1. 知识目标

能说出企业理念与文化的核心内容；能概述现代企业制度包含的内容；能准确说出动物
产品安全管理相关法规与行业标准的名称。

2. 技能目标

能通过课外学习分析目前屠宰加工企业存在的问题及未来发展的趋势。

资 料 单

一、企业理念

（一）企业理念的含义

企业理念就是企业的经营观念。现在越来越多的企业日益重视企业理念，并把它放在与技术革新
同样重要的位置上，通过企业理念引发、调动全体员工的责任心，并以此约束规范全体员工的行为。

（二）企业理念三要素

企业理念主要包括企业存在的意义（企业使命）、企业的经营理念（经营战略）和企业
的行为规范（员工的行为准则）三个要素。

（三）企业使命的含义

对于企业而言，企业使命至少有两层含义。

一是功利性的、物质性的要求。企业为了自身的生存和发展，必然要以实现一定的经济
效益为目的，企业如果丧失了这一使命，就失去了发展的动力，最后逐步萎缩直至破产。

二是企业对社会的责任。企业作为社会的一个组成部分，必须担负社会赋予它的使命。企业
如果只知道经济效益、追求利润，而逃避社会责任，必然遭到社会的报复，直至被社会抛弃。

（四）企业的经营理念和企业的行为规范

要使企业取得成功与成就，其领导人所具有的事业理想、社会责任感是十分重要的，企
业的经营理念往往是这种理想和使命的延伸。仅仅靠发财的欲望无法支撑一个真正成功的大企

业。经营理念或经营战略是企业对外界的宣言，表明企业觉悟到应该如何去做，让外界真正了解经营者的价值观。行为规范不仅指企业的行为规范，还包括企业每个员工的行为准则。

（五）企业理念三要素的关系

企业使命是企业的最高原则，决定企业的经营理念，而经营理念又决定企业每个员工的行为规范，这三者之间环环相扣、密不可分，共同构成一个整体。

二、企业文化

企业文化是企业的灵魂，是推动企业发展的不竭动力，它包含着非常丰富的内容，其核心是企业的价值观和精神。企业价值观是企业或企业中的员工在从事商品生产与经营中所持有的价值观念。企业精神是企业文化的核心，在整个企业文化中起着支配作用。企业精神以价值观念为基础，以价值目标为动力，对企业经营哲学、管理制度、道德风尚、团体意识和企业形象起着决定性的作用。可以说，企业精神是企业的灵魂。

食品工业是一个道德工业。屠宰、肉食品加工企业要生存与发展必须具有自己的企业理念与文化。

三、现代企业制度

现代企业制度是指企业法人制度、企业自负盈亏制度、出资者有限责任制度、科学的领导体制与组织管理制度。

（1）企业资产具有明确的实物边界和价值边界，具有确定的政府机构代表国家行使所有者职能，切实承担起相应的出资者责任。

（2）企业通常实行公司制度，按照公司法的要求，形成由股东代表大会、董事会、监事会和高级经理人员组成的相互依赖又相互制衡的公司治理结构，并有效运转。

（3）企业以生产经营为主要职能，有明确的盈利目标，各级管理人员和一般职工按经营业绩和劳动贡献获取收益，住房分配、养老、医疗及其他福利事业由市场、社会或政府机构承担。

（4）企业具有合理的组织结构，在生产、供销、财务、研究开发、质量控制、劳动人事等方面形成行之有效的企业内部管理制度和机制。

（5）企业有着刚性的预算约束和合理的财务结构，可以通过收购、兼并、联合等方式谋求企业的扩展，经营不善难以为继时，可通过破产、被兼并等方式寻求资产和其他生产要素的再配置。

现代企业制度是企业永续发展的保障，企业的竞争力仅仅维系在一个领导者身上，这种发展是难以持久的，一个优秀的企业要实现永续发展，就要使企业管理岗位上永远屹立着优秀的管理者，这就要靠制度。屠宰、肉食品加工企业要想做大、做强就必须实行现代企业制度。

四、动物产品安全管理相关法规与行业标准

（一）综合性法律法规

与动物产品安全管理相关的综合性法律法规有《中华人民共和国食品安全法》《中华人民共和国农产品质量安全法》《中华人民共和国产品质量法》《中华人民共和国农业法》《无公害农产品管理办法》。

（二）与食品生产过程有关的法律法规

1. 产地环境方面

相关法律法规有《中华人民共和国环境保护法》《中华人民共和国水法》《畜禽养殖业污染物排放标准》。

2．动物防疫检疫方面

相关法律法规有《中华人民共和国动物防疫法》《动物检疫管理办法》《国家动物疫情测报体系管理规范（试行）》。

3．农业投入品方面

相关法律法规有《中华人民共和国农药管理条例》《肥料登记管理办法》《食品添加剂卫生管理办法》《兽药管理条例》《饲料药物添加剂使用规范》《兽用生物制品管理办法》《兽药注册办法》《兽药生产质量管理规范》《饲料和饲料添加剂管理条例》。

4．食品加工方面

相关法律法规有《保健食品良好生产规范》《食品生产加工企业质量安全监督管理办法》《生猪屠宰管理条例》《生猪定点屠宰厂（场）病害猪无害化处理管理办法》《生猪屠宰管理条例实施办法》《动物检疫管理办法》《病死及死因不明动物处置办法（试行）》。

5．运输、包装、贮藏方面

相关法律有《中华人民共和国食品包装法》。

6．流通方面

2002年，原国家质检总局启动食品质量安全市场准入制度，《中华人民共和国农产品质量安全法》中制定了农产品产地准出五项制度。

7．消费环节方面

2001年，原卫生部发布《食物中毒事故处理办法》。

（三）与食品安全管理有关的法律法规

1．标准化检测方面

相关法律法规有《农业标准化管理办法》。

2．食品安全认证方面

相关法律法规有《绿色食品标志管理办法》《有机食品认证管理办法》《无公害农产品标志管理规定》《食品生产企业危害分析和关键控制点（HACCP）管理体系认证的规定》《有机食品认证管理办法》《无公害农产品标志管理规定》《农产品地理标志认证》。

3．食品进出境安全管理法律法规

相关法律法规有《中华人民共和国进出口商品检验法》《中华人民共和国进出境动植物检疫法》《中华人民共和国国境卫生检疫法》《进境动植物检疫审批管理办法》《进出境肉类产品检验检疫管理办法》。

▱ 作 业 单

利用课余时间学习《中华人民共和国动物防疫法》《病害动物和病害动物产品生物安全处理规程》，完成如下作业。

一、填空

1．《中华人民共和国动物防疫法》适用于在中华人民共和国领域内的（　　　）及其（　　　）活动。

2．进出境动物、动物产品的检疫，适用（　　　）。

3．《中华人民共和国动物防疫法》所称动物，是指家畜家禽和（　　　）、（　　　）的其他动物。

4．《中华人民共和国动物防疫法》所称动物产品，是指动物的肉、生皮、原毛、绒、脏器、脂、血液、精液、卵、胚胎、骨、蹄、头、角、筋以及可能传播动物疫病的（　　　）、（　　　）等。

5．《中华人民共和国动物防疫法》所称动物疫病，是指（　　　）病、（　　　）病。

6．《中华人民共和国动物防疫法》所称动物防疫，是指动物疫病的（　　　）、（　　　）、（　　　）和动物、动物产品的（　　　）。

7．国家对严重危害养殖业生产和人体健康的动物疫病实施强制免疫。经强制免疫的动物，应当按照国务院兽医主管部门的规定建立（　　），加施（　　），实施（　　）。

8. 无规定动物疫病区，是指（　　）或者（　　），在一定期限内没有发生规定的一种或者几种动物疫病，并（　　）的区域。

9.《中华人民共和国动物防疫法》禁止屠宰、经营、运输（　　）、（　　）、（　　）、（　　）、（　　）的动物及动物产品。

二、选择

1. 我国颁布的动物检疫国家标准是（　　）。

A. 畜禽产地检疫规范　　　　　　　　B. 畜禽产品消毒规范
C. 种畜禽调运检疫技术规范　　　　　D. 奶牛场卫生及检疫规范

2. 根据《中华人民共和国动物防疫法》有关规定和疫病对养殖业生产和人类健康的危害程度将疫病分为（　　）。

A. 2 类　　　　　　B. 3 类　　　　　　C. 4 类　　　　　　D. 5 类

3.《中华人民共和国动物防疫法》规定"（　　）死因不明的动物"。

A. 屠宰经营　　　　B. 禁止经营　　　　C. 指定市场经营

4. 经检疫不合格的动物、动物产品，无法做无害化处理的予以（　　）。

A. 销毁　　　　　　B. 冷藏　　　　　　C. 高温处理

三、判断

《中华人民共和国动物防疫法》中动物仅指家畜和家禽。　　　　　　（　　）

四、简答

1. 为什么要制定《中华人民共和国动物防疫法》？
2.《中华人民共和国动物防疫法》规定禁止经营的动物、动物产品有哪些？
3.《中华人民共和国动物防疫法》的立法宗旨是什么？
4. 定点屠宰场屠宰检疫设备有哪些？

五、论述

根据《中华人民共和国动物防疫法》的规定，发生一类动物疫病时，当地县级以上人民政府和畜牧兽医行政管理部门应当采取哪些措施？

评 估 单

【评估内容】

1. 什么是企业理念？
2. 企业理念三要素是什么？
3. 企业使命的内涵是什么？
4. 企业文化的核心是什么？
5. 与动物产品安全管理相关的综合性法律法规有哪些？
6. 与食品生产产地环境方面有关的法律法规有哪些？
7. 在食品生产中与动物防疫检疫方面有关的法律法规有哪些？
8. 在食品生产中与农业投入品方面有关的法律法规有哪些？
9. 与食品安全认证方面有关的法律法规有哪些？
10. 与食品进出境安全管理有关的法律法规有哪些？

【评估方法】

以小组为单位进行评估，每组推选 2 人，随机抽 2 题进行回答，采用百分制进行评价。

备注：项目一任务二学习情境占模块一总分的 2%。

项目二　屠宰、肉食品加工企业的规划设计

【重点内容】
屠宰、肉食品加工企业选址和布局的卫生要求。

【教学目标】
1．知识目标
理解屠宰加工企业选址和布局的卫生要求。
2．技能目标
能够根据屠宰、肉食品加工企业的选址和规划布局要求，设计一张中型屠宰加工企业规划图。

 资料单

一、屠宰、肉食品加工企业选址的卫生要求

合理选择屠宰加工厂（场）址，在兽医公共卫生上具有重要意义。屠宰加工企业厂（场）址选择不当，将成为散播畜禽疫病的疫源地，危及人民群众的健康。因此，建立屠宰加工厂（场）时，厂（场）址的选择及建筑设计必须符合卫生要求。

根据国务院第 201 次常务会议修订，2008 年 8 月 1 日起施行的《生猪屠宰管理条例》第五、六条和商务部 2008 年 8 月 1 日起施行的《生猪屠宰管理条例实施办法》第二章节的规定，以及国家标准《畜类屠宰加工通用技术条件》（GB/T 17237—2008）的要求，屠宰、肉食品加工企业的选址主要有下列要求：

（1）根据城市（含县城）、乡镇建设发展规划，必须符合国家、省、自治区、直辖市和当地政府的环境保护、卫生和防疫等要求。

（2）应选择地势较高、干燥的地方，并在城市（含县城）、乡镇所在地常年主导风向的下方；远离水源保护区和饮水取水口，远离居民住宅区、风景旅游点、公共场所，以及畜禽饲养场。

（3）应是交通运输方便，电源供应稳定可靠，水源供给充足，水质符合国家规定的《生活饮用水卫生标准》（GB 5749—2006），周围无有害气体、粉尘、污浊水和其他污染源，以及便于排放污水的地方。

（4）屠宰加工场所附近应有粪便和胃肠内容物发酵处理场所，未经处理的粪便不得运出厂（场）外做肥料用。

二、屠宰、肉食品加工企业布局的卫生要求

屠宰加工企业总体设计要符合科学管理、方便生产和清洁卫生的原则，厂房设计应符合流水作业要求，即按饲养、屠宰、分割、加工、冷藏的作业线合理设置，既要相互连贯又要做到病健隔离、病健分宰，防止原料、产品、副产品和废弃物因转运造成交叉污染甚至传播疫病，厂房宽敞明亮，通风良好。屠宰厂建筑布局卫生要求如图 1-1 所示。

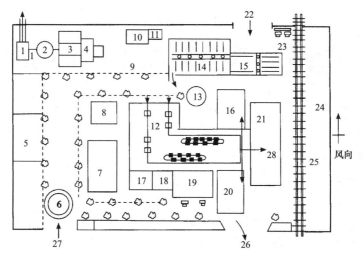

图 1-1 屠宰厂建筑布局卫生要求示意图

1—沉淀池；2—生物池；3—曝气池；4—集污池；5—行政区；6—花坛；7—办公室；8—化验室；

9—无害处理区；10—化制车间；11—急宰车间；12—屠宰车间；13—水塔；14—候宰圈；15—验收圈；

16—复制品间（二层）；17—皮张间；18—内脏整理间；19—发货场；20—分割肉间（二层）；

21—机器房（多层）；22—活猪进厂门；23—车辆洗消站；

24—生活区；25—铁路专线；26—成品出厂门；27—厂大门；28—冷库

（王雪敏：《动物性食品卫生检验》，2002 年）

1．新建屠宰厂生产区的布局

生产区与非生产区分开，单独设置人员、活畜、产品、废弃物出入口。产品与活畜禽不得共用一个通道。

2．生产区各车间的布局

各车间的布局必须满足生产工艺流程和卫生要求。健畜舍和病畜舍必须严格分开。原料、半成品、成品等加工应避免迂回运输，防止交叉污染。

3．屠宰加工车间和分割车间的布局

屠宰加工车间与分割车间应考虑与其他建筑物的联系，并使厂内的非清洁区与清洁区明显分开，防止后者受到污染。

4．急宰车间、化制车间、污水处理厂的布局

急宰车间、化制车间、污水处理厂与屠宰加工车间和分割车间之间可用围墙或绿化带隔开，也可以在隔离带设置不污染屠宰加工车间与分割车间的建筑物。

三、屠宰、肉食品加工企业厂区环境的卫生要求

（1）厂区主要道路和进入厂区的主要道路（包括车库或车棚）应铺设适于车辆通行的坚硬路面，路面应平坦、无积水。

（2）厂区内的建筑物周围、道路的两侧应绿化。

（3）"三废"处理必须符合国家环境保护法的规定要求。

（4）厂区内不得有臭水沟，厂内应设有垃圾、畜粪、废弃物的集存场所，其地面与围墙应便于冲洗消毒；运送垃圾等废弃物的车辆必须密封、不渗水，车辆还应配备清洗消毒设施及存放场所。

（5）活畜禽出入口必须设置消毒池。

（6）车间外厕所应采用水冲式，且应有防蝇设施。

一、材料与设备

资料单、绘图纸、铅笔。

二、方法与步骤

（1）提供屠宰加工企业选址卫生要求。
（2）提供屠宰加工企业布局卫生要求。
（3）提供屠宰加工企业厂区环境卫生要求。
（4）提供屠宰加工流程及屠宰加工四区分布设计要求。
①屠宰加工流程如图1-2所示。

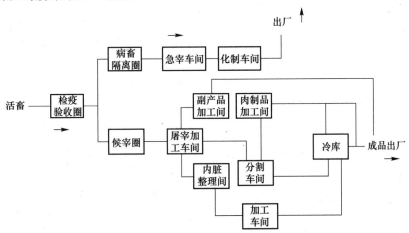

图1-2 屠宰加工流程

②屠宰加工四区构成及分布设计要求。
a. 四区构成要求。
贮畜区：检疫验收区、病畜隔离圈、候宰圈、兽医室。
生产区：屠宰加工车间、副产品及肉制品加工间、冷库、卫检办公室、化验办公室、制药间。
无害化处理区：病畜隔离圈、急宰车间、化制车间、污水处理厂、厕所。
行政生活区：办公室、工作人员住宅、车库。
b. 分布设计要求。
制药车间、化验室、办公室、住宅应在生产区的上风点，病畜隔离圈、急宰车间、化制车间及污水、粪便处理场所应在生产区的下风点，要求设置绿化带，产品与活畜禽在厂内不得共用一个通道，厂内应设有垃圾、畜粪、废弃物的集存场所，标明设计场区所在地常年主导风向。
（5）根据要求设计一张中型屠宰加工企业规划草图。
（6）教师点评设计图。

作业单

实训报告：根据设计要求完善规划图。

评估单

【评估内容】

一、填空

1. 屠宰加工场所主要包括（　　）、（　　）、（　　）、（　　）、（　　）和（　　）等。

2. 屠宰加工四区包括（　　）、（　　）、（　　）、（　　）。

二、简答

1. 屠宰加工场所选址的卫生要求有哪些？

2. 屠宰加工场所布局的卫生要求有哪些？

【评估方法】

用笔试法评估，采用百分制进行评价。

备注：项目二学习情境占模块一总分的 4%。

项目三　屠宰、肉食品加工企业的卫生监督

任务一　定点屠宰场参观调研

【重点内容】

1. 屠宰场所卫生要求。
2. 屠宰、肉食品加工企业污水排放卫生要求。

【教学目标】

1. 知识目标

通过调研掌握屠宰加工企业的卫生要求。

2. 技能目标

能根据卫生要求，对屠宰加工企业实施卫生监督，并能针对企业存在的问题提出整改措施；通过实训及教师的指导，学习开展调研工作的方法。

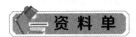

一、屠宰、肉食品加工企业厂房与设施卫生要求

厂房与设施必须结构合理、坚固，便于清洗和消毒，并与生产能力相适应。厂房高度应满足生产作业、设备安装与维修、采光与通风的需要，必须设有防蚊、蝇、鼠及其他害虫侵入或隐匿的设施，以及防烟雾、灰尘的设施。吊顶应表面涂层光滑，不易脱落，防止污物积聚；墙壁与墙柱应使用防水、不吸潮、可冲洗、无毒、淡色的材料，墙裙应贴或涂刷不低于2 m的浅色瓷砖或涂料，顶角、墙角、地角呈弧形，便于清洗；门窗装配严密，使用不变形的材料制作，所有门、窗及其他开口必须安装易于清洗和拆卸的纱门、纱窗或压缩空气幕，内窗台须下斜45°或采用无窗台结构；厂房楼梯及其他辅助设施应便于清洗；地面应使用防水、防滑、不吸潮、可冲洗、耐腐蚀、无毒的材料，坡度应为1%～2%，屠宰车间地面坡度应在2%以上，表面无裂缝、无局部积水，明地沟呈弧形，排水口设网罩；车间内应有充足的自然光线或采用人工照明，照明灯具的光泽不应改变被加工物的本色，亮度应能满足检验人员和生产操作人员的工作需要，吊挂在肉品上方的灯具，必须装有安全防护罩，以防灯具破碎污染肉品；车间内应有良好的通风、排气装置，空气流动的方向必须从净化区流向污染区，通风口应装有纱网或其他保护性耐腐蚀材料制作的网罩；生产车间的下水道口须设地漏、铁箅；废气排放口应在车间外的适当地点；车间内的厕所应与操作间的走廊相连，厕所门、窗不得直接开向操作间，便池必须是水冲式，粪便排泄管不得与车间内的污水排放管混用；生产车间进口处及车间内的适当地点，应设热水和冷水洗手设施及工器具、容器和固定设备的清洗、消毒设施，并应有充足的冷、热水源；接触肉品的设备、工器具和容器，应使用无毒、无气味、不吸水、耐腐蚀、经得起反复清洗与消毒的材料制作，表面应平滑、无凹坑和裂缝；禁止使用竹木器具和容器，盛装废弃物的容器不得与盛装肉品的容器混用，废弃物容器应选用金属或其他不渗水的材料制作，不同的容器应有明显的标志。

二、屠宰场所的卫生要求

屠宰加工场所主要包括宰前饲养管理场、病畜隔离圈、候宰圈、急宰车间、屠宰加工车间、无害化处理场所、供水系统和污水处理系统等。

1. 宰前饲养管理场

宰前饲养管理场是对屠畜实施宰前检疫、宰前休息管理和宰前停食管理的场所。宰前饲养管理场应与生产区相隔离，距生产区至少300 m，容量应等于屠宰量的3倍。宰前饲养管理场应设畜禽卸装台、地秤和分群圈或栏。饲养场内圈舍应具有足够的光线、良好的通风、完善的上下水系统及良好的饮水装置。地面要求不渗水，而且不要太光滑。圈内还应有饲槽和消毒清洁用具及圆底的排水沟。必须每天清除圈舍内粪便并定期进行消毒，粪便应及时送到堆粪场进行无害化处理。

2. 病畜隔离圈

病畜隔离圈用于收养有病，尤其是怀疑有传染性疾病的牲畜。病畜隔离圈应该与宰前饲养管理场及急宰车间保持联系，而与其他部门严格隔离。其大小、容量不小于宰前饲养管理场的10%。在建筑布局及使用方面有更加严格的卫生要求，隔离圈要设高而坚固的围墙，围墙及地面应坚固不渗水，墙角和柱角呈半圆形，易于清洗和消毒。病畜隔离圈的用具、设备、运输工具等必须专用。设有专门的粪尿处理池，粪尿应经过消毒后才可以排入污水沟。还应备有严密的尸体专用车，出入口必须设消毒池，病畜隔离圈应派专人管理，管理人员不能与其他部门随意来往。

3. 候宰圈

候宰圈是供屠畜禽等候屠宰、施行宰前停饲管理的专用场所。候宰圈应与屠宰加工车间相毗邻。候宰圈的大小应以能圈养1 d屠宰加工所需的畜禽数量为准。候宰圈由若干个小圈组成，所有地面应不渗水，墙壁光滑，易于冲洗、消毒。圈舍应通风良好，不设饲槽，提供充足的饮水。候宰圈邻近屠宰加工车间的一端，应设淋浴室，用于屠畜禽的宰前淋浴净体。

4. 急宰车间

急宰车间是屠宰各种病畜的场所。急宰车间应位于病畜隔离圈的侧方，面积是宰前饲养管理场的10%。急宰车间除了屠宰室以外还应设有冷却室，有条件利用肉的无害化处理室、胃肠加工室、脾脏消毒室、尸体病料的化制室。大型肉联厂可以建立单独的病畜化制车间，同时，还应设有专用的更衣室、淋浴室、污水池以及粪便处理池和用具陈放处。急宰车间应配备专职人员，必须具有良好的卫生条件与人身防护设施。急宰车间的卫生要求同病畜隔离圈。各种器械、设备、用具应专用，经常消毒，防止疫病扩散。急宰车间应该设有专用的下水系统，污水在排入公共下水道之前需要经过严格消毒，未经彻底消毒，不许向外排放。

5. 屠宰加工车间

屠宰加工车间是屠宰厂（场）的主体车间，严格执行屠宰加工车间的卫生监督是保证肉制品原料卫生的重要环节。屠宰加工车间的建筑、设施随规模的大小和机械化程度不同相差悬殊，但卫生管理的原则是一致的。

（1）建筑要求。屠宰加工车间以单层建筑为宜。中型屠宰加工车间的柱距不宜小于6 m，单层宜采用较大跨度，净高不得低于5 m。

屠宰加工车间应包括赶畜道、致昏放血间、烫毛刮毛剥皮间、胴体加工间。大中型屠宰厂要设副产品加工间、胴体凉冷发货间及副产品暂存发货间。屠宰加工车间内致昏放血、烫毛刮毛、剥皮及副产品中的肠胃、剥皮畜的头蹄加工工序处于非清洁区，胴体加工和心、肝、肺加工工序及暂存发货间处于清洁区。清洁区与非清洁区应有明显的划分，不准交叉。

赶畜道坡度不应大于10°，宽度以仅能通过1头畜为宜，赶畜道墙的高度不应低于1 m。屠宰加工车间内与放血线路平行墙裙高度不应低于放血轨道的高度。放血槽应采用不渗水材料制作，表面光滑平整，便于清洗消毒。放血槽的长度按工艺要求确定，其高度应能防止血液喷溅外溢。屠宰加工车间内车辆的通道宽度单向不小于 1.5 m，双向不小于 2.5 m。

寄生虫检验室应设置在靠近生产线的采样处。室内光线充足，通风良好，面积要适合卫生检验的需要，不宜小于 20 m²。

屠宰加工车间应设有与职工人数相适应的更衣室、淋浴室和厕所，更衣室内须有个人衣物存放柜。

（2）布局要求。屠宰加工车间内部布局方面应能满足工艺流程要求及胴体与内脏同步检验或对号检验的要求。屠宰工艺流程应按致昏→刺杀放血→脱毛或剥皮→开膛净膛→劈半→整修分级的顺序排列设置。

（3）设施要求。屠宰加工车间应配备电麻器、浸烫池、吊轨、挂钩、副产品整理操作台，以及符合卫生标准的盛装屠畜产品专用器具。屠宰加工车间采光、通风良好，车间内照明设施要齐备，屠宰加工车间照度不少于 75 lx，屠宰操作间照度不少于 150 lx，检验操作间照度不少于 300 lx。吊轨的高度：放血线轨道离地面 3 ～ 3.5 m，胴体加工线轨道离地面单滑轮 2.5 ～ 2.8 m、双滑轮 2.8 ～ 3 m。自动悬挂传送带的输送速度，应每分钟通过 6 ～ 10 头，挂猪间距应大于 0.8 m。

屠宰加工车间内的放血、开膛、卫生检验操作台、剥皮、劈半等工序位置应设有洗手和刀具消毒器等设施，并应有充足的冷热水源。

副产品加工间及副产品暂存发货间使用的台池应采用不渗水、表面光滑、便于清洗消毒的材料。

6. 无害化处理场所（化制车间）

无害化处理是利用专门的高温设备杀灭废弃品中的病原微生物，以达到无害化处理的目的。从保护环境、防止污染的角度出发，要求每个屠宰加工企业和负责集贸市场肉品检疫工作的业务部门，都应建立化制间或化制站。其建筑设施必须符合下列卫生要求：

（1）场址的选择。化制车间应该是一座独立的建筑物，位于屠宰加工厂的边缘位置。城镇病尸化制站应建于远离居民区、学校、医院和其他公共场所的地段，最好在郊区，位于城市的下游和下风处。

（2）建筑物的结构与卫生要求。化制车间建筑物的结构和卫生要求与屠宰加工车间基本相同，即车间的地面、墙壁、通道、装卸台等均应用不透水的材料建成，大门口和每个工作室门前应设有永久性消毒槽。

化制车间的工艺布局应严格地分为两部分：第一部分为原料接收室、解剖室、化验室、消毒室等，要求光线充足，有完善的供水（包括热水）和排水系统，防蝇、防鼠设备齐全；第二部分为化制室等。两部分一定要用死墙绝对分开，第一部分分割好的原料，只能通过一定的孔道，直接进入第二部分的化制锅内。

（3）工作人员。化制车间工作人员，要保持相对稳定，非特殊情况不得任意调动，工作时要严格遵守卫生操作规程。

7. 供水系统和污水处理系统

工厂应有足够的生产供水设备，水质符合《生活饮用水卫生标准》（GB 5749—2006）的规定。如需配备贮水设施，应有防污染措施，并定期清洗、消毒。使用循环水时必须经过处理，达到《生活饮用水卫生标准》（GB 5749—2006）的规定。制冰供水水质应符合《生活饮用水卫生标准》（GB 5749—2006）的规定，制冰及储存过程中应防止污染。屠宰加工车间内的放血、开膛、卫生检验操作台、剥皮、劈半等工序位置应有充足的冷热水源。分割车间备有冷水、热水、消毒液，以便于洗手、消毒。用于制汽、制冷、消防和其他类似用途而不与食品接触的非饮用水应使用完全独立、有鉴别颜色的管道输送，不得与生产（饮用）水系统交叉连接或倒吸于生产（饮用）水系统。

急宰车间应该设有专用的下水系统，污水在排入公共下水道之前需要经过严格消毒，未经严格消毒不允许向外排放。由化制车间排出的污水，不得直接通入下水道或河流、湖泊，必须经过一系列净化处理之后，测定其生化需氧量符合国家规定标准时，方可排入卫生防疫部门许可的排水沟。

三、屠宰、肉食品加工企业污水排放的卫生要求

（一）屠宰厂（场）污水的特点

屠宰加工企业的污水含有废弃的组织碎屑、脂肪、血液、毛污、胃肠内容物及用于生产的各种配料，属于典型的高浓度有机污水，具有流量大、污物多、温度高、气味不良、处理难度大、环境污染严重等特点。屠宰加工企业排出的污水中含有大量微生物和寄生虫卵，任其排放就会污染江河湖海和地下水，直接影响工业用水和城市饮水的质量，在公共卫生和畜禽流行病学方面具有一定的危险性，因此必须做好屠宰厂（场）污水的净化处理。

（二）屠宰污水的处理方法

1. 预处理

预处理主要利用物理学原理除去污水中的悬浮固体、胶体、油脂与泥沙，常用的方法是设置格栅、格网、沉沙池、除脂槽、沉淀池等。预处理的意义在于减少生物处理时的负荷，提高排放水的质量，还可以防止管道阻塞，降低能源消耗，节约运转费用，便于综合利用。

2. 生物处理

生物处理是指利用自然界大量微生物氧化有机物的能力，除去污水中各种有机物，使之被微生物分解后形成低分子的水溶性物质、低分子的气体和无机盐。根据微生物嗜氧性能的不同，可将生物处理分为好氧处理法和厌氧处理法两类。

3. 消毒处理

经过生物处理后的污水一般还含有大量的菌类，特别是屠宰厂（场）污水中含有大量的病原菌，需经药物消毒处理后方可排出。常用的方法是氯化消毒——将液态氯转变为气体，通入消毒池，可杀死99%以上的有害细菌。

（三）常用屠宰污水生物处理系统

1. 活性污泥污水处理系统

（1）组成。活性污泥污水处理系统由初次沉淀池、曝气池、二次沉淀池、回流污泥四部分组成。活性污泥污水处理系统如图1-3所示。

（2）原理。活性污泥污水处理系统采用曝气的方法，使空气和含有大量微生物（细菌、原生动物、藻类等）的絮状活性污泥与污水密切接触，加速微生物的吸附、氧化、分解等作用，达到去除有机物、净化污水的目的。

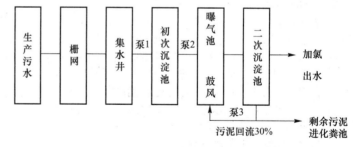

图1-3　活性污泥污水处理系统示意图

（3）适用范围。活性污泥处理有机污水效果好、应用较广，一般生活污水与工业污水经活性污泥处理后均能达到国家规定的排放标准。肉类加工中的污水净化处理常采用此方法。活性污泥处理法的主要优点是净化效率高，产生的臭气轻微，占地面积较小，所得污泥可作肥料。

2. 生物转盘法污水处理系统

（1）组成。生物转盘法污水处理系统由厌氧消化池、泵、一级沉淀池、三四级生物转盘、二级沉淀池、氯罐、消毒反应池七部分组成。生物转盘是许多轻质、耐腐蚀材料做成的圆形盘片，间隔一定距离排列，中心固定在一根可转动的横轴上。每组转盘置于一个半圆形水槽中，约有40%的盘片部分浸于待处理的污水中。生物转盘法污水处理系统如图1-4所示。

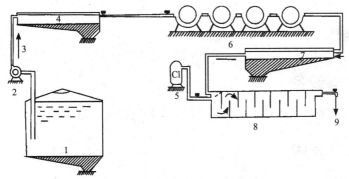

图 1-4　生物转盘法污水处理系统示意图

1—厌氧消化池；2—泵；3—污水流向；4—沉淀池；5—氯罐；6—四级生物转盘；

7—二级沉淀池；8—消毒反应池；9—排放水

（王雪敏：《动物性食品卫生检验》，2002 年）

（2）原理。污水由生产车间排入厌氧消化池进行厌氧发酵，经发酵的污水变为淡灰色、黑灰色，此时已除去了相当一部分污水的耗氧量。发酵污水进入沉淀池，排除沉淀物，然后进入生物转盘。经过一段时间后，转盘表面滋生一层由细菌、原生动物及一些藻类植物组合而成的生物膜。转盘的转动使生物膜交替得到充分的氧气、水分和养料并进行旺盛的新陈代谢，使可溶性污染物质转变为不溶的黑色沉淀，这些黑色的沉淀由转盘底部及二级沉淀池底部分离出来，水中的污染物质被除去，水体被净化。

（3）适用范围。生物转盘法污水处理系统是通过盘面转动，交替地与污水和空气相接触，使污水净化的处理方法。此方法运行简便，能根据不同目的调节接触时间，耗电量少，适用于小规模的污水处理。

3. 厌氧消化法污水处理系统

（1）组成。厌氧消化法污水处理系统由排水沟、沉沙池、除脂槽、双层生物发酵池、药物消毒池五部分组成。厌氧消化法污水处理系统如图 1-5 所示。

（2）原理。铁箅、沉沙池、除脂槽用于除去污水中的毛、骨、组织碎屑、泥沙、油脂及其他有碍生物处理的物质。经脱脂后的污水进入双层生物发酵池上层的沉淀槽内，直径大于 0.000 1 cm 的悬浮物和胃肠道虫卵沉淀物通过槽底的斜缝，进入下层的消化池。此时，沉淀物被污水中的厌氧菌分解，一部分变为液体，另一部分变为气体，最后只剩下 25% ～ 30% 的胶状污泥，水中的污染物质被除去，水体经药物消毒池排出。

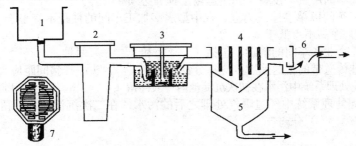

图 1-5　厌氧消化法污水处理系统示意图

1—出口处装有铁箅的排水沟；2—沉沙池（沉井）；3—除脂槽；4—双层生物发酵池的上层（沉淀槽）；

5—双层生物发酵池的下层（消化池）；6—药物消毒池；7—排水沟出口铁箅平面图

（王雪敏：《动物性食品卫生检验》，2002 年）

（3）适用范围。厌氧消化法污水处理系统适用于高浓度的有机污水和污泥的处理。

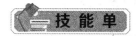 **技 能 单**

一、材料与设备

屠宰加工企业、资料单、白大褂、帽、口罩、长筒胶靴、记录本。

二、方法与步骤

（1）提供屠宰加工企业厂房与设施卫生要求资料单。
（2）提供屠宰加工场所的卫生要求资料单。
（3）提供屠宰污水的净化处理资料单。
（4）根据要求在教师的指导下针对所在地定点屠宰厂进行如下项目实地考察。
①选址、厂区布局。
②屠宰加工场所卫生情况（宰前饲养管理场、病畜隔离圈、急宰车间、候宰圈、屠宰加工车间）。
③供水系统和污水处理系统。
④该企业的生产管理情况。

三、实训报告

根据实地考察调研情况写出调研报告，要求分析讨论企业存在的问题并提出整改措施。

作 业 单

查阅资料完成如下作业。
一、名词解释
1. 经常性消毒　2. 临时性消毒　3. 无害化处理
二、填空
1. 宰前饲养管理场，是对屠畜禽实施（　　）、（　　）和（　　）的场所。
2. 病畜隔离圈的用具、设备、粪便运输工具等必须（　　）。
3. 屠宰加工车间以单层建筑为宜。在中型屠宰加工车间的柱距不宜小于（　　），单层宜采用较大跨度，净高不得低于（　　）。
4. 屠宰加工企业各车间的消毒，包括（　　）和（　　）两种。
5. 自动悬挂传送带的输送速度，应每分钟通过（　　）头，挂猪间距应大于（　　）。
6. 活性污泥处理系统中污水在初次沉淀池内一般停留（　　）h，目的在于除去（　　）。
7. 活性污泥处理系统中经过曝气处理之后的污水，在二次沉淀池内停留（　　）h，目的是使被处理的（　　）分离。
三、选择
1. 候宰圈的大小应以能圈养（　　）屠宰加工所需的畜禽数量为准。
A．1 d　　　　　　　B．3 d　　　　　　　C．2 d　　　　　　　D．4 d
2. 病畜隔离圈容量不应少于宰前饲养管理场总畜量的（　　）。
A．10%　　　　　　B．5%　　　　　　　C．1%　　　　　　　D．7%
3. 活性污泥处理系统采用（　　）的方法。
A．隔离　　　　　　B．分离　　　　　　C．沉淀　　　　　　D．曝气

4．对运输途中未发现传染病的运输工具，清扫后用（　　）水冲洗即可。

A．85 ℃～90 ℃　　　　B．60 ℃～70 ℃　　　　C．100 ℃　　　　　D．90 ℃以上

5．由化制间（站）排出的污水，不得直接通入下水道或河流、湖泊，必须经过一系列净化处理之后，测定其（　　）符合国家规定标准时，方可排入卫生防疫部门许可的排水沟内。

A．溶解氧　　　　　　B．化学耗氧量　　　　C．生化需氧量　　　　D．pH 值

6．无害化处理适用于（　　）。

A．污水　　　　　　　　　　　　B．染疫动物

C．运载动物产品的车辆　　　　　D．染疫动物产品

E．被污染的垫料

四、简答

1．屠宰污水处理的方法和机理是怎样的？

2．常用屠宰污水处理系统有几种类型？说明其使用条件。

五、课外能力拓展

1．查阅资料，学习开展调研工作的方法。

2．根据调研报告的写作格式及实地考察调研情况写出调研报告，要求分析讨论企业存在的问题并提出整改措施。

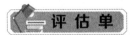

评　估　单

【评估内容】

通过调研报告考查学生对屠宰加工企业卫生要求知识的掌握和运用情况。

考核内容	考核方法	评分等级及标准
定点屠宰场参观调研	调研报告	优：能够根据实地考察情况写出调研报告，详细分析企业存在的问题，并提出有针对性的合理化整改措施 良：能够根据实地考察情况写出调研报告，分析企业存在的问题，提出有针对性的整改措施 及格：能够按要求完成调研内容，但报告的针对性不强，需进一步修改 不及格：不能按要求完成调研报告

【评估方法】

为考核团队协作能力和互助学习精神，以小组为单位进行调研，但要求每人单独写一份调研报告，以评估观察、分析、解决生产实际问题的能力，同时评价调研报告的写作水平。

备注：项目三任务一学习情境占模块一总分的 3%。

任务二　肉食品加工企业参观调研

【重点内容】

肉食品加工企业的卫生要求。

【教学目标】

1．知识目标

通过调研掌握肉食品加工企业的卫生要求。

2．技能目标

能根据卫生要求，对肉食品加工企业实施卫生监督，并能针对企业存在的问题提出整改措施；通过实训及教师的指导，熟练掌握开展调研工作的方法。

资 料 单

一、肉食品加工企业卫生要求

（一）分割肉车间卫生要求

分割肉车间是肉类加工企业的一个重要车间，包括暂存胴体的冷却间、分割肉加工车间、成品冷却间、包装间、用具准备间、包装材料暂存间，有时还有工人的专用淋浴间。分割肉车间和屠宰车间相连，后端连接冷库。

1．建筑

地面用不透水材料建造，有一定的坡度。内墙用瓷砖、大理石等容易清洗和消毒的材料。墙壁贴面到顶，墙壁其他部分和顶棚喷涂白色无毒涂料或者无毒塑料，所有拐角处建成弧形。窗户高度以 2 m 为佳，窗台有 45°倾斜。门窗都有防蝇、防蚊、防虫设施。门有风幕或水幕。

2．采光

以人工照明为主，要求达到 130 ～ 140 lx，开关不设明拉线。

3．噪声

为了减少噪声，将冷风机和分割间隔开，换风系统和吸风口要有空气过滤装置。

4．温度、湿度和风速控制

室温保持在 10 ℃～ 20 ℃，设置空调，配置自动温度测定仪和自动记录仪。湿度保持在顶棚和风道都不能结露滴水。操作区平均风速为 0.1 ～ 0.2 m/s。

5．机械、用具

传送装置用不锈钢或无毒塑料制品。加工机械便于拆卸、清洗消毒。车辆、用具和容器及操作台面采用不锈钢或者无毒塑料制造，不得使用竹子和木材器具。切割电锯有防噪声措施，要求达到国家标准，用 82 ℃热水定时消毒。饮用水、非饮用水和消毒用的 82℃热水管道应标记为不同色彩。

6．清洁和消毒

车间入口处设置靴子和洗手、干手设备。分割肉车间备有冷水、热水、消毒液，便于洗手、消毒。每个操作台设置一个刀具消毒器，消毒器可以使用 82 ℃以上的热水或化学消毒剂，每天工作结束时，用 82 ℃以上热水消毒地面和工作台。

（二）冷库卫生要求

1．建筑

冷库选择的地址应远离污染源。防霉、防鼠、设备卫生及安全问题是修建冷库时首先要考虑的问题。冷库建筑时地基打深，用石头和混凝土铸成，库内墙里应有 1 m 高的护墙铁丝网，设冷却间、包装间和包装材料间、冷冻间、冷藏间四部分。

2．设施

每个冷冻间的门口设置防鼠挡板。冷却肉冷藏库的内墙最好用防霉涂料涂布。库内照明应加保护罩。吊轨要防止生锈落屑，滑轮加油量要适中，以免油污滴在肉上。冷库内的架子、钩子、冷冻盘、小车等用具和设备应用不锈钢制成或镀锌防锈。库内垫板要清洁，定期更换洗刷，晾晒灭菌。冷库的安全措施要齐全，应有防走电、防火、防跑氨和报警等设施。

3．管理

（1）冷却间。温度控制在 –2 ℃～4 ℃或0 ℃～4 ℃；冷却终了时，肉的中心温度应在7 ℃左右；网架式冷却架用不锈钢制造，保持清洁卫生，无霉变，并定期进行消毒。

（2）包装间和包装材料间。包装间温度控制在7 ℃～10 ℃，保持清洁、干燥、无霉；包装材料间和包装间紧密相连，包装材料清洁、干燥，符合卫生要求；包装箱上的品名、质量、生产日期、工厂名称、注册代号都必须清楚，印在正确的位置，符合买主的要求。

（3）冷冻间。温度控制在 –35 ℃～ –18 ℃，相对湿度为90%；地面光滑，墙壁铺设瓷砖，有排水设备。

（4）冷藏间。温度控制在 –18 ℃，相对湿度为90%～95%；冻藏时，一般采用品字形的堆垛方式，以节省冷库容积，要求垛与垛、垛与墙、垛与顶排管均应留有一定的距离。

（5）操作要求。冷库生产管理人员必须做好个人防护。操作过程中要防止胴体落地，如果落地要进行卫生处理。堆码与进出库搬动时不得用鞋踩踏冻肉，要坚持先进先出，以防肉品变质。冷库每次出完肉后要彻底打扫卫生，清除冰霜，工具、车辆用热碱水清洗消毒，冷库每年应消毒1～2次，走道要经常清扫。冷库内有霉菌生长或有鼠害时，应立即采取措施。不符合卫生要求的肉，一律禁止入库或出库。

（三）肉制品加工车间卫生要求

1．熟肉制品的加工卫生要求

（1）原料。原料肉必须来自健康畜禽，并经兽医卫生检验合格；加工熟肉制品的作料必须符合《食品安全国家标准　食品添加剂使用标准》（GB 2760—2014），凡有霉变或质量达不到卫生要求的辅料都不能用来生产熟肉制品；加工车间的生产用水，必须符合我国《生活饮用水卫生标准》（GB 5749—2006）。

（2）加工过程。加工车间的地面和墙壁应用不渗水的材料建成，要有良好的防鼠、防蝇、防虫措施；原料整理与熟制过程的设备和用具必须严格分开，并有专用冷藏间；原料肉整理间应有热水消毒池，水温保持在82 ℃以上，有冷、热水洗手装置；一切生产用具均应用不生锈的合金制成，台板用不生锈的合金板包面，所有生产用具要求清洁卫生；生产过程中原料肉和作料要求用清洁的容器盛放，不得堆放在地板上，加工过程中落地的原料肉须经彻底清洗后才能继续加工；在熟制过程中应严格遵守操作规程，必须做到烧熟煮透。

（3）产品保存、发送和接收。熟肉制品在发送或提取时，要求由专人对车辆、容器及包装用具等进行检查，运输过程中要防止污染，长距离运输时要采用带有制冷设备的专用车辆；销售单位在接收时应严格检验，对不符合卫生质量的熟肉制品应拒绝接收，销售时注意用具及销售人员的卫生，减少熟肉制品受到污染；除肉干等脱水熟肉制品外，要以销定产，随产随销，做到当天生产当天销售，除真空包装的产品和熏制品外，其他熟制品隔夜回锅加热，夏季存放不超过12 h，若生产量大必须贮藏时，应在0 ℃左右存放，销售前尽量进行相关卫生指标的检验。

（4）工作人员。所有加工熟制品的操作人员，按卫生制度保持个人卫生，定期进行健康检查，凡肠道传染病患者及带菌者都不得参与熟肉制品的生产与销售工作。

2．腌腊肉制品的加工卫生要求

（1）原料。原料肉必须来自健康畜禽，并经卫生检验人员检验合格，患有传染病及放血不良的畜禽肉不能加工腌腊肉品；腌制前原料肉必须充分风凉，以免在产生盐渍作用前就发生自溶或变质，加工过程中必须割净伤痕和淤血部分；腌腊肉品所用的各种辅料（如食盐、香料、酱油等）必须符合卫生质量标准。

（2）加工过程。保持腌制室和制品保藏室的适宜温度和清洁卫生，腌制室的温度应保持在0 ℃～5 ℃之间，室内要求清洁、干燥、通风，并采取有效的防蝇、防鼠、防虫等措施，所有用于腌制的设备和工具等都必须保持清洁卫生，用过的腌缸要及时用热水清洗、消毒后才能再次使用；成品验收质量检验人员要对成品进行品质规格和卫生质量的检验，合格者加盖检印，各种腌腊肉品有不同的规格要求和分级。

（3）工作人员。所有加工腌制品的人员应定期检查身体，有传染病、肠道类疾病和化脓性外科疾病者不准参加制造腌制品的加工；加工过程中应注意个人卫生，工作服和手套应经常保持清洁。

3．肉类罐头的加工卫生要求

（1）原料。原料肉必须来自非疫区的健康畜禽，并经卫生人员检验合格后才能用于生产罐头，凡是病畜禽肉、急宰畜禽肉、放血不良畜禽肉及复冻的畜禽肉，都不能用来生产罐头；生产肉类罐头的所有辅料，都必须符合国家卫生标准，任何发霉、生虫及腐败变质的辅料，都不能用来制作罐头食品；生产用水必须符合《生活饮用水卫生标准》（GB 5749—2006）的要求。

（2）原料预处理。原料肉应保持清洁卫生，不得随意乱放；不同的原料肉应分别处理，如刚屠宰的热鲜肉应及时进行充分的冷却，以免在加工前发生自溶或腐败变质，用于生产罐头的冷冻肉最好采用缓慢解冻法解冻；原料加工前必须用流水彻底清洗干净，经处理后的肉不得带有小毛、外伤、淤血、奶脯、淋巴结等；原料肉经预煮漂烫处理后，须迅速冷却至要求的温度，并快速投入下一道工序，防止堆积，以免造成微生物的生长繁殖。

（3）加工过程。加工过程中，原料、半成品、成品等处理工序必须分开，防止互相污染。

（4）工作人员。工作人员调换工作岗位有污染食品可能时，必须更换工作服，洗手并消毒。

二、肉食品加工企业供水、污水卫生要求

1．供水（上水）卫生要求

水源：泉水、井水或流动地面水。物理性状：透明、无沉淀，无色、无异臭味。化学性状：化学物质含量不超标，不应有放射物。生物学性状：细菌污染符合相关国家卫生标准。

2．污水（下水）卫生要求

污水必须净化处理才允许排放，主要采取物理性预处理、生物处理（好氧、厌氧）、消毒处理三个步骤。

一、材料与设备

肉食品加工企业、资料单、白大褂、帽、口罩、长筒胶靴。

二、方法与步骤

（1）提供肉食品加工企业卫生要求资料单。

（2）提供肉食品加工企业上下水卫生要求资料单。

（3）在教师的指导下针对所在地肉食品加工企业进行如下项目实地考察。

①选址、厂区布局。

②分割肉车间（暂存胴体冷却间、分割肉加工车间、成品冷却间、包装间、用具准备间、包装材料暂存间）、冷库、肉制品加工车间的卫生状况。

③供水系统和污水处理系统。

④该企业的生产管理情况。

三、实训报告

了解肉食品加工企业建筑结构、卫生设施及管理情况，根据实地考察调研情况写出调研报告，要求分析讨论企业存在的问题并提出整改措施。

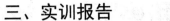

作 业 单

填空

1. 分割肉车间是肉类加工企业的一个重要车间，包括暂存胴体的（　　）、（　　）、（　　）、（　　）、（　　）、（　　），有时还有分割工人的（　　）。
2. 冷库包括（　　）、（　　）、（　　）。
3. 包装间温度控制在（　　）。
4. 加工熟肉制品的作料，必须符合（　　）。

评 估 单

【评估内容】

进行肉食品加工企业参观调研，通过调研报告考查学生对肉食品加工企业卫生要求知识的掌握和运用情况，同时评价学生调研报告的写作能力。

考核内容	考核方法	评分等级及标准
肉食品加工企业参观调研	调研报告	优：能够根据实地考察情况写出调研报告，详细分析企业存在的问题，并提出有针对性的合理化整改措施 良：能够根据实地考察情况写出调研报告，分析企业存在的问题，提出有针对性的整改措施 及格：能够按要求完成调研内容，但报告的针对性不强，需进一步修改 不及格：不能按要求完成调研报告

【评估方法】

为考核团队协作能力和互助学习精神，以小组为单位进行调研，但要求每人单独写一份调研报告，以评估观察、分析、解决生产实际问题的能力，同时评价调研报告的写作水平。

备注：项目三任务二学习情境占模块一总分的 3%。

项目四　生猪的收购、运输和屠宰检疫技术

任务一　生猪的收购、运输检疫技术

【基本概念】

运输热、猪应激综合征（PSS）、猝死综合征、运输病

【重点内容】

1. 收购、运输检疫的程序。
2. 运输过程中的动物福利。
3. 运输过程中的兽医卫生监督。

【教学目标】

1. 知识目标

掌握疫区确定的方法，生猪收购、运输检疫的程序；熟悉生猪收购、运输过程中的兽医卫生监督要求；了解生猪运输过程中的动物福利和常发运输性疾病的预防措施。

2. 技能目标

能够根据收购、运输检疫要求，正确完成收购、运输检疫操作。

资料单

一、收购检疫

（一）收购检疫程序

1. 做好收购前的准备工作

确定收购站点后，应该深入该地区，向当地畜牧兽医站、兽医、饲养员了解各种牲畜定期检疫、预防接种、饲养管理及有无疫情等情况，通过调查分析确认为非疫区时方可设点收购。按照卫生要求和精简节约的原则，收购站应备好存放健康牲畜和隔离病畜的圈舍及必需的饲养管理用具，使收购来的牲畜能及时妥善安置，得到合理的饲养管理。牲畜收购人员的工作应有明确分工，可分为检疫、司秤、饲养保管及押运等。从收购到将牲畜运输到目的地的整个过程都应有专人负责，兽医人员应对整个收购工作进行技术指导。

2. 开展收购检疫和管理工作

为了避免误购病畜造成疫病传播，要采取严格的检疫措施。收购牲畜时应逐头检疫，先进行一般检查，再进行详细检查。在收购检疫中发现患病动物，应就地按章妥善处理，不允许将病畜调运至其他地方。如发现恶性传染病时，则应立即向有关部门报告疫情，同时制定并实施控制传染源扩散的措施。原则上有病和瘦弱的动物坚决不收。

购入的牲畜应当按牲畜来源分类、分批、分圈饲养，不得混群圈养。注意经常进行场地圈舍清扫消毒。在饲养期间尽力保障牲畜安全和正常的采食、休息，防止受伤、发病和掉

膘。要做到"八不"和"四防"，即不打、不踢、不渴、不饿、不晒、不冻、不挤、不打架和防风雨、防霜雪、防惊吓、防暴食。

购入的牲畜达到足够调运数量时应及时运出，避免在收购地点长期圈养。及时转运是降低经营费用、减少意外损失的关键，除发生特殊情况外，购入的牲畜在收购站停留时间不超过 3 d。

3．申报检疫证明

收购的屠畜在调出产地前，畜主须提前 3 d 向所在地动物卫生监督机构报检。

（二）检疫证明核发办理程序

官方兽医接到报检后对收购的屠畜实施临栏检疫。实施临栏检疫时，首先要了解当地疫情，确定动物饲养地是否为非疫区，查看免疫档案，查验畜禽标识，检查按国家或地方规定必须强制预防接种的项目，如口蹄疫、禽流感、鸡新城疫、猪瘟、高致病性猪繁殖与呼吸障碍综合征，检查收购的屠畜是否处于免疫有效期内，然后对收购的屠畜实施群体检查和个体检查，最后对检疫结果进行处理。

经检疫不合格的，下发《检疫处理通知单》；发现动物传染病时，隔离动物，并立即向当地兽医管理部门报告；按照国家相关规定对患病动物实施生物安全处理；对污染场地、用具实行严格消毒。

被检动物来自非疫区、临床检查健康、免疫在有效期内、规定的实验室检验项目结果为阴性时，官方兽医监督货主或承运人对运载动物的车辆、装载用具进行清扫、冲刷，并用规定的药物对运载车辆、装载用具、污染场地进行消毒，由官方兽医出具《动物检疫合格证明》。《动物检疫合格证明》核发办理程序如图 1-6 所示。

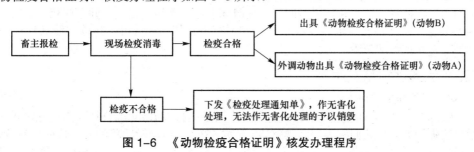

图 1-6　《动物检疫合格证明》核发办理程序

二、运输检疫

（一）运输过程中的动物福利

1．动物福利的意义

动物福利是提倡人们善待动物，实现人与自然的和谐，体现人类社会的文明，同时，也是动物产品安全的需要。

2．动物福利的组成要素及现状

动物福利由生理福利、环境福利、卫生福利、行为福利和心理福利五个要素组成。动物福利是保证动物与环境协调一致的精神和生理完全健康的状态，包括保证动物无任何疫病、无行为异常、无心理紧张、无压抑和痛苦等状态。随着现代畜牧业生产规模化、集约化水平不断提高，动物饲养密度不断增大，生产效率在进一步提高的同时，屠畜福利却存在不同程度的恶化。

3．屠畜福利恶化的危害

一方面表现在生产性能上，如高密度增大了疫病的感染机会，也增加了圈舍内有害气体的浓度和个体损伤的机会，限位饲养常常使屠畜行为异常和怪癖，日增重下降，产奶量降低和患病率升高（如牛乳房炎、肢蹄病等）。

另一方面表现在屠畜产品质量的下降，如运输过程中对活畜的驱赶、棒打及宰前饲养管理环境条件恶劣、畜禽拥挤，往往造成屠畜禽伤痛、恐惧、饥渴或混群后的争斗导致皮肤、胴体外伤、骨折，以及 DFD（Dark，Firm and Dry）肉、PSE 肉。因此，在运输过程中应关注屠畜禽的动物福利。

4．动物福利对屠畜运输的要求

动物福利应包含在屠畜饲养、放牧、运输、交易和屠宰的全过程，动物福利对屠畜运输方面提出的具体要求如下：

（1）对运输者的要求。动物运输尤其是长途运输时，运输者必须预先考虑到动物在运输中可能受到的痛苦和不安。出发前，需要考虑的问题：不用外力，动物能否自行上车；在运输途中动物如果一直站立，能否承受自己的体重；运输的时间是多长；运输工具是否合适；动物在运输途中是否能得到令人满意的呵护等。在运输途中要对动物进行照料和检查。驾驶员应谨慎，保持车的平稳，避免急刹车，转弯的时候要尽可能慢。

（2）对运输工具的要求。运输工具要达到一定的标准，如安装必要的温度、湿度和通风调节设备，地板要平坦但不光滑，车的侧面不能有锋利的边沿和突出部分，不能完全密封，地板的面积要足够大，使动物能舒服地站着或正常休息，不至于过度拥挤；运输工具要进行消毒，动物的粪便、尿液、尸体和垃圾要及时清除，以保持运输工具的清洁卫生。动物福利规定了最大装载密度和装载方法。运输工具上要有足够的水和饲料。

（3）对运输时间的要求。选择恰当的运输时间，高温天气容易造成动物在运输途中的高死亡率，要在凉快的清晨或傍晚甚至在晚上进行运输，尤其是运输猪的时候。动物福利规定了最长的运输、休息、饮水和饲喂时间，在途时间要尽可能短，运输时间不应超过 8 h。

（4）其他要求。活畜运输者要经过登记和国家主管部门的认可，运输路线计划要经主管部门批准，禁止运输幼畜等。

（二）运输过程常发疾病

1．猪应激综合征（PSS）

猪应激综合征是猪对应激刺激过度敏感而发生的一种应激敏感综合征（简称 PSS）。对应激刺激反应强烈的猪被人们称为应激敏感猪（简称 SSP）。应激敏感猪的外观特征是四肢较短，后腿肌肉发达，腿粗呈圆形，皮肤坚实，脂肪薄，易兴奋，好斗，后躯和尾根易发生特征性颤抖，追赶时呼吸急促、心跳亢进，皮肤有充血斑、紫斑，眼球突出，震颤。

猪应激综合征（PSS）常见的有以下五种情况：

（1）急性心衰死亡。急性心衰死亡又称心死病，多见于产肉性能高的 8 周龄～7 月龄猪，以 3～5 月龄猪最为常发，往往是在无任何先兆的情况下突然死亡。剖检心肌具有苍白、灰白或黄白色条纹或斑点，心肌变性。

（2）PSE 肉。PSE 肉又称白肌或水煮样肉。特征为肌肉颜色淡白、质地松软、保水性能差，肌肉切面有较多的肉汁渗出。首先病变多发生于背最长肌、半膜肌、半腱肌、股二头肌等，其次为腰肌、臂二头肌、臂三头肌，病变呈左右两侧对称性变化。

（3）DFD 肉。DFD 肉又称干黑肉。特征为肌肉颜色暗红，质地粗硬，切面干燥。病变常发生于股部肌肉和臀部肌肉。

（4）背肌坏死（BMN）。背肌坏死主要发生于 75～100 kg 的成年猪，是应激综合征的一种特殊表现，并与 PSE 有相同的遗传病理因素。患过急性背肌坏死的猪的后代也可自发地发生本病，病猪表现为双侧或单侧背肌肿胀，但无疼痛反应，有的最后死于酸中毒。

（5）腿肌坏死。腿肌坏死病理变化为急性浆液性—坏死性肌炎。腿肌坏死与 PSE 肉在外观上相似，用肉眼难以区别。宰后 45 min 后 pH 值在 7.0～7.7 及以上，色泽苍白，质地较硬，切面多汁。腿肌坏死主要发生于猪后腿的半腱肌和半膜肌。

2．猪胃溃疡

猪胃溃疡是由各种因素引起的急性或慢性应激性疾病。屠宰检疫中以急性胃溃疡为多见。引发急性胃溃疡的主要原因是运动、饲养拥挤、惊恐等慢性应激刺激及单纯饲喂配合饲料尤其是精细颗粒饲料，引起肾上腺皮质机能亢进，导致胃酸分泌过多而使胃黏膜受损，同步检疫时可见胃食道黏膜皱褶减少，出现不完全角质化、急性糜烂和溃疡等病变。

3．运输热

屠畜在运输中，由于天气炎热、处在过度拥挤通风不良的车厢里，饲喂、饮水不当，出现一系列高温症状。猪发病较多，大猪、肥猪表现尤为明显，体温高达42 ℃～43 ℃，呼吸、脉搏加快，精神沉郁，黏膜发紫，全身颤抖，有时发生呕吐。运输中，往往被其他猪挤压而死。宰后检查可见大叶性肺炎，小叶间隔增宽、浆液性浸润，有时出现急性肠炎等病理变化。

4．运输病

在捕捉和运输等应激因素的作用下，猪的抵抗力降低，诱发猪嗜血杆菌感染，出现以多发性浆膜肺炎为特征的运输病。运输病的临床特征是运输后第3～7 d发病，表现为中度发热（39.5 ℃～40 ℃），食欲不振，倦怠，经1 d～1周自愈，或恶化而死亡。特征性病变为全身浆膜炎，以心包膜和胸膜肺炎发生率最高。

5．猝死综合征

猝死综合征是屠畜受到强烈应激源的刺激，心肌过度强烈收缩，导致心脏跳动停止而突然死亡，猝死综合征是应激反应最严重的形式。

6．猪咬尾症

高度集约化饲养和饮水、饲料不足等条件下易诱发猪的咬尾癖。咬尾癖猪的临床特征是对外界刺激敏感，凶恶，食欲不振等。被咬猪受伤部位易形成化脓灶，从尾椎管向前蔓延，损伤脊髓而使猪死亡。

（三）运输性疾病的预防

屠畜应激性疾病对屠宰加工企业可造成严重的经济损失，应采取如下综合性措施进行预防：

（1）加强运输前饲养管理。在饲料中添加维生素和矿物质，避免高温、高湿和拥挤。运输前对应激敏感猪只使用安全、吸收快、不易残留的抗应激药物等。

（2）做好运输管理。运输途中保障屠畜运输福利。

（3）选育抗应激品种动物。

（四）运输过程中的兽医卫生监督

1．启运监督

动物防疫监督机构有权对动物运输依法进行监督检验。赶运或经铁路、公路、水路、航空运输的屠畜，在启运前须经兽医人员检查，病、弱和有严重外伤的屠畜，一律不得启运。检疫合格的屠畜需开具检疫合格证方能启运。托运人必须提供检疫证明方可托运，承运人必须凭检疫证明方可承运。

到达车站码头后，待休息2～3 h后，进行逐头检查、测温，并争取在6 h以内装上车船。押运人员应呈交检疫证明文件，如检疫证件是当天填发者，车站、码头的官方兽医只做抽查复验，不必详细检查；如果无检疫证明文件，或牲畜数目、日期与检疫证明记载不符而又未注明原因的，或畜群来自疫区，或到站后发现有疑似传染病畜及死畜时，则必须彻底查明疑点，确定安全时才可允许装运。

2．运输监督

（1）运输途中发现病、死畜或可疑病畜的处理方法。运输途中押运人员应认真观察屠畜情况，发现病、死畜或可疑病畜时，立即隔离到车船一角，进行消毒，并将发病情况报告车船负责人，以便与有兽医机构的车站、码头联系，及时卸下病、死畜，在当地兽医的指导下妥善处理。绝对禁止随意急宰或在沿途、内河乱抛尸体，也不得任意出售或带回原地。必要时兽医有权要求装运屠畜的车船开到指定地点进行检查，监督车船进行清扫、消毒处理。

（2）运输途中发现传染病时应采取的措施。运输过程中，如发现恶性传染病及当地已扑灭或从未流行过的传染病时，应遵照有关防疫规程采取措施，防止扩散。妥善处理畜尸及污染场所、运输工具，同群牲畜应隔离检疫，注射相应的疫苗血清，待确定正常、无散播危险时，方准运出或屠宰。

（3）运输过程中发现传染病时运输工具的处理程序。发现一般传染病或疑似传染病时运输工具必须洗刷后消毒。发现恶性传染病时要进行两次以上消毒，运输工具处理的程序是：清扫粪便，污物集中烧毁，用热水将车厢彻底清洗干净后，用10%漂白粉或20%石灰乳、5%甲酚皂溶液、3%热苛性钠等消毒，各种用具也应同时消毒，消毒后经2～4 h，再用热水洗刷一次，即可使用。

3．到场监督

到达目的地后，押运人员应呈交检疫证明，如检疫证件是3 d内填发的，抽查复检即可，不必详细检查。如无检疫证明文件，或畜禽数目、日期与检疫证明记载不符而又未注明原因的，或畜群来自疫区，或到站后发现有疑似传染病畜及死畜时，必须仔细查验畜群，查明疑点，做出妥善的处理。装运屠畜的车、船卸完后须立即清除粪便和污垢，用热水洗刷干净。

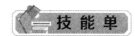

一、实训目标

掌握疫区确定的原则，模拟屠畜禽的收购、运输检疫场景，并实施模拟操作。熟悉收购检疫的标准及收购运输过程的兽医卫生监督程序，能够正确进行收购检疫和运输检疫。

二、材料与设备

校内牧场、资料单、检疫箱（包）、体温计、听诊器、采样（血、粪、尿）工具及容器、载玻片、盖玻片等。

三、方法与步骤

（1）观看收购运输检疫的多媒体课件或视频，并对课件或视频资料内容进行评估。

（2）在校实习牧场模拟收购、运输检疫场景，并分组实施模拟操作。

①了解疫情。确定收购站点后，兽医人员向实习牧场兽医、饲养员了解各种牲畜定期检疫、预防接种、饲养管理及有无疫情等情况，通过调查分析确认为非疫区时，设点收购。

②进行物质准备和人员准备。收购站备好存放健康牲畜和隔离病畜的圈舍及必需的饲养管理用具。确定收购人员并明确分工：检疫、司秤、饲养保管及押运等。整个过程都有专人负责，兽医人员进行技术指导。

③分组模拟实施收购检疫。为避免误购病畜而造成疫病传播，收购畜禽时应逐头检疫，先进行一般群体检查（先静态检查，再动态检查，后检查饮食状态），再对可疑病态动物进行个体检查（主要包括体温检测、精神状态观察、可视黏膜检查、排泄检查、毛皮检查、体表淋巴结检查、呼吸检查和脉搏检查等）。原则上患病动物、瘦弱动物坚决不收，并就地按章妥善处理，不允许将病畜调运至其他地方。模拟发现恶性传染病时，采取的相应处理措施。

④采取病料送检。为了确定检疫对象，应根据实际情况采取血液、尿液、水疱皮、水疱液和分泌物等病料送检。

⑤根据检验结果向检疫部门申请开检疫证明。

⑥检疫部门根据检疫情况给出检疫结果，结果有合格和不合格两种。对前者，检疫部门出证放行；对后者，进行无害化处理。

四、实训报告

根据分组模拟操作写出实训报告，要求分析操作中存在的问题并提出整改措施。

作业单

1. 作为收购随车兽医，你准备如何开展生猪的收购、运输技术指导工作？

2. 作为动物卫生监督机构的官方兽医，你接到报检后准备如何对报检的生猪实施临栏检疫？

3. 作为定点屠宰场的官方兽医，当收购的生猪到场后，你准备如何开展生猪的入场验收工作？

评估单

【评估内容】

一、名词解释

1. 运输热　2. 猪应激综合征（PSS）　3. 猝死综合征　4. 运输病　5. PSE 肉

二、填空

1. 动物福利由（　　）、（　　）、（　　）、（　　）、（　　）五个要素组成。动物福利应包含在屠畜（　　）、（　　）、（　　）、（　　）、（　　）的全过程中。

2. 猪运输过程中常发疾病有（　　）、（　　）、（　　）、（　　）、（　　）、（　　）。

3. 猪应激综合征（PSS）临床常见情况有（　　）、（　　）、（　　）、（　　）。

4. 收购检疫的程序分别是（　　）、（　　）、（　　）。

【评估方法】

用笔试法评估，采用百分制进行评价。

备注：项目四任务一学习情境占模块一总分的 3%。

任务二　收购、运输检疫证明的申报与填写

【基本概念】

疫区、非疫区

【重点内容】

1. 产地检疫、运输检疫的出证条件。

2. 检疫证明的填写要求。

【教学目标】

1．知识目标

掌握收购、运输检疫的出证条件和检疫证明的填写要求。

2．技能目标

能够根据案例和收购、运输检疫结果，正确开具检疫证明。

一、产地检疫出证条件

（1）被检动物来自非疫区。所谓疫区，就是指发生严重的或当地新发现的动物疫病时，由县级以上农牧行政部门划定，并经同级人民政府发布命令，实行封锁的地区。所谓非疫区，即安全区，是指没有发生动物疫病的地区。

（2）被检动物临床检查健康。

（3）被检动物免疫接种在有效期内。

（4）被检动物进行规定实验室检验项目结果为阴性。

（5）运载动物的车辆、装载用具已进行清扫、冲刷，并用规定的药物进行消毒。

对合格动物，出省境者签发《动物检疫合格证明》（动物 A），省境内签发《动物检疫合格证明》（动物 B）（农医发〔2010〕44 号）。

对不合格动物，签发《检疫处理通知单》（农医发〔2010〕44 号）。

二、运输检疫出证条件

运输检疫是指动物在启运前或运输途中接受当地动物卫生监督检查站的监督检查，即抽检、补检或重检，动物卫生监督检查站对合格动物在《动物检疫合格证明》上签章，对补检动物出具《动物检疫合格证明》，对不合格动物签发《检疫处理通知单》，并按规定对动物进行无害化处理。运输途中，货运单位或个人不得随意宰杀、出售有病动物及病死动物，不准沿途抛弃病死动物、粪便、垫草和污物，要求在当地动物防检人员监督下，在指定地点由货主按规定进行无害化处理。铁路、码头、机场和交通要道上设置的动物卫生监督检查站要严格把关，负责陆路、水运、空运和过往运输的动物、动物产品的检疫。

一、材料与设备

资料单、案例、《动物检疫合格证明》（动物 A）、《动物检疫合格证明》（动物 B）、《检疫处理通知单》。

二、方法与步骤

（1）根据案例填写出省境《动物检疫合格证明》（动物 A）与《检疫处理通知单》。

动物检疫合格证明（动物 A）   编号：

货主		联系电话	
动物种类		数量及单位	
启运地点	省　　　　市（州）　　　　县（市、区）　　　　乡（镇）　　　　村 （养殖场、交易市场）		
到达地点	省　　　　市（州）　　　　县（市、区）　　　　乡（镇）　　　　村 （养殖场、交易市场）		
用途		承运人	联系电话
运输方式	□公路　□铁路　□水路　□航空	运载工具牌号	
运载工具消毒情况	装运前经＿＿＿＿＿＿＿消毒		
本批动物经检疫合格，应于＿＿＿＿＿日内到达有效。 官方兽医签字：＿＿＿＿＿ 签发日期：　　年　　月　　日 　　　　　　　　　　　　　　　　　　（动物卫生监督所检疫专用章）			
牲畜耳标号			
动物卫生监督检 查站签章			
备注			

填写要求：

1. 适用范围

用于跨省境出售或者运输动物。

2. 项目填写

编号："年号 +6 位数字顺序号"，以县为单位自行编制。

货主：货主为个人的，填写个人姓名；货主为单位的，填写单位名称。

联系电话：填写移动电话；无移动电话的，填写固定电话。

动物种类：填写动物的名称，如猪、牛、羊、马、骡、驴、鸭、鸡、鹅、兔等。

数量及单位：数量和单位连写，不留空格。数量及单位以汉字填写，如叁头、肆只、陆四、壹佰羽。

启运地点：饲养场（养殖小区）、交易市场的动物填写生产地的省、市、县名和饲养场（养殖小区）、交易市场名称；散养动物填写生产地的省、市、县、乡（镇）、村名。

到达地点：填写到达地的省、市、县名，以及饲养场（养殖小区）、屠宰场、交易市场或乡（镇）、村名。

用途：视情况填写，如饲养、屠宰、种用、乳用、役用、宠用、试验、参展、演出、比赛等。

承运人：填写动物承运者的名称或姓名；公路运输的，填写车辆行驶证上法定车主名称或名字。

联系电话：填写承运人的移动电话或固定电话。

运输方式：根据不同的运输方式，在相应的"□"内画"√"。

运载工具牌号：填写车辆牌照号及船舶、飞机的编号。

运载工具消毒情况：写明消毒药名称。

到达时效：视运抵到达地点所需时间填写，最长不得超过 5 天，用汉字填写。

牲畜耳标号：由货主在申报检疫时提供，官方兽医实施现场检疫时进行核查。牲畜耳标号只需填写顺序号的后三位，可另附纸填写，并注明本检疫证明编号，同时加盖动物卫生监督所检疫专用章。

动物卫生监督检查站签章：由途经的每个动物卫生监督检查站签章，并签署日期。

签发日期：用简写汉字填写，如二〇一二年四月十六日。

备注：有需要说明的其他情况可在此栏填写。

检疫处理通知单

编号：

按照《中华人民共和国动物防疫法》和《动物检疫管理办法》有关规定，你（单位）的_____经检疫合格，根据_____之规定，决定进行如下处理：

一、_____

二、_____

三、_____

四、_____

动物卫生监督所（公章）

年　月　日

官方兽医（签名）：

当事人签收：

填写要求：

1. 适用范围

用于产地检疫、屠宰检疫发现不合格动物和动物产品的处理。

2. 项目填写

编号："年号+6位数字顺序号"，以县为单位自行编制。

检疫处理通知单应载明货主的姓名或单位。

检疫处理通知单应载明动物和动物产品种类、名称、数量，数量应大写。

引用国家有关法律法规应当具体到条、款、项。

要写明无害化处理方法。

（2）根据案例填写省境内《动物检疫合格证明》（动物 B）（农医发〔2010〕44号）。

动物检疫合格证明（动物 B）　编号：

货主			联系电话			
动物种类		数量及单位		用途		第
启运地点	市（州）　县（市、区）　乡（镇）　村（养殖场、交易市场）					联
到达地点	市（州）　县（市、区）　乡（镇）　村（养殖场、屠宰场、交易市场）					共
牲畜耳标号						联
本批动物经检疫合格，应于当日内到达有效。 　　　　　　　　　　　　　官方兽医签字： 　　　　　　　　　　　　　签发日期：　年　月　日 　　　　　　　　　　　　　（动物卫生监督所检疫专用章）						

填写要求：

1. 适用范围

用于省内出售或者运输动物。

2. 项目填写

编号："年号+6位数字顺序号"，以县为单位自行编制。

货主：货主为个人的，填写个人姓名；货主为单位的，填写单位名称。

联系电话：填写移动电话；无移动电话的，填写固定电话。

动物种类：填写动物的名称，如猪、牛、羊、马、骡、驴、鸭、鸡、鹅、兔等。

数量及单位：数量和单位连写，不留空格。数量及单位以汉字填写，如叁头、肆只、陆四、壹佰羽。

用途：视情况填写，如饲养、屠宰、种用、乳用、役用、宠用、试验、参展、演出、比赛等。

启运地点：饲养场（养殖小区）、交易市场的动物填写生产地的市、县名和饲养场（养殖小区）、交易市场名称；散养动物填写生产地的市、县、乡（镇）、村名。

到达地点：填写到达地的市、县名，以及饲养场（养殖小区）、屠宰场、交易市场或乡（镇）、村名。

牲畜耳标号：由货主在申报检疫时提供，官方兽医实施现场检疫时进行核查。牲畜耳标号只需填写顺序号的后三位，可另附纸填写，并注明本检疫证明编号，同时加盖动物卫生监督所检疫专用章。

签发日期：用简写汉字填写，如二〇一二年四月十六日。

三、实训报告

根据任务一实训操作检验案例，开具出省境《动物检疫合格证明》、省境内《动物检疫合格证明》与《检疫处理通知单》各一份。

按要求写出实训报告。

评 估 单

【评估内容】

教师提供案例，要求学生根据案例填写，开具出省境《动物检疫合格证明》、省境内《动物检疫合格证明》与《检疫处理通知单》。

【评估方法】

要求每人填写两份合格证明，采用百分制评价。

备注：项目四任务二学习情境占模块一总分的4%。

任务三 生猪的宰前检疫技术

【基本概念】

宰前检疫、准宰、禁宰、急宰、缓宰、同群畜禽

【重点内容】

1. 生猪宰前检疫的程序。
2. 生猪宰前重点检疫的疫病。
3. 生猪宰前检疫结果的处理。

【教学目标】

1. 知识目标

了解生猪宰前管理的要领，掌握宰前检疫的程序与方法。

2. 技能目标

能够对生猪进行宰前管理；熟悉宰前检疫的技术要领，能够对生猪进行正确的宰前检疫操作，并能对检疫结果做出正确的处理决定。

 资 料 单

一、宰前检疫的目的和意义

宰前检疫是指对待宰的生猪活体实施的检疫，它是屠宰检疫的重要组成部分，也是生猪屠宰前最后的一次检疫，直接关系同步检疫的质量。

（1）在收购、运输和入场验收时，对生猪进行严格检疫，可以避免购入病猪，不但有利于加工出高质量肉品，还可减少因病猪给屠宰加工企业造成的经济损失。

（2）通过宰前检疫，及时发现病猪，实行病健隔离、病健分宰，并将剔出的病猪给予适当的处理，可减轻对加工环境和产品的污染，防止疫病扩散和传播，保护人体健康。

（3）宰前检疫能及时发现宰后难以检出的疾病，如破伤风、狂犬病、李氏杆菌病、流行性乙型脑炎、口蹄疫、肉毒梭菌中毒症及某些中毒性疾病。这些疾病宰后一般无特殊病理变化，或因同步检疫时其解剖部位常被忽略或漏检，但这些疾病具有明显而特殊的临床症状，依据其宰前临床症状不难作出诊断。

（4）通过宰前查验有关证明，可有效促进生猪的产地检疫和生猪标识管理，防止无证收购，无证屠宰。

二、生猪宰前检疫的程序

1. 入场检查

入场检查是收购的生猪到达屠宰场后，于卸车前由官方兽医实施的检查和监督。

（1）查验收缴动物检疫合格证明，核对生猪数量、被查生猪是否佩戴标识、检疫证明是否在有效期内、出证机关是否合法、是否有官方兽医签字。

（2）检查饲料添加剂类型、使用期及停用期，使用药物种类、用药期及停药期的有关记录。

（3）向押运人员了解运输途中的死亡情况，拒收来自疫区和无有效证明的生猪，监督厂（场）方及时将途中死亡的生猪尸体运到无害化处理间进行无害化处理。

（4）对运载的生猪做群体静态和卸车动态相结合的初步检验，确认无重要传染病的前提下始准卸车，发现可疑对象时，应及时做好标识并赶入隔离圈，进行详细的个体临床检查，必要时进行实验室检查，确诊后按《中华人民共和国动物防疫法》的有关规定和程序执行。

（5）对运输工具清洗、消毒后准予出厂（场）。

2. 待宰检查

对不同货主、不同产地的生猪要分圈存放，留养待宰期间需随时进行临床观察，发现可

疑生猪随时剔除,转送隔离圈或进行急宰。

3．宰前复检

正式屠宰前应再做一次以群体检查为主的健康检查,必要时可重点进行测温,剔除患病猪,经过检查,认为健康合格者,准予屠宰。

三、生猪宰前重点检疫的疫病

1．重点检疫的疫病

生猪宰前重点检疫的疫病有口蹄疫、猪瘟、猪繁殖与呼吸障碍综合征(高致病性猪蓝耳病)、猪炭疽、猪丹毒、猪肺疫、猪Ⅱ型链球菌病、猪支原体肺炎、猪副嗜血杆菌病、猪副伤寒、猪水疱病。

2．常见临诊表现可疑疫病范围

(1)精神状态和姿势。精神沉郁:疑猪丹毒、猪瘟、猪肺疫。跛行:疑猪口蹄疫、猪水疱病、猪丹毒。步态跟跄:疑猪瘟、猪肺疫。旋转运动:疑猪瘟、猪链球菌病。卧地不起:疑猪瘟、猪肺疫、猪丹毒。犬坐姿势:疑猪肺疫。

(2)呼吸状态。呼吸困难:疑猪繁殖与呼吸障碍综合征、猪瘟、猪肺疫、猪炭疽。咳嗽:疑猪肺疫。鼻孔流黏液脓性分泌物或泡沫:疑猪瘟、猪肺疫、猪Ⅱ型链球菌病。

(3)可视黏膜。结膜潮红、流泪:疑猪链球菌病。脓性结膜炎:疑猪瘟、猪肺疫。口鼻有水疱及烂斑:疑猪口蹄疫、猪水疱病。鼻黏膜充血:疑猪瘟、猪丹毒。鼻孔流黏液脓性分泌物或泡沫:疑猪瘟、猪肺疫。

(4)皮肤与被毛。鼻盘干燥:疑猪瘟、猪丹毒、猪肺疫、猪链球菌病。皮肤充血或出血:疑猪瘟、猪丹毒、猪肺疫。皮肤青紫:疑猪繁殖与呼吸障碍综合征、猪肺疫。皮肤坏死:疑猪丹毒。蹄部有水疱和烂斑:疑猪口蹄疫、猪水疱病。颈部、耳廓、腹下及四肢下端皮肤呈紫红色,并有出血点:疑猪Ⅱ型链球菌病。

(5)口腔及饮食状况。咽下困难:疑猪肺疫、猪炭疽。呕吐:疑猪丹毒、猪瘟。食欲减少:大部分是因为传染病。不食:疑猪瘟、猪肺疫。渴感:疑猪瘟。

(6)排泄。下痢、便秘与下痢交替、血便:疑猪瘟。

(7)体温。体温正常值38 ℃～40 ℃,大部分传染病及部分寄生虫病均表现为体温升高。

四、生猪宰前检疫结果的处理

1．入场检查结果处理

入场检查结果处理方式分为准予入场与禁止入场两种。《动物检疫合格证明》有效,证物相符、畜禽标识符合要求、临床检查健康准予入场,并回收《动物检疫合格证明》,厂(场)方须按产地分类将生猪送入待宰圈,不同货主、不同批次的生猪不得混群。入场检查发现疑似染疫,证物不符,无生猪标识,检疫证明逾期、伪造,禁止入场,并依照《中华人民共和国动物防疫法》的有关规定进行处理。在入场检查环节发现使用过违禁药物、投入品,以及注水、中毒等情况的生猪,应禁止入场屠宰,对上述生猪暂扣,按《中华人民共和国动物防疫法》的有关规定进行处理。

2．检疫申报

厂(场)方应在屠宰前6 h申报检疫,填写检疫申报表单。官方兽医接到检疫申报后,根据相关情况决定是否受理,受理的应及时实施宰前检查。

3．待宰检查、宰前复检结果处理

(1)准宰。待宰检查、宰前复检合格的生猪,由官方兽医出具准宰通知书后,准予进入屠宰线屠宰。

(2)禁宰。经宰前检疫发现口蹄疫、猪瘟、高致病性猪蓝耳病、猪炭疽等疫病症状的,限制移动，并按照《中华人民共和国动物防疫法》《重大动物疫情应急条例》《动物疫情报告管理办法》等有关规定处理。

宰前检疫发现猪炭疽，病猪及同群猪采取不放血的方法销毁，并严格按规定对污染场所实施防疫消毒。

宰前检疫发现口蹄疫、猪瘟、高致病性猪蓝耳病、猪水疱病采取如下措施：

①立即责令停产，采取紧急防疫措施，控制生猪及其产品和人员流动，同时按照《动物疫情报告管理办法》的规定逐级上报，由县级以上兽医主管部门依法处理，实验室检验须由省级动物卫生监督机构指定的具有资质的实验室承担。

②按照《中华人民共和国动物防疫法》及相关法规的规定，划定并封锁疫点、疫区，采取相应的动物防疫措施。

③病猪、同群猪用密闭运输工具运到动物卫生监督机构指定的地点扑杀、销毁。

④对全厂（场）实施全面严格的消毒。

⑤在解除封锁后，须经兽医主管部门批准恢复屠宰生产。

（3）缓宰。经宰前检疫发现布鲁氏杆菌病、猪丹毒、猪Ⅱ型链球菌病、猪支原体肺炎、猪副嗜血杆菌病、猪副伤寒等二类动物疫病时，采取以下措施。

①同群畜按规定隔离检疫，确认无病的，可正常屠宰，出现临床症状的，按病畜处理。

②对候宰圈、急宰车间、病畜隔离圈、屠宰间等场所和运输工具实行严格消毒。

（4）急宰。经宰前检疫检出患有一类传染病及二类动物疫病所列之外的其他疫病，普通病和物理损伤及长途运输中出现的病畜禽，为了防止传染或免于自然死亡，强制送往急宰间进行紧急宰杀，并按规定进行处理。

4. 官方兽医应完成的后续工作

（1）对宰前检疫检出的病猪，依据耳标号及检疫证明，通报产地动物卫生监督机构追查疫源。

（2）官方兽医在宰前检疫过程中，要对检疫合格证明、动物标识、准宰通知书等检疫结果及处理情况，做出完整记录，并保存24个月以上备查。

五、生猪的宰前管理

做好屠畜的宰前管理可有效获得优质耐贮藏的肉品，宰前管理包括休息管理和停饲饮水管理。经长途运输的生猪到场后，一般宰前休息 24 ～ 48 h 即可，宰前应停饲 12 h，但必须保证充足的饮水，直到宰前 3 h 停止供水。

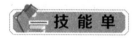

一、材料与设备

多媒体课件或视频、生猪定点屠宰场（或校内实习牧场）、资料单、常规兽医临床检查器械。

二、方法与步骤

（1）观看定点屠宰场屠畜的宰前管理与检疫多媒体课件或视频。

（2）观看定点屠宰场屠畜的宰前检疫后的处理多媒体课件或视频。

（3）在生猪定点屠宰场（或校内实习牧场）分组实施宰前管理与检疫的模拟操作。

①群体检查。群体检查是将同批或来自同一个地区的生猪作为一组，或以圈栏为单位进行的检查，包括静态观察、动态观察和饮食状态观察三大环节。

a. 静态观察。在猪自然安静状态下，检查人员重点观察生猪的精神状态，立卧姿势，呼吸和对外界事物的反应能力，注意检查生猪有无呻吟、咳嗽、气喘、呼吸急促、寒战颤抖、口角流涎、昏迷嗜睡、孤立一隅等反常现象。

b. 动态观察。静态观察后，检查人员将屠畜驱赶运动起来，重点观察生猪的活动姿势，注意有无四肢跛行、后腿麻痹，屈背弓腰、打晃摇摆、步态踉跄和离队脱群等反常现象。

c. 饮食状态观察。给予生猪少量饮食和充足的饮水，重点观察生猪的采食进水情况，注意有无少食、不食、废食、异食、贪饮、少饮、不饮、呕吐、流涎、吞咽困难、异常鸣叫等现象，还要注意排泄姿势，排泄物的色泽、形态、气味等有无异常。

②个体检查。个体检查是指对群体检查后剔除并隔离的病猪和可疑病猪集中进行较详细的个体临床检查。若群体检查中没有发现异常猪，必要时可抽取10%进行个体检查；如果发现传染病，则继续抽查10%的个体，必要时对全群生猪逐一进行个体检查。个体检查方法包括"看、听、摸、检"四大检查要领。

a. 看。

看精神。观察猪的精神状态有无异常，有无兴奋或沉郁。

看姿态步样。观察运步姿态有无异常，动作是否自然、灵活稳健，有无跛行、运步不协调、步态不稳等异常姿势。

看鼻盘及呼吸动作。看鼻盘湿润情况，鼻盘有无干燥或干裂；检查呼吸次数、节律、方式是否正常，观察是胸腹式呼吸还是明显的腹式呼吸，有无呼吸困难等情况。

看可视黏膜、被毛和皮肤。首先检查眼结膜、鼻腔和口腔黏膜有无肿胀、苍白、潮红、发绀、黄染，注意观察分泌物的性质和流出数量多少；然后观察被毛有无光泽、粗乱或成片脱落；最后观察皮肤色泽有无异常，有无肿胀、皮疹、溃烂、出血、坏死等异常病变。

看排泄物。注意观察粪尿情况，有无便秘、腹泻、血便、血尿及血红蛋白尿等。

b. 听。

听叫声。猪叫为哼哼声，注意听其叫声有无异常，如呻吟、嘶哑、尖叫等。

听咳嗽声。咳嗽是动物上呼吸道和肺部发生炎症时出现的一种临床症状，可分为干咳和湿咳。干咳多见于上呼吸道炎症，湿咳多发生在上呼吸道和肺部同时发炎引起的疾病。听有无咳嗽声，区分判断是干咳还是湿咳。

听呼吸声。借助听诊器听诊肺区，推断胸膜和肺的机能状态。检查肺泡呼吸声有无增强、减弱或消失，有无啰音或胸膜摩擦音等。

听心音。听诊时应注意心跳频率、心音强弱、节律、有无心杂音等。

听胃肠声。听诊胃肠蠕动声。

c. 摸。

摸耳根。用手触摸生猪的耳根，判定生猪体温的高低，一般高温多见急性热性传染病。

摸体表皮肤。触摸皮肤的硬度和弹性，检查表皮有无疹块、肿胀或结节，有无波动感或捻发音等。

摸体表淋巴结。触摸体表淋巴结，检查体表淋巴结的形状、大小、硬度、温度、敏感性和活动性有无异常。

摸胸廓和腹部。触摸屠畜的胸部和腹部，检查触摸部位是否敏感或有无压痛的异常感觉。

d. 检。检测体温是宰前检查的主要手段。体温升高是动物传染病的重要标志。必要时应进行实验室常规检验、血清学检查和病原学检查等。

（4）根据检疫结果给出处理决定。

三、实训报告

根据实际检疫情况给出检疫结果，有针对性地写出检疫分析实习报告。

作业单

利用课余时间学习《生猪屠宰检疫规范》（NY/T 909—2004），完成如下作业。

一、名词解释

1. 宰前检疫　2. 准宰　3. 禁宰　4. 急宰　5. 缓宰　6. 同群畜禽　7. 同批产品
8. 生物安全处理

二、填空

1. 宰后难以检出，必须进行宰前检疫才能发现的疾病有（　　）、（　　）、（　　）、（　　）、（　　）、（　　）、（　　）。

2. 群体检查中没有发现异常猪，必要时可抽取（　　）%进行个体检查；如果发现有传染病，继续抽查（　　）%的个体，必要时对全群生猪逐一进行个体检查。

3. 群体检查通常是观察同群动物在（　　）、（　　）、（　　）状况下有无异常。动物个体检查一般运用（　　）、（　　）、（　　）、（　　）方法逐头（只）进行。

4. 猪宰前检疫的重点在于发现（　　）、（　　）、（　　）、（　　）、（　　）、（　　）、（　　）病。

5. 官方兽医在宰前检疫过程中，要对（　　）、（　　）、（　　）等检疫结果及处理情况，做出完整记录，并保存（　　）个月以上备查。

6. 生猪检疫程序四步骤分别是（　　）、（　　）、（　　）、（　　）。

三、选择

即将屠宰的猪一般只做（　　）。

A. 临床检查　　　　　　B. 变态反应　　　　　　C. 实验室检验

四、判断

1. 已经入厂（场）的生猪，未经驻厂（场）官方兽医许可，可擅自出厂（场）。（　　）

2. 动物卫生监督机构应派出机构或人员实施驻厂（场）检疫，官方兽医的数量应与屠宰厂（场）防疫检疫工作量相适应。　　　　　　　　　　　　　　　　　　　　（　　）

3. 查证是指查验并回收《动物检疫合格证明》，查验免疫标识。　　　　　（　　）

4. 验物是指核对生猪数量，实施临床检查，并开展必要的流行病学调查。（　　）

5. 对经入厂（场）检疫发现疑似染疫病的、证物不符、无免疫耳标、检疫证明逾期的，检疫证明被涂改、伪造的，禁止入厂（场）即可。　　　　　　　　　　　　（　　）

6. 在入场检查环节发现使用违禁药物、投入品，以及注水、中毒等情况的生猪，应禁止入场屠宰，并向畜牧兽医行政管理部门报告。　　　　　　　　　　　　　　（　　）

7. 经宰前检疫发现猪炭疽，病猪及同群猪采取不放血的方法销毁，并严格按规定对污染场所实施防疫消毒。　　　　　　　　　　　　　　　　　　　　　　　　（　　）

8. 对宰前检疫检出的病猪，依据耳标号和检疫证明，通报产地动物卫生监督机构追查疫源。　　　　　　　　　　　　　　　　　　　　　　　　　　　　　　　（　　）

五、简答

1. 什么样的猪算检疫合格（合格标准）？

2. 临床上，非洲猪瘟和猪瘟如何判断？

3. 临床诊断就是最终结果吗？

评估单

【评估内容】

1. 根据原农业部《一、二、三类动物疫病病种名录》，经宰前检疫发现口蹄疫、猪水疱病、猪瘟等一类传染病，采取的措施有哪些？

2. 生猪宰前检疫的程序是什么？

3．宰前用看的方法检验的项目有哪些？
4．宰前用摸的方法检验的项目有哪些？
5．宰前用听的方法检验的项目有哪些？

【评估方法】
以小组为单位进行评估，每组推选 2 人，随机抽 2 题进行回答，采用百分制进行评价。
备注：项目四任务三学习情境占模块一总分的 2%。

任务四　考查生猪定点屠宰加工企业同步检疫点的设置

【基本概念】
同步检疫、三腺

【重点内容】
1．设置生猪同步检疫点。
2．生猪屠宰、分割加工过程的卫生要求。

【教学目标】
1．知识目标
掌握生猪同步检疫的程序，同步检疫点的设置要领，了解生猪屠宰加工工艺流程和卫生要求。
2．技能目标
通过参观本地区生猪定点屠宰场屠宰加工工艺及检验点的设置，能够分析企业存在的问题并提出整改措施。

一、生猪同步检疫的目的和意义

同步检疫是指与屠宰操作相对应，对同一头猪的头、蹄、内脏、胴体等统一编号进行检疫。
同步检疫的目的和意义如下：

（1）发现患有疫病或有害于公共卫生的其他疾病的胴体、脏器及组织，依照有关规定对这些有害的动物产品和废弃物做无害化处理，以确保肉类食品的卫生质量。

（2）宰前检疫只能检出症状明显的病畜和疑似病畜，对于缺乏明显临床症状，特别是处于发病初期或疾病潜伏期的病畜一般无法检出，只有宰后对胴体、脏器进行病理学检验和必要的实验室检验才能检出。

（3）同步检疫是兽医卫生检验的重要环节，是宰前检疫的继续和补充，是保证肉品卫生质量、保障食用者的食肉安全和健康、防止人畜共患病和畜禽疫病病原传播和扩散的重要措施。

二、生猪同步检疫的程序

1．选择受检组织器官
胴体通常是指放血后去头、尾、蹄、内脏的带皮或不带皮的畜禽肉体。屠宰后兽医卫生检验是在流水作业生产线上进行的，要求在较短的时间内，通过对胴体和脏器的检验，对疾病或病变做出正确的判定与处理。因此，对受检的脏器与组织必须加以选择。同步检疫胴体时，首先检查各天然孔道、皮肤、蹄爪和躯体的主要淋巴结。检验脏器时，首先应检验肠道（尤其是小肠和直肠）、肺、肝、子宫及从这些脏器汇集淋巴液的局部淋巴结。同时，必须剖检脾、心、肾等实质脏器，目的是了解疾病发展的性质和程度。

2．对胴体与受检组织器官进行编号

胴体和离体的头及内脏必须编上统一的号码，以便卫检人员发现病变时及时查找该病畜的胴体及其脏器。常用的编号方法有贴纸号法、挂牌法和变色铅笔书写法，这些方法各有优缺点。在无传送装置的屠宰场，为防止漏检、错号，可以采用把头和脏器挂在胴体上进行分步检验的方法。有传送装置的肉联厂，胴体和脏器应分别放置在传送带、传送台上待检。

3．设置生猪同步检验点

（1）头部检验点。头部检验点设在放血和脱毛吊上滑轨后。头部检验点的任务是检验局限性咽喉型猪炭疽及淋巴结结核病变。

（2）皮肤检验点。皮肤检验点设在脱毛之后、开膛之前。皮肤检验点的任务是检查皮肤的健康状况。

（3）"白下水"检验点。"白下水"检验点设在开膛取出腹腔脏器之后。"白下水"检验点的任务是检验胃、肠、脾、胰及相应的淋巴结。检验的方式分为离体和不离体检验两种。

（4）"红下水"检验点。"红下水"检验点设在开膛取出心、肝、肺之后。"红下水"检验点的任务是检验心、肝、肺及相应的淋巴结。

（5）膈肌脚采样点。开膛之后，设膈肌脚采样点。膈肌脚采样点的任务是将膈肌脚样品送检验室进行旋毛虫检验。

（6）胴体检验点。胴体检验点设在取出内脏之后、劈半之前或之后。胴体检验点的任务是检查胴体各重点部位、主要淋巴结和肾脏。

（7）头部咬肌检验点。头部咬肌检验点设在机械式手工去头之前。头部咬肌检验点的任务是剖检咬肌，检查猪囊尾蚴。

（8）终末检验点。终末检验点也称"复检点"。上述各检验点发现可疑病变或遇到疑难问题时，送至终末检验点做进一步的详细检查，必要时辅以实验室检验。此外，终末检验点对胴体进行复检，以防出现漏检。终末检验点还负有胴体质量评定与盖检验印章的责任。

上述检验点并非一成不变，工作人员可根据实际情况，在征得有关方面同意后，做适当调整。生猪的屠宰加工、检验流水线如图1-7所示。

4．进行头、蹄、内脏与胴体的同步检疫

同步检疫是指在轨道运行中，对同一屠畜的胴体、内脏、头、蹄，甚至皮张等统一编号，实行同时、等速、对照的集中检验。除猪的头部炭疽检验点仍在烫毛前、后进行之外，同步检疫是将胴体和各种脏器的检验，控制在同一个生产进度上实施，便于检验人员发现问题及时交换情况，进行综合判定和处理。实行同步检疫的工艺设备有两种：一种是在载运胴体的传送带近旁设一条与之同步运行的传送带，装设许多长方形金属盘，用以装运相应胴体的各种脏器；另一种是一条带有悬挂式脏器输送盘的自动传送线，其优点是内脏检验与胴体检验在同一个操作平台上进行，便于发现有病动物肉品或内脏后及时找出相应的内脏和胴体，并依照有关规定进行无害化处理。

5．摘除有害腺体

摘除甲状腺、肾上腺和病变淋巴结在兽医卫生检验中称为摘除"三腺"，摘除有害腺体应在同步检疫中进行严格的检查与监督，以免发生甲状腺中毒、肾上腺中毒，以及淋巴结病变，对消费者健康造成危害。

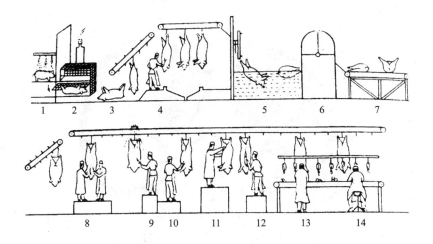

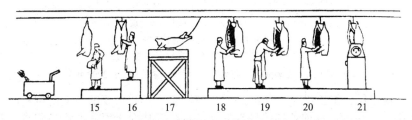

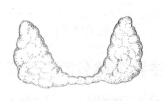

图 1-7 生猪的屠宰加工、检验流水线示意图

1—淋浴；2—电击致昏；3—上钩；4—放血；5—烫毛；

6—脱毛；7—净毛；8—头部检验点；9—刷洗；

10—修刮；11—皮肤检验点；12—开膛；13—"白下水"检验点；

14—"红下水"检验点；15—头部咬肌检验点、去头蹄；

16— 膈肌脚采样点；17—劈半；18—胴体检验点；

19—修割；20—终末检验点；21—称重分级

（王雪敏：《动物性食品卫生检验》，2002 年）

（1）甲状腺。哺乳动物的甲状腺位于气管的两侧，喉头的稍后处，分为左、右两叶，叶间由峡相连。猪的甲状腺呈深红色，不分叶，位于气管的腹侧面，腺体扁平，长约 5 cm，重 5～7 g。牛的甲状腺侧叶发达，色较浅，位于气管前端背侧，腺体呈不规则三角形，在腺体表面可见到呈结节状的腺小叶。甲状腺的形态如图 1-8 所示。

图 1-8 甲状腺的形态

左：牛的甲状腺；右：猪的甲状腺

人食用含甲状腺的喉部碎肉会发生中毒。预防甲状腺中毒的方法是在牲畜屠宰时摘除甲状腺。摘除甲状腺可在剥皮或褪毛后、净膛之前进行，肉联厂应把摘除甲状腺作为一道加工工序，安排专人负责执行。

（2）肾上腺。肾上腺位于左、右两肾内侧的前部，与肾共同包于肾脂肪囊内。猪的左肾上腺呈三棱柱状，右肾上腺呈扭曲的长梭形，长 5～10 cm，重 2.5 g。每个肾上腺又可分为皮质和髓质，髓质在内，颜色较深；皮质在外周，颜色较浅。猪的肾上腺如图 1-9 所示。

人误食未摘除的肾上腺会发生中毒。预防肾上腺中毒的方法是在牲畜屠宰时摘除肾上腺，可安排在净膛之后、胴体检验之前进行。

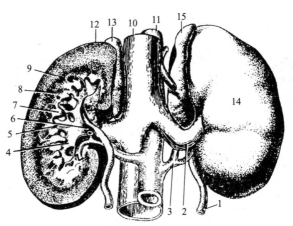

图 1-9 猪的肾上腺（腹侧面，右肾切开）

1—输尿管；2—肾静脉；3—肾动脉；4—肾大盏；5—肾小盏；

6—肾盂；7—肾乳头；8—髓质；9—皮质；

10—后腔静脉；11—腹主动脉；12—右肾；

13—右肾上腺；14—左肾；15—左肾上腺

（马仲华：《家畜解剖学与组织胚胎学》（第三版），2002 年）

（3）病变淋巴结。淋巴结是机体的外周免疫器官，具有重要的免疫防御机能。当淋巴结受到病原感染后，会出现各种各样的病理变化，这些变化对于疾病的诊断非常重要，病变淋巴结不仅影响肉的外观，还可把病原体传染给人。因此，应该将其摘除。如果病变是由一般病原微生物引起的，且发生在局部淋巴结，将其摘除即可；如果病变是由人畜共患病或较重要的传染性疾病的病原感染引起的，则应将病变淋巴结和病害肉一起进行无害化处理。无害化处理是指用物理化学方法，使带菌、带毒、带虫的患病畜禽肉产品及其副产品和尸体失去传染性和毒性而达到无害处理。

三、生猪屠宰加工工艺流程

淋浴、致昏、放血→烫毛、脱毛、燎毛、刮毛、清洗→雕圈、挑胸、剖腹、割生殖器、摘膀胱、取肠胃→取心肝肺→冲洗→胴体去头、尾，劈半，去肾，板油、蹄、修整→过磅计量、成品鲜销、分割或入冷却间。

四、生猪胴体分割加工工艺流程

（1）原料（二分胴体）冷却→胴体接收分段→剔骨分割加工→包装入库。

（2）原料（二分胴体）预冷→胴体接收分段→剔骨分割加工→产品冷却→包装入库。

五、生猪屠宰、分割加工过程的卫生要求

（1）屠宰工艺流程设置应避免迂回交叉，生产线上各环节应做到前后协调。从致昏开始，猪的全部屠宰过程不得超过 45 min，从放血到摘取内脏，不得超过 30 min，从编号到复检、加盖检验印章，不得超过 15 min。

（2）同步检疫应按顺序设置检验操作点。各操作点的操作区域长度应按每位检验人员不小于 1.5 m 计算，踏脚台高度应适合检验操作的需要。

（3）经检验合格的胴体应采取悬挂输送方式运至胴体发货间或冷却间，副产品中血、毛、皮、蹄、壳及废弃物的流向不得对产品和周围环境造成污染。

（4）心、肝、肺、肠、胃、头、蹄、尾等副产品的加工应分别在隔开的房间内进行。各副产品加工间的工艺布置应做到脏净分开，产品流向一致、互不交叉。

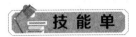

一、地点、材料及设备

肉类联合加工厂或定点屠宰加工企业、屠宰加工生产线、工作服、工作帽、口罩、长筒胶靴。

二、方法与步骤

（1）提供生猪屠宰加工与分割工艺流程资料单。
（2）提供屠宰、分割加工过程的卫生要求资料单。
（3）提供生猪屠宰检验点的设置资料单。
（4）根据要求在教师的指导下针对所在地定点屠宰厂（场）进行如下项目实地考察。
①屠宰加工、分割加工工艺及卫生状况；
②检验点的设置状况。

三、实训报告

根据实地考察情况写出参观考察报告，要求分析讨论企业存在的问题并提出整改措施。

作 业 单

一、名词解释
1. 同步检疫　2. 三腺
二、填空
1. 头部检验点的任务是（　　　　）。
2. 皮肤检验点的任务是（　　　　）。
3. "白下水"检验点的任务是（　　　　）。
4. "红下水"检验点的任务是（　　　　）。
5. 胴体检验点的任务是（　　　　）。
6. 头部咬肌检验点的任务是（　　　　）。
7. 终末检验点的任务是（　　　　）。
三、简答
1. 简述生猪同步检疫点的设置方法。
2. 简述生猪屠宰、分割加工过程的卫生要求。
3. 简述生猪屠宰加工工艺流程。
4. 简述三腺的解剖位置。
四、课外能力拓展
1. 查阅资料，学习开展调研工作的方法。
2. 根据调研报告的写作格式，有针对性地完成参观考察实训报告。

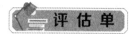 评 估 单

【评估内容】

考查生猪定点屠宰加工企业同步检疫点的设置。

考核内容	考核方法	评分等级及标准
考查生猪定点屠宰加工企业同步检疫点的设置	调研报告	优：能够根据实地考察情况写出调研报告，详细分析企业存在的问题，并提出有针对性的合理化整改措施 良：根据实地考察情况写出调研报告，分析企业存在的问题，提出有针对性的整改措施 及格：能够按要求完成调研内容，但报告的针对性不强，需进行进一步修改 不及格：不能按要求完成调研报告

【评估方法】

为考核团队协作能力和互助学习精神，以小组为单位进行调研，但要求每人单独写一份调研报告，以评估观察、分析、解决生产实际问题的能力，同时评价调研报告的写作水平。

备注：项目四任务四学习情境占模块一总分的 4%。

任务五　生猪的同步检疫技术

【重点内容】

1. 生猪同步检疫的程序和重点检疫的疫病。
2. 生猪屠宰检疫实践操作。

【教学目标】

1. 知识目标

熟悉生猪屠宰检疫的程序，掌握生猪屠宰检疫要点及皮肤、内脏、胴体的主要病理变化特点。

2. 技能目标

能够正确进行生猪屠宰检疫操作。

 资 料 单

一、生猪宰后的感官检验方法

常用的同步检疫方法是以感官检验为主，即检验人员运用感觉器官进行"视检""触检""嗅检"和"剖检"等，对胴体和脏器进行病理学诊断与处理，必要时才辅以病理组织学检查和实验室其他检查方法。

1. 视检

运用视觉观察胴体的皮肤、肌肉、胸腹膜、脂肪、骨骼、关节、天然孔及各脏器的外部色泽、形态大小、组织状态等是否正常。根据观察可为进一步检验（包括剖检）提供线索，

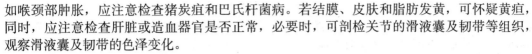

如喉颈部肿胀，应注意检查猪炭疽和巴氏杆菌病。若结膜、皮肤和脂肪发黄，可怀疑黄疸，同时，应注意检查肝脏或造血器官是否正常，必要时，可剖检关节的滑液囊及韧带等组织，观察滑液囊及韧带的色泽变化。

2. 触检

用手直接触摸或借助检验刀具通过触压判断组织器官的弹性和硬度的变化。触检对于深部组织或器官内的硬结性病变的发现具有重要意义，如在肺叶内的病灶只有通过触摸才能发现。

3. 嗅检

对于无明显病变或肉品开始腐败变质，必须依靠嗅觉嗅闻气味才能进行判断。如屠宰动物发生药物中毒时，肉品往往带有特殊的药物气味；已经腐败的肉品，会散发出令人不愉快的腐臭味。

4. 剖检

借助检验器械切开并观察胴体和脏器的深层组织的变化，检查病变的性质或应检部位有无异常病变。淋巴结、肌肉、脂肪、脏器深层部位的病变检查主要采用剖检法进行确诊，如按规定检查咬肌、腰肌处有无猪囊尾蚴寄生。

二、生猪同步检疫的要求

同步检疫过程中，官方兽医除了正确运用上述感官检验方法外，还须注意以下几点：

（1）实施同步检疫的官方兽医，应在工作前准备好检验用具。

（2）官方兽医必须按照规定程序迅速、准确地完成全部应检项目，并依照检验结果做出综合判定。检验时，检验刀只能在规定的部位顺肌纤维切开。剖开组织时，深浅要适度，不得横断肌纤维，切忌乱划和拉锯式切割，以免造成切口过大、过多，影响商品外观和破坏病变组织的完整性。当切开脏器或组织的病损部位时，应采取措施防止病变组织污染产品、地面、设备、器具和手。

（3）在实施检验工作中，检验人员应做好个人防护工作。

三、生猪同步检疫的操作方法和重点检疫的疫病

（一）生猪同步检疫的操作方法

1. 头蹄及体表检查

（1）视检体表的完整性、颜色，检查有无规程规定的疫病引起的皮肤病变、关节肿大等。

（2）观察吻突、齿龈和蹄部有无水疱、溃疡、烂斑等。

（3）放血后脱毛前，沿放血孔纵向切开下颌区，直到颌骨高峰区，剖开两侧下颌淋巴结，视检有无肿大、坏死灶（紫、黑、灰、黄），切面是否呈砖红色，周围有无水肿、胶样浸润等。

（4）剖检两侧咬肌，充分暴露剖面，检查有无猪囊尾蚴。

2. 内脏检查

取出内脏前，观察胸腔、腹腔有无积液、粘连、纤维素性渗出物。检查脾脏、肠系膜淋巴结有无肠炭疽。取出内脏后，检查心脏、肺脏、肝脏、脾脏、胃肠、支气管淋巴结、肝门淋巴结等。

（1）心脏。视检心包，切开心包膜，检查有无变性、心包积液、渗出、淤血、出血、坏死等症状。在与左纵沟平行的心脏后缘房室分界处纵剖心脏，检查心内膜、心肌、血液凝固状态、二尖瓣及有无虎斑心、菜花样赘生物、寄生虫等。

（2）肺脏。视检肺脏形状、大小、色泽，触检弹性，检查肺实质有无坏死、萎陷、气肿、水肿、淤血、脓肿、实变、结节、纤维素性渗出物等。剖开一侧支气管淋巴结，检查有无出血、淤血、肿胀、坏死等。必要时剖检气管、支气管。

（3）肝脏。视检肝脏形状、大小、色泽，触检弹性，观察有无淤血、肿胀、变性、黄染、坏死、硬化、肿物、结节、纤维素性渗出物、寄生虫等病变。剖开肝门淋巴结，检查有无出血、淤血、肿胀、坏死等。必要时剖检胆管。

（4）脾脏。视检脾脏形状、大小、色泽，触检弹性，检查有无显著肿胀、淤血、颜色变暗、质地变脆、坏死灶、边缘出血性梗死、被膜隆起及粘连等。必要时剖检脾实质。

（5）胃肠。视检胃肠浆膜，观察大小、色泽、质地，检查有无淤血、出血、坏死、胶冻样渗出物和粘连。对肠系膜淋巴结做长度不少于20 cm的弧形切口，检查有无增大、水肿、淤血、出血、坏死、溃疡等病变。必要时剖检胃肠，检查黏膜有无淤血、出血、水肿、坏死、溃疡。

3．胴体检查

（1）整体检查。检查皮肤、皮下组织、脂肪、肌肉、淋巴结、骨骼及胸腔、腹腔浆膜有无淤血、出血、疹块、黄染、脓肿和其他异常等。

（2）淋巴结检查。剖开腹部底壁皮下、后肢内侧、腹股沟皮下环附近的两侧腹股沟浅淋巴结，检查有无淤血、水肿、出血、坏死、增生等病变。必要时剖检腹股沟深淋巴结、髂下淋巴结及髂内淋巴结。

（3）腰肌。沿荐椎与腰椎结合部两侧肌纤维方向切开10 cm左右切口，检查有无猪囊尾蚴。

（4）肾脏。剥离两侧肾被膜，视检肾脏形状、大小、色泽，触检质地，观察有无贫血、出血、淤血、肿胀等病变。必要时纵向剖检肾脏，检查切面皮质部有无颜色变化、出血及隆起等。

4．旋毛虫检查

取左、右膈脚各30 g左右，与胴体编号一致，撕去肌膜，感官检查后镜检。

5．摘除畜禽标识

读取畜禽标识信息，摘除畜禽标识并回收，检验不合格的凭畜禽标识编码追溯疫源，综合判定检验结果。

6．复检

上述检验流程结束后，官方兽医对检验情况进行复检，监督检查甲状腺、肾上腺和病变淋巴结的摘除情况，综合判定检疫结果。

（二）重点检疫的疫病

1．头、蹄检验

重点检查有无口蹄疫、水疱病、猪炭疽、结核、猪囊尾蚴等疫病的典型病变。

2．内脏检验

重点检查有无猪瘟、猪丹毒、口蹄疫、炭疽、猪结核、猪肺疫、传染性胸膜肺炎、链球菌、猪李氏杆菌病、猪副伤寒、姜片吸虫、包虫、细颈囊尾蚴、弓形虫等疫病的典型病变。

3．胴体检验

重点检查有无猪瘟、猪肺疫、猪炭疽、猪丹毒、链球菌、胸膜肺炎、结核、旋毛虫、猪囊尾蚴、猪肉孢子虫、钩端螺旋体等疫病。

四、同步检疫的处理与出证

1．检验合格产品的处理

同步检疫合格的动物产品，由官方兽医出具《动物检疫合格证明》，加盖检疫验讫印章，对分割包装的肉品加施检疫标志。动物检疫标志分为检疫滚筒印章和检疫粘贴标志两种。检疫滚筒印章用在带皮肉上，沿用原农业部1997年规定的原有的滚筒验讫章（图1-10）。检疫粘贴标志用在动物产品包装箱上。

运输或销售前，还需签发《动物产品检疫合格证明》，该证明分为在省内销售和出省销售两种。

图1-10 滚筒验讫章

动物检疫合格证明（产品 A）（跨省使用）

编号：

货　主		联系电话		第一联
产品名称		数量及单位		
生产单位名称地址				
目的地	省　　市（州）　　县（市、区）			
承运人		联系电话		
运输方式	□公路　□铁路　□水路　□航空			
运载工具牌号		装运前经_____消毒		
本批动物产品经检疫合格，应于_____日内到达有效。 　　　　　　　　　　　　官方兽医签字： 　　　　　　　　　　　　签发日期：　　　年　月　日 　　　　　　　　（动物卫生监督所检疫专用章）				共二联
动物卫生监督 检查站签章				
备　注				
注：1．本证书一式两联，第一联随货同行，第二联由动物卫生监督所留存。 　　2．动物卫生监督所联系电话：				

动物检疫合格证明（产品 B）（省内使用）

编号：

货　主		产品名称		第一联
数量及单位		产地		
生产单位名称地址				
目的地				
检疫标志号				
备　注				
本批动物产品经检疫合格，应于当日到达有效。 　　　　　　　　　　　官方兽医签字： 　　　　　　　　　　　签发日期：　　　年　月　　日 　　　　　　　　（动物卫生监督所检疫专用章）				共二联

2．检验不合格产品的处理

经同步检疫不合格的动物产品，由官方兽医出具《检疫处理通知单》，并按以下规定处理。

（1）经同步检疫发现口蹄疫、猪瘟、非洲猪瘟、高致病性猪蓝耳病、猪炭疽等疫病症状的，限制移动，并按照《中华人民共和国动物防疫法》《重大动物疫情应急条例》《农业农村部关于做好动物疫情报告等有关工作的通知》（农医发〔2018〕22号）和《病死及病害动物无害化处理技术规范》（农医发〔2017〕25号）等有关规定处理。

采取的措施如下：

①立即责令停止屠宰，采取紧急防疫措施，控制屠畜禽产品和人员流动，同时按照《中华人民共和国动物防疫法》《重大动物疫情应急条例》《动物疫情报告管理办法》的规定逐级上报，由县级以上兽医管理部门依法处理。

②按照《中华人民共和国动物防疫法》及相关法规的规定，划定并封锁疫点、疫区，采取相应的动物防疫措施。

③对全厂（场）实施全面严格的消毒。

④在解除封锁后，须经畜牧兽医行政管理部门批准恢复屠宰。

⑤病畜（禽）胴体、内脏及其他副产品、同批产品及副产品按《病死及病害动物无害化处理技术规范》（农医发〔2017〕25号）的规定处理，应在多处盖销毁的印戳。

（2）经同步检疫发现猪丹毒、猪肺疫、猪Ⅱ型链球菌病、猪支原体肺炎、猪副嗜血杆菌病、猪副伤寒等疫病症状的，患病猪按国家有关规定处理，同群猪隔离观察，确认无异常的，准予屠宰；隔离期间出现异常的，按《病死及病害动物无害化处理技术规范》（农医发〔2017〕25号）等有关规定处理。

污染的场所、器具，按规定采取严格消毒等防疫措施。经过无害化处理后可供食用的胴体和脏器，盖以高温印戳。病理变化比较严重，不适于食用的胴体和脏器，应在胴体多处盖以化制印戳。

（3）经同步检疫发现患有其他疫病，官方兽医监督场（厂、点）方对病猪胴体及副产品按《病死及病害动物无害化处理技术规范》（农医发〔2017〕25号）处理，对污染的场所、器具等按规定实施消毒，并做好《生物安全处理记录》。监督场（厂、点）方做好检出病害动物及废弃物无害化处理。官方兽医在同步检疫过程中应做好卫生安全防护。

3.官方兽医应完成的后续工作

官方兽医应监督指导屠宰场（厂、点）方做好待宰、急宰、生物安全处理等环节各项记录。

官方兽医应做好入场监督查验、检疫申报、宰前检查、同步检疫等环节记录。检疫记录应保存12个月以上。

五、同步检疫的处理方法

（1）适于食用：检验合格，可直接上市销售。

（2）有条件食用：病理变化较轻，经过无害化处理后可供食用的胴体和脏器，高温处理后可供食用。高温处理方法是利用100℃以上高温杀死病菌的一种无害化处理方法，以压力大小分为高压蒸煮和常压蒸沸两种，高压锅内（112 kPa）煮1.5～2 h，常压煮2～2.5 h达到无害化处理。

（3）无害化处理：用物理、化学等方法处理病死及病害动物和相关的动物产品。无害化处理的方法有焚烧法、化制法、高温法、深埋法、硫酸分解法。

六、病死及病害动物和相关动物产品的处理

（一）焚烧法

焚烧法适用于国家规定的染疫动物及其产品、病死或者死因不明的动物尸体，屠宰前确认的病害动物、屠宰过程中经检疫或肉品品质检验确认为不可食用的动物产品，以及其他应

当进行无害化处理的动物及动物产品。

焚烧法分为直接焚烧法和炭化焚烧法两种。

（二）化制法

化制法适用于国家规定的染疫动物及其产品、病死或者死因不明的动物尸体，屠宰前确认的病害动物、屠宰过程中经检疫或肉品品质检验确认为不可食用的动物产品，以及其他应当进行无害化处理的动物及动物产品。

化制法不得用于患有炭疽等芽孢杆菌类疫病，以及牛海绵状脑病、痒病的染疫动物及产品、组织的处理。

化制法分为干化法和湿化法两种。

（三）高温法

高温法适用对象同化制法。

（四）深埋法

深埋法适用于发生动物疫情或自然灾害等突发事件时病死及病害动物的应急处理，以及边远和交通不便地区零星病死畜禽的处理。

深埋法不得用于患有炭疽等芽孢杆菌类疫病，以及牛海绵状脑病、痒病的染疫动物及产品、组织的处理。

（五）化学处理法

1.硫酸分解法

硫酸分解法适用对象同化制法。

2.化学消毒法

化学消毒法适用于被病原微生物污染或疑被污染的动物皮毛消毒。

化学消毒法常用的方法有盐酸食盐溶液消毒法、过氧乙酸消毒法和碱盐液浸泡消毒法。

一、地点、材料及设备

多媒体课件或视频、肉类联合加工厂或定点屠宰加工企业、屠宰加工生产线、常用检验工具、工作服、工作帽、口罩、长筒胶靴。

二、方法与步骤

（1）观看猪的屠宰检疫技术多媒体课件或视频，并对视频资料内容进行评估。

（2）在生猪定点屠宰场实习基地，教师或现场指导教师操作示教，然后学生分组操作的方法来实施猪的屠宰检疫操作。

①头蹄部检查。

a.触检颌下淋巴结，检查有无肿胀。

b.剖检左、右两侧颌下淋巴结，必要时剖检扁桃体。颌下淋巴结位于下颌间、左右下颌角下缘内侧，颌下腺下方（胴体倒挂）。剖检时，先扩大放血刀口，然后在左、右下颌角内侧向下各做一平行切口，从切开的深面，剖检该淋巴结（应特别注意不要误切颌下腺），观察其形状、色泽、质地，检查有无肿胀、充血、出血、坏死，注意有无砖红色出血性、坏死性病灶，重点检查局限性炭疽，并注意有无结核病灶和化脓灶。猪头部及颈部淋巴结分布如图1-11所示，猪颌下淋巴结剖检术式如图1-12所示。

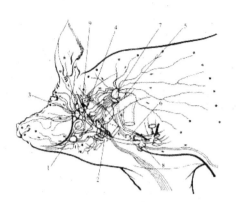

图 1-11　猪头部及颈部淋巴结分布

1—颌下淋巴结；2—颌下副淋巴结；3—腮淋巴结；

4—咽后外侧淋巴结；5—颈浅腹侧淋巴结；

6—颈浅中淋巴结；7—颈浅背侧淋巴结；

8—颈后淋巴结；9—咽后内侧淋巴结

（王雪敏：《动物性食品卫生检验》，2002 年）

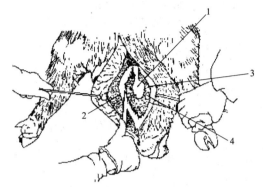

图 1-12　猪颌下淋巴结剖检术式

1—咽喉头隆起；2—下颌骨角；

3—颌下腺；4—颌下淋巴结

（王雪敏：《动物性食品卫生检验》，2002 年）

c．视检蹄部，观察蹄冠、蹄叉部位皮肤有无水疱、溃疡灶。重点检查口蹄疫、水疱病。

d．剖检左、右两侧咬肌。用检验钩钩头部一定部位，从左、右下颌骨外侧平行切开两侧咬肌，充分暴露剖面，观察有无黄豆大、周边透明、中间含有小米粒大、乳白色虫体的囊尾蚴寄生。重点检查猪囊尾蚴。猪咬肌剖检术式如图 1-13 所示。

e．视检鼻、唇、齿、可视黏膜，观察色泽及完整性，检查有无水疱、溃疡、结节及黄染等病变。配合蹄部检查，重点检验口蹄疫、传染性水疱病。

②内脏检查。开膛后，立即对脾脏、肠系膜淋巴结进行检查，内脏摘除后，依次检查肺脏、心脏、肝脏、胃肠等。猪腹腔脏器淋巴结及其淋巴循环如图 1-14 所示。

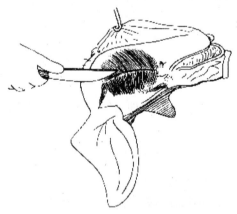

图 1-13　猪咬肌剖检术式

（王雪敏：《动物性食品卫生检验》，2002 年）

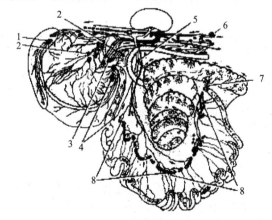

图 1-14　猪腹腔脏器淋巴结及其淋巴循环

1—脾淋巴结；2—胃淋巴结；3—肝淋巴结；4—胰淋巴结；

5—盲肠淋巴结；6、7—回结肠淋巴结；8—肠系膜淋巴结

（王雪敏：《动物性食品卫生检验》，2002 年）

a．脾脏检查。视检脾脏的形状、大小、色泽，检查脾脏有无肿胀、淤血、梗死；触检被膜和实质弹性。必要时，剖检脾髓。注意有无猪瘟、猪丹毒、败血型炭疽。

b．肠系膜淋巴结检查。抓住回盲瓣，暴露链状淋巴结，做弧形或八字形切口，观察淋巴

结的大小、色泽、质地，检查淋巴结有无充血、出血、坏死及增生性炎症变化和胶冻样渗出物。注意有无猪瘟、猪丹毒、败血型炭疽。

c. 肺脏检查。先观察肺脏的色泽、大小、形状是否正常，触摸肺叶有无结节、硬块等，特别注意各种性质的炎症变化及结核、寄生虫等病变。然后用检验钩钩起左肺尖叶部分向左侧拉，切开左肺和气管连接处，一直切到左支气管分叉处，暴露并剖检左支气管淋巴结，观察左肺、气管、食道等被感染情况。最后用检验钩勾住右肺尖叶向左拉，使其翻转，腹面朝向检验者，在右肺叶基部和气管之间切开，暴露并剖检右支气管淋巴结，了解右肺被感染情况。必要时，剖检肺脏，检查支气管内有无渗出物，肺实质有无萎陷、气肿、水肿、淤血及脓肿、钙化灶、寄生虫等。猪支气管淋巴结分布如图 1-15 所示，猪支气管淋巴结的平案剖检式如图 1-16 所示。

注意以下特征性病变：

结核病：可见淋巴结和肺实质中有小结节、化脓、干酪化等特征。

猪丹毒：以卡他性肺炎和充血、水肿为特征。

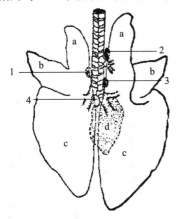

图 1-15　猪支气管淋巴结分布

1—左支气管淋巴结；2—尖叶淋巴结；
3—右支气管淋巴结；4—中支气管淋巴结
a—尖叶；b—心叶；c—膈叶；d—副叶

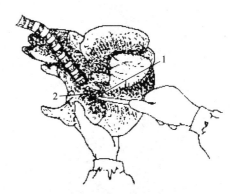

图 1-16　猪支气管淋巴结的平案剖检式

1—右支气管淋巴结；2—尖叶淋巴结
（王雪敏：《动物性食品卫生检验》，2002 年）

d. 心脏检查。视检心包和心外膜，触检心肌弹性，用检验钩固定心脏，在与左纵沟平行的心脏后缘房室分界处纵向剖开心室，观察二尖瓣、心肌、心内膜及血液凝固状态。检查有无变性、渗出、出血、坏死及菜花样增生物、绒毛心、虎斑心、囊尾蚴等。猪心脏剖检术式如图 1-17 所示。

e. 肝脏检查。用刀刮去肝脏表面血污，视检肝脏有无脂肪肝、肝淤血、豆蔻肝等特异性病变的色泽变化，视检肝脏有无肿大、萎缩，视检肝脏有无硬化、脂变、寄生虫包囊和结节等；触检被膜和实质弹性；翻转肝脏，检查肝脏的脏面，用钩固定，切开肝门周围脂肪组织，剖检肝门淋巴结，必要时切开肝脏实质、胆囊及胆管，检查有无异常及寄生虫。检查有无淤血、水肿、变质、黄染、坏死、硬化，以及肿瘤、结节、寄生虫等病变。

f. 胃肠检查。观察胃肠浆膜有无异常，必要时剖检胃肠，检查黏膜，观察黏膜有无充血、出血、水肿、溃疡、坏死、结节、寄生虫等病变。

必要时，剖检膀胱有无异常，观察黏膜有无充血、出血。

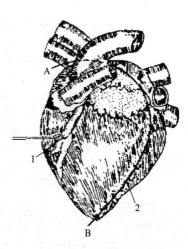

图 1-17　猪心脏剖检术式

1—左纵沟（检验钩着钩处）；
2—AB 线是纵剖心脏切开线

③胴体检查。

a. 外观检查。开膛前视检皮肤；开膛后视检皮下组织、脂肪、肌肉及胸腔、腹腔浆膜。检查有无充血、出血及疹块、黄染、脓肿和其他异常现象。

b. 淋巴结检查。剖检肩前淋巴结、腹股沟浅淋巴结、髂内淋巴结、股前淋巴结，必要时剖检髂外淋巴结和腹股沟深（或髂下）淋巴结。检查有无淤血、水肿、出血、坏死、增生等病变，注意猪瘟大理石样病变。猪胴体淋巴结位置如图1-18所示。

肩前淋巴结（即颈浅背侧淋巴结）检查。肩前淋巴结位于肩关节的前上方，肩胛横突肌和斜方肌的下面。可采用切开皮肤的剖检法，检查时在被检胴体的颈基部虚设一横线AB，再虚设纵线CD垂直且平分AB线，然后在两线交点处向背脊方向移动2～4 cm处以刀垂直刺入颈部组织，并向下垂直切开2～3 cm长的肌肉组织，用检验钩牵拉开切口，即可找到被少量脂肪包围的淋巴结，剖检该淋巴结，观察其变化。猪颈浅背侧淋巴结剖检位置如图1-19所示。

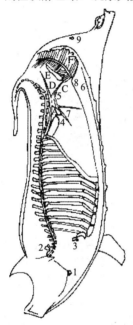

图1-18　猪胴体淋巴结位置

A—腹主动脉；B—旋髂深动脉；

C—髂外动脉；D—髂内动脉；

E—骨盆联合；F—股薄肌

1—颌下淋巴结；2—颈浅背侧淋巴结；

3—颈深后淋巴结；4—髂内淋巴结；

5—腹股沟深淋巴结；6—髂外淋巴结；

7—髂下淋巴结；8—腹股沟浅淋巴结；

9—腘浅淋巴结

（王雪敏：《动物性食品卫生检验》，2002年）

图1-19　猪颈浅背侧淋巴结
剖检位置

1—颈浅背侧淋巴结；2—刀尖刺入点

（王雪敏：《动物性食品卫生检验》，2002年）

腹股沟浅淋巴结（乳房淋巴结）检查。胴体倒挂时，腹股沟浅淋巴结位于最后一个乳头平位或稍后上方皮下脂肪内。剖检时，用钩钩住最后乳头稍上方的皮下组织向外牵拉，检验刀从脂肪层正中部位切开，即可发现被切开的腹股沟浅淋巴结。猪体后半部淋巴结分布及淋巴流向如图1-20所示，猪腹股沟浅淋巴结剖检位置如图1-21所示。

腹股沟深淋巴结检查。剖检时，先沿最后腰椎假设一垂线AB，再从第5、6腰椎结合处斜向上方虚引一直线 CD，使其与线 AB 相交为 35°～45°。然后，沿 CD 线切开脂肪层，可见到髂外动脉，髂外动脉与旋髂深动脉分叉上方处可找到腹股沟深淋巴结。同时，在髂外动脉和腹主动脉分叉附近可找到髂内淋巴结。腹股沟深淋巴结分布靠近在髂外动脉分出旋髂深动脉旁，甚至有时与髂内淋巴结连在一起。猪体后半部淋巴结分布及淋巴流向如图 1-22 所示，猪髂内淋巴结、腹股沟深淋巴结、髂下淋巴结剖检部位如图 1-23 所示。

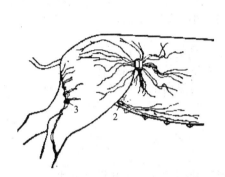

图 1-20　猪体后半部淋巴结分布及淋巴流向

1—髂下淋巴结；2—腹股沟浅淋巴结；3—腘淋巴结

腹股沟浅淋巴结

图 1-21　猪腹股沟浅淋巴结剖检位置

（曹斌、姜凤丽：《动物性食品卫生检验》，2008 年）

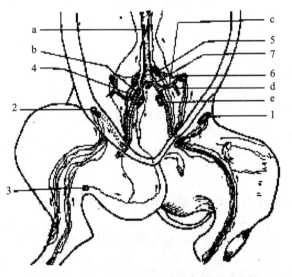

图 1-22　猪体后半部淋巴结分布及淋巴流向

1—髂下淋巴结；2—腹股沟浅淋巴结；

3—腘淋巴结；4—腹股沟深淋巴结；

5—髂内淋巴结；6—髂外淋巴结；7—荐淋巴结

a—腹主动脉；b—髂外动脉；c—旋髂深动脉；

d—旋髂深动脉分支；e—髂外动脉

注：（1）右后肢为表层淋巴管，左后肢为深层淋巴管；

（2）猪体左、右两侧的淋巴结皆对称分布，其淋巴管走向

也相对应，本图仅标明一侧。

（曹斌、姜凤丽：《动物性食品卫生检验》，2008 年）

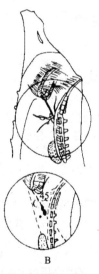

图 1-23　猪髂内淋巴结、腹股沟深淋巴结、髂下淋巴结剖检部位

（曹斌、姜凤丽：《动物性食品卫生检验》，2008 年）

c. 肌肉检查。用检验钩固定胴体，再用刀于荐椎与腰椎结合部做一深切口，此切口向下紧贴脊椎，使腰肌与脊柱分离；移动检验钩拉伸腰肌展开，顺肌纤维走向做 3～5 条平行切口，视检切面有无猪囊尾蚴寄生。

剖检两侧深腰肌、股内侧肌，必要时检查肩胛外侧肌，检查有无囊尾蚴和白肌肉。两侧深腰肌沿肌纤维方向切开，刀迹长 20 cm、深 3 cm 左右；股内侧肌纵切，刀迹长 15 cm、深 8 cm 左右；肩胛外侧肌沿肩胛内侧纵切，刀迹长 15 cm、深 8 cm 左右。

膈肌检查。主要检查旋毛虫、猪肉孢子虫、囊尾蚴。采用肉眼检查结合实验室检验的方法检查旋毛虫、猪肉孢子虫。在每头猪左、右横膈肌脚采取不少于 30 g 猪肉样各一块，编上与胴体相同的号码，撕去肌膜，肉眼观察有无针尖大小的旋毛虫白色点状虫体或包囊，以及柳叶状猪肉孢子虫。

d. 肾脏检查。用刀沿肾脏纵轴轻轻划破肾包膜，将刀尖从划破口插入，刀尖钝面向右上方挑起包膜，与此同时用检验钩钩住肾盂部位，向左下方拉，并向外转动钩柄，暴露肾脏，视检其色泽、大小、形状及表面状况是否正常，必要时纵向剖检肾实质。检查有无淤血、出血、肿胀等病变，以及肾盂内有无渗出物、结石等。摘除肾上腺和异常淋巴结。

三、实训报告

总结生猪同步检疫的程序和操作方法，记录观察到的病理变化并进行分析，写出实训的体会与收获等。

作业单

一、填空

1. 生猪宰后头、蹄检验的目的是检查有无（　　）、（　　）、（　　）、（　　）、（　　）疫病的典型病变。

2. 猪头部检疫时，剖检颌下淋巴结是为了检验（　　）病。视检蹄部是为了检验（　　）、（　　）病。剖检左、右两侧咬肌，是为了检验（　　）病。视检鼻、唇、齿、可视黏膜，配合蹄部检查，是为了检验（　　）、（　　）病。

3. 生猪开膛后，应立即对（　　）、（　　）进行检查，内脏摘除后，依次检查肺脏、心脏、肝脏、胃肠等，重点检查有无（　　）、（　　）、（　　）、（　　）、（　　）、（　　）、（　　）、（　　）、（　　）、（　　）疫病的典型病变。脾脏检查的目的是确诊有无猪瘟、猪丹毒、败血型炭疽。

4. 生猪胴体检疫时，重点检查有无（　　）、（　　）、（　　）、（　　）、（　　）、（　　）、（　　）、（　　）、（　　　　）疫病。胴体检查的程序是（　　）、（　　）、（　　）、（　　）。

5. 生猪屠宰检疫后摘除回收畜禽标识的目的是（　　）。

6. 猪胴体检验剖检的主要淋巴结有（　　）、（　　）、（　　）、（　　），必要时剖检（　　）、（　　）淋巴结。

7. 猪旋毛虫的重点检疫部位是（　　）。

8. 猪内脏必检淋巴结包括（　　）、（　　）。

9. 剖检两侧深腰肌、股内侧肌是为了检验（　　）、（　　）。

10. 膈肌检查是为了检验（　　）、（　　）、（　　）。

二、选择

1. 猪肉尸后半部常检的淋巴结有（　　）。

A. 颌下淋巴结　　　　　　　　　　　B. 颈后淋巴结

C. 腹股沟浅淋巴结　　　　　　　　　D. 髂内淋巴结

2．猪髂内淋巴结主要收集（　　）和腰部骨骼、肌肉和皮肤的淋巴液。

A．后半部上方　　　　B．后半部下方　　　　C．前肢　　　　　D．后肢

三、简答

1．简述生猪屠宰检疫（宰后）的主要部位及各个部位应检查的主要疫病。

2．简述猪囊尾蚴检查的部位和形态。

3．简述猪瘟、猪丹毒、猪局部炭疽淋巴结病变主要有什么区别。

4．生猪屠宰过程中，胴体应当着重检验哪些淋巴结？其原因是什么？

5．简述被检淋巴结的选择原则。

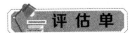 评 估 单

【评估内容】

生猪屠宰检疫操作。

【评估方法】

序号	考核内容	考核要点	分值	评分标准	得分
1	外观检查	1．能说出外观检查的内容和顺序 2．能正确判断有无充血、出血及疹块、黄染、脓肿和其他异常现象	10	有一项不符合标准扣5分	
2	淋巴结检查	能准确确定肩前淋巴结、腹股沟浅淋巴结、腹股沟深淋巴结的位置	20	有一项不符合标准扣6分	
		1．正确剖检肩前淋巴结、腹股沟浅淋巴结、腹股沟深淋巴结 2．能正确判断有无淤血、水肿、出血、坏死、增生等病变	20	有一项不符合标准扣10分	
3	肌肉检查	1．能正确剖检两侧深腰肌、股内侧肌 2．检查有无囊尾蚴和白肌肉 3．检查膈肌，能说出膈肌检查的目的	30	有一项不符合标准扣10分	
4	肾脏检查	1．能采用正确的手法对肾脏进行剖检 2．能准确判断肾脏有无淤血、出血、肿胀等病变，以及肾盂内有无渗出物、结石等 3．能将肾上腺和异常淋巴结摘除	15	有一项不符合标准扣5分	
5	卫生评定	能对被检胴体进行正确的卫生评价	5	说不出，扣5分	
	合计		100		

为考核团队协作能力和互助学习精神，以小组为单位进行考核，每组随机抽查1人进行操作，以评价小组整体动手操作能力。

备注：项目四任务五学习情境占模块一总分的11%。

任务六　生猪宰后常见组织器官病变和肿瘤的检验与处理

【重点内容】

1．宰后淋巴结常见的病理变化、组织器官病变，常见肿瘤的识别。
2．宰后常见淋巴结、组织器官病变特点描述。
3．组织病变的卫生处理方法。

【教学目标】

1．知识目标

掌握宰后常见淋巴结、组织器官、肿瘤的病变特征，了解常见组织器官病变及肿瘤的卫生处理方法。

2．技能目标

能识别宰后淋巴结常见的病理变化、组织器官病变，并能初步识别常见肿瘤。

一、组织病变的检验与处理

1．出血性病变

（1）卫生检验。

①机械性出血。为机械力作用所致，多发生于肌间、皮下、肾旁和体腔的局限性出血，一般表现为破裂性出血。这种出血在被驱打、撞击、外伤、骨折、吊挂时最易发生。

②电麻性出血。为电麻不当所致，多见于肺，首先以两侧肺的膈叶背缘肺胸膜下最为明显，其次是淋巴结、唾液腺、脾、肾和心外膜，表现为多量新鲜的放射状出血点。

③窒息性出血。为缺氧所致，主要见于颈部皮下、胸腺和支气管黏膜，表现为静脉怒张，血液呈黑红色，有数量不等的暗红色瘀点、瘀斑。

④病原性出血。为传染病和中毒所致，多发生于皮肤、浆膜、黏膜和淋巴结，表现为渗出性出血。常有如下几种形态：

点状出血：多呈粟粒大至米粒大，散在分布或弥漫密布，见于浆膜、黏膜和肝、肾等器官的表面。

斑状出血：形成绿豆大、黄豆大或更大的密集血斑。

出血性浸润：血液弥漫浸透于组织间隙，使出血的局部呈大片暗红色。

生猪发生某些传染病或中毒病时，除可引起全身性的出血病变外，组织、器官表现出肿大和炎症变化，尤其是多处淋巴结发生明显的病理变化，以此与其他原因引起的出血相区别。

（2）卫生处理。

①外伤、骨折等引起的新鲜出血，淋巴结没有炎症变化的，切除全部血浸组织和水肿组织，则胴体无限制出厂（场）。

②电麻引起的出血，出血轻微的，胴体和器官无限制出厂（场）；出血严重的，废弃出血部分，其余部分不受限制出厂（场）。

③出血、水肿广泛，且淋巴结有炎症时，应结合疾病性质进行处理。若为一般感染性出血，则胴体和器官须经高温处理后出厂（场）。

2．组织水肿

（1）卫生检验。在屠体上发现水肿时，首先应排除炭疽，再判明水肿是炎性的还是非炎性的。皮肤发生水肿时眼观皮肤变厚、肿胀，呈面团样硬度，指压留痕，切开时可见水肿部皮肤增厚，皮下疏松结缔组织呈黄白色胶冻状，并流出多量淡黄色透明液体。肌间结缔组织水肿时，呈黄白色胶冻状，切开时流出淡黄色透明液体。黏膜水肿时，可见黏膜呈局限性和弥漫性肿胀。器官水肿多见于肺脏，可见肺脏体积增大，因淤血而呈暗红色。

（2）卫生处理。

①创伤性水肿时，仅销毁病变组织。

②皮下、肾脂肪囊、肠系膜水肿，特别是脂肪组织发生浆液性萎缩而呈胶冻样物时，要检查肌肉有无病变并做细菌学检查。细菌学检查阴性的，切除病变部分，迅速发出利用；细菌学检查阳性的，切除病变部分，经高温处理后出厂（场）；同时伴有淋巴结肿大、水肿、放血不良、肌肉松软等，呈恶病质状态的，整个胴体化制。

③后肢和腹部发生水肿时，应仔细检查心、肝、肾等脏器，如有病变，则切除病变组织，胴体经高温处理后出厂（场）。

3. 蜂窝织炎

（1）卫生检验。蜂窝织炎是在皮下、肌间等疏松结缔组织发生的一种弥漫性化脓性炎。检验时可根据淋巴结、心、肝、肾等器官的充血、出血和变性变化，以及胴体放血程度、肌肉变化等进行判断。

（2）卫生处理。

①病变全身化的，整个胴体化制。

②若全身肌肉正常，则须进行细菌学检查。细菌学检查结果阴性的，切除病变部分，肉迅速发出利用；细菌学检查阳性的，经高温处理后出厂（场）。

4. 脓肿

（1）卫生检验。任何组织器官发现脓肿时，都应考虑是否为脓毒败血症。对无包囊而周围炎性反应明显的新脓肿，一旦查明是转移性的，即可肯定是脓毒败血症。脾脏、肾脏的脓肿，多为转移性脓肿，原发病灶可能存在于四肢、子宫、乳房等部位。

猪常发下颌区脓肿，多由创伤感染所致。当颌下淋巴结结核继发链球菌感染时，可形成脓肿，应注意鉴别。

（2）卫生处理。

①脓肿形成包囊的，将脓肿区切除，其余部分无限制发放；脓肿不可能切除或为数较多的，整个器官化制。

②多发性新鲜脓肿或脓肿具有不良气味的，整个器官或胴体化制；被脓液污染或吸附有脓液难闻气味的胴体部分，割除化制。

5. 败血症

（1）卫生检验。败血症常表现为实质器官变性、坏死及炎症变化，皮肤、黏膜、浆膜及脏器充血、出血、水肿。脾脏及全身淋巴结出现充血、炎症细胞浸润或网状内皮细胞增生，从而导致体积增大。当化脓菌侵入血液生长繁殖，并在器官、组织内引起多发性脓肿时，即酿成脓毒败血症。

（2）卫生处理。

①由传染病引起的，按传染病的性质处理。

②由非传染病引起的，病变轻微，肌肉无变化的，经高温处理后出厂（场）；病变严重或肌肉有明显病变的，化制或销毁。

6. 脂肪组织坏死

（1）卫生检验。脂肪组织坏死按病因可分为胰性脂肪坏死、营养性脂肪坏死和外伤性脂肪坏死三种类型。猪常发胰性脂肪坏死和外伤性脂肪坏死。

猪的胰性脂肪坏死是由于胰腺发炎、导管阻塞或受到机械性损伤，胰脂酶游离出来分解胰腺间质及其附近肠系膜脂肪组织，有时波及网膜和肾周围的脂肪组织。病变部外观呈小而致密的无光泽颗粒状，有时呈不规则的油灰状，质地坚硬，失去正常弹性和油腻感。

猪的外伤性脂肪坏死多见于背部脂肪，是由于皮下组织受伤后释放出的酯酶将局部脂肪分解，使受伤部坏死的脂肪坚实、无光，呈白垩质样团块，有时呈油灰状，有时被误认为是脓肿或创伤感染。切开病变区，可见黄色或白色油样渗出物，或者渗出物很少。

（2）卫生处理。

①脂肪坏死轻微，无损商品外观的，不受限制发放。

②变化明显的，将病变部切除化制，胴体无条件出厂（场）。

7．皮肤病变

（1）卫生检验。

①外伤性出血。皮肤表面常出现不规则粗条或细条状出血带。此种出血，多由于宰前粗暴鞭打、棒击所致。

②电麻出血。皮肤表面出现新鲜不规则的点状或斑点出血，有时呈放射状，与患传染病时皮肤的规则出血点或斑不同。

③梅花斑。中央暗红色、周围有红晕的斑块，见于猪臀部皮肤，两侧对称出现，可能是过敏性反应所致。

④弥漫性红染。皮肤大面积发红现象，常见猪屠宰致昏时，心脏没有停止跳动，即行烫泡。此外，处于应激状态的猪，迅速屠宰加工后也易出现这种变化。

⑤荨麻疹。发病初期于胸下部和胸部两侧出现扁豆大小的淡红色疹块，有的遍布全身。随后疹块扩大且突出于表面，中心苍白，周边发红，呈圆形或不正形，有时为四边形，易与猪丹毒相混淆。这种疹块与喂马铃薯、荞麦等饲料有关，是一种过敏性反应。

⑥皮肤脱屑症。皮肤粗糙，颇似撒上一层麸皮，是营养缺乏、螨或真菌侵袭所致。

⑦棘皮症。皮肤表面弥散无数小突起，病变面积较大，有时波及全身。与维生素、含硫氨基酸缺乏等有关。

⑧黑痣。黑色小米粒至扁豆大的疣状增生物，突出或不突出于皮肤表面，由黑色素细胞疣状增殖所致。

⑨癣。呈圆形，大小不等，病部皮肤粗糙，少毛或无毛，由毛癣菌和小孢子菌等寄生引起。

猪的上述皮肤变化，相关淋巴结即使充血，但不肿大，且不伴有胴体和内脏的变化，可与传染病相区别。

（2）卫生处理。

①病变轻微的，胴体不受限制出厂（场）。

②病变严重的，将病变部分割除化制，其余部分不受限制出厂（场）。

二、器官病变的检验与处理

1．肺脏病变

（1）卫生检验。除疫病的特定病变外，肺脏主要病理变化为电麻出血、呛血、呛水、支气管肺炎、纤维素性肺炎、化脓性肺炎、坏疽性肺炎。

（2）卫生处理。

①电麻出血肺，不受限制出厂（场）；呛水肺、呛血肺，将局部割除废弃。

②其他病变肺化制或销毁。

2．心脏病变

（1）卫生检验。除疫病的特定病变外，心脏的主要病理变化为心肌炎、心内膜炎和心包炎等，也可见到心脏肥大和脂肪浸润等异常现象。

（2）卫生处理。

①心肌肥大、脂肪浸润、慢性心肌炎而不伴有其他脏器的变化时，不受限制出厂（场）。

②其他心脏病变的，心脏一律化制或销毁。

③创伤性心包炎，心脏废弃，对肉的处理须进行沙门氏菌检验，结果阴性的，胴体不受限制发放；阳性的，胴体高温处理。

3．肝脏病变

（1）卫生检验。除疫病的特定病变外，肝脏的主要病理变化为肝脂肪变性、饥饿肝、肝硬化、肝中毒性营养不良、肝淤血、肝坏死。

（2）卫生处理。

①脂肪肝、饥饿肝及轻度的肝淤血和肝硬化，不受限制出厂（场）。

②槟榔肝、大肝、石板肝、中毒性营养不良肝及脓肿、坏死肝，一律化制。

4．脾脏病变

（1）卫生检验。宰后脾脏的主要病理变化为急性脾炎、坏死性脾炎、慢性脾炎、脾脏脓肿、脾脏梗死。

（2）卫生处理。凡具有病理变化的脾脏，一律化制或销毁。

5．肾脏病变

（1）卫生检验。除特定传染病和寄生虫病引起的肾脏病变外，还有肾脓肿、肾结石、肾盂积水、肾梗死、肾皱缩、肾囊肿等。

（2）卫生处理。除轻度肾结石、肾囊肿、肾梗死可将局部切除后食用外，其他各种病变肾一律化制。

6．胃肠病变

（1）卫生检验。很多致病因素可引起胃肠道发生多种类型的病理变化，如出血、炎症、糜烂、溃疡、坏疽、寄生虫结节、结核、肿瘤等。猪同步检疫有时发现肠壁和局部淋巴结含气泡，称为"肠气肿"。

（2）卫生处理。除气肿的肠放气后可供食用外，其他病变胃肠一律化制。

三、生猪常见肿瘤病变的感官检验与处理

肿瘤的种类繁多，生长部位不同，外观形态和大小差异很大，必须经病理组织学检查才能判断肿瘤的种类和它的良恶性质。然而，同步检疫要求与屠宰加工同步进行，不可能对发现的病变都做组织切片检查，只能用眼观做出判断并提出相应的处理意见。因此，要求检验人员具有扎实的专业知识和丰富的现场经验，从而做出正确的判断。

多数肿瘤为大小不一的结节状，生长于组织表面或深层，一个或多发，且与周边正常组织有明显的界限。肿瘤的外形如图 1-24 所示。

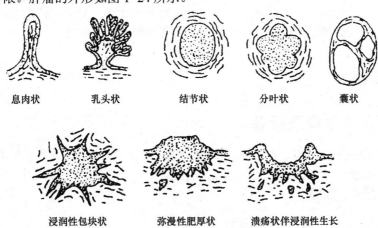

息肉状　　乳头状　　结节状　　分叶状　　囊状

浸润性包块状　　弥漫性肥厚状　　溃疡状伴浸润性生长

图 1-24 肿瘤的外形

1．卫生检验

（1）乳头状瘤。发生于皮肤、黏膜的良性肿瘤，分为硬性乳头状瘤和软性乳头状瘤两种。硬性乳头状瘤多发生于皮肤、口腔、舌、膀胱及食管等处，常常角化，含纤维成分较多，质地坚硬。软性乳头状瘤多发生于胃、肠、子宫、膀胱等处黏膜，含纤维成分较少，细胞成分较多，质地柔软，易出血。

（2）腺瘤。发生于腺上皮的良性肿瘤。腺上皮细胞占主要成分的，称为单纯性腺瘤；间质占主要成分的，称为纤维腺瘤；腺上皮的分泌物大量蓄积，使腺腔高度扩张而成囊状的，称为囊瘤或囊腺瘤。腺瘤眼观呈结节状，但在黏膜面可呈息肉状或乳头状，生猪多发生于卵巢、肾、肝、甲状腺、肺脏等器官。

（3）纤维瘤。发生于结缔组织的良性肿瘤，由结缔组织纤维和成纤维细胞构成。常发生于皮肤、皮下、肌膜、腱、骨膜及子宫、阴道等处。

纤维瘤分为硬性纤维瘤和软性纤维瘤两种。发生于黏膜上的软性纤维瘤，常有较强的带与基底组织连接，称为息肉。

硬性纤维瘤含胶质纤维多，细胞成分少，质地坚硬，呈圆形结节状或分叶状，有完整的包膜，切面干燥，灰白色，有丝绢样光泽，并可见纤维呈编织状交错分布。软性纤维瘤含细胞成分多，胶质纤维较少，质地柔软，有完整的包膜，切面淡红色，湿润。

（4）纤维肉瘤。发生于结缔组织的恶性肿瘤，首先常发生于皮下结缔组织、骨膜、肌、腱，其次是口腔黏膜、心内膜、肾、肝、淋巴结和脾脏等处。外观呈不规则的结节状，质地柔软，切面灰白、鱼肉样，常见出血和坏死。

（5）原发性肝癌。猪的原发性肝癌呈地区性高发，为黄曲霉毒素慢性中毒引起。外形上可分为巨块型、结节型和弥漫型。按组织学分类可以分为肝细胞型、胆管细胞型和混合型。其特点是肝脏中形成巨大癌块，或大小各异的类圆形结节，或不规则斑点（块）状病灶。

（6）鳞状上皮癌。发生于复层扁平上皮或变形上皮组织的一种恶性肿瘤，主要见于皮肤、口腔、食管、胃、阴道及子宫等部位，多半是长期慢性刺激或在慢性炎症的基础上发展而成的。

复层扁平上皮细胞异常增生，突出于基底膜而向深层生长，与原有组织失去联系，形成许多大小不等、形状不一的细胞团块，称为癌巢。眼观中心呈灰白色、半透明细小颗粒，称为癌珠。

鳞状上皮癌分为角化型和非角化型两种。角化型鳞状上皮癌的特点是外形多呈结节状，生长比较缓慢，切面呈泡状构造，挤压时可脱出灰白色小颗粒（癌珠）；非角化型鳞状上皮癌的特点是缺乏癌珠，生长迅速，恶性程度高，外形多呈菜花样或不规则形状。

2．患肿瘤肉的卫生处理

（1）一个脏器上发现肿瘤病变且胴体不瘠瘦，且无其他明显病变，患病脏器做化制或销毁处理，其他脏器和胴体需经高温处理；胴体瘠瘦或肌肉有变化的，胴体和脏器化制或销毁。

（2）胴体有两个或两个以上的脏器确定已发生肿瘤病变的，胴体和脏器做销毁处理。

（3）确诊为淋巴肉瘤或白血病的屠畜，整个胴体和脏器一律销毁。

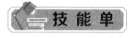

一、地点、材料及设备

病理检验实验室和标本室、常见组织器官病理标本、图片、挂图、课件、移动多媒体视频。

二、方法与步骤

（1）观看组织、器官病变多媒体课件、挂图。

（2）分组逐一观察、识别和鉴定标本。

常见病变及特征如下：

淋巴结主要病变及特征

器官名称	病变名称	病变特征
淋巴结	淋巴结淤血	色暗红
	淋巴结水肿	色灰白，多汁
	浆液性淋巴结炎	色淡红，浑浊，多汁
	出血性淋巴结炎	色花纹，大理石样
	淋巴结血液浸润	淋巴结和邻近的组织器官出血性病变
	化脓性淋巴结炎	色黄白、脓汁
	急性增生性淋巴结炎	色灰白或黄白、脑髓颗粒状
	慢性增生性淋巴结炎	色灰白，中心坏死呈干酪样

器官主要病变及特征

器官名称	病变名称	病变特征
肺脏	肺电麻出血	肺膈叶背缘的肺胸膜下，呈散在性，有时密集成片，如喷血状，呈边缘不整齐的鲜红色
	肺呛血	多局限于肺膈叶背缘，向下逐渐减少。呛血区外观呈鲜红色，范围不规则，由弥漫性放射状小红点组成，触摸有弹性。切开呛血肺组织，可见弥漫性鲜红色。支气管内可见有血凝块
	肺呛水	呛水区多见于尖叶和心叶，有时波及膈叶。特征是肺极度膨大，外观呈浅灰色或淡黄褐色，肺胸膜紧张而有弹性。切面流出多量温热浑浊液体
	支气管肺炎	多发生于肺的尖叶、心叶和膈叶的前下部。发炎的肺组织坚实，病灶部表面因充血而成暗红色，散在或密发有多量粟粒大、米粒大或黄豆大的灰黄色病灶
	纤维素性肺炎	病变特征为肺内有红色肝变期、灰色肝变期的肝变病灶，肺胸膜和肋胸膜表面有纤维素附着并形成粘连
	坏疽性肺炎	眼观肺组织肿大，触摸坚硬，切开病变部可见有污灰色、灰绿色甚至黑色的膏状和粥状坏疽物，有恶臭味。有时病变部因腐败、液化而形成空洞，流出污灰色恶臭液体
	化脓性肺炎	在支气管肺炎病灶的基础上，出现大小不等的脓肿
心脏	心肌炎	心肌呈灰黄色似煮熟状，质地松弛，心脏扩张。局灶性心肌炎时，在心内膜和心外膜下可见灰黄色或灰白色斑块和条纹；化脓性心肌炎时，心肌内散有大小不等的化脓灶
	心内膜炎	首先是疣状心内膜炎，以心瓣膜发生疣状血栓为特征；其次是溃疡性心内膜炎，特征是心瓣膜上出现溃疡
肝脏	肝脂肪变性	肝脏肿大，包膜紧张，呈不同程度的浅黄色或土黄色，质地软而易碎，切面有油腻感，称为"脂肪肝"。脂肪肝如伴有淤血和变性，形成类似槟榔切面的花纹，称为"槟榔肝"
	饥饿肝	肝色泽异常变淡。特征是肝呈黄褐色或黄色，小叶中心明显变淡而且浑浊，肝脏体积不肿大，质地和结构无变化

器官名称	病变名称	病变特征
肝脏	肝硬化	萎缩性肝硬化时，肝脏体积缩小，被膜增厚，质地变硬，肝表面呈颗粒状或结节状，色灰红或暗黄，称为"石板肝"。肥大性肝硬化时，肝体积增大2～3倍，质地坚硬，表面光滑，称为"大肝"
	肝中毒性营养不良	为全身中毒或感染的结果，病初肝脏体积增大，色黄、质地脆弱，呈脂肪肝样。随后在黄色背景上出现红色斑纹，肝体积缩小
	肝淤血	轻度淤血时，肝脏肿大不明显，肝脏实质正常。淤血严重的包膜紧张，肝呈蓝紫色，肿胀，切开肝实质，有较多深紫色血液流出
	肝坏死	肝表面和实质散在有灰色、灰黄色榛实大或更大一些的凝固性坏死灶，质地脆弱，切面景象模糊，周缘常有红晕
脾脏	急性脾炎	脾较正常增大2～3倍，有时达4～16倍，质软，切开后白髓和红髓分辨不清，脾髓呈黑红色，如煤焦油样，常见于败血性传染病
	坏死性脾炎	脾脏不肿大或轻度肿大，脾小体和红髓内可见到散在性小坏死灶和嗜中性粒细胞浸润。常见于出血性败血病等
	脾脏梗死	常发生于脾脏边缘，约扁豆大，常见于猪瘟
	慢性脾炎	脾体积稍大或较正常稍小，质地较坚硬，切面平整或稍隆突，在深红色背景上可见灰白色或灰黄色增大的脾小体，呈颗粒状向外突出，称为细胞增生性脾炎。主要见于慢性猪丹毒、猪副伤寒、布鲁氏杆菌病等。患有结核病时，尚可见到结核结节
肾脏	肾囊肿	肾肿大、柔软，表面不平，有单个或数个大小不等的透明囊泡突出，囊泡中蓄积无色透明液体、数量不等的脓肿
	化脓性肾炎	肾肿大、被膜易剥离，可见有大小、数量不等的脓肿
	肾梗死	表面有黄白色或暗红色局灶性坏死灶，与周围界限明显
肠	肠气肿	猪常出现气肿，主要是空肠、回肠区，尤其是肠与肠系膜相连处的浆膜下，呈现大小气泡，泡壁半透明，气体也可窜入黏膜下层及淋巴结内，重者淋巴结呈海绵样，包膜透明，触压有捻发音

肿瘤主要病变及特征

名称	病变名称	病变特征
肿瘤	乳头状瘤	外形呈乳头状，大小不一，与基底部正常组织有较宽的联系，也有的肿瘤与基底组织只有一短而细的柄相连，表面粗糙，有时有刺样突出
	腺瘤	呈结节状，在黏膜面呈息肉状或乳头状
	纤维瘤	硬性纤维瘤质地坚硬，呈圆形结节状或分叶状，有完整的包膜，切面干燥，灰白色，有丝绢样光泽，并可见纤维呈编织状交错分布。 软性纤维瘤质地柔软，有完整的包膜，切面淡红色，湿润

续表

名称	病变名称	病变特征
肿瘤	纤维肉瘤	外观呈不规则的结节状，质地柔软，切面灰白，鱼肉样，常见出血和坏死
	原发性肝癌	外形上可分为巨块型、结节型和弥漫型。在肝脏中或形成巨大癌块，或大小各异的类圆形结节，或不规则斑点（块）状病灶
	鳞状上皮癌	外形多呈结节状，切面呈泡状构造，挤压时可脱出灰白色小颗粒（癌珠）。有的鳞状上皮癌外形多呈菜花样或不规则的形态

三、实训报告

根据所见到的组织器官病变特征及鉴别要点写出实训报告。

作业单

一、填空

1．宰后常见淋巴结的病理变化有（　　　）、（　　　）、（　　　）、（　　　）、（　　　）、（　　　）、（　　　）、（　　　）八种。

2．宰后常见的出血性病变类型有（　　　）、（　　　）、（　　　）、（　　　）。

二、判断

1．眼观肌间、皮下、肾旁和体腔有局限性破裂性出血，可判定为机械性出血。（　　　）

2．眼观实质器官、骨骼肌有多量新鲜的放射状出血点，可判定为电麻性出血。（　　　）

3．眼观脂肪坚实、无光，呈明显的白垩质样团块或油灰状，可判定为外伤性脂肪坏死，将病变部脂肪切除化制，胴体无条件出厂（场）。（　　　）

4．眼观皮肤、浆膜、黏膜和淋巴结有点状、斑状、浸润状出血，可判定为传染病和中毒所致的病原性出血。（　　　）

5．外伤、骨折、电麻等引起的新鲜出血，淋巴结没有炎症变化的，切除全部血浸组织和水肿组织，胴体可无限制出厂（场）。（　　　）

6．在屠体上发现水肿时，首先应排除炭疽，再判明水肿的性质是炎性的还是非炎性的。（　　　）

7．眼观呈黄白色胶冻状，并流出多量淡黄色透明液体，可判定为组织水肿病理变化。（　　　）

8．全身皮下、肌间等疏松结缔组织发生弥漫性化脓性炎时，整个胴体应做化制处理。（　　　）

9．败血症肉尸应做化制处理。（　　　）

10．眼观皮下、脂肪组织、肾脂囊、肠系膜有冻胶样物，伴有淋巴结肿大、水肿、放血不良、肌肉松软时，整个胴体应做化制处理。（　　　）

 **评 估 单**

【评估内容】

（1）常见肺脏病变鉴别（连线）。

病变名称	病变特征
肺电麻出血	肺内有红色肝变期、灰色肝变期的肝变病灶，肺胸膜和肋胸膜表面有纤维素附着并形成粘连
支气管肺炎	肺膈叶背缘呈鲜红色，由弥漫性放射状小红点组成，范围不规则，触之有弹性；切开肺组织，可见弥漫性鲜红色；支气管内有血凝块
肺呛水	肺极度膨大，外观呈浅灰色或淡黄褐色，肺胸膜紧张而有弹性，切面流出多量温热浑浊液体
坏疽性肺炎	肺膈叶背缘的肺胸膜下，呈散在或喷血状，边缘不整齐的鲜红色
纤维素性肺炎	支气管肺炎病灶的基础上，出现大小不等的脓肿
肺呛血	肺组织肿大，触摸坚硬，切开病变部可见有污灰色、灰绿色甚至黑色的膏状和粥状坏疽物，有恶臭味，因腐败、液化形成的空洞，流出污灰色恶臭液体
化脓性肺炎	肺组织坚实，病灶部表面暗红色，散在或密发有多量粟粒大、米粒大或黄豆大的灰黄色病灶

（2）常见肝脏病变鉴别（连线）。

病变名称	病变特征
肝淤血	肝脏肿大，包膜紧张，呈不同程度的浅黄色或土黄色，质地软而易碎，切面有油腻感
饥饿肝	肝表面和实质散在有灰色、灰黄色榛实大的凝固性坏死灶，质地脆弱，切面景象模糊，周缘有红晕
肝坏死	肝脏体积缩小，被膜增厚，质地变硬，肝表面呈颗粒状或结节状，色灰红或暗黄
肝脂肪变性	肝脏体积增大，色黄、质地脆弱，呈脂肪肝样；在黄色背景上出现红色斑纹，肝体积缩小
肝硬化	肝被膜紧张，呈蓝紫色，肿胀，切开肝实质，有较多深紫色血液流出
肝中毒性营养不良	肝脏体积不肿大，质地和结构无变化，但肝呈黄褐色或黄色，小叶中心明显变淡且浑浊

（3）常见脾脏病变鉴别（连线）。

病变名称	病变特征
坏死性脾炎	脾体积较正常增大2～3倍，有时达4～16倍，质软，切开后白髓和红髓分辨不清，脾髓呈黑红色，如煤焦油样
脾脏梗死	脾体积稍大或较正常稍小，质地较坚硬，切面平整或稍隆突，在深红色背景上可见灰白或灰黄色增大的脾小体，呈颗粒状向外突出
急性脾炎	发生于脾脏边缘，约扁豆大小的梗死灶
慢性脾炎	脾脏不肿大或轻度肿大，脾小体和红髓内可见到散在的小坏死灶和嗜中性粒细胞浸润

【评估方法】
优：在限定的时间内完成全部连线，90% 以上正确。
良：在限定的时间内完成全部连线，70% 以上正确。
及格：延时完成全部连线，60% 以上正确。
不及格：延时完成全部连线，40% 以上不正确。
备注：项目四任务六学习情境占模块一总分的 6%。

任务七　生猪屠宰检疫常见传染病的鉴别

【重点内容】
1. 生猪常见传染病的系列病理变化特点。
2. 生猪主要传染病的宰前、同步检疫要点和卫生处理方法。

【教学目标】
1. 知识目标
掌握生猪主要传染病的宰前、同步检疫要点和卫生处理方法。
2. 技能目标
能说出生猪常见传染病的系列病理变化特点，并能识别相应的病理标本。

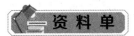
资 料 单

一、口蹄疫

口蹄疫是由口蹄疫病毒引起的偶蹄动物的一种急性、热性、高度接触性传染病。其特征是口腔黏膜、蹄部和乳房皮肤发生水疱和溃疡。
　　1. 宰前检疫
病猪水疱多见于蹄部，严重者蹄壳脱落，口腔和鼻盘水疱病变较少见。
　　2. 同步检疫
心脏因心肌纤维发生脂肪变性而柔软、扩张，病势严重时左心室壁和室中隔发生明显的脂肪变性和坏死，断面可见不整齐的斑点和灰白色或带黄色的条纹，形似虎皮斑纹，故称"虎斑心"，心内膜有出血斑，心外膜有出血点；胃肠有时出现出血性炎症；肺有气肿和水肿；腹部、胸部、肩胛部肌肉中有淡黄色麦粒大小的坏死灶。

二、猪瘟

猪瘟是由猪瘟病毒引起猪的一种急性、热性、高度传染性和致死性传染病。
　　1. 宰前检疫
（1）最急性型。表现为急性败血病症状，突然发病，高热稽留，皮肤和黏膜发绀，有出血点。
（2）急性型。精神高度沉郁，发热，食欲减退，寒战，背拱起，后肢乏力，步态蹒跚；重症时全身痉挛，两眼无神，眼结膜潮红，口腔黏膜发绀或苍白，耳、鼻、腹下、股内侧、会阴等处可见出血斑点，先便秘后腹泻，公猪阴鞘内积有恶臭尿液。

（3）亚急性型。与急性型相似，体温升高，扁桃体、舌、唇及齿龈出现溃疡，身体多处皮肤有出血点。

（4）慢性型。消瘦、便秘与腹泻交替出现，腹下、四肢和股部皮肤有出血点或紫斑，扁桃体肿大。

2. 同步检疫

（1）最急性型。黏膜、浆膜和内脏有少量出血斑点，但无特征性病理变化。

（2）急性型。全身皮肤特别是颈部、腹部、股内侧、四肢等处皮肤有暗红或紫红的出血点或出血斑；脂肪、肌肉、浆膜、黏膜、喉头、胆囊、膀胱和大肠有出血点；全身部分淋巴结呈出血性炎症变化，淋巴结肿大、暗红、质地坚实，切面外观大理石样；脾出血性梗死；肾脏苍白，有暗红色出血点；胃肠黏膜潮红，散布许多小出血点。

（3）亚急性型和慢性型。病变常见于肺和大肠。亚急性型肺切面呈暗红色，质地致密，间质水肿、出血，局部肺表面有红色网纹；慢性型肺脏表面有黄色纤维素，间质增厚，呈大理石样；肺脏、心包和胸膜发生粘连；大肠病变常见于结肠和盲肠，肠黏膜上有轮层状溃疡。

三、非洲猪瘟

1. 宰前检疫

急性型的临床特征为无食欲，体温升高至40 ℃～40.9 ℃，稽留热3～5 d。后体温下降，临死前呈深度昏迷状态，感染后1～2 d出现心跳加速，呼吸急促，皮肤出血，死亡率高。亚急性型呈现鼻、耳、腹胁部位发绀，有出血斑，时有咳嗽，眼鼻有浆液性或黏液性的分泌物，后肢无力，出现短暂性的血小板、白细胞减少。

慢性型特征为怀孕母猪流产，腹泻，呕吐，粪便有黏液、血液，呼吸改变及低病死率。

2. 同步检疫

急性型、亚急性型的病变特征为广泛性出血及淋巴组织破坏引起的出血性浆液性炎。主要损害脾、淋巴结、心、肾，脾色泽变深，质脆，肿大及出血性梗死。淋巴结出血，切面呈大理石状。心包积聚大量浆液性液体，心内外膜有小点状、瘀斑状出血。肾脏皮质、肾盂的切面也有小点出血。

急性型病例可见整个消化道水肿出血，腹腔中有浆液渗出。胆囊、膀胱黏膜针尖状出血，肝充血。胸腔内有胸腔积液，胸膜上有出血点。肺部水肿，脑膜脉络丛严重充血。喉头、膀胱、肾皮质、心脏、肺和其他内脏器官表面都有明显的瘀斑。淋巴结肿大，并严重出血，整个淋巴结血肿。胸腔液、心包液和腹腔液增多，脾脏肿大2～3倍。中枢神经系统水肿，并有血管周围性出血。

四、高致病性猪蓝耳病

高致病性猪蓝耳病是由猪繁殖与呼吸综合征（俗称蓝耳病）病毒变异株引起的一种急性高致死性疫病。

1. 宰前检疫

体温明显升高，可达41 ℃以上；眼结膜炎、眼睑水肿；咳嗽、气喘等呼吸道症状；部分猪出现后肢无力、不能站立或共济失调等神经症状；仔猪发病率可达100%、死亡率可达50%以上，母猪流产率可达30%以上，成年猪也可发病死亡。

2. 同步检疫

脾脏边缘或表面出现梗死灶，显微镜下见出血性梗死；肾脏呈土黄色，表面可见针尖至小米粒大出血点斑，皮下、扁桃体、心脏、膀胱、肝脏和肠道均可见出血点和出血斑。显微镜下见肾间质性炎，心脏、肝脏和膀胱出血性、渗出性炎等病变；部分病例可见胃肠道出血、溃疡、坏死。

五、炭疽

炭疽是由炭疽芽孢杆菌引起的一种人畜共患、急性、热性、败血性传染病。猪为慢性。炭疽分为咽型、肠型、肺型三种。咽型炭疽最为常见，其次为肠型炭疽，肠型炭疽常伴有便秘式腹泻，轻者可恢复，重者死亡。肺型炭疽比较少见。

1. 宰前检疫

猪多为局部炭疽，很少有临床症状。猪对炭疽的抵抗力较强，所患炭疽多为咽型炭疽，咽喉部和附近淋巴结肿胀，临诊症状不明显，只有屠宰后才能发现病变。极少数病例体温升高，精神萎靡，食欲不振；症状严重时，黏膜发绀，呼吸困难，最后窒息死亡。猪炭疽颈部红肿如图1-25所示。

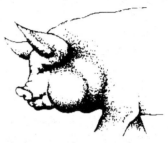

图1-25 猪炭疽颈部红肿

2. 同步检疫

猪咽型炭疽的特征是一侧或双侧颌下淋巴结肿大、出血，刀切时感觉硬而脆，切面呈淡粉红色、樱桃红色或砖红色，上面有数量不等的紫黑色、砖红色或黑红色小坏死灶，淋巴结周围组织有不同程度的胶样浸润。扁桃体充血、水肿、出血及溃疡，表面被覆一层灰黄色痂膜，横切扁桃体，见断面痂膜下有暗红色楔形或犬齿状病灶，病灶中有针尖大紫黑色、黑色或灰色坏死斑点，斑点处涂片镜检，可找到炭疽杆菌。舌扁桃体如图1-26所示。

肠型炭疽的特征是十二指肠和空肠前半段的少数或全部肠系膜淋巴结肿大、出血、坏死，肠系膜淋巴结病变与咽型炭疽相似，肠型炭疽痈邻近的肠系膜呈现出血性胶样浸润，散布纤维素凝块。与病变肠管、肠系膜淋巴结相连的淋巴管呈明显的红线样或虚线状。

肺型炭疽的特征是肺膈叶上有大小不等的暗红色实质肿块，切面呈樱桃红色或山楂糕样，质地硬脆、致密，并有灰黑色坏死灶。

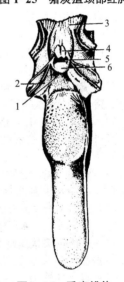

图1-26 舌扁桃体
1—舌扁桃体；2—腭扁桃体窦；
3—食管；4—勺状软骨；
5—喉口；6—会厌

六、猪丹毒

猪丹毒是由猪丹毒杆菌引起的一种急性、热性传染病。病程多为急性败血型或亚急性疹块型，转为慢性型的多发生关节炎，有的有心内膜炎。

1. 宰前检疫

（1）急性败血型。体温42℃以上，呈稽留热，寒战，喜卧阴湿地方，食欲废绝，间有呕吐，离群独卧。发病1~2 d后，皮肤出现红斑，大小不等，形状不同，耳、腹及腿内侧较多，指压时褪色。

（2）亚急性疹块型。特征性症状是在颈、肩、胸、腹、背及四肢等处皮肤上出现方形、菱形、圆形或不规则形的红色疹块，有的疹块中心部分变浅，边缘部分呈灰紫色；有的疹块表面中心产生小水疱，或变成棕色痂块；有的痂块自然脱落，留下缺毛的疤痕。疹块型猪丹毒皮肤病变如图1-27所示。

（3）慢性型。四肢关节特别是腕关节、跗关节常发生浆液性纤维素性关节炎。伴发心内膜炎

图1-27 疹块型猪丹毒皮肤病变

时，听诊心跳加快、杂音明显。有的病猪皮肤成片坏死或脱落，有的整个耳壳或尾巴甚至蹄壳全部脱落。

2. 同步检疫

（1）急性败血型。耳根、颈部、胸前、腹壁和四肢内侧等处皮肤上，可见不规则的鲜红色斑块，红斑融合成片，微隆起于皮肤表面；全身淋巴结充血、肿胀，切面多汁，呈红色或紫红色；脾脏肿大明显，质地柔软，呈樱桃红色，切面外翻，结构模糊不清；肾脏淤血肿大，皮质部可见大小不等的点状出血，切面常有肿大出血的肾小球显现；肺充血、水肿；心包积液，心冠脂肪充血发红，心内外膜点状出血；胃肠黏膜呈急性卡他性或出血性炎症变化。

（2）亚急性疹块型。皮肤上可见特征性的疹块，疹块部皮肤和皮下结缔组织充血并有浆液浸润和出血变化或有坏死，有的疹块部分病变发生坏死脱落，留下灰色的疤痕；内脏也有败血型病变。

（3）慢性型。心脏二尖瓣上有菜花状赘生物；四肢关节变形肿大或粘连，切开腕关节和跗关节的肿胀部分，有黄色浆液流出，浆液中常混有白色絮状物。慢性猪丹毒疣状心内膜炎如图 1-28 所示。

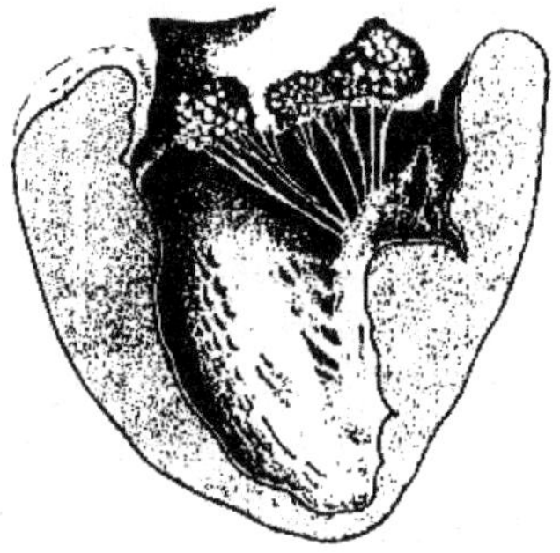

3. 鉴别诊断

急性败血型猪丹毒与急性败血型猪瘟容易混淆，应从如下几个方面进行鉴别：

（1）皮肤红斑。猪瘟皮肤红斑为出血性斑点，指压不褪色；猪丹毒皮肤红斑为充血性红斑，指压褪色。

（2）淋巴结变化。猪瘟淋巴结出血切面呈大理石样花纹；猪丹毒淋巴结主要为充血，外观红色，切面红润多汁，即使出血，切面呈大理石样花纹者极为少见。

图 1-28 慢性猪丹毒疣状心内膜炎

（3）肾脏变化。猪瘟肾脏不肿大，颜色变淡，皮质部有出血点（雀卵肾）；猪丹毒肾脏淤血肿大，伴发出血性肾小球肾炎，皮质切面见红色的肾小球清楚地呈球形突起。

（4）脾脏变化。猪瘟脾脏不肿大，常有出血性梗死灶；猪丹毒脾脏肿大，但无梗死灶。

（5）皮下脂肪。猪瘟皮下脂肪因贫血呈洁白色，猪丹毒皮下脂肪呈粉红色。

（6）大肠轮层状溃疡病变。慢性猪瘟时，在回肠末端、盲肠和结肠黏膜出现轮层状溃疡，胃和小肠黏膜的炎症变化较轻微；猪丹毒大肠无轮层状溃疡病变，但胃底部和十二指肠黏膜呈现明显的卡他性出血性炎症。

七、猪肺疫

猪肺疫是由多杀性巴氏杆菌引起的一种急性、败血性传染病。其特征是急性病例呈败血症死亡。

1. 宰前检疫

（1）最急性型。常看不到症状就已死亡。病程稍长，体温升高至 41 ℃～42 ℃，食欲废绝，咽喉部肿胀，热痛，呼吸高度困难，呈犬坐姿势，口鼻流出泡沫。

（2）急性型。可见纤维素性胸膜肺炎症状，体温升高，咳嗽，有鼻液和脓性结膜炎，耳根和四肢内侧有红斑。

（3）慢性型。主要表现为慢性肺炎或慢性胃肠炎症状。

2. 同步检疫

（1）最急性型。可见咽喉及其周围组织有明显的出血性浆液性炎症变化，颌下、咽喉和颈部皮下有大量淡红色略透明的水肿液流出，局部组织因水肿液浸润呈胶冻样。颌下、咽后和颈部淋巴结明显发红肿大，切面多汁，并有出血点。全身浆膜、黏膜散布出血点。

（2）急性型。以典型的纤维素性胸膜肺炎为特征。病变主要位于肺脏的尖叶、心叶和膈叶的前部，严重的可波及整个肺叶，眼观病肺呈大理石样花纹。肺胸膜发生浆液性纤维素性

炎症，胸腔内积有含纤维素凝块的浑浊液体，肺炎区的胸膜上附有黄白色纤维素性薄膜。

（3）慢性型。病程长的慢性病例，除典型的纤维素性胸膜肺炎特征外，肺炎区往往可见更大的坏死灶，肺胸膜增厚，并与肋胸膜、心包和各肺叶间发生纤维素性粘连，肺脏淋巴结肿大、充血和出血，有时可见化脓性坏死性炎症变化。

猪肺疫与猪丹毒的区别：猪丹毒肺脏仅呈现充血、水肿和出血，脾脏显著肿大；猪肺疫时经常发生纤维素性胸膜肺炎，咽喉部及其周围组织呈现出血性浆液浸润，但脾脏不肿大。

八、猪副伤寒

猪副伤寒是由沙门氏菌属细菌引起仔猪的一种传染病。急性者以败血症，慢性者以坏死性肠炎，有时以卡他性或干酪性肺炎为特征。

1．宰前检疫

急性型：又称败血型，多发生于断乳前后的仔猪，常突然死亡。病程稍长者，表现体温升高（41 ℃～42 ℃），腹痛，下痢，呼吸困难，耳根、胸前和腹下皮肤有紫斑，多以死亡告终。病程1～4 d。

亚急性型和慢性型：为常见病型。表现为体温升高，眼结膜发炎，有脓性分泌物。初便秘后腹泻，排灰白色或黄绿色恶臭粪便。病猪消瘦，皮肤有痂状湿疹。病程持续可达数周，终至死亡或成为僵猪。

2．同步检疫

急性型：急性型以败血症变化为特征。尸体膘度正常，耳、腹、肋等部皮肤有时可见淤血或出血，并有黄疸。全身浆膜、（喉头、膀胱等）黏膜有出血斑。脾肿大，坚硬似橡皮，切面呈蓝紫色。肠系膜淋巴结索状肿大，全身其他淋巴结也不同程度肿大，切面呈大理石样。肝、肾肿大、充血和出血，胃肠黏膜卡他性炎症。

亚急性型和慢性型：以坏死性肠炎为特征，多见盲肠、结肠，有时波及回肠后段。肠黏膜上覆有一层灰黄色腐乳状物，强行剥离则露出红色、边缘不整的溃疡面。如滤泡周围黏膜坏死，常形成同心轮状溃疡面。肠系膜淋巴索状肿，有的干酪样坏死。脾稍肿大，肝有可见灰黄色坏死灶。有时肺发生慢性卡他性炎症，并有黄色干酪样结节。

九、猪链球菌病

猪链球菌病是由不同血清群链球菌感染引起猪的多种疾病的总称。猪急性败血型链球菌病的特征为高热、出血性败血症、脑膜脑炎、跛行和急性死亡。

1．宰前检疫

（1）急性败血型。突然高热稽留，绝食，流泪，结膜充血、出血，流鼻液，呼吸急迫；颈部皮肤最先发红，后腹下、四肢下端和耳的皮肤变成紫红色并有出血点，跛行；便秘或腹泻，粪带血。

（2）急性脑膜脑炎型。除有上述症状外，伴有突发性神经症状，如尖叫抽搐、共济失调、盲目行走、转圈运动、运步高踏、口吐白沫、昏迷不醒，最后衰竭麻痹死亡。

（3）慢性型。主要表现为关节炎、心内膜炎、化脓性淋巴结炎、子宫炎、乳房炎、咽喉炎、皮炎等。

（4）淋巴结脓肿型。呈颌下淋巴结化脓性炎症，表现为局部隆起，触诊硬固，有热痛。

2．同步检疫

病猪皮肤出现紫斑，黏膜出血；浆膜腔积液，含有纤维素；全身淋巴结呈现不同程度的肿大、充血和出血；肺充血肿胀；心包积液，淡黄色，心内膜有出血斑点；脾肿大，暗红色，易脆；肠系膜水肿；脑膜充血、出血，脑脊液浑浊，增量，有多量白细胞。慢性病例表现为心内膜炎和关节炎。

十、猪支原体肺炎

猪支原体肺炎又称猪气喘病，猪地方流行性肺炎，是由猪肺炎支原体引起的一种发病率高、死亡率低的一种接触性、慢性呼吸道传染病。该病以咳嗽和气喘为主要临床特征，病变部位主要在肺部，可见心叶、中间叶和尖叶有融合性支气管肺炎变化。

1. 宰前检疫

症状表现为慢性干咳。新发病猪常呈急性，张口喘气，痉挛性阵咳，体温升高不明显。咳嗽持续几周甚至数月，育肥猪咳嗽最严重。部分患猪呈腹式呼吸，喘息沟明显。患猪食欲减退，消瘦，被毛粗糙，生长停滞。

2. 同步检疫

主要病变见于肺、肺门淋巴结和纵隔淋巴结。急性死亡患猪肺有不同程度的水肿和气肿。肉眼病变类似膨胀不全的肺。特征性病变是两肺的心叶、尖叶和膈叶前缘发生对称性的实变，肺门淋巴结肿大，肺中间叶实变，以及肺门淋巴结肿大、增生。病变最初为粟粒大至豆大呈均匀散布，逐渐扩展而融合成支气管肺炎。病变部界限明显，灰白色，无弹性，呈"胰样""鱼肉样"。切开时，内有大量泡沫。其他器官无明显变化。

十一、猪副嗜血杆菌病

猪副嗜血杆菌病，又称多发性纤维素性浆膜炎和关节炎，也称格拉泽氏病，是由猪副嗜血杆菌引起的一种传染病。

1. 宰前检疫

临床症状取决于炎症部位，包括发热、呼吸困难、关节肿胀、跛行、皮肤及黏膜发绀、站立困难甚至瘫痪、僵猪或死亡。母猪发病可流产，公猪有跛行。哺乳母猪的跛行可能导致母性的极端弱化。死亡时体表发紫，肚子大，有大量黄色腹水，肠系膜上有大量纤维素渗出，尤其肝脏整个被包住，导致肺的间质水肿。

2. 同步检疫

胸膜炎明显（包括心包炎和肺炎），关节炎次之，腹膜炎和脑膜炎相对少一些。以浆液性、纤维素性渗出为炎症（严重的呈豆腐渣样）特征。肺可有间质水肿、粘连，心包积液、粗糙、增厚，腹腔积液，肝脾肿大、与腹腔粘连，关节病变也相似。腹股沟淋巴结呈大理石状，颌下淋巴结出血严重，肠系膜淋巴变化不明显，肝脏边缘出血严重，脾脏有出血边缘隆起米粒大的血泡，肾乳头出血严重，猪脾边缘有梗死，肾可能有出血点，肺间质水肿，最明显的是心包积液，心包膜增厚，心肌表面有大量纤维素渗出，喉管内有大量黏液，后肢关节切开有胶冻样物。猪副嗜血杆菌感染引起的病变包括脑膜炎、胸膜炎、心包炎、腹膜炎和关节炎，呈多发性；而典型的传染性胸膜肺炎引起的病变主要是纤维蛋白性胸膜炎和心包炎，并局限于胸腔。

 技 能 单

一、地点、材料及设备

病理检验实验室和标本室、常见疫病系列病理变化标本、图片、移动多媒体视频。

二、方法与步骤

（1）观看猪常见疫病宰前、同步检疫视频。
（2）观看猪常见疫病系列病理变化挂图或课件。

（3）分组对照挂图和课件图片进行观察、识别和鉴定疫病系列病理标本。

猪主要传染病的鉴定要点

疫病	鉴定要点		
炭疽	宰前	典型的临床症状为咽型炭疽，咽喉部淋巴结肿胀	
	宰后	咽型	一侧或双侧颌下淋巴结肿大、出血，刀切时硬而脆，切面呈淡粉红色、樱桃红色或砖红色，上面有数量不等的紫黑色、砖红色或黑红色小坏死灶；淋巴结周围组织有不同程度的胶样浸润。 扁桃体充血、水肿、出血及溃疡，表面被覆一层灰黄色痂膜，断面痂膜下有暗红色楔形或犬齿状的病灶，其中有针尖大紫黑色、黑色或灰色坏死斑点
		肠型	十二指肠和空肠前半段的少数或全部肠系膜淋巴结肿大、出血、坏死，肠系膜淋巴结病变与咽型炭疽相似，肠型炭疽痈邻近的肠系膜呈现出血性胶样浸润，散布纤维素凝块。与病变肠管、肠系膜淋巴结相连的淋巴管呈明显的红线样或虚线状
		肺型	肺型炭疽的特征是肺膈叶上有大小不等的暗红色实质肿块，切面呈樱桃红色或山楂糕样，质地硬脆、致密，并有灰黑色坏死灶
口蹄疫	宰前	病猪水疱以蹄部多见，严重者蹄壳脱落，口腔和鼻盘病变少见	
	宰后	胃肠出血性炎症；心脏柔软、扩张，病势严重时，左心室壁和室中隔有明显的脂肪变性和坏死，断面可见不整齐的斑点和灰白色或带黄色的条纹，形似虎皮斑纹，心内膜有出血斑，心外膜有出血点；肺气肿和水肿；腹部、胸部、肩胛部肌肉中有淡黄色麦粒大小的坏死灶	
猪瘟	最急性型	宰前	急性败血病症状，突然发病，高热稽留，皮肤和黏膜发绀，有出血点
		宰后	黏膜、浆膜和内脏有少量出血斑点
	急性型	宰前	精神高度沉郁，发热，食欲减退，寒战，背拱起，后肢乏力，步态蹒跚，重症全身痉挛，两眼无神，眼结膜潮红，口腔黏膜发绀或苍白，耳、鼻、腹下、股内侧、会阴等处可见出血斑点，先便秘后腹泻，公猪阴鞘内积有恶臭尿液
		宰后	全身皮肤，特别是颈部、腹部、股内侧、四肢等处皮肤，有暗红色或紫红色的出血点或出血斑，脂肪、肌肉、浆膜、黏膜、喉头、胆囊、膀胱和大肠有出血点；淋巴结呈大理石样；脾出血性梗死；肾脏苍白，有暗红色出色点；胃肠黏膜潮红，散布许多小出血点
	亚急性型	宰前	体温升高，扁桃体、舌、唇及齿龈出现溃疡；多处皮肤有出血点
		宰后	肺切面呈暗红色，质地致密，间质水肿、出血，局部肺表面有红色网纹；结肠和盲肠黏膜上有轮层状溃疡
	慢性型	宰前	消瘦，便秘与腹泻交替出现；腹下、四肢和股部皮肤有出血点或紫斑；扁桃体肿大
		宰后	肺脏表面有黄色纤维素，间质增厚，呈大理石样；肺脏、心包和胸膜发生粘连；回肠末端、盲肠和结肠黏膜出现轮层状溃疡

疫病			鉴定要点
猪丹毒	急性败血型	宰前	体温42℃以上，呈稽留热，寒战，喜卧阴湿地方，食欲废绝，间有呕吐，离群独卧；发病1～2 d后，皮肤上出现红斑，大小不等，形状不同，耳、腹及腿内侧较多见，指压时褪色
		宰后	耳根、颈部、胸前、腹壁和四肢内侧等处皮肤有不规则的鲜红色斑块，红斑融合成片，微隆起于皮肤表面；全身淋巴结充血肿胀，切面多汁，呈红色或紫红色；脾肿大，质地柔软，呈樱桃红色，切面外翻，结构模糊不清；肾脏淤血肿大，皮质部可见大小不等的点状出血，切面常有肿大出血的肾小球显现；肺充血、水肿；心包积液，心冠脂肪充血发红，心内外膜点状出血；胃肠黏膜呈急性卡他性或出血性炎症变化
	亚急性疹块型	宰前	颈、肩、胸、腹、背及四肢等处皮肤上出现方形、菱形、圆形或不规则形的红色疹块，有的疹块中心部分变浅，边缘呈灰紫色，有的疹块中心产生小水疱或变成棕色痂块，有的痂块自然脱落，留下缺毛的疤痕
		宰后	皮肤上可见特征性疹块，疹块部的皮肤和皮下结缔组织充血并有浆液浸润和出血变化或坏死，有的疹块坏死脱落，留下灰色的疤痕；内脏有败血型病变
	慢性型	宰前	四肢关节，特别是腕关节、跗关节常发生浆液性纤维素性关节炎；伴发心内膜炎时，听诊心跳加快、杂音明显；有的病猪皮肤成片坏死或脱落，有的整个耳壳或尾巴甚至蹄壳全部脱落
		宰后	心脏二尖瓣有菜花状赘生物；四肢关节变形肿大或粘连，切开腕关节和跗关节的肿胀部分，有黄色浆液流出，其中常混有白色絮状物
猪肺疫	最急性型	宰前	看不到症状就已死亡；病程稍长的可见体温升高至41℃～42℃，食欲废绝，咽喉部肿胀，有热痛，呼吸高度困难，犬坐姿势，口鼻流出泡沫
		宰后	咽喉及其周围组织有明显的出血性浆液性炎症变化，颌下、咽喉和颈部皮下有大量淡红色略透明的水肿液流出，局部组织呈胶冻样；颌下、咽后和颈部淋巴结肿大，切面多汁，有出血点；全身浆膜、黏膜散布点状出血
	急性型	宰前	主要表现为纤维素性胸膜肺炎症状。体温升高，咳嗽，有鼻液和脓性结膜炎，耳根和四肢内侧有红斑
		宰后	以典型的纤维素性胸膜肺炎为特征。病变主要位于肺脏的尖叶、心叶和膈叶的前部，严重的可波及整个肺叶，眼观病肺呈大理石样花纹。肺胸膜发生浆液性纤维素性炎症，胸腔内积有含纤维素凝块的浑浊液体，肺炎区的胸膜上附有黄白色纤维素性薄膜
	慢性型	宰前	慢性肺炎或慢性胃肠炎症状
		宰后	病程长的慢性病例，除典型的纤维素性胸膜肺炎特征外，肺炎区往往可见更大的坏死灶，肺胸膜增厚，并与肋胸膜、心包和各肺叶间发生纤维素性粘连，肺脏淋巴结肿大、充血和出血，有时可见化脓性坏死性炎症变化

三、实训报告

重点写出主要传染病的鉴定要点。

作业单

一、填空

1. 临床上猪丹毒分为（ 　　 ）、（ 　　 ）、（ 　　 ）三种类型。

2. 临床上猪炭疽常见的有（ 　　 ）、（ 　　 ）、（ 　　 ）三种类型。

二、选择

1. 诊断猪水疱病时要和（ 　　 ）相区分。

A. 口蹄疫　　　　　　B. 猪瘟　　　　　　　C. 口炎

2. 脾脏肿大成樱桃红色的是（ 　　 ）。

A. 败血性猪丹毒　　　B. 急性猪瘟　　　　　C. 亚急性猪瘟

3. 以典型的纤维素性胸膜肺炎为特征的猪病为（ 　　 ）。

A. 猪链球菌病　　　　B. 猪丹毒　　　　　　C. 猪肺疫　　　　　　D. 口蹄疫

4. （ 　　 ）俗称猪气喘病。

A. 猪肺疫　　　　　　B. 猪支原体肺炎　　　C. 猪胸膜肺炎

5. 剖检病猪出现大肠纽扣状溃疡应怀疑为（ 　　 ）。

A. 猪肺疫　　　　　　B. 猪丹毒　　　　　　C. 猪瘟

6. 心内膜上有菜花状赘生物、四肢关节显著肿大的猪病为（ 　　 ）。

A. 猪瘟　　　　　　　B. 口蹄疫　　　　　　C. 猪肺疫　　　　　　D. 猪丹毒

7. 皮肤上有特征性疹块，内脏有败血型病变的猪病为（ 　　 ）。

A. 口蹄疫　　　　　　B. 猪丹毒　　　　　　C. 猪肺疫　　　　　　D. 猪瘟

8. 呼吸高度困难，呈犬坐姿势，口鼻流出泡沫的猪病为（ 　　 ）。

A. 口蹄疫　　　　　　B. 猪丹毒　　　　　　C. 猪瘟　　　　　　　D. 猪肺疫

三、简答

1. 简述猪瘟、猪丹毒、猪局部炭疽的淋巴结病变有什么区别。

2. 列出至少五种猪的主要疫病。

评估单

【评估内容】

一、判断

1. 猪发生水疱病时，水疱以蹄部多见，严重者蹄壳脱落，口腔和鼻盘的水疱病变较少见，同时牛羊也发病。　　　　　　　　　　　　　　　　　　　　　　　　　（ 　　 ）

2. 猪发生口蹄疫时，水疱以蹄部多见，严重者蹄壳脱落，有时在舌面、鼻端、乳房上也形成水疱或烂斑，牛羊不发病。　　　　　　　　　　　　　　　　　　　　　（ 　　 ）

3. 患猪瘟病猪的淋巴结病理变化为浆液性炎症。　　　　　　　　　　　　　　（ 　　 ）

4. 猪多为局部炭疽，很少有临床症状。典型的临床症状为咽型炭疽，咽喉部和附近淋巴结肿胀。　　　　　　　　　　　　　　　　　　　　　　　　　　　　　　　（ 　　 ）

5. 猪发生口蹄疫时，内脏特征性病理变化为虎斑心、胃肠出血性炎症变化、肺气肿和水肿，胸腹部、肩胛部肌肉有淡黄色麦粒大小的坏死灶。　　　　　　　　　　　（ 　　 ）

6. 猪肠型炭疽的特征是炭疽痈邻近的肠系膜呈现出血性胶样浸润，散布纤维素凝块，肠系膜淋巴结肿大、出血，切面呈暗红色、樱桃红色或砖红色，质地硬脆。　　　（ 　　 ）

7. 猪肺炭疽的特点是肺膈叶上暗红色实质肿块的切面呈现鲜红色或山楂糕样，质地硬脆、致密，并有灰黑色坏死灶。　　　　　　　　　　　　　　　　　　　　（　　）

8. 亚急性型猪瘟的局部肺表面有红色网纹，慢性型猪瘟的肺脏表面有黄色纤维素，间质增厚，呈大理石样。　　　　　　　　　　　　　　　　　　　　　　　　　（　　）

9. 急性型猪瘟的系列病理变化为全身皮肤、脂肪、肌肉、浆膜、黏膜有出血点和出血斑，淋巴结大理石样变，脾出血性梗死，肾脏苍白色，有暗红色出血点。　　　　（　　）

10. 确诊为布鲁氏杆菌病的病猪整个胴体及副产品，均做销毁处理。　　　　　（　　）

二、课外能力拓展

根据提供的宰前、同步检疫传染病案例病理变化图片，判断生猪传染病病名。

【评估方法】

利用图片、标本、多媒体课件，分组对学生进行评估。

优：在限定的时间内完成全部判断，90% 以上正确。

良：在限定的时间内完成全部判断，70% 以上正确。

及格：延时完成全部判断，60% 以上正确。

不及格：延时完成全部判断，40% 以上不正确。

备注：项目四任务七学习情境占模块一总分的 6%。

任务八　生猪屠宰检疫常见寄生虫病的鉴别

【重点内容】

1. 生猪主要寄生虫病的鉴别和卫生处理方法。

2. 旋毛虫的检验。

【教学目标】

1. 知识目标

掌握生猪主要寄生虫病的鉴别要点和卫生处理方法。

2. 技能目标

能准确鉴别生猪屠宰检疫常见寄生虫病，通过实习掌握肌肉压片检查法，了解肌肉消化检查法。

资 料 单

一、囊尾蚴病

囊尾蚴病是由绦虫的幼虫引起的一种人畜共患寄生虫病。多种动物均可感染此病。人感染囊尾蚴病时，在四肢、颈背部皮下可出现半球形结节，重症病人有肌肉酸痛、疲乏无力、痉挛等表现，虫体寄生于脑、眼、声带等部位时，常出现神经症状、失明和变哑等。本病在公共卫生上十分重要，囊尾蚴病传播过程如图 1-29 所示。

1. 宰前检疫

猪囊尾蚴病是寄生于人体小肠内的猪带绦虫的幼虫在猪体内寄生引起的一种寄生虫病。轻症病猪无特殊表现，重症病猪可见眼结膜发红或有小结节样疙瘩，舌根部有半透明的小水疱囊。有些病猪肩胛部增宽，臀部隆起，不愿活动，叫声嘶哑等。

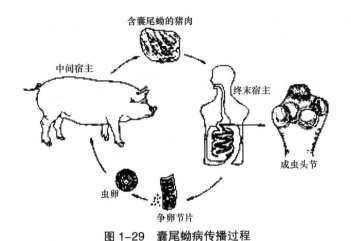

图 1-29 囊尾蚴病传播过程

（王雪敏：《动物性食品卫生检验》，2002 年）

2．同步检疫

猪囊尾蚴为米粒大至豌豆大的白色半透明的囊泡，多寄生于肩胛外侧肌、臀肌、咬肌、深腰肌、膈肌、颈肌、股内侧肌、心肌、舌肌等部位。我国规定猪囊尾蚴主要检验部位为咬肌、深腰肌和膈肌，其他可检验部位为心肌、肩胛外侧肌和股内侧肌等。钙化后的囊尾蚴呈白色圆点状，显微镜检查可见头节的四周有四个吸盘和一圈小钩。猪囊尾蚴如图 1-30 所示。

3．卫生处理

患畜的整个胴体和内脏化制处理。

图 1-30 猪囊尾蚴（自然大）

二、旋毛虫病

旋毛虫病是由旋毛形线虫引起的一种人畜共患寄生虫病。多种动物均可感染，肉用动物中主要感染猪和狗。本病对人危害较大，可致人死亡。人感染旋毛虫病与吃未煮熟或食用腌制与烧烤不当的含旋毛虫包囊的猪肉、狗肉及其肉制品有关。

1．宰前检疫

动物感染后大都有一定的耐受力，无明显症状。感染严重的猪和狗，初期食欲减退，呕吐，腹泻，以后幼虫移行可引起肌炎，病畜出现肌肉疼痛、麻痹、运动障碍、声音嘶哑、发热等症状，有的表现为眼睑和四肢水肿。

2．同步检疫

猪体内旋毛虫常寄生于膈肌、舌肌、喉肌、颈肌、咬肌、肋间肌及腰肌等处，其中膈肌发病率最高，多聚集在筋头。我国规定旋毛虫的检验方法是压薄镜检法，即在每头猪膈肌脚各取一小块肉样，撕去肌膜做肉眼观察，然后在肉样上剪取 24 个小片，压薄后进行镜检。肌肉中旋毛虫包囊如图 1-31 所示。

3．卫生处理

患畜的整个胴体和内脏化制处理。

三、猪肺丝虫病

猪肺丝虫病是由猪肺丝虫寄生在支气管，引起支气管炎

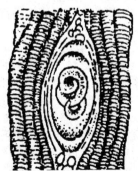

图 1-31 肌肉中旋毛虫包囊

（王雪敏：《动物性食品卫生检验》，2002 年）

的线虫病。本病病原体为猪后圆线虫。轻度感染的猪症状不明显，2～4月龄瘦弱的幼猪感染虫体较多时症状严重，具有较高的死亡率。

1. 宰前检疫

病猪消瘦，发育不良，被毛干燥无光，阵发性咳嗽，在早晚、运动后或遇冷空气刺激时尤为剧烈，鼻孔流出脓性黏稠分泌物。严重病例呈现呼吸困难。病程长者，常形成僵猪，有的在胸下、四肢与眼睑部出现浮肿。

2. 同步检疫

虫体寄生部位多在肺隔叶后缘，形成一些灰白色、隆起呈肌肉样硬变的病灶，切开后从支气管流出黏稠分泌物及白色丝状虫体，有的肺小叶因支气管堵塞而发生局部性肺气肿及部分支气管扩张。

3. 卫生处理

（1）病变轻微时，将病变部分割除，其他部分不受限制出厂（场）。

（2）病变严重者，整个脏器化制或销毁。

四、弓形虫病

弓形虫病是由刚地弓形虫引起的一种人畜共患原虫病。猪、牛、羊、禽、兔等多种动物都可感染，但以猪最为多见。人可因接触和生食患有本病的肉类而感染。弓形虫的传播过程如图1-32所示，弓形虫的形态特征如图1-33所示。

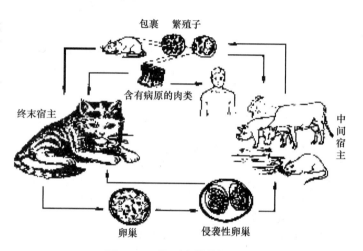

图1-32　弓形虫的传播过程

（王雪敏：《动物性食品卫生检验》，2002年）

1. 宰前检疫

病猪体温在41 ℃～42 ℃，呈稽留热，精神沉郁，食欲减少或废绝，便秘，流鼻涕，咳嗽，贫血，眼结膜充血等。呼吸困难，耳翼、鼻端、下肢、股内侧、下腹部等出现紫红斑或出血点。

本病的宰前确诊需进行病原检查和免疫学诊断。

2. 同步检疫

颌下淋巴结、腹股沟淋巴结、肠系膜淋巴结、胃淋巴结肿大、硬结，质地较脆，切面呈砖红色或灰红色，有浆液渗出。急性型的全身淋巴结髓样肿胀，切面多汁，呈灰白色；肺水肿，有出血斑和白色坏死点；肝脏变硬，浊肿，有坏死点；肾表面和切面有少量点状出血。

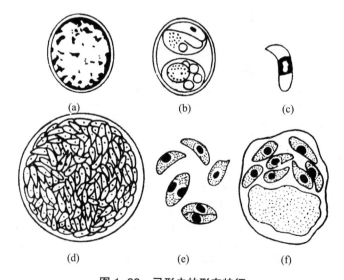

图1-33　弓形虫的形态特征

（a）未孢子化卵囊；（b）孢子化卵囊；（c）子孢子；
（d）包囊；（e）速殖子；（f）细胞内的虫团（假包囊）
（杨锡林：《家畜寄生虫病学》（第二版），1994年）

3．卫生处理

病畜的胴体和内脏高温处理后出厂（场）。

五、肉孢子虫病

肉孢子虫病是由肉孢子虫寄生于横纹肌和心肌引起的一种人畜共患原虫病。猪、牛、羊等动物均可感染。

1．宰前检疫

猪严重感染肉孢子虫病时，表现为不安，腰无力，肌肉僵硬和短时期的后肢瘫痪等症状。

2．同步检疫

猪肉孢子虫体型较小，多见于腹斜肌、腿部肌肉、肋间肌及膈肌等处。肉眼观察可在肌肉中看到与肌纤维平行的白色毛根状小体，虫体密集部位的肌肉发生变性，颜色变淡似煮肉样。显微镜检查虫体呈灰色纺锤形或雪茄烟状，内含无数半月形孢子，如虫体发生钙化，则呈黑色小团块。诊断本病时，以在肌肉中发现包囊确诊。肉孢子虫包囊如图 1-34 所示。

3．卫生处理

（1）全身肌肉发现虫体，但数量较少，不受限制出厂（场）。

（2）全身肌肉发现有较多虫体，且肌肉有病变时，整个胴体化制或销毁；无病变者高温处理后出厂（场）。

（3）局部肌肉发现较多虫体，该部位高温处理后出厂（场）；其他部位不受限制出厂（场）。

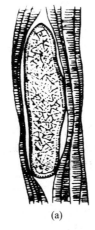 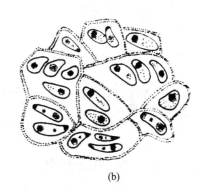

(a)　　　　　　　　(b)

图 1-34　肉孢子虫包囊

（a）包囊全形；（b）包囊部分结构放大

（张宏伟：《动物疫病》，2002 年）

六、姜片吸虫病

姜片吸虫病是由布氏姜片吸虫引起的一种人畜共患寄生虫病。猪多见，偶见于狗和野兔，人可感染发病。布氏姜片吸虫的发育史如图 1-35 所示。

1．宰前检疫

患病猪精神沉郁、低头、流涎、消化不良，有时有饥饿感。生长发育迟缓，皮毛干燥、失去光泽，贫血、消瘦、腹痛、腹泻、粪便混有黏液，眼皮和腹部水肿。

根据流行病学、症状和粪检发现虫卵即可确诊。

2．同步检疫

新鲜的姜片吸虫为肉红色，很肥厚，是吸虫类中最大的一种，形似斜切的姜片，

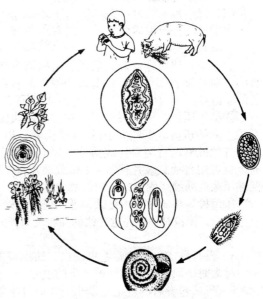

图 1-35　布氏姜片吸虫的发育史

（杨锡林：《家畜寄生虫病学》（第二版），1994 年）

故称姜片吸虫。固定后呈灰白色，成虫长 20 ～ 75 mm，宽 8 ～ 20 mm，体表有小刺。腹吸盘较大，在虫体的前方，与口吸盘十分靠近。两条肠管弯曲，但不分支，伸达虫体后端。姜片吸虫的成虫形态如图 1-36 所示。

同步检疫时见患猪小肠发炎，常有弥漫性出血、溃疡和坏死。

3. 卫生处理

（1）病变轻微时，将病变部分割除，其他部分不受限制出厂（场）。

（2）病变严重者，整个脏器化制或销毁。

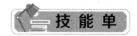

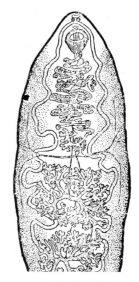

图 1-36　姜片吸虫的成虫形态
（杨锡林：《家畜寄生虫病学》（第二版），1994 年）

一、地点、材料及设备

病理检验实验室或寄生虫检验实验室、常见寄生虫病理变化标本、图片、移动多媒体视频、显微镜、弯刃剪刀、镊子、旋毛虫压片器、被检肉样（膈肌脚）、10%盐酸溶液和 50%甘油溶液。

二、方法与步骤

生猪屠宰检疫常见寄生虫病的鉴定如下：

（1）观看猪常见寄生虫病宰前、同步检疫视频。

（2）观看猪常见寄生虫病的病理变化挂图或课件。

（3）分组对照挂图和课件图片进行观察、识别和鉴定寄生虫病病理标本。

（4）以新鲜膈肌材料为对象，分组实施旋毛虫压片镜检实训操作。

①采样。开膛取内脏后，从左右膈肌脚采取不少于 30 g 的肉样，编上与胴体相同号码后送旋毛虫检验室检查。

②视检。取肉样，撕去肌膜，将肌肉纵向拉平，斜方向仔细观察肌纤维表面，检查有无虫体。肌纤维表面稍凸的针头大小发亮的灰白色卵圆形点，为虫体；肌纤维上灰白色、浅白色的小白点，应为可疑。刚形成包囊的呈露点状，稍凸出于肌肉表面。

③制作压片。用弯刃剪刀，在左右两块膈肌脚肉样视检的可疑部位或其他不同部位顺肌纤维方向随机剪取麦粒大小的 24 个肉粒，以每排 12 粒均匀地排列在玻板上。盖上另一块玻板，拧紧螺旋，将肉粒压成薄片，以能透过肉片看清书报上的小字为宜。若无旋毛虫压片器时，也可用普通载玻片代替，1 张载玻片排 12 个肉粒，每个检样用 4 张载玻片即可，玻片的两端用橡皮筋缠绕固定，压成薄片。

④镜检。将压片置于显微镜低倍视野下检查，由第一个肉粒开始，依次检查，不能遗漏每一个视野。镜检时，应注意光线的强弱及检查的速度，以免漏检。视野中的肌纤维呈黄蔷薇色。

⑤判定。

a. 没有形成包囊的旋毛虫幼虫。幼虫寄生在肌纤维之间，虫体呈直杆状或蜷曲状，压片用力过大时，肌浆中可见到被压出的虫体。

b. 形成包囊后的旋毛虫幼虫。在肌纤维之间，可见到发亮透明的椭圆形包囊，囊中央为卷曲的旋毛虫幼虫，通常含有 1 条幼虫，偶有 2 条以上。

c. 钙化的旋毛虫幼虫。包囊内可见到数量不等、颜色浓淡不均的黑色团块。滴加数滴

10%盐酸溶液脱钙，静置 15～20 min 后，可见到完整的幼虫虫体，此为包囊发生钙化；若见断裂、模糊不清的虫体，则此为幼虫发生钙化。

　　d.机化的旋毛虫幼虫。肉眼观察为一个较大的白点，称为"大包囊"或"云雾包"，此为机化，机化时镜下透明度较差，滴加 2 滴 50% 甘油溶液，经数分钟透明处理后，可见虫体或虫体死亡的残骸。

　　e.虫体鉴别。镜检时应注意旋毛虫与猪肉孢子虫的区别。猪肉孢子虫寄生在膈肌等肌肉中，感染率高于旋毛虫，旋毛虫镜检时易发现猪肉孢子虫包囊。鉴别的方法是已发生钙化的包囊，滴加 10% 盐酸溶液脱钙溶解后，如可见到虫体或其痕迹者是旋毛虫包囊，而猪肉孢子虫不见虫体。旋毛虫与猪肉孢子虫的区别如图 1-37 所示。

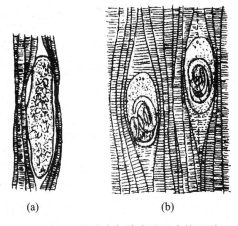

(a)　　　　　　(b)

图 1-37　旋毛虫与猪肉孢子虫的区别
（a）猪肉孢子虫包囊；（b）旋毛虫幼虫包囊

三、实训报告

采猪膈肌肉样进行检验，分析检验结果并提出处理意见。

作业单

查找资料完成如下作业：
一、填空
1.囊尾蚴病是由（　　　）引起的一种人畜共患寄生虫病。
2.猪旋毛虫的重点检疫部位是（　　　）。
3.猪囊尾蚴肉处理的方法是（　　　）
4.猪囊尾蚴病成虫寄生于（　　　），幼虫寄生于（　　　），有时也寄生在（　　　）。
5.猪囊尾蚴病的重点检疫肌肉为（　　　）、（　　　）、腰肌、（　　　）、股内侧肌、心肌。
6.猪囊尾蚴病和旋毛虫病的动物肉尸和内脏需进行（　　　）处理。
二、简答
1.简述猪囊尾蚴病检查的部位和形态。
2.如何鉴别旋毛虫病、囊尾蚴病、猪肉孢子虫病？

评估单

【评估内容】

一、判断
1.某检疫员对生猪实施同步检疫时，在猪胴体必检部位检出两个囊尾蚴，该检疫员应监督货主对猪胴体进行高温处理。（　　　）
2.屠畜中旋毛虫主要感染猪和狗，旋毛虫多寄生于经常运动的横纹肌中。（　　　）
3.新鲜的姜片吸虫为肉红色，很肥厚，是吸虫类中最大的一种，形似斜切的姜片。（　　　）
4.猪肉孢子虫体型较小，肉眼观察可在肌肉中看到与肌纤维平行的白色毛根状小体，显微镜检查虫体呈灰色纺锤形或雪茄烟状，内含无数半月形孢子。（　　　）

5. 猪弓形虫病淋巴结的变化特点为淋巴结肿大、硬结，质地较脆，切面呈砖红色或灰红色，有浆液渗出。　　　　　　　　　　　　　　　　　　　　　　　　　　　（　　）

二、课外能力拓展

利用肌肉压片法检查旋毛虫。

【评估方法】

1. 利用多媒体课件、图片标本，分组对学生进行判断提醒和寄生虫病标本识别评估。

优：在限定的时间内识别全部病变，90% 以上正确。

良：在限定的时间内识别全部病变，80% 以上正确。

及格：延时识别全部病变，60% 以上正确。

不及格：延时识别全部病变，60% 以下正确。

2. 肌肉压片检查旋毛虫操作。

序号	考核内容	考核要点	分值	评分标准	得分
1	采样	1. 从胴体左右横膈肌脚采样 2. 样品质量不少于 30 g 3. 编与胴体相同号码	10	有一项不符合标准扣 3 分	
2	视检	1. 撕去肌膜，在良好的自然光线下，将肌肉拉平，斜方向观察肌纤维表面 2. 确定虫体寄生可疑部位	10	有一项不符合标准扣 5 分	
3	压片制作	1. 从可疑部位顺肌纤维方向随机剪取麦粒大小的 24 个肉粒（一块肉剪 12 个） 2. 每排 12 粒均匀地排列在玻板上，肉粒排列应利于压片 3. 肉粒压成的薄片应能透过肉片看清书报上的小字	20	有一项不符合标准扣 6 分	
4	镜检	1. 在低倍视野下检查 2. 由第一肉粒开始，按弓字形路线，依次检查，不遗漏每一个视野	10	有一项不符合标准扣 5 分	
5	判定	1. 能说出没有形成包囊的旋毛虫幼虫的特点 2. 能说出形成包囊后的旋毛虫幼虫的特点 3. 能说出钙化的旋毛虫幼虫的特点及脱钙剂的名称 4. 能说出发生机化的旋毛虫幼虫的特点，以及使用透明剂的名称	40	有一项不符合标准扣 10 分，至扣完为止	
6	结束工作	1. 显微镜使用后的归位，检验器材的整理 2. 清理工作区域	10	有一项不符合标准扣 5 分	
	合计		100		

为考核团队协作能力和互助学习精神，以小组为单位进行实训学习操作过程考核，以评价小组的整体协作能力和动手操作能力。

备注：项目四任务八学习情境占模块一总分的 4%。

项目五　羊的屠宰检疫

任务一　羊的宰前检疫技术

【重点内容】

1．宰前检疫的技术要领。
2．羊宰前重点检疫疫病的临床特点。

【教学目标】

1．知识目标
了解羊宰前管理的要领，掌握宰前检疫的程序与方法。
2．技能目标
熟悉羊宰前检疫的技术要领，能够较熟练地对羊进行宰前检疫操作，并能对检疫结果做出正确的处理决定。

资料单

一、羊的收购、运输检疫技术

同生猪。

二、羊的收购、运输检疫证明的填写

同生猪。

三、宰前检疫的目的和意义

同生猪。

四、羊入场（厂、点）查验程序

（1）查证验物。查验入场（厂、点）羊的《动物检疫合格证明》和佩戴的畜禽标识。
（2）询问。了解羊只运输途中的有关情况。
（3）临床检查。检查羊群的精神状况、外貌、呼吸状态及排泄物状态等情况。
（4）结果处理。
合格：《动物检疫合格证明》有效、证物相符、畜禽标识符合要求、临床检查健康，方可入场，并回收《动物检疫合格证明》。场（厂、点）方须按产地分类将羊只送入候宰圈，不同货主、不同批次的羊只不得混群。
不合格：不符合条件的，不予入场；疑似患有一类动物疫病的，限制人员、车辆流动，

并按国家有关规定处理。

（5）消毒。监督货主在卸载后对运输工具及相关物品等进行清洗消毒。

（6）记录。记录羊的数量、产地、货主、运输车辆车型及车牌号等情况。

五、检疫申报受理程序

场（厂、点）方应在屠宰前6 h申报检疫，填写检疫申报单。官方兽医接到检疫申报后，根据相关情况决定是否予以受理。受理的，应当及时实施宰前检查；不予受理的，应说明理由。

六、羊宰前重点检疫的疫病

1. 重点检疫的疫病

口蹄疫、痒病、小反刍兽疫、绵羊痘和山羊痘、羊炭疽、蓝舌病、布鲁氏杆菌病。

2. 常见临诊表现的可疑疫病范围

（1）精神状态和姿势。跛行：疑口蹄疫。倦怠：疑绵羊痘和山羊痘。突然倒地臌胀：疑羊炭疽。

（2）可视黏膜。口腔黏膜有烂斑或溃疡：疑口蹄疫。口黏膜水疱和脓疱、流涎：疑口蹄疫、绵羊痘和山羊痘。结膜潮红、眼睑肿胀充血流泪：疑绵羊痘和山羊痘。鼻黏膜发炎或烂斑、鼻流黏液：疑绵羊痘和山羊痘。口流血样泡沫：疑羊炭疽。鼻镜干燥：疑羊热性传染病。结膜苍白湿润：疑羊肝片吸虫病。

（3）呼吸状态。呼吸困难：疑羊快疫、绵羊痘和山羊痘。咳嗽：疑绵羊痘和山羊痘。呼吸频繁：见于大部分急性热性疫病。

（4）皮肤被毛。蹄部皮肤水疱烂斑：疑口蹄疫。皮肤疹：疑绵羊痘和山羊痘。皮下水肿：疑羊肝片吸虫病。

（5）异常声音。喷嚏：疑绵羊痘和山羊痘。咬牙：疑羊炭疽。

（6）排泄。血尿或血便：疑羊炭疽。

（7）体温。体温升高见于大部分急性热性疫病。

七、羊宰前检疫的程序

（1）屠宰前2 h，官方兽医应按照《反刍动物产地检疫规程》中"临床检查"的相关要求对受检动物进行临床健康检查。

（2）羊宰前检疫结果的处理。

准宰：经宰前检查合格的羊，准予屠宰。

禁宰：经宰前检查，发现口蹄疫、痒病、小反刍兽疫、绵羊痘和山羊痘、羊炭疽、蓝舌病等一类动物疫病症状的禁止屠宰，限制移动，按照《中华人民共和国动物防疫法》、国务院《重大动物疫情应急条例》和农业农村部《动物疫情报告管理办法》等有关规定处理。

急宰：经宰前检查，确认为无碍于肉食安全且濒临死亡的羊只，视情况送急宰车间急宰。

缓宰：发现布鲁氏杆菌病症状的，病羊按布鲁氏杆菌病防治技术规范处理，同群羊隔离观察，确认无异常的，准予屠宰。发现患有除口蹄疫、痒病、小反刍兽疫、绵羊痘和山羊痘、羊炭疽、蓝舌病等一类动物疫病以外疫病的，不得屠宰，确诊后按有关规定处理，同批次羊进行隔离观察，确认无异常的，准予屠宰；隔离期间出现异常的，按有关规定处理。

八、羊的宰前管理

宰前应停饲24 h，其他同猪的管理。

九、官方兽医后续应完成的工作

监督场（厂、点）方对处理病羊的候宰圈、急宰车间及隔离圈等进行消毒。对检疫患有一、二类动物疫病的羊，根据动物检疫证明和畜禽标识编号，由动物卫生监督机构追查疫源。官方兽医应详细记录宰前检疫过程中的检疫合格证明、畜禽标识、准宰通知书及检疫结果处理等情况。

一、地点、材料及设备

牛羊屠宰加工场（或校内实习牧场）、多媒体课件或视频、资料单、常规兽医临床检查器械。

二、方法与步骤

（1）观看牛羊屠宰加工场的宰前管理与检疫多媒体课件或视频。

（2）在牛羊屠宰加工场（或校内实习牧场）分组实施宰前管理与检疫模拟操作。

采取以群体检查为主、个体检查为辅的综合方法，在候宰圈外，对羊群的静态、动态、饮食状态三个方面仔细观察，把羊群中有病羊或疑似病羊剔除，然后对这些异常羊逐一详细地进行个体检查，将病、健羊区分开，并初步判断疾病性质。

①群体检查。重点检查精神状态、睡觉姿势、运动、反刍情况，特别要注意离群独居。

②个体检查。重点检查羊的精神状态和姿势、呼吸状态、可视黏膜、皮肤被毛、异常声音、排泄及体温等。

③根据检查结果给出处理决定。

三、实训报告

根据实际检疫情况给出检疫结论，有针对性地写出检疫分析实习报告。

作业单

利用课余时间，自学《中华人民共和国动物防疫法》《一、二、三类动物疫病病种名录》《动物疫情报告管理办法》，完成如下作业。

1. 官方兽医对入场羊只例行检查，发现疑似染疫病的，证物不符、无畜禽标识、检疫证明逾期的，检疫证明被涂改、伪造的，应禁止羊只入场，并对羊只进行隔离、查封、扣押，实施补检，同时按《中华人民共和国动物防疫法》的相关规定对货主进行经济处罚。（　　）

2. 羊只经宰前检疫合格，官方兽医出具准宰通知书后，方准进行屠宰。（　　）

3. 宰前发现有中毒现象的羊只，应立即运往急宰车间进行急宰。（　　）

4. 宰前检疫发现绵羊痘，官方兽医应立即责令停止屠宰，采取紧急防疫措施，同时上报农业农村部兽医主管部门。（　　）

5. 经宰前检疫发现羊的一类传染病时，病羊及同群羊应按《病害动物和病害动物产品生物安全处理规程》的规定，用密闭运输工具运到动物卫生监督机构指定的地点扑杀、销毁。（　　）

6. 经宰前检疫发现羊炭疽，病羊及同群羊应采取不放血的方法销毁，并严格按规定对污染场所实施防疫消毒。　　　　　　　　　　　　　　　　　　　　　（　　）

7. 对宰前检疫检出的病羊，依据耳标号及检疫证明，通报产地动物卫生监督机构追查疫源。　　　　　　　　　　　　　　　　　　　　　　　　　　　　（　　）

8. 对依法应当检疫而未经检疫的动物产品，具备补检条件的实施补检，不具备补检条件的予以没收、销毁。　　　　　　　　　　　　　　　　　　　　　　　（　　）

9. 病死、毒死或不明死因羊的尸体应进行销毁。　　　　　　　　　　　　（　　）

10. 确诊为羊肠毒血症的羊尸应进行销毁。　　　　　　　　　　　　　　（　　）

11. 《病害动物和病害动物产品生物安全处理规程》规定的病害羊及羊的产品销毁适用对象有口蹄疫、羊炭疽、绵羊梅迪 - 维斯那病、蓝舌病、小反刍兽疫、绵羊痘和山羊痘、山羊关节炎脑炎、羊快疫、羊肠毒血症、肉毒梭菌中毒症、羊猝狙、布鲁氏杆菌病、结核病的染疫动物，以及其他严重危害人畜健康的病害动物及其产品。　　　　　　　（　　）

12. 羊皮大衣由羊皮制成。羊皮属动物产品，故根据《中华人民共和国动物防疫法》的有关规定，对羊皮大衣也应进行检疫。　　　　　　　　　　　　　　　　（　　）

13. 羊痘仅感染绵羊。　　　　　　　　　　　　　　　　　　　　　　（　　）

评估单

【评估内容】

考核内容	考核方法	评分等级及标准
羊的宰前检疫	操作	优：能够熟练地对羊进行宰前检疫操作，并能对检疫结果做出正确的处理决定。 良：能够比较熟练地对羊进行宰前检疫操作，并能给出比较正确的处理决定。 及格：能在提示下完成检疫操作，并能给出比较合适的处理决定。 不及格：不能独立完成操作

【评估方法】

为考核团队协作能力和互助学习精神，以小组为单位采用随机抽查方式，对团队整体水平进行比对考核，方法是每个小组随机抽查 1 人进行操作考核。

备注：项目五任务一学习情境占模块一总分的 3%。

任务二　考查牛羊屠宰加工企业同步检疫点的设置

【重点内容】
牛羊屠宰加工工艺及检验点的设置。

【教学目标】

1. 知识目标
掌握同步检疫点的设置要领。

2．技能目标

正确掌握放血部位、操作技术和放血时间，保证血流通畅，放血完全。

 资料单

一、牛羊屠宰加工工艺流程

待宰→致昏（刺昏法、木槌击昏法、电击致昏法）→刺杀放血（切断颈部血管法、切颈法）→去头蹄→剥皮→开膛与净膛→劈半→胴体修整→内脏整理→皮张和鬃毛整理。

二、牛羊分割加工工艺流程

（1）原料冷却→胴体接收分段→剔骨分割加工→包装入库。

（2）原料预冷→胴体接收分段→剔骨分割加工→产品冷却→包装入库。

三、牛羊屠宰、分割加工过程操作要求

（1）正确掌握放血部位、操作技术和放血时间，保证血流通畅，放血完全。

（2）羊的屠宰有时根据用户要求，采用烫毛或脱毛剂进行脱毛或用喷灯进行燎毛的加工方法而不进行剥皮。进行燎毛时要掌握好燎毛时间，将毛燎净，以皮肤微黄而又不烧焦为宜。

（3）牛的手工剥皮是先剥四肢皮、头皮和腹皮，最后剥背皮。如果是卧式剥皮时，先剥一侧，然后翻转再剥另一侧。如为半吊式剥皮，先仰卧剥四肢、腹皮，再剥后背皮，然后吊起剥前背皮。羊的手工剥皮方法与牛相似，且各地有不同的剥皮习惯，但要注意不能将羊皮剥破，不能沾污胴体。不管采用何种方式剥皮，剥皮时均应力求仔细。

（4）牛的胴体一般先进行劈半，再将半胴体沿最后肋骨后缘分割为前后两半，称为"四分体"，然后根据要求，进行分割肉的加工。羊的胴体较小，一般不需劈半。

（5）在部分民族地区，羊的肾脏不与胴体分离。

四、牛羊屠宰检验点的设置

待宰→致昏→刺杀放血→去头蹄→头部检验（羊尸不检头）→剥皮→肉体外貌检验→开膛→脾脏检验→净膛→心、肝、肺、肠胃、肠系膜淋巴结检验→劈半（羊尸不劈半）→肾脏检验→胴体修整→胴体检验→合格后，加盖检验合格验讫印章、过磅计量、成品鲜销、分割或入冷却间。

 技能单

一、地点、材料及设备

牛羊屠宰加工企业、屠宰加工生产线、工作服、工作帽、口罩、长筒胶靴。

二、方法与步骤

（1）提供牛羊屠宰加工与分割加工工艺流程资料单。

（2）提供牛羊屠宰检验点的设置资料单。

（3）根据要求在教师的指导下针对所在地定点牛羊屠宰加工企业进行如下项目实地考察。

①屠宰、分割加工工艺及卫生状况；

②检验点的设置状况。

三、实训报告

根据实地考察情况写出参观考察报告，要求分析讨论企业存在的问题并提出整改措施。

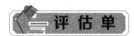

1．查阅资料，总结开展调研工作的方法。

2．根据调研报告的写作格式，有针对性地完成实训报告。

评估单

【评估内容】

考核内容	考核方法	评分等级及标准
考查牛羊屠宰加工企业同步检疫点的设置	调研报告	优：能够根据实地考察情况写出调研报告，详细分析企业存在的问题，并提出有针对性的合理化整改措施。 良：能够根据实地考察情况写出调研报告，分析企业存在的问题，提出了有针对性的整改措施。 及格：能够按要求完成调研报告的调研内容，但报告的针对性不强，需进一步修改。 不及格：不能按要求完成调研报告

【评估方法】

为考核团队协作能力和互助学习精神，以小组为单位进行调研，但要求每人单独写一份调研报告，以评估观察、分析、解决生产实际问题的能力，同时评价调研报告的写作水平。

备注：项目五任务二学习情境占模块一总分的 3%。

任务三　羊屠宰同步检疫技术

【重点内容】

1．羊屠宰重点检疫的疫病。

2．羊屠宰同步检疫程序及操作方法。

【教学目标】

1．知识目标

掌握羊屠宰同步检疫程序和重点检疫的疫病。

2．技能目标

能初步判定羊同步检疫的结果并进行处理。

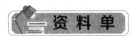资 料 单

一、羊屠宰重点检疫的疫病

羊屠宰检疫的重点在于发现口蹄疫、痒病、小反刍兽疫、绵羊痘和山羊痘、羊炭疽、布鲁氏杆菌病、肝片吸虫病、棘球蚴病。

二、羊屠宰同步检疫程序

在适宜的光照条件下进行同步检疫，必要时进行实验室检疫。与屠宰操作相对应，对同一只羊的头、蹄、内脏、胴体等统一编号进行检疫。

1．头蹄部检查

（1）头部检查。检查鼻镜、齿龈、口腔黏膜、舌及舌面有无水疱、溃疡、烂斑等。必要时剖开下颌淋巴结，检查形状、色泽及有无肿胀、淤血、出血、坏死灶等。

（2）蹄部检查。检查蹄冠、蹄叉皮肤有无水疱、溃疡、烂斑、结痂等。

2．内脏检查

取出内脏前，观察胸腔、腹腔有无积液、粘连、纤维素性渗出物。检查心脏、肺脏、肝脏、胃肠、脾脏、肾脏，剖检支气管淋巴结、肝门淋巴结、肠系膜淋巴结等，检查有无病变和其他异常。

（1）心脏。检查心脏的形状、大小、色泽及有无淤血、出血等。必要时剖开心包，检查心包膜、心包液和心肌有无异常。在左心室肌肉上做一斜形切口，检查囊尾蚴。

（2）肺脏。观察两侧肺叶实质、色泽、形状、大小及有无淤血、出血、水肿、化脓、实变、粘连、包囊砂、寄生虫等。触检弹性。剖检左、右支气管淋巴结。注意有无充血、出血、水肿、实变、化脓、结核、寄生虫和各种炎症变化。

（3）肝脏。检查肝脏大小、色泽、弹性、硬度及有无大小不一的突起。剖开肝门淋巴结，摘除胆囊，以浅刀横断胆管，检查有无寄生虫（肝片吸虫病）等。必要时剖开肝实质，检查有无淤血、出血、肿大、性变、坏死、硬化、萎缩、结节、结石、寄生虫损害等。特别注意粟粒至米粒大的黄色结节（副伤寒结节）和白色或灰白色油亮结节（淋巴细胞肉瘤）。

（4）肾脏。剥离两侧肾被膜，检查弹性、硬度及有无贫血、出血、淤血等。必要时剖检肾脏。

（5）脾脏。检查弹性、颜色、大小等。必要时剖检脾实质。要特别注意发现急性脾肿大和实质散在局灶性暗红色肿块的脾，检查有无羊炭疽。

（6）胃肠。检查胃肠的浆膜面及肠系膜有无淤血、出血、粘连等。剖开肠系膜淋巴结，检查有无肿胀、淤血、出血、坏死等。必要时剖开胃肠，检查黏膜有无充血、淤血、出血、胶样浸润、糜烂、溃疡、化脓、结节、寄生虫等。检查瘤胃、瓣胃有无麸皮样假膜，瘤胃黏膜肉柱沿线无绒毛处有无水疱、糜烂或溃疡等病变。检查肠系膜上有无细颈囊尾蚴。

（7）乳腺及附件。母羊剖检乳房淋巴结，必要时剖检乳房实质，主要检查结核病、放线菌肿和化脓性乳房炎。同时检查子宫，注意其浆膜有无出血、黏膜有无黄白色或干酪样的小结节，以检出布鲁氏杆菌病。公羊检查睾丸是否肿大，睾丸、附睾有无化脓、坏死灶。

3．胴体检查

（1）整体检查。检查皮下组织、脂肪、肌肉、淋巴结，以及胸腔、腹腔浆膜有无淤血、出血及疹块、脓肿和其他异常等。

（2）淋巴结检查。颈浅淋巴结（肩前淋巴结）：在肩关节前稍上方剖开臂头肌、肩胛横突肌下的一侧颈浅淋巴结，检查切面形状、色泽及有无肿胀、淤血、出血、坏死灶等。

髂下淋巴结（股前淋巴结、膝上淋巴结）：剖开一侧淋巴结，检查切面形状、色泽、大小及有无肿胀、淤血、出血、坏死灶等。

必要时检查腹股沟深淋巴结。

4．摘除畜禽标识

读取畜禽标识信息，摘除畜禽标识并回收，检疫不合格的凭畜禽标识编码追溯疫源。

5．复检

上述检疫流程结束后，官方兽医对检疫情况进行复检，综合判定检疫结果，并监督检查甲状腺、肾上腺和异常淋巴结的摘除情况，填写同步检疫记录。

三、检疫结果处理

（1）检疫合格的，由官方兽医出具《动物检疫合格证明》，加盖检疫验讫印章，对分割包装肉品加施检疫标志。

（2）检疫不合格的，由官方兽医出具《检疫处理通知单》，并按以下规定处理。

①发现患有口蹄疫、痒病、小反刍兽疫、绵羊痘和山羊痘、羊炭疽等疫病症状的，限制移动，按照《中华人民共和国动物防疫法》、国务院《重大动物疫情应急条例》和农业农村部《动物疫情报告管理办法》等有关规定处理。

②发现患有除口蹄疫、痒病、小反刍兽疫、绵羊痘和山羊痘、羊炭疽以外疫病的，监督场（厂、点）方对病羊胴体及副产品按规定处理，对污染的场所、器具等按规定实施消毒，并做好生物安全处理记录。监督场（厂、点）方做好检疫病害动物及废弃物无害化处理。

四、检疫记录

官方兽医监督指导屠宰场（厂、点）方做好待宰、急宰、生物安全处理等环节各项记录。官方兽医应做好入场监督查验、检疫申报、宰前检查、同步检疫等环节记录，各环节记录应填写完整，保存12个月以上。

五、安全防护要求

官方兽医在检疫过程中应做好卫生安全防护。

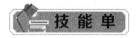

一、地点、材料及设备

牛羊屠宰加工企业、多媒体课件或视频、屠宰加工生产线、常用检验工具、工作服、工作帽、口罩、长筒胶靴。

二、方法与步骤

（1）观看羊的屠宰检疫技术多媒体课件或视频，并对视频资料内容进行评估。

（2）在屠宰加工实习基地，校外指导教师的指导下，分组进行实训操作。

1）以教师或校外兼职教师现场操作示教，然后学生分组操作的方法来实施羊的屠宰检疫操作。

2）实施同步检疫之前，先将分割开的胴体、内脏、头蹄和皮张统一编上相同的号码，便于各检验点发现异常及疫病备查。

3）同步检疫，以感官检验为主，要求按程序依次进行头部检验、内脏检验、胴体检验。

a．头部检验。

视检：皮肤、唇、齿龈和舌面、口腔黏膜，注意有无水疱、溃疡或烂斑。

触检：触摸舌体。如口腔或舌面上粘有草料，用刀背刮除，同时观察下颌骨的状态，视检有无放线菌病病变。

剖检：沿舌系带纵向剖开舌肌和两侧内外咬肌，观察有无囊尾蚴。

割除甲状腺。

b．内脏检验。

脾：开膛后，首先注意观察脾的形状、大小、色泽、质地的软硬程度，必要时切开脾脏，视检脾髓，观察脾髓形状、大小、色泽、质地。

胃肠：观察胸腹腔是否异常，然后观察胃肠的外形，浆膜有无出血、充血现象，有无异常增生，再剖检肠系膜淋巴结查看是否有结核病灶。

心：观察心包是否正常，剖开心包膜，查看心包液的性状，心肌有无出血、寄生虫坏死结节或囊尾蚴寄生。随后沿动脉弓切开心脏，检查房室瓣膜及心内膜、心肌有无出血、炎症、疣状赘生物等。剖检心室时，注意血液的色泽与凝固程度。剖开主动脉，查看主动脉管壁是否有粥样硬化。

肺：观察肺外表有无充血、出血、溃疡、气肿等病变。触摸肺实质，必要时切开肺及气管检查。剖开支气管淋巴结、纵隔淋巴结，观察有无结核病灶。

肝：观察肝外表的形状、大小、色泽有无异常。触摸弹性，剖检肝门淋巴结，切开胆管纵支及肝实质。

c．胴体检验。

检查外形：观察脂肪、肌肉、胸腹膜、盆腔等有无异常。

确定放血程度。

胴体检查：剖检颈浅背侧（肩前）淋巴结、膝上淋巴结和所有病损组织及其相应的淋巴结。

羊的肾连在胴体上，在检查胴体时，用刀沿着肾边缘轻轻一割，随后用手钩钩住肾，轻轻向外一拉，使肾翻露于被膜。观察其大小、色泽、表面有无病理变化，必要时剖检肾盂，检查好肾后，割除肾上腺。

三、实训报告

要求针对检验中观察到的病变进行分析，给出检验处理结果，并写出实践体会与收获。

评 估 单

【评估内容】

羊的屠宰检疫操作。

【评估方法】

序号	考核内容	考核要点	分值	评分标准	得分
1	头部检验	1. 能采用正确的方法对头部进行检验 2. 能说出不同手法检查的项目及重点检疫的内容	10	有一项不符合标准扣5分	
2	内脏检验	脾脏、胃肠、心脏、肺脏、肝脏检验手法正确，病理变化判定正确	40	有一项不符合标准扣8分	
3	胴体检验	1. 能准确判断脂肪、肌肉、胸腹膜、盆腔等有无异常 2. 能准确确定放血程度 3. 正确剖检颈浅背侧淋巴结、膝上淋巴结和所有病损组织及其相应淋巴结	30	有一项不符合标准扣10分	
4	肾脏检查	1. 能采用正确的手法对肾脏进行剖检，能准确判断肾脏有无病理变化 2. 能将肾上腺和异常淋巴结摘除	10	有一项不符合标准扣5分	
5	卫生评定	能对被检羊只胴体及内脏做出正确的卫生评价	10	评价不正确的扣10分	
	合计		100		

为考核团队协作能力和互助学习精神，以小组为单位进行考核，根据学时具体情况每组随机抽查 1 ～ 3 人进行操作，以评价小组整体动手操作能力。

备注：项目五任务三学习情境占模块一总分的 9%。

任务四　羊宰后常见组织器官病变和肿瘤的检验与处理

【重点内容】

1. 宰后淋巴结常见的病理变化、组织器官病变，常见肿瘤的识别。
2. 宰后常见淋巴结、组织器官病变特点描述。
3. 组织病变的卫生处理方法。

【教学目标】

1. 知识目标

通过羊的同步检疫常见组织器官病变的观察，进一步加深对宰后常见组织器官病变特征的认识，熟悉常见组织器官病变的卫生处理方法。

2. 技能目标

能比较熟练地识别宰后淋巴结常见的病理变化、组织器官病变，并能识别羊常见肿瘤。

资 料 单

一、羊宰后淋巴结常见的病理变化

羊宰后淋巴结常见的病理变化同猪。

二、羊宰后组织病变的检验与处理

　　羊宰后组织病变的检验与处理同猪，但绵羊常见营养性脂肪坏死，病变可发生于全身各部位的脂肪，但以肠系膜、网膜和肾周围的脂肪最常见，病变脂肪暗淡无光，呈白垩色，显著发硬，初期脂肪里可见有许多弥散性淡黄白色坏死点，状如撒上粉笔灰，随后小病灶融合，形成白色坚硬的坏死团块或结节。

三、羊宰后器官病变的检验与处理

　　羊宰后器官病变的检验与处理同猪。

四、羊宰后常见肿瘤及卫生处理

1. 羊宰后常见肿瘤
羊宰后常见肿瘤有乳头状瘤、纤维瘤、纤维肉瘤。
2. 羊患肿瘤肉的卫生处理
同猪。

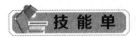

一、地点、材料及设备

　　病理检验实验室和标本室、常见组织器官病变病理标本、图片、挂图、课件、移动多媒体视频。

二、方法与步骤

　　羊宰后常见组织器官病变和肿瘤的识别：
　　（1）先观看组织、器官病变多媒体课件、挂图。
　　（2）以小组为单位进行观察、识别和鉴定标本，组内成员可采用结对考核学习方式完成标本的识别和鉴定工作。
　　（3）教师考核小组负责人。
　　（4）小组负责人考核小组成员。

三、实训报告

　　根据所见到的组织器官病变特征及鉴别要点写出实训报告。

　　作 业 单

　　1. 淋巴结的病变有哪几种？各有什么特点？
　　2. 组织的病变有哪几种？各有什么特点？
　　3. 淋巴结在同步检疫中有何意义？
　　4. 简述羊宰后常见肿瘤的名称及眼观病理变化特点。

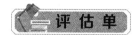 评 估 单

【评估内容】

（1）识别淋巴结病变，描述病变的特点。

（2）识别组织器官病变，描述病变的特点。

（3）识别肿瘤病变，描述病变的特点。

【评估方法】

利用标本或多媒体，教师考核小组负责人，小组负责人考核小组成员。

优：在限定的时间内识别全部病变，90%以上正确。

良：在限定的时间内识别全部病变，70%以上正确。

及格：延时识别全部病变，60%以上正确。

不及格：延时识别全部病变，40%以上不正确。

备注：项目五任务四学习情境占模块一总分的3%。

任务五　羊屠宰检疫重点传染病的鉴别

【重点内容】

1. 羊屠宰检疫重点传染病的宰前检疫、同步检疫要点。

2. 羊常见传染病的系列病理变化特点，识别相对应的病理标本。

【教学目标】

1. 知识目标

掌握羊屠宰检疫重点传染病的鉴别要点。

2. 技能目标

能准确描述羊常见传染病的病理标本特点。

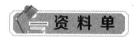 资 料 单

一、口蹄疫

口蹄疫的特征是在口腔黏膜、蹄部及乳房部位发生水疱和烂斑。

1. 宰前检疫

羊对本病的易感性较低，症状与牛基本相似，但较轻微，水疱较少并很快消失。绵羊主要在四肢蹄部见有水疱，偶尔也见于口腔黏膜。山羊水疱多见于口腔。羊发病后体温升高到41 ℃，精神不振，口腔黏膜、蹄部皮肤形成水疱，疱破后形成溃疡和糜烂。病羊表现疼痛、流涎、涎水呈泡沫状，水疱常见于唇内面、齿龈、舌面及颊部黏膜，有的在蹄叉、蹄冠，有的在乳房，水疱破裂后眼观形成痕。

2. 同步检疫

胃肠有时出现出血性炎症；心脏柔软而扩张，病势严重时，心室壁和室中隔断面可见不

整齐的斑点和灰白色或带黄色的条纹，形似虎皮样斑纹，心内膜有出血斑，心外膜有出血点；肺气肿和水肿；腹部、胸部、肩胛部肌肉中有淡黄色麦粒大小的坏死灶。

二、痒病

痒病又称慢性传染性脑炎、驴跑病、瘙痒病、震颤病、摩擦病或摇摆病，是传染性海绵状脑病（TSE）的原型。以潜伏期长、剧痒、运动失调、肌肉震颤、衰弱和瘫痪为特征。

1. 宰前检疫

显著特点是瘙痒、不安和运动失调，但体温不升高，结合是否由疫区引进种羊或父母有痒病史分析。

2. 同步检疫

除见尸体消瘦、被毛脱落及皮肤损伤外，常无肉眼可见的病理变化。组织病理学检查，突出的变化是中枢神经系统的海绵样变性。

三、小反刍兽疫

小反刍兽疫俗称羊瘟，又名小反刍兽假性牛瘟、肺肠炎、口炎肺肠炎复合症，是由小反刍兽疫病毒引起的一种急性病毒性传染病，主要感染小反刍动物，以发热、口炎、腹泻、肺炎为特征。

1. 宰前检疫

小反刍兽疫潜伏期为 4～5 d，最长为 21 d。自然发病仅见于山羊和绵羊。山羊发病严重，绵羊也偶有严重病例发生。一些康复山羊的唇部形成口疮样病变。感染动物临诊症状与牛瘟病牛相似。急性型体温可上升至 41℃，并持续 3～5 d。感染动物烦躁不安，背毛无光，口鼻干燥，食欲减退。流黏液脓性鼻漏，呼出恶臭气体。在发热的前 4 d，口腔黏膜充血，颊黏膜进行性广泛性损害导致多涎，随后出现坏死性病灶，开始口腔黏膜出现小的粗糙的红色浅表坏死病灶，以后变成粉红色，感染部位包括下唇、下齿龈等处。严重病例可见坏死病灶波及齿垫、腭、颊部及其乳头、舌头等处。后期出现带血水样腹泻，严重脱水，消瘦，随之体温下降。出现咳嗽、呼吸异常。发病率高达 100%，在严重暴发时，死亡率为 100%；在轻度发生时，死亡率不超过 50%。

2. 同步检疫

尸体剖检病变与牛瘟病牛相似。病变从口腔直到瘤－网胃口。患畜可见结膜炎、坏死性口炎等肉眼病变，严重病例可蔓延到硬腭及咽喉部。皱胃常出现病变，而瘤胃、网胃、瓣胃很少出现病变，病变部常出现有规则、有轮廓的糜烂，创面红色、出血。肠可见糜烂或出血，特征性出血或斑马条纹常见于大肠，特别在结肠直肠结合处。淋巴结肿大，脾有坏死性病变。在鼻甲、喉、气管等处有出血斑，还可见支气管肺炎的典型病变。

四、绵羊痘和山羊痘

绵羊痘和山羊痘是由痘病毒引起羊的高度接触性传染病。特征是在皮肤和黏膜上形成痘疹，然后化脓、破溃、结痂。

1. 宰前检疫

（1）典型羊痘。患羊体温高达 41℃～42℃，呼吸加快，皮肤、黏膜上出现痘疹，由红斑到丘疹，突出于皮肤表面，遇化脓菌感染则形成脓疱，然后破溃结痂，痊愈。山羊多发生于乳房。

（2）顿挫型羊痘。通常不发热，常呈良性经过。痘疹停止在丘疹期，呈硬结状，不形成水疱和脓疱，俗称"石痘"。

（3）非典型羊痘。全身症状较轻，有的形成融合痘（臭痘）、血痘（黑痘）、坏疽痘，重症病羊常继发肺炎和肠炎，导致败血症或脓毒败血症而死亡。

2. 同步检疫

除皮肤有病变外，绵羊呼吸道黏膜有出血性炎症，咽及第一胃有痘疹或溃疡，肺有圆形灰白色结节。

五、羊炭疽

宰前检疫：绵羊与山羊常为最急性型，特征为病羊突然倒地，昏迷，全身战栗，磨牙，从天然孔流出带有气泡的黑红色血液，常于数分钟内死亡。

现场严禁剖检，自末梢血管处采血涂片镜检，做初步诊断。

六、布鲁氏杆菌病

布鲁氏杆菌病是由布鲁氏菌属细菌引起的人畜共患传染病。羊较易感，特征是流产、不育和关节炎、睾丸炎。人可通过与病畜及其产品的接触，食用未经彻底消毒的病肉、羊乳及其制品感染发病。

羊感染后，以母羊发生流产和公羊发生睾丸炎为特征。

1. 宰前检疫

多数羊为隐性感染，无明显症状。母羊流产多发生在妊娠期的3～4个月，流产后多伴有胎衣不下或子宫内膜炎，且屡配不孕，但病母羊一生中很少出现第二次流产。公羊发生睾丸炎和附睾炎而失去配种能力，并伴有关节炎。宰前检疫不易得出确诊结果，需进行虎红平板凝集试验、试管凝集试验。

2. 同步检疫

羊患阴道炎、子宫炎、睾丸炎及附睾炎；肾皮质部出现麦粒大小的灰白色结节；管状骨或椎骨中积脓或形成外生性骨疣，骨外膜表面呈现高低不平的现象；宰后确诊本病可做细菌学检查。

七、蓝舌病

蓝舌病是由蓝舌病病毒引起的一种主发于绵羊的传染病。该病以发热、颊黏膜和胃肠道黏膜严重的卡他性炎症为特征，病羊乳房和蹄部也常出现病变，常因蹄真皮层遭受侵害而发生跛行。

1. 宰前检疫

绵羊蓝舌病的典型症状是体温升高和白细胞显著减少。病畜体温升高达40 ℃～42 ℃，稽留2～6 d，有的长达11 d。病羊精神委顿、厌食、流涎，嘴唇水肿，并蔓延到面部、眼睑、耳，以及颈部和腋下。口腔黏膜、舌头充血、糜烂，严重的病例舌头发绀，发生溃疡、糜烂，致使吞咽困难（继发感染时则出现口臭），呈现蓝舌病特征症状。鼻分泌物初为浆液性后为黏脓性，常带血，结痂于鼻孔四周，引起呼吸困难，鼻黏膜和鼻镜可见糜烂出血。有的蹄冠和蹄叶发炎，呈现跛行。孕畜可发生流产、胎儿脑积水或先天畸形。病程为6～14 d，发病率为30%～40%，病死率为20%～30%。多因并发肺炎和胃肠炎而引起死亡。

2. 同步检疫

蓝舌病主要在口腔、瘤胃、心脏、肌肉、皮肤和蹄部，呈现糜烂出血点、溃疡和坏死，唇内侧、牙床、舌侧、舌尖、舌面表皮脱落。口腔出现糜烂和深红色区，舌、齿龈、硬腭、颊部黏膜发生水肿。绵羊的舌发绀如蓝舌头。瘤胃有暗红色区，表面上皮形成空泡变性和死亡。心内外膜、心肌、呼吸道和泌尿道黏膜小点状出血。肺泡和肺间质严重水肿，肺严重充血。脾脏轻微肿大，被膜下出血，淋巴结水肿，外观苍白。皮下组织充血及胶样浸润。骨骼肌严重变性和坏死，肌间有清亮液体浸润，呈胶样外观。重者皮肤毛囊周围出血，并有湿疹变化。乳房和蹄冠等部位上皮脱落但不发生水疱，蹄部有蹄叶炎变化，并常溃烂。

八、副结核病

副结核病又称羊副结核性肠炎，是一种由副结核分枝杆菌引起的羊的慢性传染病。该病的主要特征是肠壁增厚，形成皱褶，顽固性腹泻，逐渐消瘦，在我国呈散发或地方性流行。

1. 宰前检疫

病羊精神颓废，被毛粗乱无光泽，可视黏膜苍白，食欲下降，逐渐消瘦，出现间歇性腹泻。稀粪带有气泡，有腥臭味，呈黑褐色或卵黄色，部分病羊后期呈喷射状排出稀粪，肛门和后躯被粪液污染，而且病羊颌下及腹部皮下出现水肿。随着病情的加重，后期病羊会伴随消瘦而出现贫血和卧地不起，最终因器官衰竭而亡。少数病羊因继发肺炎等其他疾病而死亡。

2. 同步检疫

对病死羊剖检，可见病变主要集中在消化道、肠系膜淋巴结、盲肠、回肠及空肠，尤其是回肠黏膜明显增厚，同时形成皱褶呈脑回样；肠道有片状出血，回肠、空肠和十二指肠肠壁质脆，肠系膜淋巴结出血、肿大，肠黏膜弥漫针尖大的出血点；胃幽门处有圆形溃疡灶呈红色，瘤胃内容物稀薄。

技能单

一、地点、材料及设备

病理检验实验室和标本室、羊常见传染病系列病理变化标本、图片、移动多媒体视频。

二、内容、方法与步骤

羊常见传染病系列病理变化的识别如下：

（1）观看羊常见传染病宰前、同步检疫视频。

（2）观看羊常见传染病系列病理变化挂图或课件。

（3）分组对照挂图和课件图片进行观察，识别和鉴定羊常见传染病系列病理标本。

（4）以小组为单位，组内成员采用结对考核学习方式完成标本的识别和鉴定工作。

（5）教师考核小组负责人识别和鉴定羊常见传染病系列标本的能力。

（6）小组负责人考核小组成员。

三、实训报告

以表格的方式总结羊主要传染病的鉴别要点。

作业单

根据要求完成实训报告。

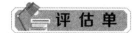 **评 估 单**

【评估内容】

一、判断

1．羊对口蹄疫的易感性较低，症状与牛基本相似，但较轻微，水疱较少并很快消失。绵羊主要在口腔黏膜见有水疱，偶尔也见于四肢蹄部。　　　　　　　　　（　　）

2．口蹄疫宰后特征性病变是"槟榔肝"，肺气肿和水肿，腹部、胸部、肩胛部肌肉中有淡黄色麦粒大小的坏死灶。　　　　　　　　　　　　　　　　　　　（　　）

3．绵羊与山羊患羊炭疽时常为最急性型，特征为病羊突然倒地，昏迷，全身战栗，磨牙，从天然孔流出带有气泡的黑红色血液，于数分钟内死亡。

4．死亡羊只疑为羊炭疽时，现场严禁剖检，应自末梢血管采血涂片镜检，做初步诊断。　　　　　　　　　　　　　　　　　　　　　　　　　　　　（　　）

5．顿挫型羊痘俗称"石痘"。　　　　　　　　　　　　　　　　　　（　　）

6．患绵羊痘的病羊宰后除皮肤有病变外，呼吸道黏膜有出血性炎症，咽及第一胃有痘疹或溃疡；肺有圆形灰白色结节。　　　　　　　　　　　　　　　　（　　）

7．布鲁氏杆菌病羊较易感，特征是流产、不育和关节炎、睾丸炎。　（　　）

8．确诊为布鲁氏杆菌病的病羊整个胴体及副产品，均做销毁处理。　（　　）

9．结核病在羊上较少见，但目前仍然是羊宰后重点检验的疫病。同步检疫中羊的结核病变多见于胸壁、肺和淋巴结。

10．患全身性结核的，胴体及内脏销毁。个别器官、组织、淋巴结结核，将病变部分割下销毁，其余部分可上市销售。　　　　　　　　　　　　　　　　（　　）

11．绵羊痘和山羊痘是由痘病毒引起的羊的一种高度接触性传染病。特征是在皮肤和黏膜上形成痘疹，然后化脓、破溃、结痂。　　　　　　　　　　　　　（　　）

12．患羊痘的肉尸及其产品应做高温处理后上市销售。　　　　　　（　　）

二、课外拓展能力

根据提供的宰前、同步检疫传染病案例病理变化图片，判断羊传染病病名。

【评估方法】

利用图片、标本、多媒体课件，分组对学生进行评估。

优：在限定的时间内完成全部判断，90%以上正确。

良：在限定的时间内完成全部判断，70%以上正确。

及格：延时完成全部判断，60%以上正确。

不及格：延时完成全部判断，40%以上不正确。

备注：项目五任务五学习情境占模块一总分的2%。

任务六　羊屠宰检疫常见寄生虫病的鉴别

【重点内容】

1．羊屠宰检疫主要寄生虫病的鉴别要点。

2．羊屠宰检疫常见寄生虫虫体的识别。

【教学目标】

1．知识目标

掌握羊屠宰检疫主要寄生虫病的鉴别要点。

2．技能目标

能准确识别羊屠宰检疫常见的寄生虫虫体。

资料单

一、棘球蚴病

棘球蚴病，也称包虫病，是由细粒棘球绦虫的中绦期——棘球蚴引起的一种人畜共患寄生虫病，以宿主被寄生器官萎缩并引起相应的症状为特征。家畜中牛、羊、猪和骆驼均可感染，以牛和绵羊受害最重。人感染后棘球蚴常寄生于肝脏和肺脏，对人体健康危害很大。

1．宰前检疫

轻度感染或初期感染都无症状。绵羊对本病最易感，严重感染时发育不良，被毛逆立，易脱毛。肺部受累则连续咳嗽，卧地不起。

2．同步检疫

棘球蚴首先寄生在肝脏，其次是肺脏。肝、肺等受害脏器体积增大，表面凹凸不平，可在该处找到棘球蚴；有时也可在肾、脾、脑、皮下、肌肉、骨、脊椎管等器官发现棘球蚴。切开棘球蚴后有液体流出，将液体沉淀，用肉眼或在解剖镜下可看到许多生发囊与原头蚴（包囊砂）；有时肉眼也能见到液体中的子囊甚至孙囊。偶然还可见到钙化的棘球蚴或化脓灶。棘球蚴寄生的肝切面如图 1-38 所示，棘球蚴的构造如图 1-39 所示，原头蚴如图 1-40 所示。

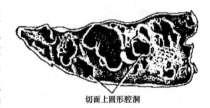

切面上圆形腔洞

图 1-38　棘球蚴寄生的肝切面

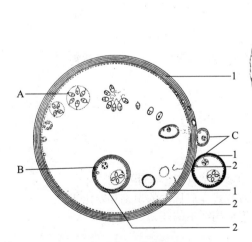

图 1-39　棘球蚴的构造

A—生发囊；B—内生性子囊；C—外生性子囊；

1—角皮层；2—胚层

（孔繁瑶：《家畜寄生虫学》，1991 年）

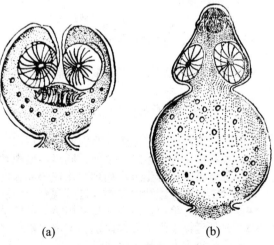

(a)　　　　　　(b)

图 1-40　原头蚴

（a）内嵌的头结；（b）外翻的头结

（孔繁瑶：《家畜寄生虫学》，1991 年）

二、肝片吸虫病

肝片吸虫病是由肝片形吸虫寄生于绵羊、山羊、牛等反刍动物的胆管引起的一种寄生虫病，兔、马和人也可遭受感染。

1. 宰前检疫

轻度感染无明显症状，感染数量多时（牛 250 条、羊 50 条以上）可出现症状，但幼畜即便感染虫体也很少出现症状。病畜营养不良、消瘦、贫血，下颌间隙、颌下和胸腹部常有水肿。

可根据临诊症状、流行病学资料、粪便虫卵检查等进行诊断。

2. 同步检疫

肝片形吸虫虫体扁平，外观呈柳叶片状，自胆管取出时呈棕红色，固定后变为灰白色。虫体长 20 ～ 35 mm，宽 5 ～ 13 mm。牛、羊急性感染时，肝肿胀，被膜下有点状出血和不规整的出血条纹。慢性病例，胆管发生慢性增生性炎症和肝实质萎缩、变性，导致肝硬化。肝片吸虫如图 1-41 所示。

图 1-41　肝片吸虫

三、绵羊囊尾蚴病

1. 宰前检疫

绵羊囊尾蚴病是由绵羊带绦虫的幼虫——绵羊囊尾蚴引起的一种寄生虫病。人不感染此病。绵羊囊尾蚴病对羔羊有一定的危害，严重者可引起死亡，但成年羊感染后症状不明显。

2. 同步检疫

绵羊囊尾蚴囊泡呈圆形或卵圆形，较猪囊尾蚴小。绵羊囊尾蚴主要寄生于心肌、膈肌，还可见于咬肌、舌肌和其他部位的骨骼肌。我国规定绵羊囊尾蚴主要检验部位为膈肌、心肌。

技能单

一、地点、材料及设备

病理检验实验室和标本室、常见疫病系列病理变化标本、图片、移动多媒体视频。

二、方法与步骤

羊屠宰检疫常见寄生虫病的鉴别如下：

（1）观看羊常见寄生虫病宰前、同步检疫视频。

（2）观看羊常见寄生虫病病理变化挂图或课件。

（3）分组对照挂图和课件图片进行观察，识别和鉴定羊常见寄生虫病理标本。

（4）以小组为单位，组内成员采用结对考核学习方式完成标本的识别和鉴定工作。

（5）教师考核小组负责人识别和鉴定羊常见寄生虫病标本的能力。

（6）小组负责人考核小组成员。

三、实训报告

以表格的方式总结羊主要寄生虫病的鉴别要点。

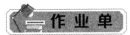

根据要求完成实训报告。

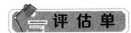

【评估内容】

一、判断

1．绵羊囊尾蚴囊泡呈圆形或卵圆形，较猪囊尾蚴大。绵羊囊尾蚴主要寄生于心肌、膈肌，还可见于咬肌、舌肌和其他部位的骨骼肌。　　　　　　　　　　　　　　（　　）

2．绵羊囊尾蚴患畜的整个胴体和内脏应做化制处理。　　　　　　　　　　　（　　）

3．绵羊对棘球蚴病最易感。　　　　　　　　　　　　　　　　　　　　　　（　　）

4．绵羊患棘球蚴病严重的器官，整个器官应做化制或销毁处理；轻者将患部化制或销毁，其他部分不受限制出厂（场）。　　　　　　　　　　　　　　　　　　　　　　　（　　）

5．绵羊、山羊肝片吸虫主要寄生于胆囊。　　　　　　　　　　　　　　　　（　　）

6．肝片吸虫轻度感染无明显症状，羊感染数量50条以上时可出现症状。　　（　　）

7．肝片吸虫虫体扁平，外观呈姜片状。　　　　　　　　　　　　　　　　　（　　）

8．肝片吸虫所致脏器损害严重者，整个脏器化制或销毁。　　　　　　　　　（　　）

9．绵羊囊尾蚴病对羔羊有一定的危害，严重者可引起死亡，但成年羊感染后症状不明显。　　　　　　　　　　　　　　　　　　　　　　　　　　　　　　　　　　　　（　　）

10．我国规定绵羊囊尾蚴主要检验部位为膈肌、腰肌。　　　　　　　　　　（　　）

二、课外拓展能力

根据提供的宰前、同步检疫寄生虫病案例病理变化图片，判断羊寄生虫病病名。

【评估方法】

利用多媒体课件，分组对学生进行评估。或采用实体寄生虫标本由教师考核小组负责人，小组负责人考核小组成员。

优：在限定的时间内识别全部标本，90%以上正确。

良：在限定的时间内识别全部标本，80%以上正确。

及格：延时识别全部标本，60%以上正确。

不及格：延时识别全部标本，60%以下正确。

备注：项目五任务六学习情境占模块一总分的2%。

项目六　牛的屠宰检疫

任务一　牛的屠宰检疫技术

【重点内容】

1. 牛屠宰检疫重点检疫的疫病。
2. 牛屠宰检疫程序及操作方法。

【教学目标】

1. 知识目标
掌握牛屠宰检疫的程序和重点检疫的疫病。
2. 技能目标
能初步判定牛同步检疫的结果并进行处理。

 资料单

一、牛屠宰检疫重点检疫的疫病

牛屠宰检疫的重点在于发现口蹄疫、牛传染性胸膜肺炎、牛海绵状脑病、布鲁氏杆菌病、牛结核病、牛炭疽、牛传染性鼻气管炎、日本血吸虫病。

二、牛屠宰检疫的程序

（一）入场（厂、点）监督查验

1. 查证验物
查验入场（厂、点）牛的《动物检疫合格证明》和佩戴的畜禽标识。

2. 询问
了解牛运输途中有关情况。

3. 临床检查
检查牛群的精神状况、外貌、呼吸状态及排泄物状态等情况。

4. 结果处理
（1）合格。《动物检疫合格证明》有效、证物相符、畜禽标识符合要求、临床检查健康，方可入场，并回收《动物检疫合格证明》。场（厂、点）方须按产地分类将牛只送入候宰圈，不同货主、不同批次的牛只不得混群。
（2）不合格。不符合条件的，按国家有关规定处理。

5. 消毒
监督货主在卸载后对运输工具及相关物品等进行消毒。

（二）检疫申报受理程序

场（厂、点）方应在屠宰前6 h申报检疫，填写检疫申报单。官方兽医接到检疫申报后，根据相关情况决定是否予以受理。受理的，应当及时实施宰前检查；不予受理的，应说明理由。

（三）宰前检查

（1）屠宰前2 h内，官方兽医应按照《反刍动物产地检疫规程》中的"临床检查"部分实施检查。

（2）结果处理。

①合格的，准予屠宰。

②不合格的，按以下规定处理。

禁宰：发现有口蹄疫、牛传染性胸膜肺炎、牛海绵状脑病及羊炭疽等疫病症状的，限制移动，并按照《中华人民共和国动物防疫法》《重大动物疫情应急条例》《动物疫情报告管理办法》等有关规定处理。怀疑患有口蹄疫、牛传染性胸膜肺炎、牛海绵状脑病、布鲁氏杆菌病、牛结核病、牛炭疽、牛传染性鼻气管炎、日本血吸虫病及临床检查发现其他异常情况的，按相应疫病的防治技术规范进行实验室检测，并出具检测报告。实验室检测须由省级动物卫生监督机构指定的具有资质的实验室承担。

缓宰：发现有布鲁氏杆菌病、牛结核病、牛传染性鼻气管炎等疫病症状的，病牛按相应疫病的防治技术规范处理，同群牛隔离观察，确认无异常的，准予屠宰。发现患有除口蹄疫、牛传染性胸膜肺炎、牛海绵状脑病、布鲁氏杆菌病、牛结核病、牛炭疽、牛传染性鼻气管炎、日本血吸虫病规定以外疫病的，隔离观察，确认无异常的，准予屠宰；隔离期间出现异常的，按有关规定处理。

急宰：确认为无碍于肉食安全且濒临死亡的牛只，视情况进行急宰。

③监督场（厂、点）方对处理病牛的候宰圈、急宰车间及隔离圈等进行消毒。

（四）同步检疫

与屠宰操作相对应，对同一头牛的头、蹄、内脏、胴体等统一编号进行检疫。

1. 头蹄部检查

（1）头部检查。检查鼻唇镜、齿龈及舌面有无水疱、溃疡、烂斑等；剖检一侧咽后内侧淋巴结和两侧下颌淋巴结，同时检查咽喉黏膜和扁桃体有无病变。

（2）蹄部检查。检查蹄冠、蹄叉皮肤有无水疱、溃疡、烂斑、结痂等。

2. 内脏检查

取出内脏前，观察胸腔、腹腔有无积液、粘连、纤维素性渗出物。检查心脏、肺脏、肝脏、胃肠、脾脏、肾脏，剖检肠系膜淋巴结、支气管淋巴结、肝门淋巴结，检查有无病变和其他异常。

（1）心脏。检查心脏的形状、大小、色泽及有无淤血、出血等。必要时剖开心包，检查心包膜、心包液和心肌有无异常。

（2）肺脏。检查两侧肺叶实质、色泽、形状、大小及有无淤血、出血、水肿、化脓、实变、结节、粘连、寄生虫等。剖检一侧支气管淋巴结，检查切面有无淤血、出血、水肿等。必要时剖开气管、结节部位。

（3）肝脏。检查肝脏大小、色泽，触检其弹性和硬度，剖开肝门淋巴结，检查有无出血、淤血、肿大、坏死灶等。必要时剖开肝实质、胆囊和胆管，检查有无硬化、萎缩、日本血吸虫等。

（4）肾脏。检查其弹性和硬度及有无出血、淤血等。必要时剖开肾实质，检查皮质、髓质和肾盂有无出血、肿大等。

（5）脾脏。检查弹性、颜色、大小等。必要时剖检脾实质。

（6）胃肠。检查肠祥、肠浆膜，剖开肠系膜淋巴结，检查形状、色泽及有无肿胀、淤血、出血、粘连、结节等。必要时剖开胃肠，检查内容物、黏膜及有无出血、结节、寄生虫等。

（7）子宫和睾丸。检查母牛子宫浆膜有无出血、黏膜有无黄白色或干酪样结节。检查公牛睾丸有无肿大，睾丸、附睾有无化脓、坏死灶等。

3. 胴体检查

（1）整体检查。检查皮下组织、脂肪、肌肉、淋巴结及胸腔、腹腔浆膜有无淤血、出血、疹块、脓肿和其他异常等。

（2）淋巴结检查。

颈浅淋巴结（肩前淋巴结）：在肩关节前稍上方剖开臂头肌、肩胛横突肌下的一侧颈浅淋巴结，检查切面形状、色泽及有无肿胀、淤血、出血、坏死灶等。

髂下淋巴结（股前淋巴结、膝上淋巴结）：剖开一侧淋巴结，检查切面形状、色泽、大小及有无肿胀、淤血、出血、坏死灶等。

必要时剖检腹股沟深淋巴结。

4. 摘除畜禽标识

读取畜禽标识信息，摘除畜禽标识并回收，检疫不合格的凭畜禽标识编码追溯疫源。

5. 复检

上述检疫流程结束后，官方兽医对检疫情况进行复检，综合判定检疫结果，并监督检查甲状腺、肾上腺和异常淋巴结的摘除情况，填写同步检疫记录。

（五）检疫结果处理

（1）检疫合格的，由官方兽医出具《动物检疫合格证明》，加盖检疫验讫印章，对分割包装的肉品加施检疫标志。

（2）检疫不合格的，由官方兽医出具《检疫处理通知单》，并按以下规定处理。

①发现有口蹄疫、牛传染性胸膜肺炎、牛海绵状脑病及羊炭疽等疫病症状的，限制移动，并按照《中华人民共和国动物防疫法》《重大动物疫情应急条例》《动物疫情报告管理办法》等有关规定处理。

②发现布鲁氏杆菌病、牛结核病、牛传染性鼻气管炎等疫病症状的，病牛按相应疫病的防治技术规范处理。

③发现患有除口蹄疫、牛传染性胸膜肺炎、牛海绵状脑病、布鲁氏杆菌病、牛结核病、牛炭疽以外疫病的，监督场（厂、点）方对病牛胴体及副产品按有关规定处理，对污染的场所、器具等按规定实施消毒，并做好生物安全处理记录。监督场（厂、点）方做好检疫病害动物及废弃物无害化处理。

（六）检疫记录

官方兽医监督指导屠宰场（厂、点）方做好待宰、急宰、生物安全处理等环节各项记录。官方兽医应做好入场监督查验、检疫申报、宰前检查、同步检疫等环节记录，各环节记录应填写完整，检疫记录应保存10年以上。

三、安全防护要求

官方兽医在检疫过程中应做好卫生安全防护。

一、地点、材料及设备

牛屠宰加工企业、屠宰加工生产线、常用检验工具、工作服、工作帽、口罩、长筒胶靴。

二、方法与步骤

在屠宰加工实习基地，校外指导教师的指导下，分组进行实训操作。以现场指导教师操作示教，学生分组操作的方法来实施牛的屠宰检疫操作。

（一）宰前检疫

采取以群体检查为主、个体检查为辅的综合方法，对待宰牛的静态、动态、饮食状态三个方面仔细观察，将病牛或疑似病牛剔出，然后对异常牛详细地进行个体检查，初步判断疾病性质。

（二）同步检疫

在校外指导教师的指导下实施牛的同步检疫操作。

1．编号

实施同步检疫之前，首先将分割开的胴体、内脏、头蹄和皮张统一编上相同的号码，方便对照检查。

2．头部检查

先检查鼻镜、唇、齿龈、黏膜及舌面，注意有无水疱、溃疡或烂斑，再用刀将下颌骨间软组织与下颌骨分离，从下颌间隙拉出牛舌尖，并沿下颌骨将舌根两侧切开，使舌根和咽喉全部露出受检，注意观察是否有口蹄疫、放线菌病、结核病、巴氏杆菌病、牛炭疽等疫病的特征性病理变化。用钩牵引咽喉部，顺舌骨支稍隆部纵向剖开咽喉内侧淋巴结，接着从两侧下颌骨角内侧切开颌下淋巴结。纵向切开舌肌和内、外侧咬肌，检查有无囊尾蚴寄生。牛头部浅层淋巴结如图1-42所示。

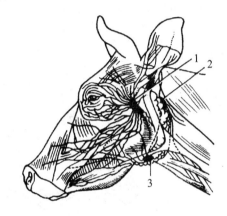

图1-42 牛头部浅层淋巴结

1—腮腺淋巴结；2—咽后外侧淋巴结；3—下颌淋巴结

（曹斌、姜凤丽：《动物性食品卫生检验》，2008年）

3．内脏检查

（1）脾。牛开膛后，首先观察脾的形状、大小及色泽，触检被膜和实质弹性，检查有无肿胀、结节、充血、出血、淤血等变化。必要时切开检视脾髓。

（2）胃肠。剖开胸腹腔时，两眼先观察一下胸腹腔是否异常；然后观察胃肠的外形，浆膜有无出血、充血现象，有无异常增生块；最后视检胃肠浆膜及肠系膜，并剖检肠系膜淋巴结，注意色泽是否正常，有无充血、出血、水肿、胶冻样浸润、痈肿、糜烂、溃疡、结节等病变，同时进行食道牛肉孢子虫的检查。

（3）心。先观察心包是否正常，随后剖开心包膜看心包液的性状，心肌有无出血、寄生虫坏死结节或囊尾蚴寄生。沿动脉弓切开心脏，检查房室瓣膜及心内膜、心实质有无出血、炎症、疣状赘生物等。剖检心室时，注意血液的色泽与凝固程度（白血病患牛心血一般色淡，稀薄，凝固程度低）。剖开主动脉，查看主动脉管壁有无粥样硬化。

（4）肺。观察肺外表有无充血、出血、溃疡、气肿等病变。触摸肺实质，必要时切开肺及气管检查。主要剖开支气管淋巴结、纵隔淋巴结检查，检查其有无结核病灶。

（5）肝。观察肝外表的形状、大小、色泽有无异常。触摸肝脏的弹性，剖检肝门淋巴结，切开胆管纵支及肝实质。切开肝门静脉，检查有无血吸虫寄生。

（6）乳房。乳房检查着重于奶牛。切开乳房淋巴结，检查其有无结核病灶。剖开乳房实质，检查乳腺有无增粗变硬等异常现象。

（7）子宫、膀胱。观察宫体外形，检查浆膜有无充血现象。剖开子宫，检查子叶有无出血及恶露等物（一般产后不久的母牛有此现象）。剖检卵巢黄体、膀胱黏膜，检查有无充血、出血，有无病变。

4. 胴体检查

（1）检查外形。观察皮下组织、脂肪、肌肉、胸腹膜、关节等有无异常。

（2）确定放血程度。放血不良的胴体直接影响肉品的质量和肉品的耐存性。

（3）胴体检查。主要剖检颈浅（肩前）淋巴结、股前淋巴结、腹股沟淋巴结和所有病损组织及其相应的淋巴结，必要时，增检颈深淋巴结和腘淋巴结。牛浅层主要淋巴结如图 1-43 所示，牛深部淋巴结如图 1-44 所示。

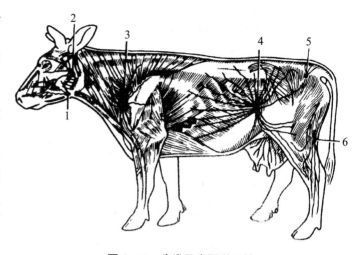

图 1-43　牛浅层主要淋巴结

1—下颌淋巴结；2—腮腺淋巴结；3—颈浅淋巴结；
4—髂下淋巴结；5—坐骨淋巴结；6—腘淋巴结

（曹斌、姜凤丽：《动物性食品卫生检验》，2008 年）

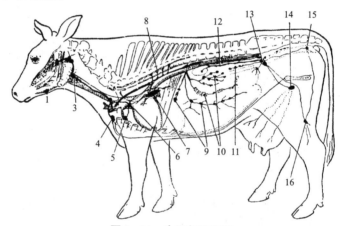

图 1-44　牛深部淋巴结

1—下颌淋巴结；2—咽后淋巴结；3—颈前淋巴结；4—腋淋巴结；5—胸腹侧淋巴中心；6—纵隔淋巴中心；
7—支气管淋巴中心；8—胸背侧淋巴中心；9—腹腔淋巴中心；10—肠系膜前淋巴中心；11—肠系膜后淋巴中心；
12—腰淋巴中心；13—髂内淋巴中心；14—腹股沟浅淋巴结；15—坐骨淋巴中心；16—腘淋巴中心

（曹斌、姜凤丽：《动物性食品卫生检验》，2008 年）

①颈浅（肩前）淋巴结。位于肩关节前方的稍上部，表面被臂头肌和肩胛横突肌所覆盖。主要收集胴体前半部大多数组织的淋巴液，输出管走向胸导管。检查此组淋巴结，可基本清楚前躯的健康状况。

②股前淋巴结。股前淋巴结又称髂下淋巴结或膝上淋巴结，位于膝前的皱褶内，股阔筋膜张肌前缘皮下，呈扁椭圆形，大小为 2 cm×（4～5）cm，在脂肪内包埋。收集来自第 11 肋骨后、膝关节以上部位的皮肤和表层肌肉的淋巴液，输出管主要走向腹股沟深淋巴结。

③腹股沟淋巴结。位于髂外动脉分出股深动脉的起始部的上方，在倒挂的胴体上，位于骨盆腔横径线稍下方，距骨盆边缘侧方 2～3 cm。汇集来自髂下淋巴结、腘淋巴结、腹股沟浅淋巴结输送的淋巴液以外，还直接收集从第 8 肋间起躯体后半部多数的淋巴液；其输出管一部分由髂内淋巴结入乳糜池，其余的直接输入乳糜池，该淋巴结外形较大，剖检时易找到，是牛

胴体检验的首选淋巴结。剖检该淋巴结，可了解胴体整个后半部组织器官的健康情况。

④颈深淋巴结。颈深淋巴结分为颈前、颈中、颈后组。各组均沿气管分布在喉头至胸腔入口，收集头颈深处部分组织和前肢大部分组织的淋巴液，输出管走向气管淋巴导管。

⑤腘淋巴结。位于股二头肌和半腱肌之间的内部，腓肠肌外侧头的浅层。主要收集后肢上部各组织、腓节下方至蹄部肌肉的淋巴液，输出管主要走向腹股沟深淋巴结。

（4）肾脏检查。牛的肾连在胴体上，检查手法同羊。肾主要病变为充血、出血、萎缩、先天性囊腔梗死、肾盂积液、间质性肾炎。

（5）剖开深腰肌、膈肌，检查有无囊尾蚴和孢子虫寄生。

三、实训报告

列出检验中主要观察到的病变及其结果分析、体会与收获等。

按要求完成实训报告。

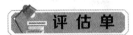

【评估内容】

牛的屠宰检疫操作。

序号	考核内容	考核要点	分值	评分标准	得分
1	头部检查	1. 能采用正确的方法对头部进行检查 2. 能说出不同手法检查的项目及重点检疫的内容	10	有一项不符合标准扣5分	
2	内脏检查	脾脏、胃肠、心脏、肺脏、肝脏、乳房、子宫、膀胱进行检查手法正确，病理变化判定正确	40	有一项不符合标准扣5分	
3	胴体检查	1. 检查外形：能准确判断脂肪、肌肉、胸腹膜、骨盆腔等有无异常 2. 确定放血程度：能准确确定放血程度 3. 正确剖检颈浅背侧淋巴结、股前淋巴结和所有病损组织及其相应的淋巴结	30	有一项不符合标准扣10分	
4	肾脏检查	1. 能采用正确的手法对肾脏进行剖检，能准确判断肾脏有无病理变化 2. 能将肾上腺和异常淋巴结摘除	10	有一项不符合标准扣5分	
5	深腰肌、膈肌检查	判定有无囊尾蚴和孢子虫寄生	5	不符合标准扣5分	
6	卫生评定	能对被检牛胴体及内脏做出正确的卫生评价	5	评价不正确的扣5分	
	合计		100		

【评估方法】

为考核团队协作能力和互助学习精神，以小组为单位进行考核，根据学时具体情况每组随机抽查 1～2 人进行操作，以评价小组的整体动手操作能力。

备注：项目六任务一学习情境占模块一总分的 9%。

任务二　牛屠宰检疫重点传染病的鉴别

【重点内容】

1．牛屠宰检疫重点传染病的宰前检疫、同步检疫要点。

2．牛常见传染病的系列病理变化特点，相对应的病理标本。

【教学目标】

1．知识目标

掌握牛屠宰检疫重点传染病的鉴别要点。

2．技能目标

能准确描述牛常见传染病的病理标本特点。

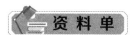

一、口蹄疫

牛易感，特征是口腔黏膜、蹄部、乳房皮肤发生水疱和溃疡。人可因接触患病动物或饮食病畜生乳及乳制品而感染。小儿易感性高，常发生胃肠炎，严重者引起心肌炎而死亡。

1．宰前检疫

患牛体温升高，精神委顿，流涎，内唇、齿龈、舌面和颊部黏膜发生水疱。水疱破裂后形成浅表的、边缘整齐的红色糜烂。有时，舌面等处的水疱连成一片，整个舌黏膜脱落，舌呈鲜红的柔嫩组织。蹄冠、蹄叉、蹄踵部皮肤发生水疱，破溃后形成烂斑，严重者化脓、坏死，可造成蹄壳脱落。有时乳房上也出现水疱，破溃后形成烂斑。牛口蹄疫（齿龈上的水疱和烂斑）如图 1-45 所示，牛口蹄疫（舌部水疱和烂斑）如图 1-46 所示。

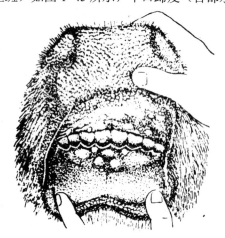

图 1-45　牛口蹄疫（齿龈上的水疱和烂斑）

（蔡宝祥：《家畜传染病》，2001 年）

图 1-46　牛口蹄疫（舌部水疱和烂斑）

（蔡宝祥：《家畜传染病》，2001 年）

2. 同步检疫

胃肠有时出现出血性炎症；心脏柔软、扩张，病势严重时呈现虎斑心，心内膜有出血斑，心外膜有出血点；肺有气肿和水肿；腹部、胸部、肩胛部肌肉中有淡黄色麦粒大小的坏死灶。

二、牛传染性胸膜肺炎（牛肺疫）

1. 宰前检疫

败血型的病牛体温升高至41 ℃～42 ℃，精神沉郁，食欲减退或废绝，反刍停止，结膜潮红，呼吸、脉搏加快；水肿型的病牛在头颈、咽、胸、肛门和四肢出现水肿，吞咽、呼吸困难；肺炎型的病牛主要表现为纤维素性胸膜肺炎症状，此时病牛出现呼吸困难，痛苦干咳，流鼻汁，后呈脓性或带有血色，胸部叩诊有疼感，肺部听诊有支气管呼吸音及水泡性杂音。

2. 同步检疫

败血型可见全身黏膜、浆膜散布点状出血，心、肝、肾等实质器官发生变性，全身淋巴结红肿，切面有出血点，胸腔、腹腔、心包腔散布有多量纤维素性渗出物。

水肿型可见咽喉部、下颌间、颈部与胸前皮下组织发生水肿，切开后流出微浑浊的淡黄色液体，剖检可见颌下、咽后和纵隔淋巴结水肿、出血，全身浆膜与黏膜散布点状出血。

肺炎型以纤维素性肺炎和胸膜炎变化为主，见肺组织发生突变，颜色从暗红到灰白，切面呈大理石样，并有黄色坏死灶，胸腔积有淡黄色絮状纤维素浆液。牛肺疫肺大理石样变如图1-47所示。

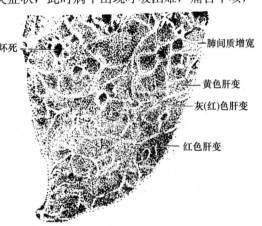

图1-47 牛肺疫肺大理石样变
（蔡宝祥：《家畜传染病》，2001年）

三、牛海绵状脑病

牛海绵状脑病又名疯牛病，是由朊病毒引起的一种牛中枢神经系统疾病。其临床表现和病理变化与人的克雅氏病十分相似，转归都是以神经细胞受到破坏、大脑蜕变而死亡。

1. 宰前检疫

病牛最常见的症状是触觉和听觉高度过敏，脖颈伸直，耳朵朝后，精神异常，表现为异常恐惧，烦躁不安；运动障碍，表现为四肢过度伸展，后肢运动失调，肌肉震颤，起立困难，重者躺卧不起；患牛体重和泌乳量下降，最后全身衰竭而死。

2. 同步检疫

病理变化主要发生在中枢神经系统，脑组织神经元数目减少，脑两侧灰质神经呈对称性海绵样病变，脑干神经元核周围空泡化，一般在延髓、脑桥和中脑处的脑横切面的切片中较常见，尤其在延髓间脑部神经实质最严重，少数病例可见大脑淀粉样变。

对疑似病牛进行剖检，可采取脑部组织制作切片，经HE染色后镜检，根据患牛脑干神经元空泡变化和海绵状变化的出现与否进行判定。

四、布鲁氏杆菌病

牛易感，牛的特征表现为流产、睾丸炎、腱鞘炎和关节炎。人可通过与病牛及其产品接触，或食用未经彻底消毒的病牛肉、牛乳及其制品感染发病。

1. 宰前检疫

母牛流产是本病的主要症状，常发生于怀孕第 5～8 个月，产出死胎或软弱犊牛。流产时除表现分娩征象外，常有生殖道发炎症状。胎衣滞留，流产后持续排出恶露，呈污灰色或棕红色。常发生子宫内膜炎、乳房炎。公牛常发生睾丸炎或关节炎、滑膜囊炎，有时可见阴茎红肿，睾丸和附睾肿大。

2. 同步检疫

如发现屠牛有下列病变之一时，则应考虑有布鲁氏杆菌病的可能。

（1）牛患阴道炎、子宫炎、睾丸炎等；

（2）肾皮质部出现荞麦粒大小的灰白色结节；

（3）管状骨或椎骨中积脓或形成外生性骨疣，骨外膜表面呈现高低不平的现象。

宰后确诊本病可做细菌学检查。

五、结核病

结核病是由结核分枝杆菌引起的一种人畜共患的慢性传染病。特征是渐进性消瘦和多种组织器官形成结核结节及干酪样坏死灶。

1. 宰前检疫

牛以肺结核为主，表现为原因不明的渐进性消瘦，长期不愈的咳嗽伴肺部异常，由干咳变为湿咳。乳牛有时表现为乳房结核，乳房上淋巴结肿大。个别的出现肠结核，可见顽固性腹泻，粪中混有黏液和脓汁。牛结核病的检疫主要用结核菌素变态反应的方法。牛乳房结核如图 1-48 所示，牛颌下和股前淋巴结结核如图 1-49 所示。

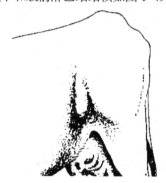

图 1-48　牛乳房结核

（王雪敏：《动物性食品卫生检验》，2002 年）

图 1-49　牛颌下和股前淋巴结结核

（蔡宝祥：《家畜传染病》，2001 年）

2. 同步检疫

牛以肺、胸膜、支气管淋巴结和纵隔淋巴结的结核病变最为多见，其次，消化器官的淋巴结、腹膜和肝也常发生。牛结核病（胸膜上的"珍珠样"结节）如图 1-50 所示。

图 1-50　牛结核病（胸膜上的"珍珠样"结节）

（蔡宝祥：《家畜传染病》，2001 年）

六、牛炭疽

宰前检疫：病牛多呈急性经过，病初体温高达41 ℃，呼吸增速，心跳加快；食欲废绝，有时可见瘤胃膨胀，可视黏膜发绀，突然倒毙，天然孔出血，血凝不良呈煤焦油样，尸僵不全。

亚急性者病程较长，病情较缓和，多于体表、直肠、口腔黏膜等处发生炭疽痈。初期硬团，有热有痛，以后热痛消失，有时坏死，形成溃疡。牛舌肿大，或出血和溃疡。

现场严禁剖检，自末梢血管采血涂片镜检，做初步诊断。

七、牛传染性鼻气管炎

牛传染性鼻气管炎是牛的一种急性、热性、接触性传染病。其主要特征是鼻道、气管黏膜发炎，出现发热、咳嗽、流鼻液和呼吸困难等症状，有时伴发结膜炎、阴道炎、龟头炎、脑膜炎或肠炎，也可发生流产。临床类型有呼吸道型、生殖道感染型、脑膜脑炎型、肠炎型、流产型等。脑膜脑炎型、肠炎型仅见于犊牛，呼吸道型是最常见的一种类型。

1. 宰前检疫

呼吸道型：病牛高热达40 ℃以上，咳嗽，呼吸困难，流泪，流涎，流黏液脓性鼻液。鼻黏膜高度充血，有散在的灰黄色小脓疱或浅而小的溃疡。鼻镜可见发炎充血，呈火红色，故有"红鼻子病"之称。病程7～10 d，犊牛症状急而重，常因窒息或继发感染而死亡。

结膜角膜型：多与上呼吸道炎症合并发生。轻者结膜充血，眼睑水肿，大量流泪；重者眼睑外翻，结膜表面出现灰色假膜，呈颗粒状外观，角膜轻度云雾状，流黏液脓性眼眵。

生殖器型：母牛患本病型又称传染性脓疱性外阴阴道炎。病牛尾巴竖起挥动，尿频，阴门流黏液脓性分泌物，外阴和阴道黏膜充血肿胀，散在灰黄色粟粒大的脓疱，严重时黏膜表面被覆灰色假膜，并形成溃疡，甚至发生子宫内膜炎。公牛患本病型又称传染性脓疱性包皮龟头炎。病牛龟头、包皮内层和阴茎充血，形成小脓疱或溃疡。

流产不孕型：如果是妊娠牛，可在呼吸道和生殖器症状出现后的1～2个月内流产，也有突然流产的。如果是非妊娠牛，则可因卵巢功能受损害导致短期内不孕。

2. 同步检疫

呼吸道型：鼻道、喉头和气管炎性水肿，黏膜表面黏附灰色假膜。

结膜角膜型：结膜充血，眼睑水肿；重者眼睑外翻，结膜表面出现灰色假膜，呈颗粒状外观，角膜轻度云雾状。

生殖器型：母牛外阴和阴道黏膜充血肿胀，散在灰黄色粟粒大的脓疱，严重时黏膜表面被覆灰色假膜，并形成溃疡，甚至发生子宫内膜炎。公牛龟头、包皮内层和阴茎充血，形成小脓疱或溃疡。精囊腺变性、坏死。

八、牛瘟

牛瘟又名烂肠瘟、胆胀瘟，是由牛瘟病毒所引起的一种急性高度接触传染性疾病。其临床特征表现为体温升高，病程短，黏膜特别是消化道黏膜发炎、出血、糜烂和坏死。OIE将其列为A类疫病。

1. 宰前检疫

病牛发高烧，口涎增多外流，口腔黏膜充血，有灰色或灰白色小点，初硬后软，状如一层麸皮，形成灰色或灰白色假膜，容易擦去，出现不规则烂斑。粪稀薄、带血和条块状假膜、恶臭。

2. 同步检疫

剖检病变可见瓣胃干燥，真胃黏膜红肿，皱襞上有多数出血点和烂斑，覆盖棕色假膜。小肠黏膜水肿，有出血点，淋巴结肿胀坏死。大肠和直肠黏膜上覆盖灰黄色假膜。胆囊黏膜出血，增大 1～2 倍，充满大量黄绿色稀薄胆汁。

技 能 单

一、地点、材料及设备

病理检验实验室和标本室、牛常见传染病系列病理变化标本、图片、移动多媒体视频。

二、方法与步骤

（1）观看牛常见传染病宰前、同步检疫视频。
（2）观看牛常见传染病系列病理变化挂图或课件。
（3）分组对照挂图和课件图片进行观察，识别牛常见传染病系列病理变化标本。
（4）以小组为单位，组内成员采用结对考核学习方式完成标本的识别和鉴定。
（5）教师考核小组负责人识别和鉴定牛常见传染病系列病理变化标本的能力。
（6）小组负责人考核小组成员。

三、实训报告

以表格的方式总结牛主要传染病的鉴定要点。

作 业 单

利用业余时间查阅动物传染病相关资料完成如下作业。

一、填空

1. 口蹄疫是一类传染病，属烈性传染病，必须采取严格的防疫措施。按照（　　）、
（　　）、（　　）、（　　）的原则进行扑灭。
2. 口蹄疫的病毒分为七个血清型，分别是（　　）型、（　　）型、（　　）型、（　　）
型、（　　）型、（　　）型、（　　）型，各型之间不能（　　）。
3. 牛布鲁氏杆菌病的特征是（　　），引起（　　）。

二、选择

1. 口蹄疫病舍消毒可用（　　）溶液。
A．5% 氢氧化钠　　　B．1% 甲酚皂溶液　　C．2% 威力碘
2. 目前奶牛检疫项目是（　　）。
A．牛结核、牛布鲁氏杆菌病　　　　　　B．牛布鲁氏杆菌病、牛肺疫
C．牛结核、牛肺疫
3. 猪、牛、羊、马易感染，临床表现为口腔水疱多、蹄上无水疱，不致动物死亡，此为
（　　）。
A．口蹄疫　　　　　　　　　　　B．猪传染性口炎
C．猪传染性水疱疹　　　　　　　D．猪传染性水疱病
4. 奶牛检出开放性结核病后应（　　）。
A．立即淘汰　　　B．保留饲养　　　C．进行治疗
5. 口蹄疫病畜舍消毒可用（　　）。
A．0.5% 苯酚　　　B．0.5% 甲酚皂溶液　　　C．0.5% 氢氧化钠

6. 国家规定发生口蹄疫时，必须（　　）h内上报省级机构。
A．6　　　　　　　　　B．12　　　　　　　　　C．24
7. 牛布鲁氏杆菌病免疫方法是（　　）。
A．肌内注射或口服　　B．肌内注射　　　　　　C．口服
8. 不是人畜共患病的是（　　）。
A．羊布鲁氏杆菌病　　B．马传染性贫血　　　　C．牛结核
9. 炭疽病是（　　）。
A．一类传染病　　　　B．二类传染病　　　　　C．三类传染病　　　D．寄生虫病
10. 确诊为口蹄疫的动物应进行（　　）。
A．销毁　　　　　　　B．急宰　　　　　　　　C．隔离　　　　　　D．饲养
三、判断
1. 即将屠宰牛的法定检疫对象是口蹄疫。　　　　　　　　　　　　　　　　（　　）
2. 口蹄疫发生后应对疫区实行严格的封锁、消毒，解除封锁的时间是在最后一头病畜被扑杀后14 d、经全面大消毒后。　　　　　　　　　　　　　　　　　　　　　　（　　）
四、简答
1. 简述口蹄疫病死（扑杀）动物及其产品深埋的处理规范。
2. 口蹄疫的防治措施是什么？
3. 发生疑似口蹄疫疫情如何处理？

评估单

【评估内容】

一、判断
1. 牛易感口蹄疫，特征是口腔黏膜、蹄部、乳房皮肤发生水疱和溃疡。　　　（　　）
2. 牛口蹄疫同步检疫的特征是"虎斑心"，心内膜有出血斑，心外膜有出血点，肺气肿和水肿，腹部、胸部、肩胛部肌肉中有淡黄色麦粒大小的坏死灶。　　　　　　　（　　）
3. 宰前确诊为口蹄疫的病牛及同群牛，全部扑杀后销毁。宰后确诊为口蹄疫的，整个胴体、内脏及其他副产品均做销毁处理。　　　　　　　　　　　　　　　　　　　（　　）
4. 结核病特征是渐进性消瘦和多种组织器官形成结核结节及干酪样坏死灶。　（　　）
5. 牛结核病检疫主要用结核菌素变态反应的方法。　　　　　　　　　　　　（　　）
6. 牛以肺、胸膜、支气管淋巴结和纵隔淋巴结的结核病变最为多见，其次，消化器官的淋巴结、腹膜和肝也常发生。　　　　　　　　　　　　　　　　　　　　　　　（　　）
7. 牛感染布鲁氏杆菌病时，流产常发生于怀孕第3～4个月，产出死胎或软弱犊牛。（　　）
8. 牛炭疽多呈亚急性经过。　　　　　　　　　　　　　　　　　　　　　　（　　）
二、课外拓展能力
根据提供的牛宰前、同步检疫传染病案例病理变化图片，判断牛传染病病名。

【评估方法】
利用图片、标本、多媒体课件，分组对学生进行评估。
优：在限定的时间内完成全部判断，90%以上正确。
良：在限定的时间内完成全部判断，70%以上正确。
及格：延时完成全部判断，60%以上正确。
不及格：延时完成全部判断，40%以上不正确。
备注：项目六任务二学习情境占模块一总分的7%。

任务三　牛屠宰检疫常见寄生虫病的鉴别

【重点内容】

1．牛屠宰检疫常见寄生虫虫体的识别。
2．牛屠宰检疫常见寄生虫病的卫生处理。

【教学目标】

1．知识目标
掌握牛屠宰检疫主要寄生虫病的鉴别要点和卫生处理方法。
2．技能目标
能准确鉴别牛屠宰检疫常见的寄生虫病。

资 料 单

一、囊尾蚴病

1．宰前检疫

牛囊尾蚴病是寄生于人体内的牛带绦虫的幼虫——牛囊尾蚴引起的牛的一种寄生虫病，牛囊尾蚴感染后一般不出现临诊症状。

2．同步检疫

牛囊尾蚴与猪囊尾蚴外形相似，囊泡为白色的椭圆形，大小如黄豆粒，囊内充满液体，囊壁上附着无钩绦虫的头节，头节上有 4 个吸盘，但无顶突和小钩，这是与猪囊尾蚴的主要区别。牛囊尾蚴主要寄生在牛的咬肌、舌肌、颈部肌肉、肋间肌、心肌和膈肌等部位。我国规定牛囊尾蚴主要检验部位为咬肌、舌肌、深腰肌和膈肌。

二、棘球蚴病

牛和绵羊受害最重。

1．宰前检疫

轻度感染或初期感染都无症状。肝脏受害时，反刍无力，常嗳气，体瘦衰弱，肺脏受害则咳嗽。

2．同步检疫

棘球蚴首先寄生在肝脏，其次是肺脏。肝、肺等受害脏器体积增大，表面凹凸不平；有时也可在脾、肾、脑、皮下、肌肉、骨等器官发现棘球蚴。切开棘球蚴后有液体流出，将液体沉淀，用肉眼可看到许多生发囊与原头蚴，有时也能见到液体中的子囊甚至孙囊；偶尔可见到钙化的棘球蚴或化脓灶。

三、肝片吸虫病

1．宰前检疫

轻度感染无明显症状，感染数量多（牛 250 条）时可出现症状，但幼畜即便感染虫体也很少出现症状。病畜营养不良、消瘦、贫血，下颌间隙、颌下和胸腹部常有水肿。

根据临诊症状、流行病学资料、粪便虫卵检查等进行诊断。

2．同步检疫

肝片吸虫虫体扁平，外观呈柳叶片状，自胆管取出时呈棕红色，固定后变为灰白色。虫体长 20 ～ 35 mm、宽 5 ～ 13 mm。牛急性感染时，肝肿胀，被膜下有点状出血和不规整的出血条纹。慢性病例，胆管发生慢性增生性炎症和肝实质萎缩、变性，导致肝硬化。

四、肉孢子虫病

牛尤其是水牛、牦牛的感染率高。人也可患此病。

1．宰前检疫

牛肉孢子虫病严重感染的急性期可引起厌食、贫血、发热、消瘦、水肿，淋巴结肿大，尾端脱毛坏死等症状；少数病牛有角弓反张，四肢伸直，肌肉僵硬；孕牛可发生流产，有的甚至死亡。

2．同步检疫

牛肉孢子虫病虫体主要寄生于食管壁、膈肌、心肌及骨骼肌，呈浅黄白色纺锤形，大小不一，长 3 mm ～ 2 cm 不等。水牛的肉孢子虫较粗大。

诊断本病以在肌肉中发现包囊而确诊。

一、地点、材料及设备

病理检验实验室和标本室、牛常见寄生虫病理变化标本、图片、移动多媒体视频。

二、方法与步骤

（1）观看牛常见寄生虫病宰前、同步检疫视频。
（2）观看牛常见寄生虫病理变化挂图或课件。
（3）分组对照挂图和课件图片进行观察、识别和鉴定牛常见寄生虫病理变化标本。
（4）以小组为单位，组内成员采用结对考核学习方式完成标本的识别和鉴定。
（5）教师考核小组负责人识别和鉴定牛常见寄生虫病理变化标本的能力。
（6）小组负责人考核小组成员。

三、实训报告

以表格的方式总结牛主要寄生虫病的鉴定要点。

按要求完成实训报告。

【评估内容】

一、判断

1．牛囊尾蚴法定检验部位为咬肌、舌肌、深腰肌和膈肌。　　　　　　　　（　　）

2．牛囊尾蚴与猪囊尾蚴外形相似，但有顶突和小钩。　　　　　　（　　）

3．牛囊尾蚴患的整个胴体和内脏应做化制处理。　　　　　　　　（　　）

4．棘球蚴主要寄生的脏器是肝脏，其次是脾脏和肾脏。　　　　　（　　）

5．受棘球蚴损坏的脏器体积增大，表面凹凸不平，并可在凹凸不平处找到虫体。（　　）

6．切开棘球蚴后有液体流出，将液体沉淀，用肉眼可看到许多生发囊与原头蚴（即包囊砂）。　　　　　　　　　　　　　　　　　　　　　　　　　　（　　）

7．患严重棘球蚴病的器官，应将患部化制或销毁，其他部分不受限制出厂（场）。　　　　　　　　　　　　　　　　　　　　　　　　　　　　　（　　）

8．在肌肉组织中发现有棘球蚴时，患部化制或销毁，其他部分不受限制出厂（场）。　　　　　　　　　　　　　　　　　　　　　　　　　　　　（　　）

9．牛感染肝片吸虫时的临床症状为营养不良、消瘦、贫血，下颌间隙、颌下和胸腹部常有水肿。　　　　　　　　　　　　　　　　　　　　　　　　　（　　）

10．屠宰检疫时，胆管中发现肝片吸虫虫体，并见肝脏肿胀，被膜下有点状出血和不规整的出血条纹，可判定为肝片吸虫急性感染。　　　　　　　　　（　　）

11．肝片吸虫所致脏器损害轻微时，将损害部分割除，其他部分不受限制出厂（场）；损害严重者，整个脏器应做化制或销毁处理。　　　　　　　　　（　　）

12．肉孢子虫病在牦牛和水牛中的感染率低于其他牛。　　　　　　（　　）

13．牛宰前发现厌食、贫血、发热、消瘦、水肿、淋巴结肿大，尾端脱毛坏死，少数病牛有角弓反张，四肢伸直，肌肉僵硬，可疑为肝片吸虫病。　　　（　　）

14．牛肉孢子虫主要寄生于食管壁、膈肌、心肌及骨骼肌，呈浅黄白色纺锤形，大小不一，长 3 mm ～ 2 cm 不等。　　　　　　　　　　　　　　　　（　　）

二、课外拓展能力

根据提供的牛宰前、同步检疫寄生虫病理变化图片，判断牛寄生虫病病名。

【评估方法】

利用多媒体课件，分组对学生进行评估，或采用实体寄生虫标本由教师考核小组负责人、小组负责人考核小组成员。

优：在限定的时间内识别全部病变，90% 以上正确。

良：在限定的时间内识别全部病变，80% 以上正确。

及格：延时识别全部病变，60% 以上正确。

不及格：延时识别全部病变，60% 以下正确。

备注：项目六任务三学习情境占模块一总分的 2%。

项目七　家禽屠宰检疫技术

【重点内容】

1. 家禽常见传染病的鉴定与卫生处理。
2. 家禽屠宰检疫操作方法。

【教学目标】

1. 知识目标

掌握家禽宰前检疫的程序和重点检疫的疫病及同步检疫的程序和重点检查的疫病。

2. 技能目标

掌握家禽的宰前检疫与同步检疫技术，能对家禽实施正确的检疫操作。

资 料 单

一、家禽宰前检疫的程序和重点检查的疫病

家禽宰前检疫的重点是发现高致病性禽流感、鸡新城疫、鸡传染性法氏囊病、鸡马立克病、鸭瘟。

1. 群体检查

首先观察群中有无精神委顿、被毛松乱、动作迟缓、外貌异常、食欲不振的禽只。然后哄喝，惊动禽群，观察禽只动态。健禽一般鸣叫飞遁，病禽反应迟钝，行动迟缓，甚至驱赶不动或瘫卧不起。对稍有患病可疑的家禽，应立即剔除。

2. 个体检查

主要检查禽的精神状态和姿势、呼吸状态、可视黏膜、皮肤羽毛、鼻、采食状况和排泄状况等。禽常见临诊表现的可疑疫病范围如下。

（1）精神状态和姿势。

精神沉郁、委顿：多见于传染病和寄生虫病。

翅麻痹下垂、腿脚麻痹、头颈后仰、捻转：疑为鸡新城疫、鸡马立克病。

劈叉姿势：疑为鸡马立克病。

转圈运动：疑为鸡新城疫。

震颤痉挛：疑为鸡传染性法氏囊病。

（2）呼吸状态。

仰头伸颈、张口呼吸、呼吸有异常声音：疑为鸡新城疫。

（3）可视黏膜。

结膜潮红：疑为鸡新城疫。

（4）皮肤羽毛。

羽毛蓬松：见于多种传染病和寄生虫病。

肛门周围羽毛沾污：见于多种有腹泻症状的传染病和寄生虫病。

冠髯发绀：疑为高致病性禽流感、鸡新城疫。冠髯肿胀：疑为高致病性禽流感。冠髯苍白、皮肤肿瘤：疑为鸡马立克病。

头部水肿、脚鳞出血：疑为高致病性禽流感。

（5）鼻和采食状况。

少食或不食：见于多数传染病和寄生虫病。

口鼻流黏液：疑为鸡新城疫。

（6）排泄状况。

泻痢：疑为鸡新城疫、鸡传染性法氏囊病。

绿色稀便：疑为鸡新城疫。

白色痢便：疑为鸡传染性法氏囊病。

（7）体腔检查。

对于全净膛的光禽，须检查体腔内有无赘生物、寄生虫及传染病病变，是否有粪污和胆汁污染。对于半净膛的光禽，可用特制的扩张器由肛门插入腹腔，张开后用手电筒或窥探灯照明，检查体腔和内脏有无病变和肿瘤。发现异常者，应剖开检查。肾脏重点检查有无肿大、充血、出血、尿酸盐沉积等。

3．内脏检查

全净膛加工的家禽，取出内脏后依次对其进行检查。

（1）心脏。检查有无心包炎，心冠脂肪、心外膜有无出血点、坏死、结节并观察心脏的肥厚程度。

（2）肝脏。检查色泽、大小、硬度、胆囊充盈度有无异常，有无出血点、坏死灶等变化。

（3）脾脏。检查有无出血、肿大及变色，有无灰白色或灰黄色结节等。

（4）肺脏。检查有无炎症、淤血、结节等变化。

（5）胃肠。检查胃黏膜、乳头、腺胃与肌胃交界处有无充血、出血、溃疡；检查整个肠浆膜、肠系膜有无出血、淤血、结节，肠黏膜有无出血、淤血、肿胀、坏死、溃疡、内容物异常变化。

（6）气管、食道、嗉囊。检查气管有无充血、出血或干酪性分泌物，检查食道、嗉囊有无出血、溃疡、糜烂或肿胀。

半净膛加工的家禽：肠管拉出后，按上述全净膛的方法仔细检查。

不净膛的家禽：一般不检查内脏，但在体表检查怀疑为病禽时，可单独放置，最后剖开胸腹腔，仔细检查体腔和内脏。

4．复检

为防止偏差，提高肉品的安全性，上述检疫流程结束后，官方兽医对检疫情况进行复检，综合判定检疫结果，填写同步检疫记录。

二、禽常见传染病的鉴定

1．禽流感

禽流感是由 A 型流感病毒引起的家禽和野禽的一种从呼吸系统到全身败血症等多种疾病的综合征。鸡和火鸡易感性最高，鸭、鹅很少感染。本病又称为真性鸡瘟，或称欧洲鸡瘟。

（1）宰前检疫。流行初期的病例不见明显症状而突然死亡。症状稍缓和者可见精神沉郁，头翅下垂，鼻分泌物增多，常摇头，企图甩出分泌物，严重的可引起窒息、流泪，颜面浮肿，冠和肉髯肿胀、发绀、出血、坏死，脚鳞变紫，下痢，有的还出现歪脖、跛行及抽搐等神经症状。蛋鸡产蛋停止。

（2）同步检疫。特征性病变是头部青紫，结膜肿胀、有出血点；口腔及鼻腔积有黏液，并混有血液；眼周围、耳和肉髯水肿，皮下有黄色胶样液体；颈胸部皮下水肿；胸骨内面、胸部肌肉、腹部脂肪和心脏散在有出血点；口腔、腺胃、肌胃角质膜下层和十二指肠出血；肝、脾、肾常见灰黄色小坏死灶；卵巢和输卵管充血或出血。病鸡见卵黄性腹膜炎。

2．鸡新城疫

鸡新城疫又名亚洲鸡瘟，是由新城疫病毒引起的一种急性、热性、败血性传染病。鸡最易感，火鸡、鹌鹑和鸽也可轻度感染，水禽具有极强的抵抗力。

（1）宰前检疫。病鸡精神委顿，行动迟缓，体温升高至 43 ℃～ 44 ℃，食欲减退或废绝，羽毛蓬乱，冠和肉髯呈青紫色或黑色，眼半闭合，咳嗽，呼吸困难，张口伸颈，发出咯咯声；口腔和鼻腔中有大量积液，常做吞咽和摇头动作，嗉囊内充满液体和气体；将病鸡倒提时，口中流出液体；排黄色、绿色或灰白色恶臭稀便，有时混有血液；病程长时，出现神经症状，表现为下肢瘫痪，翅下垂，全身肌肉运动不协调，头颈向一侧或向后扭曲，行走时转圈或倒退。

（2）同步检疫。全身黏膜、浆膜和内脏出血，腺胃黏膜常见出血溃疡；肌胃角质层下有出血点，小肠、盲肠发生出血性坏死性炎症，并常见覆有伪膜的溃疡；鼻腔、喉头、气管和支气管中积有多量污黄色黏液；喉头和气管黏膜充血或有出血点；肺充血，气囊增厚；心尖和心冠有出血点。

3．鸡淋巴细胞性白血病

鸡淋巴细胞性白血病，是禽白血病病毒所致的一种鸡慢性肿瘤性疾病。14 周龄以下的幼鸡很少发病，性成熟期的鸡发病率最高。

（1）宰前检疫。病鸡一般无特征性症状，可能出现冠和肉髯苍白、皱缩，食欲不振，全身衰弱，消瘦，个别病鸡有下痢和腹部膨大现象。

（2）同步检疫。常侵害肝、脾和法氏囊，其他器官如肾、肺、心、胃、肠系膜、性腺及骨髓等也可受到损害，出现大小和数量不等的肿瘤病变。根据肿瘤的形态和分布，可分为弥漫型、结节型、粟粒型和混合型四种类型，其中以弥漫型最为常见。

弥漫型：病变器官呈弥漫性增大。肝脏增大数倍，质地脆弱，色泽灰红，表面和切面散落着白色颗粒状病灶，肝脏外观呈大理石样，这是淋巴细胞性白血病的一个主要特征。

结节型：多呈球形扁平隆起，单个或大量散布于器官表面和实质，直径 0.5 ～ 5 cm，形状似结核结节，与结核结节不同的是质地柔软，切面光亮。

粟粒型：多为直径不到 2 mm 的小结节，均匀分布于整个器官的实质，肝脏受害最为严重。

混合型：兼有上述三种类型病变的特征。

（3）鉴别诊断。本病与内脏马立克氏病相似，在检验时应注意鉴别。

4．禽痘

禽痘又称白喉，以体表无毛处皮肤痘疹（皮肤型），或在上呼吸道、口腔和食管部黏膜形成纤维素性坏死假膜（白喉型）为特征。

禽痘的潜伏期为 4 ～ 8 d，通常分为皮肤型、黏膜型、混合型，偶有败血型。

皮肤型：以头部皮肤多发，有时见于腿、脚、泄殖腔和翅内侧，形成一种特殊的痘疹。起初出现麸皮样覆盖物，继而形成灰白色小结节，很快增大，略发黄，相互融合，最后变为棕黑色痘痂，经 20 ～ 30 d 脱落。一般无全身症状。

黏膜型：也称白喉型，病禽起初流鼻液，有的流泪，2 ～ 3 d 后在口腔和咽喉黏膜上出现灰黄色小斑点，很快扩展，形成假膜，如用镊子撕去，则露出溃疡灶，全身症状明显，采食与呼吸发生障碍。

混合型：皮肤和黏膜均被侵害。

败血型：少见。

5．鸡马立克病

鸡马立克病是马立克氏病毒所致鸡的一种以淋巴样细胞增生为特征的肿瘤性疾病，主要发生于 18 周龄以下接近性成熟的小鸡，几周龄的幼鸡病程更为急剧。

（1）宰前检疫。鸡马立克病按临床症状分为四种类型。

①神经型。以周围神经的淋巴细胞浸润引起的一翅或一腿进行性麻痹为特征，表现为患翅或患腿拖拉在地，或两腿前后分开呈劈叉状；两腿同时受害的，则倒地不起。一些病例头

颈歪斜，呼吸困难，嗉囊胀大。鸡马立克病如图 1-51 所示。

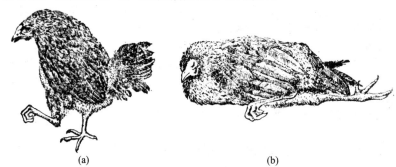

(a)   (b)

图 1-51　鸡马立克病

（a）病鸡一肢不全麻痹；（b）病鸡一肢不全麻痹，一肢完全麻痹

（蔡宝祥：《家畜传染病》，2001 年）

②内脏型。一般只表现冠和肉髯苍白或黄染、极度贫血、进行性消瘦、精神委顿、闭眼、嗜睡、下痢，以至完全不能站立等。

③眼型。虹膜色素消失，变成灰白色，呈白色环形或完全"白眼"，瞳孔收缩或变形，甚至失明。

④皮肤型。皮肤上可见大小不等灰白色肿块或结节，有时形成以毛囊为中心的疥癣样小结节，并有结痂。

（2）同步检疫。

①神经型。常为一侧臂神经、坐骨神经或内脏大神经增粗，有的肿大 2～3 倍，呈白色或黄白色，因水肿、变性而呈半透明状，神经干粗细不均匀，偶见大小不等的黄白色结节，神经干的横纹消失，脊神经节增大，病变蔓延至相连的脊髓组织。

②内脏型。常见脾、肝、肾、肠管、性腺、肾上腺、骨骼等发生淋巴细胞瘤性病灶，比正常的大数倍，颜色变淡，或出现不一致的淡色区；在器官实质内的肿瘤结节呈灰白色，切面平滑，小的如粟粒大，大的直径数厘米；腺胃和肠管壁增厚、坚实，在其浆膜或切面均可见到肿瘤性硬结节病灶；肌肉形成小的灰白色条纹及肿瘤结节；卵巢显著肿大，形成很厚的皱褶，外观似脑回状；法氏囊萎缩，无肿性结节形成。

③眼型。虹膜的正常色素消失，呈圆形环状或斑点状以至弥漫的灰白色，俗称鸡白眼病或灰眼病。

④皮肤型。与宰前检查所见相同。

6．结核病

（1）宰前检疫。病初症状不明显，后期病禽不活泼，精神萎靡，软弱。食欲虽正常，但表现出进行性消瘦，胸部肌肉明显萎缩，胸骨显露，羽毛粗乱，出现严重贫血，冠及肉髯苍白，个别病禽出现下痢，但体温正常。

（2）同步检疫。病禽常在肝、脾、肠与骨髓中发现结核结节，其他脏器少见。结节大小不一，一般为针头大到小米粒大。肠结核结节可达豌豆大，突出于肠黏膜与浆膜表面。禽结核结节呈灰白色或淡黄色。切开时在结节的中心为干酪样坏死，周围有结缔组织性包膜，陈旧的结节有时发生钙化。

技能单

一、地点、材料及设备

实验室、移动多媒体视频、教学光盘（鸡的加工卫生及检验）、常用解剖器械、搪瓷盘、盆、污物桶、活鸡 10 ～ 20 只。

二、方法与步骤

（1）观看家禽常见传染病的鉴定与卫生处理多媒体课件或视频，并对视频资料内容进行评估。

（2）在实验室以试验动物为对象，分组实施家禽的宰前、同步检疫实训操作。

教师先现场操作示教，然后学生分组实施鸡的屠宰检疫操作。

①宰前检疫。采取以群体检查为主、个体检查为辅的综合方法，将 10 ～ 20 只活鸡放在鸡笼内，从静态、动态、饮食状态三个方面仔细观察，剔除病鸡或疑似病鸡，然后对这些异常鸡逐一详细地进行个体检查，并将病鸡、健鸡区分开，初步判断疾病性质。

②同步检疫。试验鸡分组宰杀，经放血、烫毛、脱毛、清洗、冷却各步骤的加工工艺后待检。以感官检验为主，要求按程序依次进行胴体检查和内脏检查。

a. 胴体检查。首先检查放血程度，检视皮肤的色泽和皮下血管的充盈度，判断胴体的放血程度是否良好。放血不良鸡的皮肤呈暗（紫）红色，皮下血管充盈，杀口处多留有血凝块。注意查明原因，应分开检查，并做好防疫工作。体表和体腔检查时，应观察皮肤是否完整、清洁，体表有无出血、水肿、痘疮、化脓和损伤等，然后将白条鸡取仰卧位放于搪瓷盘中，由胸骨柄切开腹壁至肛门处，绕肛门一周。于胸前侧颈基部切开皮肤，剥离嗉囊后，腹壁开口，顺序取出胃、肠、脾、嗉囊、心、肝等脏器，放在一侧的搪瓷盘中进一步检查。检查气囊、肾脏有无病变。可用手术刀柄钝性剥离肾脏，同时暴露腰荐神经丛视检有无病变，必要时可在左、右大腿内侧肌肉缝处找到坐骨神经剥离对照检查，注意神经干的粗细和色泽。视检体躯、四肢关节和肌肉有无病变。头部和肛门检查：检查鸡冠、肉髯、眼、口腔、鼻腔、咽喉、气管和肛门有无出血、充血、变色、肿胀病变或异常渗出物，注意肛门的清洁度和松弛度。

b. 内脏检查。依次检查肝、脾、心、胃、肠和卵巢等器官，注意其大小、形态、色泽、弹性，有无出血、坏死、结节和肿瘤等。尤其应注意小肠、盲肠、腺胃和肌胃的异常变化，必要时可剪开肠管进一步检查肠黏膜情况；剖开腺胃和肌胃，剥去肌胃角质膜，检查有无出血点或出血斑和溃疡等病变。

三、实训报告

根据被检对象的宰前检疫与同步检疫结果写出实训报告，要求对检验结果进行分析，并给出卫生处理决定。

作业单

一、填空

1. 家禽宰前检疫后的处理有（　　　）、（　　　）、（　　　）。
2. 家禽放血的方法有（　　　）、（　　　）、（　　　）。
3. 家禽煺毛的温度一般以（　　　）为宜。
4. 净膛按去除内脏的程度不同，可分为（　　　）、（　　　）、（　　　）三种形式。
5. 对家禽进行同步检疫时，一般分为（　　　）检验和（　　　）检验。
6. 鸡马立克病在临床上分为（　　　）型、（　　　）型、（　　　）型和（　　　）型。

二、选择

1. 禁宰的疾病有（　　　）。

A. 禽白血病　　　　B. 小鹅瘟　　　　C. 鸭瘟　　　　D. 鸡马立克病

2．禽霍乱肝脏的病理变化是（　　　）。

A．肝硬化　　　　　　B．肝肿大、质脆　　　C．肝脂肪样变

3．下列属于法定检疫对象的疫病是（　　　）。

A．禽白血病　　　　B．新城疫　　　　　C．鸡白痢　　　　　　D．鸡马立克病

4．高致病性禽流感的临床诊断指标包括（　　　）。

A．急性发病死亡　　　　　　　　　B．脚鳞出血

C．鸡冠出血或发绀、头部水肿　　　　　D．肌肉和其他组织器官广泛性严重出血

5．家禽同步检疫重点是（　　　）。

A．腺胃　　　　　　B．眼球　　　　　　C．淋巴结　　　　　D．内脏

6．肉仔鸡腹部皮下出现蓝色水肿是（　　　）。

A．维生素缺乏　　　B．绿脓杆菌　　　　C．大肠杆菌

7．鸡法氏囊的功能是（　　　）。

A．参与免疫　　　　B．造血　　　　　　C．分泌消化液

8．鸡马立克病最典型的症状是（　　　）。

A．劈叉姿势　　　　B．转圈运动　　　　C．头扭转

9．鸡的淋巴细胞增生性肿瘤性传染病是（　　　）。

A．鸡瘟　　　　　　B．禽霍乱　　　　　C．鸡马立克病　　　　D．禽伤寒

10．雏鸡常见的急性、败血性传染病，具有代代相传的特点，此为（　　　）。

A．禽霍乱　　　　　B．鸡新城疫　　　　C．鸡白痢　　　　　　D．禽伤寒

11．调出种禽启运前，须经实验室检疫的疫病有（　　　）。

A．鸡新城疫　　　　　　　　　　　B．禽白血病

C．传染性法氏囊病　　　　　　　　　D．禽伤寒

三、简答

1．简述高致病性禽流感与鸡新城疫的区别。

2．简述鸡新城疫的流行特点和主要症状。

3．高致病性禽流感疫点、疫区、受威胁区是如何划分的？

4．如何进行禽流感、鸡新城疫、禽结核病、鸡马立克病的处理？

5．高致病性禽流感解除封锁的时间是如何规定的？扑灭一次暴发疫情的标准是什么？

评 估 单

【评估内容】

鸡屠宰检疫操作。

序号	考核内容	考核要点	分值	评分标准	得分
1	群体检查	1．观察描述鸡的静态、动态、饮食状态 2．把鸡群中的病鸡或疑似病鸡剔除	10	有一项不符合标准扣5分	
2	个体检查	1．检查描述鸡的精神状态和姿势、呼吸状态、可视黏膜、皮肤羽毛、鼻、采食状况和排泄状况 2．初步判断疾病性质	20	有一项不符合标准扣10分	

续表

序号	考核内容	考核要点	分值	评分标准	得分
3	胴体检查	1. 正确判断放血程度 2. 体表和头部检查方法与结果正确 3. 天然孔（腔）及可视黏膜检查结果正确 4. 打开腹腔取出脏器的方法正确 5. 体腔检查结果判定正确	30	有一项不符合 标准扣6分	
4	内脏检查	心脏、肝脏、脾脏、肺脏、胃肠、气管食道与嗉囊检查方法正确，病理变化判定正确	30	有一项不符合 标准扣5分	
5	卫生评定	能对被检胴体进行正确的卫生评价	10	评价不正确 扣10分	
	合计		100		

【评估方法】

　　为考核团队协作能力和互助学习精神，以小组为单位进行实训学习操作过程考核，以评价小组整体协作能力和动手操作能力。

　　备注：项目七学习情境占模块一总分的 4%。

项目八 屠宰加工副产品的检验技术

【基本概念】

生物安全处理

【重点内容】

屠宰加工副产品检验后的处理。

【教学目标】

掌握屠宰加工副产品的检验程序，熟悉病害动物副产品生物安全处理方法。

资料单

屠宰加工副产品是指皮、毛、骨、蹄、角、鬃、绒等。

一、屠宰加工副产品的检验程序

（1）查证验物：确定是否来自非疫区。

（2）抽样检查：取样做炭疽沉淀试验。

（3）检疫后分类处理。

二、屠宰加工副产品检验后的处理

1. 确定来自非疫区

毛、骨、蹄、角等零散产品采取外包装消毒；干皮采用外包装消毒或逐张消毒，鲜皮采用盐浸消毒，有条件的地方可采用环氧乙烷消毒或进行炭疽沉淀试验，然后出具《动物检疫合格证明》。

2. 确定来自疫区

确定来自疫区、染疫动物或疑似染疫动物，炭疽沉淀试验为阳性的，依照相关的规定进行生物安全处理。

三、病害动物副产品生物安全处理方法

1. 高温处理法

高温处理法适用于染疫动物蹄、骨、角的处理。方法是将蹄、骨、角放入高压锅内蒸煮至骨脱胶或脱脂时为止。

2. 过氧乙酸消毒法

过氧乙酸消毒法适用于任何染疫动物的皮毛消毒。将皮毛放入新鲜配制的 2% 过氧乙酸溶液中浸泡 30 min，捞出，用水冲洗后晾干。

3. 碱盐液浸泡消毒法

碱盐液浸泡消毒法适用于被病原微生物污染的皮毛消毒。将皮毛浸入 5% 氢氧化钠饱和盐水溶液中，随时加以搅拌，18 ℃～25 ℃室温条件下浸泡 24 h，取出挂起，待碱盐液流净，放入 5% 盐酸溶液内浸泡，捞出，用水冲洗后晾干。

4. 盐酸食盐溶液消毒法

盐酸食盐溶液消毒法适用于被病原微生物污染、可疑被污染和一般染疫动物的皮毛消毒。用 2.5% 盐酸溶液和 15% 食盐溶液等量混合，将皮张浸泡其中，温度保持在 30℃ 左右，浸泡 40 h，1 m² 的皮张用 10 L 消毒液。浸泡后捞出沥干，放入 2% 氢氧化钠溶液，以中和皮张上的酸，再用水冲洗后晾干。

5. 煮沸消毒法

煮沸消毒法适用于染疫动物鬃毛的处理。将鬃毛于沸水中煮沸 2～2.5 h，取出，晾干。

作业单

一、填空

1. 生物安全处理指的是通过用（　　）、（　　）、（　　）或其他（　　）、（　　）、（　　）等方法将病害动物尸体和病害动物产品或附属物进行处理，以彻底消灭其所携带的病原体，达到消除病害因素、保障人畜健康安全的目的。

2. 猪适用销毁对象（　　）、（　　）、（　　）、（　　）、（　　）、（　　）、（　　）、（　　）、（　　）、（　　）、（　　）的染疫动物，以及其他严重危害人畜健康的病害动物及其产品。

3. 羊适用销毁对象（　　）、（　　）、（　　）、（　　）、（　　）、（　　）、（　　）、（　　）、（　　）的染疫动物，以及其他严重危害人畜健康的病害动物及其产品。

4. 牛适用销毁对象（　　）、（　　）、（　　）、（　　）、（　　）、（　　）、（　　）的染疫动物，以及其他严重危害人畜健康的病害动物及其产品。

二、判断

1. 人工接种病原微生物或进行药物试验的动物和动物产品应进行销毁。（　　）

2. 焚毁法适用于患有炭疽等芽孢杆菌类疫病，以及牛海绵状脑病、痒病的染疫动物及产品、组织的处理。（　　）

3. 病死、毒死或不明死因动物的尸体应做销毁处理。（　　）

4. 从动物体割除下来的病变部分应做无害化处理。（　　）

5. 无害化处理的规定方法是化制和消毒。（　　）

6. 化制适用对象是除规定必须销毁的动物疫病以外的其他疫病的染疫动物，以及病变严重、肌肉发生退行性变化的动物的整个尸体或胴体、内脏采用消毒法处理。（　　）

7. 除规定必须销毁的动物疫病以外的其他疫病的染疫动物的生皮、原毛及未加工的蹄、骨、角、绒采用消毒法处理。（　　）

8. 高压锅高压法适用于染疫动物的蹄、骨、角处理。（　　）

9. 盐酸食盐溶液消毒法适用于被病原微生物污染或可疑被污染和一般染疫动物的皮毛消毒。（　　）

10. 过氧乙酸消毒法适用于任何染疫动物的皮毛消毒。（　　）

11. 碱盐液浸泡消毒法适用于被病原微生物污染的皮毛消毒。（　　）

12. 染疫动物的鬃毛可用煮沸消毒法处理。（　　）

13. 病变严重、肌肉发生退行性变化的整个动物尸体或胴体、内脏可用消毒法处理。（　　）

14. 运送动物尸体和病害动物产品应采用密闭、不渗水的容器，装前卸后必须消毒。（　　）

 评 估 单

【评估内容】

1. 来自非疫区的动物副产品采用什么方法进行处理？
2. 屠宰加工副产品的检疫程序是什么？
3. 病害动物副产品生物安全处理方法有哪些？
4. 来自疫区、染疫动物或疑似染疫动物的副产品采用什么方法进行处理？

【评估方法】

为考核团队协作能力和互助学习精神，采用小组随机抽查方式，对团队整体水平进行考核，方法是每个小组随机抽一题进行口述，可按百分制进行评分。

备注：项目八学习情境占模块一总分的 2%。

模块二　市场监督与检验

项目九　市场监督与检验岗前知识培训

【基本概念】

市场准入制度、标准、无公害农产品、有机食品、绿色食品

【重点内容】

1. 食品市场准入制度。
2. 有机、绿色、无公害动物性食品安全质量标准。

【教学目标】

能说出食品市场准入制度包括的内容；了解食品标准的含义、作用、性质和分类，能说出动物性食品相关标准的名称，能说出无公害食品、绿色食品、有机食品、地理标志农产品的概念；熟悉动物性食品市场监督与检验的程序。

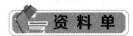 资料单

一、食品市场准入制度

1. 食品市场准入制度的概念

食品市场准入制度也称食品质量安全市场准入制度，是指为保证食品的质量安全，具备规定条件的生产者才允许进行生产经营活动，具备规定条件的食品才允许生产销售的监管制度。

2. 食品市场准入制度的内容

食品市场准入制度包括三个方面的内容。

（1）食品生产许可证制度。即企业必须获得国家颁发的食品生产许可证方可生产食品，否则不得生产。

（2）强制检验制度。即企业必须对其生产的食品进行自检，检验合格方可出厂。对于不具备自检条件的生产企业，强令实行委托检验。质监部门对获证企业实行定期监督检验，对检验不合格的产品实行加严检验。

（3）SC 标志制度。即获得食品生产许可证的企业，对检验合格的食品要加印市场准入标志。没有标志的食品不准进入市场销售。

食品生产许可证组成编号：英文大写 SC 与 14 位阿拉伯数字组成，一律不得继续使用原包装和标签及"QS"标志，如图 2-1 所示。

3. 动物性食品质量安全市场准入条件

（1）环境条件要求。动物性食品生产加工企业必须有保证产品质量的环境条件，主要包括生产车间、库房等各项设施，应根据相应的要求设置防鼠、防蚊蝇、防昆虫侵

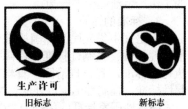

图 2-1　市场准入标志

入等有效措施；不得有昆虫大量滋生的潜在场所；周围不得有有害气体、放射性物质和扩散性污染源。

（2）生产设备条件要求。生产设备、工艺装备和相关辅助设备及原材料处理、加工、储存等厂房和场所的设置，必须符合保证产品质量的要求。

（3）原材料要求。原材料、添加剂等均应无毒、无害，符合相应国家标准、行业标准及有关规定，必须保证产品的质量。

（4）加工工艺及过程要求。生产加工过程应严格、规范，加工工艺流程设置应科学、合理，要采取必要的措施防止生食品与熟食品、原料与半成品和成品的交叉污染。

（5）产品标准要求。按照合法有效的产品标准组织生产。食品质量必须符合相应的强制性标准及企业明示采用的标准和各项质量要求。企业必须执行国家强制性标准，企业标准不允许低于强制性国家标准的要求。

（6）人员要求。企业法定代表人和主要管理人员必须了解与食品质量安全相关的法律知识，明确应负的责任和义务；生产操作人员必须身体健康，无传染性疾病，保持良好的个人卫生，上岗前需经过技术培训，并持证上岗；企业的生产技术人员必须具有与食品生产相适应的专业技术知识；质量检验人员应参加培训，经考核合格并取得规定的资格。

（7）产品储运要求。企业应采取必要的措施以保证产品在储存、运输过程中质量不发生劣变。

（8）检验能力要求。动物性食品生产加工企业应具有与所生产产品相适应的质量检验和计量检测手段，且必须经法定计量检定技术机构鉴定合格后在有效期内使用。对不具备检验能力的企业，必须委托符合法定资格的检验机构进行产品出厂检验。

（9）质量管理要求。食品生产加工企业应建立健全产品质量管理制度，明确规定各部门、人员的质量职责、权限和职权。应实施从原材料进货验收到产品出厂检验的全过程质量管理，应制定相应的考核办法，并严格实施。

（10）产品包装标志要求。一是不同包装的产品都必须清洁、无毒、无害，符合国家法律法规的规定及相应的强制性标准要求；二是标签内容必须真实地标明产品名称、厂名、厂址、配料表、净含量、生产日期或保质期、产品标准代号和顺序号等，要符合国家法律法规的规定和相应产品标准的要求；三是在最小销售单元的食品包装上要标注食品生产许可证编号。

二、食品标准

1．标准的定义

我国国家标准《标准化工作指南 第1部分：标准化和相关活动的通用术语》（GB/T 20000.1—2014）中，对标准所下定义是"通过标准化活动，按照规定的程序经协商一致，为各种活动或其结果提供规则、指南或特性，供共同使用的或重复使用的文件"。

2．标准的作用

就生产而言，产品要按照一定的标准进行生产，技术要依据一定的标准操作。离开了标准，就失去了衡量质量的尺度。因此，通过标准对重复性事物做出统一规定，借以规范人们的工作、生活、生产行为。

3．标准的性质

依据《中华人民共和国标准化法》的规定，国家标准、行业标准均可分为强制性标准和推荐性标准。强制性标准是保障人体健康，人身财产安全的标准及法律、行政法规规定强制执行的标准，省、自治区、直辖市标准化行政主管部门制定的地方标准，在本地区域内是强制性标准。强制性标准以外的标准是推荐性标准，又叫作非强制性标准。

强制性国家标准的代号为"GB"，推荐性国家标准的代号为"GB/T"。

4．标准的分类

（1）基本定义。

国际标准：由国际标准化组织或国际标准组织通过并公开发布的标准。

区域标准：由区域标准化组织或区域标准组织通过并公开发布的标准。

国家标准：由国家标准机构通过并公开发布的标准。

行业标准：由行业机构通过并公开发布的标准。

地方标准：在国家的某个地区通过并公开发布的标准。

企业标准：由企业通过，供该企业使用的标准。

试行标准：标准化机构通过并公开发布的暂行文件，目的是从它的应用中取得必要的经验。

（2）标准的分类关系。标准的分类关系如图2-2所示。

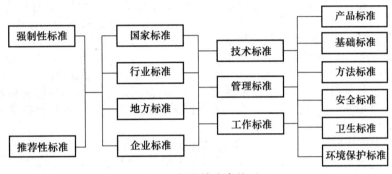

图2-2　标准的分类关系

5．标准代号的种类

国家标准代号见表2-1。

表2-1　国家标准代号

序号	代号	含义	管理部门
1	GB	中华人民共和国强制性国家标准	国家标准化管理委员会
2	GB/T	中华人民共和国推荐性国家标准	国家标准化管理委员会
3	GB/A	中华人民共和国国家标准化指导性技术文件	国家标准化管理委员会

行业标准代号见表2-2。

表2-2　行业标准代号

序号	代号	含义	管理部门
1	NY	农业	农业农村部（农业）
2	SC	水产	农业农村部（水产）

地方标准代号（如DBQH、DBQH/T）见表2-3。

表 2-3 地方标准代号

序号	代号	含义	管理部门
1	DB+ 省级行政区划代码前两位	中华人民共和国强制性地方标准代号	省级质量技术监督局
2	DB+ 省级行政区划代码前两位 /T	中华人民共和国推荐性地方标准代号	省级质量技术监督局

6．动物性食品相关标准

（1）食品卫生标准。主要有食品中毒诊断标准、食品限量卫生标准、食品产品卫生标准和食品包装卫生标准。

（2）食品质量认证及标准。主要有 GMP 认证及标准、ISO 9000、ISO 22000 认证及标准、有机食品认证及标准、SC 认证及标准、绿色食品认证及标准、无公害农产品认证及标准、HACCP 认证及标准。

（3）食品检验方法标准。主要有食品理化检验方法标准、食品微生物检验方法标准。

（4）食品添加剂标准。主要有《食品安全国家标准 食品添加剂使用标准》（GB 2760—2014）、《食品安全国家标准 食品添加剂中砷的测定》（GB 5009.76—2014）、《食品安全国家标准 食品添加剂中铅的测定》（GB 5009.75—2014）等。

（5）食品标签标准。主要有《食品安全国家标准 预包装食品标签通则》（GB 7718—2011）。

（6）食品包装材料及容器标准。主要有《食品安全国家标准 食品接触材料及制品用添加剂使用标准》（GB 9685—2016）、《食品安全国家标准 食品接触材料及制品 氯乙烯的测定和迁移量的测定》（GB 31604.31—2016）等。

（7）食品卫生管理标准。主要有《感官分析方法 不能直接感官分析的样品制备准则》（GB 12314—1990）、《良好实验室规范监督部门指南 第1部分：良好实验室规范符合性监督程序指南》（GB/T 22274.1—2008）、《食品安全国家标准 食品生产通用卫生规范》（GB 14881—2013）。

三、食品认证与标志

1．无公害农产品认证与标志

无公害农产品是指产地环境、生产过程、产品质量符合国家有关标准和规范的要求，经认证合格获得认证证书并允许使用无公害农产品标志的未经加工或初加工的食用农产品。

无公害农产品标志图案主要由"无公害农产品"字样、麦穗和对钩组成，如图 2-3 所示。

2．绿色食品认证与标志

绿色食品是指遵循可持续发展原则，按照特定生产方式生产，经专门机构认定，许可使用绿色食品标志，无污染的安全、优质、营养类食品。

绿色食品标志图形由上方的太阳、下方的叶片和蓓蕾三部分构成，如图 2-3 所示。

3．有机产品（食品）认证与标志

有机产品是指来自有机农业生产体系，根据有机农业生产要求和相应标准生产加工，并通过合法的、独立的有机食品认证机构认证的农副产品及其加工品。

有机食品标志图由人手和叶片组成，如图 2-3 所示。

4．农产品地理标志认证与标志

农产品地理标志是指农产品源于特定地域，产品品质和相关特征主要取决于自然生态环境和历史人文因素，经专门机构认定，许可使用以地域名称冠名的特有农产品。此处所称的农产品是指源于农业的初级产品，即在农业活动中获得的植物、动物、微生物及其产品。

图 2-3 三品一标标志

农产品地理标志基本图案由中华人民共和国农业农村部中英文字样、农产品地理标志中英文字样和麦穗、地球、日月图案等元素构成，如图2-3所示。

四、动物性食品市场监督与检验的程序

1. 查证

为了健全和完善实施准入管理的各项制度，要求市场开办者在食品进入前索取供货商的营业执照、生产许可证、质量合格证、检验检疫证等相关证件和证明，索取销售发票等有关票证，建立重要食品进、销货台账，把好市场准入关，确保动物性食品安全。

2. 监管

将涉及消费者人身健康、人身财产安全的动物性食品列入重点巡查监管内容，同时加强对自产自销产品的管理，对有条件的市场开办者要求设置检验检测室和仪器，对食品随时进行检验。要求市场开办者对不合格的动物性食品通过下架或停止销售等方式处理，如经营者没能力处理，则要移交给工商部门。

3. 商品质量信息公示

市场开办者可以与相关检测机构建立协作关系，定期抽样送检，并将检验结果通过设立的商品质量信息公示栏公示给消费者。

作 业 单

查阅相关资料，回答下列问题。

1. 绿色食品标志使用权是终身制吗？
2. 绿色食品有哪几大类产品？
3. 用农家有机肥和不施用化肥的植物产品都是绿色食品吗？
4. 食品市场准入制度包括哪几个方面的内容？
5. 食品质量标准有哪些？

评 估 单

【评估内容】

一、名词解释

1. 无公害农产品 2. 有机食品 3. 绿色食品 4. 食品市场准入制度 5. 标准

二、填空

1. 食品市场准入制度包括（ ）、（ ）、（ ）三个方面的内容。
2. 动物性食品质量安全市场准入的10个方面条件分别是（ ）、（ ）、（ ）、（ ）、（ ）、（ ）、（ ）、（ ）、（ ）、（ ）。
3. 有机食品标志图由（ ）和（ ）组成。
4. 动物性食品市场监督与检验的程序是（ ）、（ ）、（ ）。
5. 标准是对重复性事物作出统一规定，借以规范人们的（ ）、（ ）、（ ）行为。
6. 强制性标准以外的标准是推荐性标准，又叫作（ ）。
7. 标准按层次分为（ ）、（ ）、（ ）、（ ），标准按专业性质分为（ ）、（ ）、（ ）。
8. 目前食品卫生标准主要有（ ）、（ ）、（ ）。
9. 目前食品质量标准主要有（ ）、（ ）、（ ）、（ ）。

10. 无公害农产品是指（　　　）、（　　　）、（　　　）符合国家有关标准和规范的要求，经认证合格获得认证证书并允许使用无公害农产品标志的未经加工或初加工的食用农产品。

11. 推荐性国家标准的代号为（　　　），强制性国家标准的代号为（　　　）。

12. 绿色食品标志图形由上方的（　　　）、下方的（　　　）和（　　　）三部分构成。

13. 有机食品是指来自（　　　）生产体系，根据（　　　）生产要求和相应标准生产加工，并且通过合法的、独立的（　　　）机构认证的农副产品及其加工品。

14. 农产品地理标志是指农产品源于特定地域，产品品质和相关特征主要取决于自然生态环境和历史人文因素，经专门机构认定，许可使用以（　　　）冠名的特有农产品。

【评估方法】

采用笔试法进行测试。

备注：项目九学习情境占模块二总分的 8%。

项目十　肉及肉制品的市场监督与检验

任务一　市场冷鲜肉的监督与检验

【基本概念】

肉的僵直、肉的成熟、肉的自溶、肉的腐败

【重点内容】

肉品的感官检验方法及卫生评价指标。

【教学目标】

熟悉肉品的质量标准，了解市场肉品出售的卫生要求；掌握肉品的感官检验方法及卫生评价指标，能够正确地进行肉品的市场检验。

资 料 单

一、基本概念

鲜畜、禽肉：活畜（猪、牛、羊、兔等）、活禽（鸡、鸭、鹅等）宰杀加工后不经过冷冻处理的肉。

冻畜、禽肉：活畜（猪、牛、羊、兔等）、活禽（鸡、鸭、鹅等）宰杀加工后在 ≤ -18 ℃冷冻处理的肉。

畜、禽副产品：活畜（猪、牛、羊、兔等）、活禽（鸡、鸭、鹅等）宰杀加工后所得畜禽内脏、头、颈、尾、翅、脚、爪等可食用的产品。

肉制品中所指的肉是指不包括骨和软骨组织在内的一切肌肉及各种软组织。

二、肉在保藏时的四个阶段变化

动物被屠宰后，血液和氧气供应停止，肌肉组织不能正常代谢，在体内酶系或污染的微生物作用下，肌肉组织发生一系列化学变化，从而使肉的感官性状和食用价值发生相应改变。

1. 肉的僵直

（1）动物死后，肌肉产生永久性收缩，即肌肉的伸展性消失并发生硬化，这一现象称为肉的僵直。

（2）影响肉僵直的因素。肉类在 pH 值为 5.4 ~ 6.7 时逐渐失去原有的弹性及较好的保水性而变僵直。一般动物于死后 1 ~ 6 h 开始僵直，死后 10 ~ 20 h 达最高峰，死后 24 ~ 48 h 僵直过程结束。肌肉僵直出现的早晚和持续时间的长短受动物种类、年龄、环境温度、生前状态和屠宰方法等多种因素的影响。不同种类动物从死后到开始僵直的速度不同，鱼类最快，禽类、马、猪、牛按顺序依次减慢。环境温度低，肉中酶的活性弱，僵直出现迟、持续时间长。因此，要延长肉的保存期，最好是推迟和延长僵直期，采用迅速冷却和冷冻方法可以较长时间保持肉品的新鲜度。

（3）僵直肉的感官特征。肉质坚硬、缺乏弹性；加热炖煮，肉汤较浑浊，缺乏肉的香味和滋味，肉保持较高的硬度，食之粗糙硬实、不易咀嚼，尤以牛肉更明显。

2．肉的成熟

（1）肉继僵直之后，肌肉组织内发生一系列生物化学变化，变得柔嫩、多汁而味美，肉汤澄清、透明而有清香，这种食用性质改善的肉称为成熟肉。肉的质量改善过程，称为肉的成熟。

（2）影响肉成熟的因素。肉中糖原含量与肉的成熟过程有密切关系。肉在成熟过程中发生的各种变化都是在肉呈酸性反应的基础上进行的，肉的变酸主要取决于肉中糖原的酵解作用，因此，动物临宰前机体内糖原的储量将直接影响肉的成熟过程。肉的成熟速度和状态也受环境因素的影响，温度对肉成熟的影响最大，肉成熟过程在一定温度范围内随温度的升高而加快。

（3）成熟肉的感官特征。肉的内环境呈酸性。肉表面形成一层具有减少干耗和防止微生物侵入的很薄的"干膜"，肉质柔软、嫩化，且富有弹性，肌肉断面湿润多汁；烹饪时容易煮烂、肉的风味佳，肉汤澄清、透明，具有浓郁的肉香味，脂肪油珠团聚于表面。

3．肉的自溶

（1）肉长时间在高温条件下不合理地保藏，肌肉组织中某些蛋白酶在酸性环境及较高温度条件下活性增强，使组织蛋白强烈分解的过程，称为肉的自溶。这一过程中微生物未参与作用。

（2）自溶肉的特征。肌肉松软、弹性减退或缺乏；用手指触摸轻度黏滑粘手；肉或脏器表面暗淡无光泽，呈不同程度的灰红色或灰绿色，禽肉常显红铜色，带有不同程度的酸味。化学检查呈酸性反应，硫化氢反应呈阳性，氨反应呈阴性。

4．肉的腐败

（1）肉的腐败是指肉在致腐微生物和组织酶等因素的作用下，引起蛋白质和其他含氮物质的分解，形成有毒和不良气味的过程。肉的腐败是紧随自溶而发生的变化，与自溶过程没有明显的界限。

（2）腐败肉的特征。肉表面非常干燥或腻滑发黏；肉质松弛或软糜，指压后凹陷不能恢复；表面呈灰绿色、污灰色甚至黑色；新切面发黏、发湿，呈暗红色、暗绿色或灰色；肉的表面和深层都有显著的腐败气味；呈碱性反应；氨反应呈阳性。

三、不同阶段肉品的食品卫生学意义

1．僵直阶段肉品

最适宜冷藏，肉品不适宜做烹饪原料。

2．成熟阶段肉品

适宜冷藏，宜做烹饪原料。

3．自溶阶段肉品

肉品品质下降，失去贮藏性。

4．腐败阶段肉品

禁止食用。

四、不宜食用肉品的卫生处理

1．自溶肉的卫生处理

自溶现象轻微者，修割变色部分后，将肉切成小块，置于通风处消散不良气味可供食用，必要时经高温处理。

自溶现象严重、肉质软化、有明显的异味并显著变色者，不宜食用。

2．腐败肉的卫生处理

腐败肉中含有参与腐败的某些细菌及其毒素和腐败形成的有毒分解产物。因此，腐败肉一律禁止食用，应化制或销毁。

五、市场冷鲜肉的检验及处理

市场冷鲜肉的检验，一般从感官性状、腐败分解产物的特征和数量、细菌的污染程度三方面进行。只有采用感官检验和实验室检验在内的综合检验方法，才能比较客观地对肉的腐败变质过程做出正确的判断。但由于市场监督与检验工作的特殊性，要求在不影响营业的条件下进行快速检验与处理，所以肉品新鲜度的感官检验就显得尤其重要。

一、材料与设备

肉品、食品检验速测箱、记录本。

二、方法与步骤

肉新鲜度的感官检验，主要借助人的视觉、嗅觉、触觉，通过检验肉的色泽、组织状态、气味、煮沸后的肉汤等来鉴定肉的卫生质量。

（1）原料要求：屠宰前的活畜、禽应经动物卫生监督机构检疫、检验合格。

（2）鲜冻畜、禽肉的感官要求见表2-4。

表 2-4　鲜冻畜、禽肉的感官要求（GB 2707—2016）

项目	要求	检验方法
色泽	具有产品应有的色泽	取适量试样置于洁净的白色盘（瓷盘或同类容器）中，在自然光下观察色泽和状态，闻其气味
气味	具有产品应有的气味，无异味	
状态	具有产品应有的状态，无正常视力可见外来异物	

（3）鲜冻片猪肉感官要求见表2-5。

表 2-5　鲜冻片猪肉感官要求（GB/T 9959.1—2019）

项目	鲜片猪肉	冻片猪肉（解冻后）
色泽	肌肉色泽鲜红或深红，有光泽；脂肪呈乳白色或粉白色	肌肉有光泽，色鲜红；脂肪呈乳白色，无霉点
弹性（组织状态）	指压后凹陷立即恢复	肉质紧密，有坚实感
黏度	外表微干或微湿润，不粘手	外表及切面湿润，不粘手
气味	具有鲜猪肉正常气味，煮沸后肉汤透明、澄清，脂肪团聚于液面，具有香味	具有冻猪肉正常气味。煮沸后肉汤透明澄清，脂肪团聚于液面，无异味

（4）分割鲜、冻猪瘦肉感官要求见表2-6。

表2-6　分割鲜、冻猪瘦肉感官要求（GB/T 9959.2—2008）

项目	要求
色泽	肌肉色泽鲜红，有光泽；脂肪呈乳白色
组织状态	肉质紧密，有坚实感
气味	具有猪肉固有的气味，无异味

三、实训报告

根据鲜肉的感官检验方法及卫生评价指标，针对被检样品写出检验分析报告。

查阅相关资料，回答下列问题。

1．肉在放置过程中会有哪些颜色变化和气味变化？
2．怎样区别鲜牛肉与鲜猪肉？

【评估内容】

一、名词解释

1．肉　2．肉的僵直　3．成熟肉　4．肉的自溶　5．肉的腐败

二、填空

1．肉在保藏中，肌肉发生（　　）、（　　）、（　　）、（　　）等变化。

2．一般肉类在 pH 值为（　　）时逐渐失去原有的弹性及较好的保水性而变僵直。

3．一般动物于死后（　　）h 开始僵直，死后到（　　）h 达最高峰，死后（　　）h 僵直过程结束。

4．要延长肉的保存期，最好是推迟和延长（　　），既可以使其迅速冷却和冷冻，又可以较长时间保持肉的新鲜度。

5．肌肉组织内发生的一系列生物化学变化，变得柔嫩、多汁而味美，肉汤澄清、透明而有清香，这种食用性质改善的肉称为（　　）。

6．肉中（　　）含量与肉的成熟过程有密切关系。

7．动物临宰前机体内（　　）的储量将直接影响肉的成熟过程。

8．肉成熟过程在一定温度范围内随温度的升高而（　　）。

9．肉长时间在高温条件下不合理地保藏，肌肉组织中某些蛋白酶在酸性环境及较高温度的条件下活性增强，而使组织蛋白强烈分解的过程，称为肉的（　　）。

10．自溶肉化学检查呈酸性反应，硫化氢反应呈（　　），氨反应呈（　　）。

11．肉的腐败是指肉在（　　）和（　　）等因素的作用下，引起蛋白质和其他含氮物质的分解，形成有毒和不良气味的过程。

12．腐败肉呈碱性反应，氨反应呈（　　）。

13．僵直阶段肉品最适宜（　　），肉品不适宜做烹饪原料。

14．成熟阶段肉品适宜（　　），宜做烹饪原料。

15. 自溶阶段肉品品质下降，失去（　　　）性。

16. 腐败阶段肉品禁止（　　　）。

17. 市场冷鲜肉的检验，一般是从（　　　）、（　　　）、（　　　）三个方面来进行。

18. 肉新鲜度的感官检验，主要借助人的嗅觉、视觉、触觉、味觉，通过检验肉的（　　　）、（　　　）、（　　　）、（　　　）、（　　　）、（　　　）等来鉴定肉的卫生质量。

三、选择

1. 新鲜肉是指（　　　）。

A. 肌肉红色均匀　　　　　　　　　　B. 脂肪洁白

C. 指压不能完全恢复　　　　　　　　D. 外表干燥

2. 肉的（　　　）可产生大量低分子氨基酸，引起腐败。

A. 僵直　　　　　　B. 成熟　　　　　　C. 解僵　　　　　　D. 自溶

四、判断

肉的自溶是由于使肉长时间保持高温，肉中组织蛋白酶增多，导致蛋白质分解引起的，与微生物无关。　　　　　　　　　　　　　　　　　　　　　　　　　　　（　　　）

五、简答

如何进行肉新鲜度的感官检验？

【评估方法】

在试验过程中进行，以小组为单位进行肉的感官检验，根据检验方法和检验结果的正确与否进行评估，同时对相关问题进行提问。

优：小组能独立正确进行肉的感官检验，并正确回答相关问题。

良：小组能独立正确进行肉的感官检验，能回答大部分相关问题。

及格：小组能基本完成大部分工作，其他环节有错误。

不及格：小组不能独立完成各项工作。

备注：项目十任务一学习情境占模块二总分的 8%。

任务二　农贸市场品质异常肉的监督与检验

【基本概念】

黄脂肉、黄疸肉

【重点内容】

品质异常肉的鉴定。

【教学目标】

熟练掌握品质异常肉的鉴别方法及处理原则；能够鉴别病健肉、死畜肉、死鸡肉、异常肉、注水肉、公母猪肉、不同牲畜肉、中毒动物肉、黄脂肉与黄疸肉。

 资 料 单

一、气味和滋味异常肉的监督

在动物屠宰后或保藏期间均可出现肉的气味和滋味异常现象。发生的原因包括动物生前

长期饲喂带有浓郁气味的饲料、未去势或晚去势、宰前投服芳香类药物、发生某些病理过程及周围环境气味的影响。

1. 气味和滋味异常肉的鉴定

（1）饲料气味。动物生前长期饲喂带有浓郁气味的饲料，常使肉带有特殊气味。如长期饲喂胡萝卜、甜菜、油渣饼、蚕蛹粕、鱼及泔水等，使肉和脂肪带有饲料气味和鱼腥味等异常气味。

（2）性气味。老公猪、老母猪肉特别明显，公羊的膻味特别大。通常肉的性气味在去势后 2～3 周消失，脂肪组织的性气味大约 2.5 个月后才消失，唾液腺的性气味消失更慢。

（3）药物气味。畜禽在屠宰前内服或注射松节油、樟脑等芳香类药物，使肌肉带有药物气味。长期饲喂被农药污染的块根、牧草等，也能使肉带有农药气味。

（4）病理气味。屠畜宰前患某种疾病时给肉带来的特殊气味。如患气肿疽和恶性水肿的胴体有陈腐油脂气味；患创伤性化脓性心包炎和腹膜炎时肉有腐尸臭味；患蜂窝织炎、瘤胃鼓气时胴体有腥臭味；砷中毒时肉有大蒜味；患尿毒症时肉有尿味；患酮血症时，肉有怪甜味；家禽患卵黄性腹膜炎时，肉有恶臭味。

（5）附加气味。肉置于有特殊气味的环境，如汽油、消毒药、烂水果、蔬菜、鱼虾、漏氨冷库、煤油等，可因吸附作用而具有这些特殊气味。

（6）发酵性酸臭。新鲜胴体冷凉时，由于吊挂过密或堆放，胴体余热不能及时散失，引起自身产酸发酵，使肉质软化，色泽深暗，带酸臭气味。

2. 气味和滋味异常肉的处理

异味肉的处理可依据不同情况分别对待。除有病理因素、毒物中毒引起的气味、滋味异常肉，可将肉放于通风处，经 24 h，切块煮沸后嗅闻，如仍保持原有气味的不得上市销售，胴体做工业用或销毁。如仅个别部分有气味，则将该部分割除，其余部分出售食用。

二、色泽异常肉的监督

色泽异常肉的出现主要由病理因素（如黄疸、白肌病）、腐败变质、冻结、色素代谢障碍等因素造成。肉的色泽因动物种类、性别、年龄、肥度、宰前状态等而有差异。

1. 色泽异常肉的鉴定

在市场贸易中常见的色泽异常肉有黄脂肉、黄疸肉、红膘肉、黑色素沉着肉、白肌肉、白肌病等。

（1）黄脂肉。黄脂肉又称黄膘，是指皮下或腹腔脂肪发黄，质地较硬，稍浑浊，其他组织器官无异常的一种色泽异常肉。黄脂肉仅仅是脂肪有黄色素沉着而呈黄色乃至黄褐色，以背部和腹部皮下脂肪最明显。一般认为，黄脂肉是由于长期饲喂黄玉米、棉籽饼、胡萝卜、南瓜、鱼粉、蚕蛹、鱼肝油下脚料等饲料，或者机体色素代谢机能失调所引起的。黄脂肉放置后颜色会逐渐减轻或消失。

（2）黄疸肉。黄疸肉是指由于病理因素，机体发生大量溶血或胆汁排除受阻，导致大量胆红素进入血液，把全身各组织染成黄色。黄疸肉除脂肪组织发黄外，全身皮肤（白皮猪）、黏膜、浆膜、结膜、巩膜、关节液、腱鞘及内脏器官均染成不同程度的颜色。关节液、组织液、皮肤和肌腱黄染对黄疸和黄脂的鉴别具有重要意义。黄疸肉存放时间越长，其颜色越黄，这也是其区别于黄脂肉的重要特性。

（3）红膘肉。红膘肉是指皮下脂肪由于充血、出血或血红素浸润而呈现红色。引起红膘肉的原因，一是某些传染病如急性猪丹毒、猪肺疫，二是由于背部受到冷热空气刺激而引起，特别在烫猪水温超过 68 ℃时常见到皮下和皮肤发红。因此，规范屠宰加工工艺是减少红膘肉的重要措施。

（4）白肌肉。白肌肉又称 PSE 肉，也称"水煮样肉"。主要特征是肉的颜色苍白，质地柔软，有液体渗出。病变多发生于半腱肌、半膜肌和背最长肌。发生的原因多是猪宰前受到驱赶、冲淋、电击等应激，使肾上腺分泌增多，在缺氧状态下糖酵解过程加速，产生大量乳酸，肉的 pH 值下降，肌浆蛋白凝固收缩，肌肉游离水增多而渗出，从而使肌肉色泽变淡，质地变脆，切面多汁。白肌肉味道不佳，加热烹调时损失很大，口感粗硬，不宜鲜销。

（5）白肌病。白肌病主要发生于幼年动物，特征是心肌和骨骼肌发生变性和坏死，发生病变的骨骼肌呈白色条纹或斑块，严重的整个肌肉呈弥漫性黄色，切面鱼肉样，左、右两侧肌肉常对称性发生。一般认为，白肌病是缺乏维生素 E 和微量元素硒，或维生素 E 利用障碍而引起的一种营养代谢病。病变发生于负重较大的肌肉，主要是后腿的半腱肌、半膜肌和股二头肌，其次是背最长肌。

（6）放血不全肉。全身皮肤呈弥漫性红色，淋巴结淤血，皮下脂肪和体腔内脂肪呈灰红色，肌肉组织色暗，较大血管中有血液滞留。

2．色泽异常肉的卫生处理

（1）黄脂肉胴体放置 24 h 后，若颜色变淡或无色，则可食用，也可上市销售；若颜色消退不快或有异味，则不允许上市，其胴体、内脏可经高温处理后销售。

（2）黄疸肉确诊后一律不得上市，其胴体做工业用或销毁；怀疑是传染病引起黄疸应进一步送检，胴体和内脏按动物防疫法的规定处理。

（3）红膘肉如由传染病引起，应结合传染病处理规定处理；如内脏、淋巴结没有明显病理变化的红膘肉，将胴体及内脏高温处理后出厂（场）。

（4）白肌肉如果感官上变化微小，切除病变部位后，胴体和内脏不受限制出厂；病变严重，切除病变部位后，胴体和内脏可做成制品出售，但不宜做腌腊制品的原料。

（5）白肌病全身肌肉有变化时，胴体做工业用或销毁。

（6）放血不全肉连同内脏做非食用或销毁。皮肤充血发红，皮下脂肪呈淡红色，肾脏颜色较暗，肌肉组织基本正常的高温处理后出场。

三、注水肉的监督

少数屠宰户，为了牟取暴利，千方百计向肉中掺假，注入自来水、血水、矾盐水、胶质液体等，严重影响了肉品的卫生质量，危害人民群众的健康。

1．注水肉的特征

（1）失重较快，宰后畜禽胴体的表皮在通风环境下不易形成干膜。

（2）掺水的畜禽肉颜色比正常的淡，有一种水样光泽，切面呈淡红色或玫瑰色；用手指按压时，有水滴流出，指压后凹陷恢复较慢。

（3）经注水后畜体内一些内脏器官呈水肿样；肝体积增大，被膜紧张，肝叶边缘钝圆，切面隆突、有水分渗出。

（4）肺肿胀，肺叶胀满，手提肺沉重，用手压之，气管中有泡沫状的液体流出，切开肺叶即可流出多量液体。

（5）肾水肿，剖之可见肾盂部积液。

（6）胃肠浆膜外观明显湿润肿胀。

2．注水肉的检验方法

注水肉的检验方法有感官检验法、实验室常压水分干燥法等。市场检验以感官检验为主，其中较常用到的方法有外观特征检查法、加压检验法、刀切检验法、贴纸检验法、肉水分速测仪法等。

3．注水肉的处理

（1）凡注水肉，不论注入的水质如何，不论掺入何种物质，均予以没收，做化制处理。

（2）对经营者予以经济处罚，直至追究刑事责任。

四、公、母猪肉的监督

公、母猪肉的皮厚、肉质粗硬，很难煮烂，且味道差，食用价值低。为了维护消费者的利益，出售公、母猪肉，必须实行挂牌销售并适当降低价格。

1. 公猪肉的特征

（1）公猪肉常发出腥臭的气味。

（2）皮肤与皮下脂肪界限不清，皮下脂肪较薄，脂肪颗粒粗大，下腹部皮下脂肪可见到明显的网络状毛细血管。

（3）毛孔粗而稀，皮肤呈溥白色或发黑。

（4）臀部、肩部、颈部肌肉发达，呈暗红色，无光泽。

（5）在后臀中线两侧，有时可见阉割的睾丸皮。

2. 母猪肉的特征

（1）皮肤组织结构松弛，发粗发白，较厚硬，颈部和下腹部皮肤皱缩。

（2）皮肤与皮下脂肪结合不紧密，两者之间有一层薄脂肪呈粉红色，即所谓"红线"，皮下脂肪薄，脂肪外膜黄白色，肌肉呈砖红色。

（3）乳头大，长而油滑，呈圆锥形，切开可见灰白色乳腺深入脂肪层，乳房周围毛孔粗大而稀少。

（4）肋骨一般扁而宽，骨膜呈淡黄色，老的母猪肋骨隆起显著。

3. 公、母猪肉的卫生处理

（1）第一胎母猪去势后育肥4个月屠宰，胴体允许上市销售。

（2）老母猪肉需修割掉乳腺、生殖器官等，允许上市销售或做肉食品加工原料用。

（3）老公猪肉、特老母猪肉修割唾液腺，剔除筋腱及生殖器，割除乳腺后，胴体绞碎做灌肠等原料，鲜肉销售时应予以注明。

五、病死畜禽肉的监督

病死畜禽肉的确诊，除采用现场感官检验外，必须结合实验室快速检验（涂片镜检和理化检验）。市场病死畜禽肉的检验常从问询和现场观察开始，结合肉品感官检验就能查出疑点。病死畜禽肉的鉴别主要着眼于肉体的放血程度、宰杀刀口状态、血管残血及血液坠积情况和畜禽的病理变化等方面。

1. 病畜肉的特征

通常是急宰的牲畜。

（1）肉体明显放血不全；肌肉色泽深或呈暗红色，可见个别的暗红色血液浸润区。

（2）脂肪组织、结缔组织、胸、腹膜下的血管显露，内有余血，指压有暗红色血滴溢出；脂肪组织染成淡玫瑰红色。

（3）宰杀刀口一般不外翻，刀口周围组织稍有血液浸染现象，骨髓红染；淋巴结肿大，有暗红色或其他相应的病理变化。

2. 死畜肉的特征

（1）肉体极度放血不全。

（2）死畜肉的宰杀刀口不外翻，切面平整光滑，刀口周围无血液浸染现象。

（3）肉呈黑红色，带蓝紫色彩，切面有黑红色血液浸润，并流出血滴；血管中充满血液，指压无波动感。

（4）肉体一侧皮下组织、肌肉和浆膜，呈现明显坠积性淤血，血液浸润组织呈大片紫红色，侧卧部位皮肤上有淤血斑。

（5）腹膜下血管怒张，表面呈紫红色。

（6）脂肪呈现红色；骨髓呈暗红色；淋巴结肿大，切面呈紫红色或有其他病理变化。

3. 病死禽肉的特征

（1）肉体放血不全，皮肤呈暗红色或淡蓝紫色，冠髯表现最为突出。

（2）颈部、翅下、胸部和跖部皮下血管充血。

（3）肌肉切面色暗、湿润多汁，有时有血滴流出。

（4）死禽肉皮肤表面可见到紫色斑点；宰杀刀口无血液浸染现象，或无刀口。

4．病死畜禽肉的卫生处理

凡病死畜禽，不论是何原因，一律不准上市销售。

若检出是恶性传染病（炭疽、狂犬病）时，应在卫生检验人员的监督下就地销毁。对场地、车辆、工具、衣物进行消毒，并报告上级主管部门。凡与恶性传染病畜接触的人员，必须接受卫生防护。

固定摊点销售病死畜禽肉尸，除按规定处理胴体外，有关部门依据具体情况处以罚款，没收非法所得，吊销营业执照，直至追究刑事责任。

六、中毒动物肉的监督

动物因农药、化学药品、工业毒物污染、毒蛇毒虫咬伤等原因中毒死亡的，其临床表现和死后病理变化多种多样，在农贸集市销售此类肉多不带头蹄、内脏，胴体上的病理变化常不完整，所以市场上对可疑中毒动物肉的诊断，必须在掌握宰后病理变化的基础上进行必要的毒物快速定性检验。

1．中毒动物肉的特征

（1）与毒物接触组织、器官的变化。一般与毒物接触的口腔、食道、胃肠黏膜会引起不同程度的充血、出血、变性、坏死、黏膜脱落、溃疡等变化。

（2）毒物吸收后实质器官的变化。毒物吸收后，会引起心、肝、肾、脑等组织器官的充血、出血、水肿、变性、坏死等变化。

（3）中毒动物放血不良。胴体肌肉呈暗红色，淋巴结肿大、出血、切面呈紫（暗）红色。宰杀口状态、血液坠积等现象基本与病死动物肉相同。

（4）中毒动物的特征性病理变化。某些毒物对某些组织器官有特殊的选择性，会引起这些组织器官特征性病理变化。具体内容见技能单。

2．常见毒物的市场检验方法

毒物检验方法主要有纸上呈色反应法、薄层层析法、色谱法等。实践中市场上多采用快速、简便的定性检验法——纸上呈色反应法。

3．中毒动物肉的卫生处理

（1）确认中毒致死或死因不明的中毒动物肉，禁止上市销售，其肉尸、内脏应全部销毁。

（2）某些饲料中毒，如食盐中毒、酒精中毒、尿素中毒、棉籽饼中毒、霉玉米中毒、甘薯黑斑病中毒等，肉尸经高温处理后利用，内脏、头蹄化制或销毁。

（3）被蛇、毒虫咬伤而急宰的肉尸，被咬伤局部和病变组织修割后肉尸高温处理后利用，内脏、头蹄全部销毁。

七、肉种类的鉴别

1．外部形态学特征

各种动物肉及脂肪的形态学特征受品种、年龄、性别、阉割、肥育度、使役、饲料、放血程度及屠畜应激反应等因素的影响，不可能始终如一。因此，只能作为肉种类鉴别时的参考。不同动物肉的外部形态学特征见技能单。

2．脂肪熔点特征

每种动物脂肪所含饱和脂肪酸和不饱和脂肪酸的种类与数量不同，其熔点也不相同，故脂肪溶点可作为鉴别肉种类的依据。各种动物脂肪熔点与凝固点温度见表2-7。

表 2-7　各种动物脂肪熔点与凝固点温度　　　　　　℃

脂肪名称	熔点温度	凝固点温度	脂肪名称	熔点温度	凝固点温度
猪脂肪	34～44	22～31	羊脂肪	44～55	32～41
马脂肪	15～39	15～30	犬脂肪	30～40	20～25
牛脂肪	45～52	27～38	鸡脂肪	30～40	—
水牛脂肪	52～57	40～49	兔脂肪	35～45	—

3．肉种类的市场检验方法

进行市场肉种类鉴别时，主要依据肉的外部形态、骨的解剖学特征、肉的脂肪熔点特性及免疫学反应等。冷鲜肉的检验主要用外部形态、骨的解剖学特征观察及肉的脂肪熔点测定方法；肉制品中因含有辅料，多用免疫学法、凝胶电泳法、色谱法、核酸探针法。用于市场肉种类鉴别的免疫学方法，首推沉淀反应和琼脂扩散反应。琼脂扩散反应在形成沉淀线之后不再扩散，并可保存作为永久性记录，有法律证据价值。

一、材料与设备

品质异常肉、病健肉、注水肉、公母猪肉、牛肉、羊肉、猪肉、狗肉、马肉、驴肉、食品检验速测箱、记录本。

二、方法与步骤

在光线充足、无异味的环境中，按步骤对样品逐项进行感官检验。

1．病健肉的感官鉴别（见表 2-8）

表 2-8　病健肉的感官鉴别

项目	健	病
放血刀口	刀口粗糙、外翻，刀口周围血渗广泛	刀口平整、无血、平滑
味	有正常肉香味，无异味	有血腥味，见于高热或成年母畜败血症
脂肪	白 / 乳白	红 / 粉红 / 黄 / 绿
肉切面	有弹性，棕红色，无任何液体流出	无弹性、暗红色、黏液多
淋巴结	淡灰、淡白、淡粉	肿 / 萎缩 / 坏死、灰紫
肋间血管残血	放血良好，血管内不残留血液或很少血液	有黑色血液，无空隙、无气泡，血管内膜被血浸软
pH 值	6.1～6.2	6.4～6.6

2．死畜肉鉴别（见表 2-9）

表 2-9　死畜肉鉴别

项目	鉴别特点
放血程度	放血不良，肉色暗红或紫红

续表

项目	鉴别特点
杀口	切口不外翻，血飞溅面积小
卧侧沉积性充血	充血面积大，对称出现
疫病病理变化	有疫病典型病理变化
淋巴结	有水肿、出血、化脓、淤血病变
横死痕迹	无骨折、碰撞、电击等横死痕迹

3．死鸡肉鉴别（见表2-10）

表2-10　死鸡肉鉴别

项目	鉴别特点
鸡冠、肉髯	色紫黑色
眼球、眼角	眼球下陷、眼角有分泌物
体表肉色	肉色铁青、暗而无光
肉体	瘦、毛孔突出、拔毛不净
沉积性充血	一侧沉积性充血明显
肛门	松弛，周围污秽不洁
嗉囊	空虚而且柔软，有恶臭液体

4．异常肉的感官鉴别（见表2-11）

表2-11　异常肉的感官鉴别

类型	检验方法	鉴别特点	处理
红膘肉	视觉辨别	烫猪时水温太高，皮肤、皮下发红	可以食用
黄膘肉		除脂肪发黄，皮肤、内脏上有瘤性病灶等病变	不能食用
黄脂肉		皮下、腹腔脂肪发黄，越放色越浅	24 h后可以食用
黄疸肉		全身皮肤、黏膜、浆膜、内脏、脂肪都染为黄色，越放色越黄	一律不得上市
白肌肉		肌肉苍白，柔软多液	轻者上市，但不宜腌制
消瘦肉		消瘦、有病灶	不能食用
羸瘦肉		消瘦、无病灶	可以食用
饲料气味	嗅觉辨别，必要时切一小块煮沸或烧着后嗅闻	泔水味	在通风处放24 h，仍有味者不得上市，销毁或工业用
性气味		臊膻味	
病理性气味		尿味、腐尸臭味	
特殊气味		汽油、甲酚皂溶液等气味	

5．注水肉的感官鉴别（见表 2-12）

表 2-12　注水肉的感官鉴别

项目	鉴别特点
肌肉色泽	肌肉色泽浅淡，外观湿润，具有渗水光泽
肌纤维	肿胀
切面	切面可见血水渗出
指压	指压后凹陷恢复较慢
肉味	肉味淡或带有血腥味
煮后肉汤	煮后肉汤浑浊，脂肪滴不匀，缺少香味，有的上浮血沫，有血腥味

6．老母猪肉、老公猪肉的感官鉴别（见表 2-13）

表 2-13　老母猪肉、老公猪肉的感官鉴别

项目	老母猪肉	老公猪肉
皮肤	皮厚有黑色素及皱襞，毛孔粗大	背部、肩胛部皮肤角质化层厚，有黑色素及皱襞，毛孔粗大
肌肉	肌肉呈深红色，肉质粗硬，纤维粗糙，不易煮烂	比老母猪肉更红，肉质坚硬，肌纤维粗糙，断面颗粒大，毛糙不整
脂肪	淡白色、质较硬，肌间脂肪少，断面看不到大理石样花纹	色淡，皮下脂肪少，肌间脂肪几乎没有，面粗糙
气味	有难闻臊气味	臊气味特浓，肉块及唾液腺煮汤后味更浓烈，消退很慢

7．牛、马、绵羊、山羊、猪、狗、兔、禽肉的感官鉴别（见表 2-14）

表 2-14　牛、马、绵羊、山羊、猪、狗、兔、禽肉的感官鉴别

类别	肌肉			脂肪		气味
	色泽	嫩度	肌纤维性状	色泽和硬度	肌间脂肪	
牛肉	淡红色、红色或深红色（老龄牛）；切面有光泽	质地坚实，有韧性，嫩度较差	肌纤维较细，眼观断面有颗粒感	黄色或白色；硬而脆，揉搓时易碎	肌间脂肪明显可见，切面呈大理石样花纹	具有牛肉固有的气味
马肉	深红色、棕红色，老马更深	质地坚实，韧性较差	肌纤维比牛肉粗，切面颗粒明显	浅黄色或黄色，软而黏稠	成年马少，营养好的马肌间脂肪多	具有马肉固有的气味
绵羊肉	淡红色、红色或暗红色，肌肉丰满，肉粘手	质地坚实	肌纤维较细短	白色或微黄色，质硬而脆，油发黏	少	具有绵羊肉固有的膻气味
山羊肉	红色、棕红色，肌肉嫩，肉不粘手	质地坚实	比绵羊肉粗长	除油不粘手外，其余同绵羊肉	少或无	膻味浓
猪肉	鲜红色或淡红色，切面有光泽	肉质嫩软，嫩度高	肌纤维细软	纯白色，质硬而黏稠	富有脂肪，瘦肉型断面呈大理石样	具有肉腥味

续表

类别	肌肉			脂肪		气味
	色泽	嫩度	肌纤维性状	色泽和硬度	肌间脂肪	
狗肉	深红色或砖红色	质地坚实	比猪肉粗	灰红色，质柔软而黏腻	少	具有不愉快的气味
兔肉	淡红色或暗红色（老龄兔或放血不全）	质地松软	黄白色，质软	沉积极少	沉积极少	具有兔肉固有的土腥味
禽肉	呈淡黄色、淡红色、灰红色或暗红色，急宰肉多呈淡青色	质地较细嫩	纤维细软，水禽的肌纤维比鸡的粗	黄色，质地软	肌间无脂肪沉积	具有禽肉固有的气味

8. 黄脂肉和黄疸肉的鉴别（见表2-15）

表2-15　黄脂肉和黄疸肉的鉴别

项目	黄脂肉	黄疸肉
着色部位	皮下、腹腔脂肪	全身皮肤、脂肪、可视黏膜、巩膜、关节液、肌腱、实质器官等
发生原因	与饲料及猪的品种有关	溶血或胆汁受阻
放置后变化	放置时间稍长，颜色变淡或消退	放置时间越长，颜色越黄
氢氧化钠鉴别法	上层乙醚液为黄色，下层液为无色	上层乙醚液为无色，下层液为黄色或黄绿色
硫酸鉴别法	滤液呈阴性反应	滤液呈绿色，加入硫酸，适当加热变成淡蓝色

9. 中毒动物肉的特征性病理变化（见表2-16）

表2-16　中毒动物肉的特征性病理变化

毒物名称	主要病理变化
氰化物	血液、肌肉呈鲜红色
亚硝酸盐	血液呈黑褐色，如酱油状凝固不良
有机磷	肝肿大、脂变，肾肿大、质脆，心、肌肉、胃肠黏膜出血，肺水肿
有机氯	肝、肾、脾肿大，体表淋巴结肿大，肺气肿充血，肠呈蓝紫色
食盐	胃肠出血性炎症，脑、延髓水肿、充血
灭鼠药	肝、肺肿大、淤血，胃肠壁出血
霉玉米	内脏器官广泛充血，脑膜、脑实质出血、软化
砷	肝、肾、脾呈不同程度变性、坏死，胃肠壁严重穿孔
汞	肾肿大、苍白，肺充血、出血，肝贫血，胃肠道黏膜脱落
毒蛇咬伤	咬伤处局部肿胀，伤口附近肌肉呈煮肉样

三、实训报告

根据异常肉的感官检验方法及鉴别要点，针对被检样品写出检验分析报告。

作业单

查阅相关资料，回答下列问题。

一、判断

1．凡注水肉，不论注入的水质如何，不论掺入何种物质，均予以没收，化制处理。
（　　）
2．凡病死畜禽，不论是何原因，一律不准上市销售。（　　）
3．白肌肉的特征表现为肌肉苍白，质地柔软，有液体渗出。（　　）
4．消瘦肉是由于饲喂不足引起的，无任何病理变化。（　　）
5．判断肉尸放血不良最好等到屠宰后的次日。（　　）

二、简答

1．怎样判断死畜肉？
2．如何进行放血程度的检验？
3．如何检验注水肉？
4．如何鉴别黄脂肉与黄疸肉？

评估单

【评估内容】

一、名词解释

1．红膘　2．黄脂肉　3．黄疸肉

二、填空

1．冷鲜肉的检验主要用（　　）、（　　）、（　　）方法。
2．肉中常见的异常气味有（　　）、（　　）、（　　）、（　　）、（　　）。
3．色泽异常肉主要是（　　）、（　　）、（　　）、（　　）等因素造成的。
4．在市场贸易中常见的色泽异常肉有（　　）、（　　）、（　　）、（　　）、（　　）、（　　）等。
5．白肌肉病变多发生于（　　）、（　　）和（　　）。
6．白肌病是缺乏（　　）和（　　），或（　　）利用障碍而引起的一种营养代谢病。
7．白肌病病变发生于负重较大的肌肉，主要是后腿的（　　）、（　　）和（　　），其次是（　　）。
8．注水肉的检验方法有（　　）、（　　）等。市场检验以感官检验为主，其中较常用的方法有（　　）、（　　）、（　　）、（　　）等。
9．病死畜禽肉的鉴别主要着眼于（　　）、（　　）、（　　）、（　　）等方面的检疫。
10．常见毒物的市场检验方法主要有（　　）、（　　）、（　　）等。实践中市场上多采用快速、简便的（　　）。
11．肉种类的市场检验主要依据肉的（　　）、（　　）、（　　）及（　　）等。

三、判断

1．患气肿疽和恶性水肿的胴体有陈腐油脂气味。（　　）
2．患蜂窝织炎、瘤胃鼓气时胴体有腥臭味。（　　）
3．砷中毒时肉有腥臭味。（　　）

4．患酮血症时，肉有怪甜味。　　　　　　　　　　　　　　　　　（　　）

5．黄疸肉是指皮下或腹腔脂肪发黄，质地较硬，稍呈浑浊，而其他组织器官无异常的一种色泽异常肉。　　　　　　　　　　　　　　　　　　　　　　　　　　（　　）

6．黄脂肉放置后颜色会逐渐减轻或消失。　　　　　　　　　　　　（　　）

7．黄疸肉存放时间越长，其颜色越黄。　　　　　　　　　　　　　（　　）

8．白肌病又称 PSE 肉，也称"水煮样肉"。主要特征是肉的颜色苍白，质地柔软，有液体渗出。　　　　　　　　　　　　　　　　　　　　　　　　　　　　（　　）

9．白肌肉主要发生于幼年动物，特征是心肌和骨骼肌发生变性和坏死，发生病变的骨骼肌呈白色条纹或斑块，严重的整个肌肉呈弥漫性黄色，切面鱼肉样，左、右两侧肌肉常对称性发生。　　　　　　　　　　　　　　　　　　　　　　　　　　　　　　（　　）

10．黄疸肉确诊后一律不得上市，胴体做工业用或销毁。　　　　　（　　）

11．母猪肉的皮肤与皮下脂肪界限不清，皮下脂肪较薄，脂肪颗粒粗大，切开下腹部皮下脂肪，可见到明显的网络状毛细血管。　　　　　　　　　　　　　　　（　　）

12．公猪肉的皮肤与皮下脂肪结合不紧密，两者之间有一层薄脂肪呈粉红色，即所谓的"红线"，皮下脂肪薄，脂肪外膜呈黄白色。　　　　　　　　　　　（　　）

13．病畜肉的宰杀刀口，一般不外翻，刀口周围组织稍有血液浸染的现象，骨髓红染；淋巴结通常肿大，且有暗红色或其他相应的病理变化。　　　　　　　　　（　　）

14．死畜肉的宰杀刀口不外翻，切面平整光滑，刀口周围无血液浸染现象。（　　）

15．亚硝酸盐中毒时，血液、肌肉呈鲜红色。　　　　　　　　　　　（　　）

16．氰化物中毒时，血液呈黑褐色，如酱油状凝固不良。　　　　　　（　　）

17．健畜肉的淋巴结呈淡灰色、淡白色、淡粉色。　　　　　　　　　（　　）

18．病畜肉放血刀口粗糙，刀口外翻，刀口周围血渗广泛。　　　　　（　　）

19．黄疸肉除脂肪发黄外，皮肤、内脏上有瘤性病灶等病变。　　　　（　　）

20．消瘦肉的特点是消瘦、无病灶，可以食用。　　　　　　　　　　（　　）

【评估方法】

以小组为单位，采用小组随机抽查提问方式，对团队整体水平进行比对考核。

优：能正确回答每个问题。

良：能正确回答大部分问题，有提示即可完成。

及格：能基本回答每个问题，但有个别错误。

不及格：回答不正确或者不能回答。

备注：项目十任务二学习情境占模块二总分的 18%。

任务三　农贸市场肉制品的监督与检验

【基本概念】

肉的冷却、肉的冻结

【重点内容】

肉制品的市场检验。

【教学目标】

熟悉肉制品的质量标准，了解市场肉制品出售的卫生要求，掌握肉制品的感官检验方法及卫生评价指标。

能够正确进行肉制品的市场检验。

一、冷冻分割肉的监督

1．肉的冷却

冷却是指对屠宰后的胴体或分割肉及其制品迅速进行降温处理，使胴体以后腿内部为测量点的温度在 24 h 内降为 0 ℃～4 ℃的过程。降温处理后的肉称为冷却肉。冷却肉可在短期内有效地保持新鲜度、香味、外观和营养价值。由于冷却时环境与肉表面温差较大，肉表面水分蒸发后形成干膜，既阻止了外表微生物的生长与侵入，又减少了肉内水分的消耗。

2．冷却肉的保存期

冷却肉不能及时销售时，应移入冷藏间进行冷藏。根据国际制冷学会推荐，冷却肉的保藏温度和储存期限见表 2-17。

表 2-17　冷却肉的保藏温度和储存期限

品种	温度 /℃	相对湿度 /%	预计储存期 /d
牛肉	−15 ～ 0	90	28 ～ 35
羊肉	−11 ～ 0	85 ～ 90	7 ～ 14
猪肉	−3 ～ −1	85 ～ 90	7 ～ 14
腊肉	−3 ～ −1	80 ～ 90	30
腌猪肉	−1 ～ 0	80 ～ 90	120 ～ 180
去内脏鸡	0	85 ～ 90	7 ～ 11

3．肉的冻结

肉中所含水分部分或全部变成冰，肉深层温度降至 −15 ℃以下的过程，称为冻结，冻结后的肉称为冷冻肉。冻结后的肉，虽然色泽、香味不如鲜肉或冷却肉，但因冷冻肉减少了肉中的游离水，并有效抑制了微生物的生长繁殖而能长期贮藏，也能做较远距离的运输，因而仍被世界各国广泛采用。冻结好的冻肉应及时转移至冻藏间冻藏。冻藏间的温度应保持在 −18 ℃，相对湿度为 95% ～ 100%，空气流动速度应以自然循环为宜。

4．冷冻肉的保存期

冷冻肉的保存期取决于保藏温度、入库前的质量、种类、肥度等因素，其中主要取决于温度。在同一条件下，各类肉保存期的长短，依次为牛肉、羊肉、猪肉、禽肉。

国际制冷学会规定的冻结肉类的保藏期见表 2-18。

表 2-18　冻结肉类的保藏期

品种	保藏温度 /℃	保藏期 / 月	品种	保藏温度 /℃	保藏期 / 月
牛肉	−12	5 ～ 8	猪肉	−23	8 ～ 10
牛肉	−15	8 ～ 12	猪肉	−29	12 ～ 14
牛肉	−24	18	猪肉片	−18	6 ～ 8
包装肉片	−18	12	碎猪肉	−18	3 ～ 4

续表

品种	保藏温度/℃	保藏期/月	品种	保藏温度/℃	保藏期/月
小牛肉	−18	8～10	猪大腿肉（生）	−23～−18	4～6
羊肉	−12	3～6	内脏（包装）	−18	3～4
	−18～−12	6～10	猪腹肉（生）	−23～−18	4～6
	−23～18	8～10	猪油	−18	4～12
羊肉片	−18	12	兔肉	−23～−20	＜6
猪肉	−12	2	禽肉（去内脏）	−12	3
	−18	5～6		−18	3～8

5．冻结肉冷藏中的变化

（1）干缩。干缩是肉冻藏中的主要变化，肉类在冻结过程中会因水分蒸发或升华而使肉的质量减轻。

（2）变色。变色冻肉在保藏过程中由于血红素的氧化及表面水分的蒸发而使色素物质浓度增加，颜色逐渐变暗。冻结冷藏的温度越低，颜色的变化越小。在−50℃～−80℃变色几乎不再发生。

（3）脂肪的变化。在低温下，脂肪氧化过程依然存在，只是氧化程度随温度的降低而减弱。猪肥膘在−8℃下贮藏6个月以后，脂肪变黄而有油腻气味；经过12个月，这些变化扩散到深25～40 mm处；但在−18℃下贮藏12个月后，肥膘中未发现任何不良现象。在各种肉类中，以畜肉脂肪最稳定，禽肉脂肪次之，鱼肉脂肪最差。

（4）微生物繁殖。很低的冷藏温度下，微生物不易生长和繁殖。但是如果冻结肉在冷藏前已被细菌或霉菌污染，或者在冷藏条件不好的情况下冷藏时，冻结肉的表面也会出现细菌和霉菌的菌落，特别是溶化的地方易发现。

6．冷冻分割肉及其制品的检验方法

冷冻分割肉及其制品的检验主要采用感官检验法进行。

7．变质冷冻分割肉及其制品的卫生处理

（1）发黏。多发生于冷却肉，由于吊挂冷却过挤，通风不良，导致细菌在接触处生长繁殖，并在肉表面形成黏液样物质，产生一种陈腐气味。发黏肉若处于早期阶段，尚无腐败现象时，经洗净风吹后发黏消失，可以食用，或修割表面发黏部分后食用，但若有腐败现象则不能食用。

（2）异味。异味是指腐败以外的污染气味，如鱼腥味、氨味、汽油味等。若异味较轻，则修割后做煮沸试验，无异常气味者，可做熟肉制品原料。

（3）脂肪氧化。脂肪变为淡黄色、有酸败味者称为脂肪氧化。若氧化仅限于表层，则可将表层修割供炼制工业用油，深层经煮沸试验无酸败味者，可供加工食用。

（4）盐卤浸渍。冻肉在运输过程中被盐卤浸渍，肉色发暗，尝之有苦味，可将浸渍部分割去，其余部分高温处理后食用。

（5）发霉。霉菌在肉表面生长，形成白点或黑点，有时也可形成不同色泽的霉斑。白点多在表面，抹去后不留痕迹，可供食用。黑点有时侵入深部，一般不易抹去，如黑点不多，可修去黑点部分供食用。若在发霉的同时具有明显的霉败味或腐败现象，则不能食用。

（6）深层腐败。常见于股骨附近的肌肉，大多数是由厌气芽孢菌引起的，这种腐败由于发生在深部，检验时不易发现，必要时可采用扦插法检查。对于深层腐败肉，将变质部分彻底修割后，经高温处理再利用。

（7）干枯。外观肌肉色泽深暗，肉表层形成脱水的海绵状。主要是由于冻肉存放过久，反复融冻，使肉中水分丧失过多而造成的。轻度干枯者，应割去表层干枯部分后食用；干枯严重者味同嚼蜡，形如木渣，营养价值低，不能供食用。

（8）发光。在冷库中常见肉上有磷光，这是由一些发光杆菌引起的。肉有发光现象时，一般没有腐败菌生长，发光的肉经卫生消除后可供食用。

（9）变色。生化作用和细菌作用常可引起肉的变色，某些细菌生长后分泌水溶性或脂溶性色素，使肉呈黄、红、紫、绿、蓝、褐、黑等各种颜色，变色的肉若无腐败现象，则可在进行卫生清除和修割后加工食用。

（10）氨水浸湿。解冻后肉的组织如有松弛或酥软等变化，则应废弃。如程度较轻，则经流水浸泡，用纳氏法测定，反应较轻的可供加工复制。

二、熟肉制品的监督

熟肉制品是指以鲜（冻）畜、禽产品为主要原料加工制成的产品，包括酱卤肉制品类、熏肉类、烧肉类、烤肉类、油炸肉类、西式火腿类、肉灌肠类、发酵肉制品类、熟肉干制品和其他熟肉制品。熟肉制品既是一种加工方法，又是一种用加热处理来防止肉品腐败变质以延长保存期的手段。熟肉制品具有可直接进食的特点，因此对其加工的卫生监督和卫生管理要求更为严格，否则可引起食物中毒。

1. 熟肉制品的卫生要求

（1）原料的卫生要求。加工熟肉制品的原料肉必须来自健康的畜禽，并经兽医卫生检验合格。加工熟肉制品的作料，凡有霉变或质量达不到卫生要求的辅料，都不能用来生产熟肉制品，必须符合我国《食品安全国家标准　食品添加剂使用标准》（GB 2760—2014）。熟肉制品加工厂或肉联厂中的熟制品加工车间的生产用水，必须符合我国生活饮用水卫生标准。

（2）加工过程的卫生要求。熟肉制品加工车间应是以不渗水的材料建成的地面和墙壁，且有良好的防鼠、防蝇、防虫措施。所有生产用具要求清洁卫生。原料整理与熟制过程的设备和用具必须严格分开，并有专用冷藏间。原料肉整理间应有水温保持在 82 ℃以上的热水消毒池，一切生产用具均应用不生锈的合金制成，生产过程中原料肉和作料要用清洁的容器盛放，不得堆放在地板上。在整理原料肉时如发现不适合加工的肉，则应及时报告卫检人员，以便按规定处理。在熟制过程中应严格遵守操作规程，按产品规格要求，必须做到烧熟煮透。

（3）工作人员的卫生要求。所有加工熟肉制品的操作人员，按卫生制度保持个人卫生，定期进行健康检查，凡肠道传染病患者及带菌者都不得参加熟肉制品的生产与销售工作。

（4）产品保存、发送和接收时的卫生要求。熟肉制品在发送或提取、运输过程中要防止污染，要采用带有制冷设备的专用车辆，要求有专人对车辆、容器及包装用具等进行检查。销售单位在接收时应严格检验，对不符合卫生质量的熟肉制品应拒绝接收。销售时注意用具及销售人员的卫生，减少熟肉制品的污染。除肉干等脱水熟肉制品外，要以销定产，随产随销，做到当天生产当天销售，夏季存放不超过 12 h，若生产量大必须贮藏，则应在 0 ℃左右存放，销售前尽量进行卫生指标检验。除真空包装的产品和熏制品外，其他熟制品隔夜回锅加热。

2. 熟肉制品的市场检验

熟肉制品的市场检验，以感官检验为主，主要检查肉制品外表和切面的色泽、组织状态、气味、有无黏液、霉斑等，夏秋季节，还应注意有无苍蝇停留的痕迹及蝇蛆，并定期或必要时取样送实验室进行细菌学检验和理化检验。

3. 熟肉制品的卫生处理

（1）熟肉制品中细菌菌落总数、大肠菌群数不得超标，不得有致病菌。

（2）对于细菌菌落总数、大肠菌群数超标，而无感官变化和感官变化轻微的熟肉制品，应回锅加热后及时销售。

（3）对亚硝酸盐含量超标的灌肠和水分含量超标的肉松，不得上市销售。

（4）肉和肉制品中，包装破坏、外观受损者不得销售。凡有变质征象或检出致病菌的，一律销毁。

三、腌腊肉制品的监督

腌腊肉制品是以鲜（冻）畜、禽肉或其可食副产品为原料，添加或不添加辅料，经腌制、烘干（或晒干、风干）等工艺加工而成的非即食肉制品，包括火腿、腊肉、咸肉、香（腊）肠。这既是肉类的保藏手段，也是改善肉制品风味的加工方法。在腌腊肉制品中加入一定量的盐虽对微生物有抑制作用，但有些耐盐菌和嗜盐菌在高浓度甚至饱和盐水中也能繁殖，因此必须加强对腌腊肉制品加工和保存中的卫生监督和卫生管理。

1. 腌腊肉制品的卫生要求

（1）原料符合卫生要求。原料肉必须来自健康的畜禽，在加工过程中修割伤痕和淤血部分，并经卫生检验人员检验合格。原料肉必须充分风凉，以免在产生盐渍作用前就发生自溶或变质。患有传染病及放血不良的畜禽肉，不能加工腌腊肉品。腌制前腌腊肉品所用的各种辅料，如食盐、香料、酱油等，必须符合卫生质量标准。

（2）保持腌制室和制品保藏室的适宜温度与清洁卫生。腌制室要求清洁、干燥、通风，并要有防蝇、防鼠、防虫等设施。室内温度应保持在 0 ℃～5 ℃之间，所有用于腌制的设备和工具等都必须保持清洁卫生，消毒后才能再次使用。成品验收质量检验人员要对成品进行品质规格和卫生质量的检验，合格者加盖检印。各种腌腊肉制品有不同的规格要求和分级。

（3）注意个人卫生。所有加工腌制品的人员应定期检查身体，有传染病、肠道类疾病和化脓性外科疾病者，不准参加腌腊肉制品的加工。

2. 腌腊肉制品的市场检验

腌腊肉制品的市场检验，一般以感官检验为主，根据外观、组织状态、气味、煮沸后肉汤等方面判定其新鲜度。必要时取样送实验室进行理化检验。

3. 腌腊肉制品的卫生处理

（1）腌腊肉制品感官指标应符合一级和二级鲜度的要求，变质的不准出售，应予销毁。

（2）凡亚硝酸盐含量超过国家卫生标准的，不得销售食用，做工业用或销毁。

（3）腌腊肉制品的各项理化指标均应符合国家标准，若有超标者，则可限期内部处理，但不得上市销售，如感官变化明显，则不得食用，应予销毁。

（4）凡表层有发光、变色、发霉等现象，但无腐败变质的，可进行修割后供作食用。

（5）若发现有蝇蛆、鼠粪、严重虫蚀成蜂窝状者，则应做工业用。

四、肉类罐头的监督

罐藏是指各种符合标准要求的原料经预处理、分选、加热、装罐、密封、杀菌、冷却而制成具有一定真空度的食品。

1. 肉类罐头的卫生要求

肉类罐头的基本加工程序：原料验收→原料预处理（冻肉解冻）→装罐（加调味料）→排气→密封→杀菌→冷却→保温→检验→包装→入库。

（1）原料肉必须来自健康畜禽，凡病畜禽肉、急宰畜禽肉、放血不良畜禽肉等都不能用于生产，经检验合格后的原料肉才能用于生产罐头。原料肉加工前必须用流水彻底清洗干净，预煮漂烫处理后，须迅速冷却，并快速投入下一道工序，防止堆积造成微生物的生长繁殖。冷冻肉用于生产罐头时，最好采用缓慢解冻法解冻。生产肉类罐头的所有辅料，都必须符合国家卫生标准。生产用水必须符合我国生活饮用水卫生标准的要求。

（2）罐头容器要求有良好的机械强度、抗腐蚀性和密封性，同时安全无害。凡有砂眼、密封不严、折损或锈蚀等缺陷的铁罐盒，均不能用于生产；铁罐中的铅含量不得超过 0.04%；罐盒内壁涂料膜必须完整。玻璃罐的化学性质稳定，能较好保持产品的原有风味，便于观察内容物，但机械性差，不便长期保持密封性。软罐头复合膜由 3 层或 4 层薄膜复合而成，检查时要注意复合膜有无缺陷和破损。

（3）装罐前金属罐和玻璃罐可采用热水消毒或蒸汽消毒。软罐头复合膜须经紫外线杀菌处理。

（4）装罐时，要严格控制干物质的质量和顶隙，并将混入的杂物和不合格的肉块剔除。在装罐过程中一定要避免原料受到微生物的污染。

（5）罐头经过杀菌后，用真空封罐机进行密封，密封后必须进行密封度的臭氧检验，正常罐头真空度一般为 3.3 ～ 4.0 kPa。

（6）肉类罐头采用高温杀菌法，目的在于杀灭罐内存在的致病菌和腐败菌。在罐内形成一定的真空度或酸碱性可抑制残留的细菌和芽孢的繁殖，从而使罐头制品在保质期内不变质。

（7）罐头在杀菌、冷却后要进行外观检查，剔除密封不严和变形严重的罐头。主要根据直接标志（裂口、裂隙）和间接标志（流痕、减重等）来判断罐头的密封性。罐头在外观检查剔选后，需进行保温试验，以排除由于微生物生长繁殖而造成罐头的"胖听"现象。"胖听"是指罐头的体积增大，致使容器外形发生膨胀的一种现象，一般由微生物繁殖或金属罐受到酸性食品的腐蚀，产生大量的氨、二氧化碳、硫化氢等气体所引起。但"胖听"并不一定都是微生物生长繁殖的结果，内容物装量过多或罐内真空度不够也会产生"胖听"。保温试验就是将罐头放置在适合大多数微生物生长的温度（37±2）℃条件下保温 5 ～ 7 d，然后进行观察和逐个进行敲击，以剔除"胖听"、漏汁及有鼓声的罐头。

2. 肉类罐头的市场检验

肉类罐头的市场检验，一般以感官检验为主（常规卫生检验），包括检验罐头的外观、密闭性、真空度、内容物的组织形态和色泽、风味、杂质等，必要时取样送实验室进行理化检验与微生物检验。

3. 罐头常规卫生检验结果的评价与处理

良质罐头的标签应完整、清楚，罐形正常，结构良好，无锈蚀，密闭性良好，并在保质期内；真空度应符合规定标准；顶隙不得超过罐高的 1/10；罐头滋味及气味应有该品种应有的良好风味，不得有其他异味；汤汁在加温状态下应透明，呈黄色或琥珀色，不浑浊；罐头肉块应完整，不得含有明显的筋腱、血管及组织膜；罐内不得有夹杂物及其他异物。上述现象有一项不符合要求者按次品处理。

罐头的固体物重（肉和油）与净重的比例要符合规定的要求；罐头内容物净重应符合商标规定的质量，允许个别罐头有 ±5% 的净重公差，但平均净重不符合商标规定者，应做不合格处理；上述现象有一项不符合要求者做不合格处理。

（1）经检验符合感官指标、理化指标、微生物指标的保质期内的罐头可以食用。外观有缺陷，如锈蚀严重，卷边缝处生锈、碰撞造成瘪凹等，均应迅速食用。

（2）"胖听"、漏气、漏汁的罐头应予废弃，如确为物理性"胖听"，则允许食用。

（3）开罐检查，罐内壁硫化斑色深且布满的，内容物有异物、异味等感官恶劣的，均不得食用，应予废弃。

（4）罐头理化指标超过标准的，不得上市销售，超标严重的，则应予销毁。

（5）微生物检验发现有致病菌的，一律禁止食用，应予销毁。

五、食用动物油脂的监督

食用动物油脂是指经动物卫生监督机构检疫、检验合格的生猪、牛、羊、鸡、鸭的板油、肉膘、网膜或附着于内脏器官的纯脂肪组织，炼制成的食用猪油、牛油、羊油、鸡油、鸭油。

生脂肪是指屠宰畜禽体内所有脂肪组织。根据脂肪组织蓄积的部位分别称为板油（肾周围脂肪）、花油（网膜、肠系膜脂肪）、肥膘（皮下脂肪）和杂碎油（其他内脏脂肪的总称）。油脂是指生脂肪通过炼制除去结缔组织及水分后所得的纯甘油酯。炼制的油脂因脂肪酶被破坏，一般不易发生水解，如果存放在空气、日光、水分等条件下，则水解与氧化可同时进行。

1. 生脂肪的理化特性

动物脂肪由于动物的种类、年龄、性别、饲料、生活条件、育肥程度及脂肪在体内蓄积的部位不同而具有各种不同的性质。根据化学成分，动物脂肪可视为各种饱和脂肪酸和不饱和脂肪酸甘油酯混合物。脂肪的性质主要取决于所含脂肪酸的性质。饱和脂肪酸具有较高的熔点，不饱和脂肪酸的熔点较低。由于羊脂肪中含不饱和脂肪酸 30%～40%、猪脂肪中含不饱和脂肪酸 50%，故羊脂肪熔点（44 ℃～50 ℃）高于猪脂肪熔点（36%～46%）。脂肪中除甘油酯外，还有胆固醇、卵磷脂、脂色素及维生素 A、维生素 D、维生素 E 等。此外，动物脂肪在体内的分布不同，其熔点也不同，一般肾周围脂肪的熔点较高，皮下脂肪的熔点较低，掌骨、腕跗骨、系骨和蹄骨骨髓脂肪熔点则更低。

生脂肪中由于含有水分，因而能在高温、光线、无机催化剂（铁、铜、镍、锌）、霉菌、细菌等的作用下发生水解。水解时形成的甘油和脂肪酸增加了脂肪的滴定酸度。除水解外，脂肪还可以被空气氧化，以不饱和脂肪酸甘油酯最为明显。所以，猪、马脂肪一般比牛、羊脂肪容易氧化变质。

2. 食用油脂的变质

油脂酸败是指油脂在加工和保存过程中，受各种不利因素的作用，发生水解和氧化，产生游离脂肪酸、过氧化物、醛类、酮类、低级脂肪酸及羟酸等现象。在油脂酸败过程中，将脂肪的分解称为水解；生脂肪、油脂氧化产生醛类、酮类及低级酸等物质，称为氧化酸败；油脂氧化生成羟酸，则称为酯化或硬酯化。油脂酸败的化学过程主要是水解和自动氧化的连锁反应过程。要防止油脂变质，关键是提高油脂的纯度。在原料选择、加工和保存中，应做好卫生监督工作。

3. 食用动物油脂的市场检验

食用动物油脂的市场检验，一般以感官检验为主，根据油脂有无异味、有无酸败味等方面对动物油脂进行卫生评价，必要时取样送实验室进行理化检验。

4. 食用动物油脂常规卫生检验结果的评价与处理

以感官检验为主，结合实验室检验进行综合评定。凡是感官检验有明显酸败的，无论实验室检验结果如何，一律不许作为食用油脂。

技能单

一、材料与设备

肉制品、食品检验速测箱、记录本。

二、方法与步骤

（一）熟肉制品的市场检验

1. 检验方法

取适量试样置于洁净的白色盘（瓷盘或同类容器）中，在自然光下观察色泽和状态。闻其气味，用温开水漱口，品其滋味。

2. 熟肉制品感官要求（GB 2726—2016）

具有产品应有的色泽、滋味和气味，无异味、无异臭；具有产品应有的状态，无正常视力可见外来异物，无焦斑和霉斑。

（二）腌腊肉制品的市场检验

1. 检验方法

根据外观、组织状态、气味、煮沸后肉汤等几方面判定其新鲜度，主要采用简便易行、效果确实的看、扦、斩三步检验法。

看：看是从表面和切面观察其色泽和硬度以判断其质量好坏。方法是从腌肉桶（池）内取出上、中、下3层有代表性的肉，察看其表面和切面的色泽和组织状况，是否符合卫生质量。

扦：扦是检测腌腊肉制品深部的气味。方法是在肉制品的骨骼、关节附近将特制竹扦刺入深部，拔出后立即嗅察气味，评定是否有异味和臭味。操作时要注意在第2次扦插前，擦去扦上前一次沾染的气味或另行换扦。当连续多次嗅检后，嗅觉可能对气味变得不敏感，故经一定操作后要有适当的间隙，以免误判。当扦签发现某处有腐败气味时，应立即换扦，插扦后的孔眼用油脂封闭，以利于保藏。使用过的竹扦用碱水煮沸消毒。

整片腌肉常用六签法：第1扦在肘关节附近插向肘部肉层；第2扦在髋关节附近偏腰椎骨一端插向髋骨下深肉层；第3扦在腰椎骨与髋骨之间插向腰椎骨以下肉层；第4扦在第3和第4胸椎骨上缘插向背部深肉层；第5扦在第1和第2根肋骨之间插向肩胛部深肉层；第6扦在膝关节附近插向深肉层。

火腿和腌猪后腿常用三扦法：第1扦在腰椎骨与髋骨之间插向腰椎骨以下肉层；第2扦在髋关节附近偏腰椎骨一端插向髋骨下深肉层；第3扦在膝关节附近插向深肉层。

斩：斩是在看和扦的基础上，对内部质量发生可疑时所采用的辅助方法。方法是用刀切开肉进一步检查内部情况，或选肉最厚的部位切开，检查断面肌肉与肥膘的状况，必要时还可进行煮制，品评熟腌腊肉的气味和滋味。

2. 腌腊肉制品感官要求（GB 2730—2015）

具有产品应有的色泽，无黏液、无霉点；具有产品应有的气味，无异味，无酸败味；具有产品应有的组织性状，无正常视力可见的外来异物。

（三）肉类罐头的市场检验

1. 检验方法

（1）外观检查。首先，仔细检查商标纸和罐盖硬印是否符合规定，确认罐头的生产日期，以判断是否在保质期内；其次，检查接缝和卷边是否正常，焊锡是否完整均匀，有无漏水透气、汤汁流出等现象，罐体有无锈斑及凹陷变形；最后，用木槌敲打盖面，听其敲击声，良好的罐头发出清脆的实音，不良罐头有鼓音或浊音，则可能为"胖听"。根据"胖听"的形成原因不同，可分为生物性"胖听"、化学性"胖听"和物理性"胖听"。其发生原因与鉴别处理方法如下：

①生物性"胖听"，主要是由于罐内的细菌发育繁殖，产生气体而引起；敲打时有内容物空虚的感觉，发出鼓音；用手指强压罐盖不能压下或除去压力后立即恢复；置于37 ℃恒温箱内经5～7昼夜，臌胀更显著；穿孔检查有气体逸出，并有腐败气味。这种罐头做工业用或销毁。

②化学性"胖听"，主要是由于罐头酸性内容物与金属容器作用产生气体而引起的；敲打时有内容物空虚的感觉，发出鼓音；用手指强压罐盖不能下压或除压力后立即恢复；置于37 ℃恒温箱内经5～7昼夜，无显著变化；穿孔检查有气体逸出，无腐败气味，但常有酸味或不快的金属气味。这种罐头做工业用或销毁。

③物理性"胖听"，主要有两个方面的原因：一是由食品在装罐时温度过低，装入食品过多而引起或是由于内容物冻结时罐内水分膨胀引起，这种原因引起的"胖听"敲打时有内容物充实的感觉，发实音；用手指强压往往形成不能恢复原状的凹陷；置于37 ℃恒温箱内经5～7昼夜，无显著变化；穿孔检查无气体逸出；这种罐头若内容物无变化，允许食用，但宜在食用前煮沸30 min。二是由于在高气压地区制造，运到低气压地区，由于罐内压力相对升高而引起膨胀，罐头有空虚感，敲打时发鼓音；用手指强压罐盖，一般能被压下去，但去压力后，又见恢复膨胀状态；置于37 ℃恒温箱内经5～7昼夜，无显著变化；穿孔检查无气体逸出。这种罐头如果出产地与检验地区的地势高低存在很大差异，且确证无其他原因者，准予食用。

（2）密闭性检查。主要检查卷合槽及接缝处有无漏气。方法是先将商标除去，洗净擦干，然后把罐头浸没水中，水面高于罐头 5 cm，放置 5 ～ 7 min，如有一连串气泡在罐体上出现，则证明该罐头密封性不良；若仅有 2 或 3 个气泡出现在卷边或接缝处，则可能是卷边处或折缝处原来含有空气，而不是漏气。

（3）真空度测定。罐头内的真空度是指罐内气压与罐外气压的差数。罐头在贮藏和销售过程中，若出现"胖听"现象，即罐内有气体产生，真空度就会降低。因此，真空度的测定能够鉴定罐头的优劣，同时能判断排气和密封工序的技术操作是否符合规定要求。

真空度常用真空表测定。方法是右手拇指和食指夹持真空表，使其下端对准罐盖中央，用力下压空心针刺穿罐盖，针尖周围的橡胶垫一定要紧扣罐盖，以杜绝空气进入罐内，然后按表盘指针读取真空度。

（4）内容物检查。内容物应该与商标相一致。

①组织形态和色泽检查。先把罐头放入 80 ℃～ 90 ℃ 的热水，加热至汤汁融化后打开罐盖，收集罐头内的汤汁，注入 500 mL 量筒中，静置 3 min 后，观察其色泽和澄清程度。将内容物倒入清洁的搪瓷盘，观察其形态结构，检查其组织是否完整，内容物中的固形物的色泽是否符合标准要求。

②杂质检查。开罐后用玻璃棒轻轻拨动内容物，仔细观察有无小毛、碎骨、血管、血块、淋巴结、草木、沙石等杂质存在。

③风味检查。用勺盛取罐内容物，先闻其气味，然后品尝滋味，鉴定其是否具有应有的风味。

2．肉类罐头的感官要求（GB 7098—2015）

容器密封完好，无泄漏、无"胖听"，容器外表面无锈蚀、内壁涂料完整；内容物具有该品种罐头食品应有的色泽、气味、滋味、形态。

（四）食用动物油脂的市场检验

1．检验方法

取适量试样置于白瓷盘，在自然光下观察色泽和状态。将试样置于 50 mL 烧杯，水浴加热至 50 ℃，用玻璃棒迅速搅拌，嗅其气味，品其滋味。

2．食用动物油脂感官要求（GB 10146—2015）

具有特有的色泽，呈白色或略带黄色、无霉斑；具有特有的气味、滋味，无酸败及其他异味；无正常视力可见的外来异物。

三、实训报告

根据肉制品的感官检验方法及卫生评价指标，针对被检样品写出检验分析报告。

作 业 单

查阅相关资料，回答下列问题。
1．如何进行肉制品的市场检验？
2．如何进行腌腊肉制品的感官检验？

评 估 单

【评估内容】

一、填空

对于腌腊肉制品进行感官检验，一般采用简便易行、效果确实的（ ）、（ ）、（ ）三步检验法。

二、判断

腐败肉一律禁止食用，应化制或销毁。 　　　　　　　　　　　　　　　　（　　）

三、名词解释

1．冷冻肉　　2．冷却

四、简答

1．如何进行熟肉制品的感官检验？

2．如何进行肉类罐头的感官检验？

【评估方法】

在试验中进行，以小组为单位，采用小组随机抽查提问方式，对团队整体水平进行比对考核。

优：能正确回答每个问题。

良：能正确回答大部分问题，稍加提示即可全部完成。

及格：能基本答出每个问题，但有个别错误。

不及格：回答不正确或者不能回答。

备注：项目十任务三学习情境占模块二总分的 18%。

项目十一 蛋及蛋制品的市场监督与检验

任务一 蛋新鲜度的市场监督与检验

【基本概念】

散黄蛋、贴壳蛋、泻黄蛋

【重点内容】

蛋新鲜度的市场检验程序与方法。

【教学目标】

熟悉鲜蛋的质量标准，了解市场鲜蛋出售的卫生要求。

掌握鲜蛋的感官检验方法及卫生评价指标，能够正确进行鲜蛋的市场检验。

资料单

一、蛋在贮藏中的变化

由于受外界温度、湿度、包装材料的状态、收购时蛋的品质和保存时间等因素的影响，蛋在贮藏过程中会发生物理和化学变化。蛋在贮藏过程中随着时间的延长，蛋的壳外膜逐渐消失，气孔暴露，蛋内的水分蒸发，气室扩大；由于 CO_2 逸出，蛋的 pH 值下降，蛋白变稀；温度升高，容易引起氨态氮和氨的数量增加。

通常情况下新鲜蛋中能检出多种细菌和霉菌，在适宜的温度条件下，细菌和霉菌生长繁殖释放出蛋白水解酶而水解蛋白，蛋白黏度消失，蛋黄位置改变，蛋黄膜失去韧性、破裂，形成散黄蛋。之后氨基酸分解形成酚胺、氨和硫化氢等物质，散发出强烈的臭气，由于 CO_2 和氨不断增加，最终引起蛋壳破裂。如果蛋壳上有霉菌生长，菌丝可由气孔侵入蛋内，形成霉菌斑，大的可覆盖整个蛋的内表面，蛋内呈黑色，并有浓烈的霉味，蛋白变为水样并与蛋黄混合或变得黏稠呈凝胶状，蛋黄硬化呈蜡样。

若适当改变储存蛋的卫生条件，控制外界温度和湿度，杀灭蛋壳表面及环境中的微生物，可防止蛋的腐败。

二、蛋的质量分级

蛋的质量分级一般从蛋的形状、大小、色泽、蛋壳的清洁度和灯光透视的结果来进行，即通过外观检查、光照鉴别两个方面综合确定，通常分为鲜蛋、次蛋和劣质蛋三类。

1. 鲜蛋

鲜蛋是指各种家禽生产的、未经加工或仅用冷藏法、液浸法、涂膜法、消毒法、气调法、干藏法等贮藏方法处理的带壳蛋。

2. 次蛋

次蛋分为以下十二种。

（1）裂纹蛋。也叫作"哑板蛋"，鲜蛋受压，蛋壳破裂成缝，相碰时发出哑声。

（2）硌窝蛋。鲜蛋受挤压，蛋壳局部破裂凹陷，蛋壳膜未破。

（3）流清蛋。鲜蛋受压破损，蛋壳膜破裂而使蛋液外溢。

（4）血圈蛋。受精蛋因受热而使胚胎开始发育，透视时蛋黄部呈鲜红色小血圈。

（5）血筋蛋。血圈蛋继续发育而成，透视时蛋黄呈现网状血丝。

（6）血环蛋。由血筋蛋胚胎死亡而成，蛋壳发暗，手摸有光滑感，透视时蛋黄上呈现血环，环中可见少许血丝，蛋黄周围有阴影。

（7）壳外霉蛋。外壳生霉，但壳内壁及蛋内容物完全正常。

（8）绿色蛋白蛋。透视时蛋白发绿，蛋黄完整；打开后除蛋白颜色发绿外，其他与鲜蛋无异。

（9）红黏壳蛋。蛋黄上浮，贴在蛋壳上，透视时气室大，黏壳处呈红色。

（10）轻度黑黏壳蛋。红黏壳蛋形成日久，黏壳处变黑。透视黑色面积占黏壳蛋黄面积的1/3以下。打开后可见黏壳处有黄中带黑的粘连痕迹，无异味。

（11）散黄蛋。透视时可见蛋黄不完整，散如云状。打开后可见蛋白与蛋黄混杂，但无异味。

（12）轻度霉蛋。透视时壳膜内壁有霉点，打开后可见内容物无霉点和霉气味，蛋黄和蛋白界限分明。

3．劣质蛋

劣质蛋分为以下四种。

（1）泻黄蛋。因储存条件不良、细菌侵入所致。透视时蛋内透光度差，蛋黄、蛋白相混，呈均匀的灰黄色或暗红色。打开后可见蛋液呈灰黄色，并有不愉快的气味。

（2）黑腐蛋（臭蛋、坏蛋）。由散黄蛋、泻黄蛋、霉蛋等继续发展而成。蛋壳呈乌灰色，透视时蛋大部分或全部不透光，呈灰黑色。打开后蛋液呈灰绿色或暗黄色，有硫化氢样恶臭味。

（3）重度黑黏壳蛋。由轻度黑黏壳蛋发展而成，黏壳部分超过整个蛋黄面积的1/2以上，灯光透视时黏壳处变黑，蛋液变质发臭。

（4）重度霉蛋。霉变严重，透视时可见蛋壳及内部均有黑色斑点或粉红色斑点。打开后可见蛋膜和蛋液内部有霉斑，或蛋白呈胶冻样霉变，并有严重霉味。

三、鲜蛋的检验方法

鲜蛋的检验方法一般有感官检验法、光照检验法、密度检验法、气室高度检验法及蛋黄指数测定法等，必要时采样送实验室进行细菌学检验。

四、鲜蛋的感官标准

鲜蛋的感官要求见表2-19。

表2-19　鲜蛋的感官要求（GB 2749—2015）

色泽	灯光透视时整个蛋呈微红色；去壳后蛋黄呈橘黄色至橙色，蛋白澄清、透明，无其他异常颜色
气味	蛋液具有固有的蛋腥味，无异味
状态	蛋壳清洁完整，无裂纹，无霉斑，灯光透视时蛋内无黑点及异物；去壳后蛋黄凸起完整并带有韧性，蛋白稀稠分明，无正常视力可见的外来异物

五、蛋的卫生评价

（1）新鲜蛋可销售供食用。

（2）次蛋应限期销售，或供高温做其他蛋制品用。

（3）劣质蛋均不得供食用，可做非食品工业用或做肥料。孵化蛋按劣质蛋处理，但有食用习惯的地区，经当地卫生部门同意后，可按规定条件供食用。

（4）在浓度较高的 CO_2 条件下贮藏的鲜蛋，销售、加工或食用之前，应先放置一定时间，使其异味散发。

（5）凡发现肠道致病菌、沙门氏菌、志贺氏菌的蛋不得销售。应在卫生部门监督下，高温处理后利用。此外，可按《蛋与蛋制品卫生管理办法》的有关规定，制作冰蛋、干蛋制品。

一、材料与设备

不同鲜度蛋、照蛋器、食品检验速测箱、记录本。

二、方法与步骤

取带壳鲜蛋在灯光下透视观察。去壳后置于白色瓷盘，在自然光下观察色泽和状态，闻其气味。

1. 感官鉴别法

该方法主要凭借检查人员的感觉器官来鉴别蛋的质量。此种方法对蛋的质量只能做出大概的鉴定。

蛋新鲜度的感官检验可以概括为"一看二听三摸四嗅"。

一看：看蛋的表面、形状、大小、清洁度、有无霉斑及光泽。良质鲜蛋，蛋壳完整平滑，清洁无粪污，无破损裂缝，无斑点，蛋壳上有一层霜状粉末，壳壁坚实。陈蛋，表面粉霜脱落，皮色油亮或乌灰。

二听：一是敲击蛋壳，从发出的声音判断有无裂损、变质和蛋壳厚薄程度。方法是将两枚蛋拿在手中相敲或用手指甲轻轻敲击，听蛋发出的声音。新鲜蛋声音坚实，似砖头碰击声；陈旧蛋碰撞声空洞；裂纹蛋声音沙哑，有"啪啪"声；空头蛋大头上有空洞声。二是将蛋拿在手中于耳边轻轻摇，陈旧蛋蛋白变稀，蛋黄膜破裂，摇动时有不同程度的响声。

三摸：新鲜蛋拿在手中有"沉"的感觉。孵化过的蛋，外壳发滑，分量轻。霉蛋外壳发涩。

四嗅：打开蛋壳嗅气味。泻黄蛋有不愉快的气味。黑腐蛋有强烈硫化氢臭味。重度黑黏壳蛋，蛋液有异味。蛋腐败变质严重时，无须打开蛋便能闻到不愉快的气味。

2. 光照检验法

光照检验法是禽蛋收购和加工上普遍采用的一种方法，即用光照透视来检查蛋的内容物的状况。该方法简便易行，通过灯光透视，可以确定气室的大小、蛋白、蛋黄、系带、胚珠和蛋壳的状态及透光程度。

方法是在暗室或弱光的环境中，将蛋的大头向上紧贴照蛋器的照蛋孔上，使蛋的纵轴与照蛋器约成 30° 倾斜。先观察气室的大小和内容物的透光程度，新鲜蛋气室小而固定，蛋内完全透光，呈淡橘红色。然后将蛋旋转约 1 周，根据蛋内容物移动情况来判断气室的状况、蛋白的黏稠度、系带的松弛度、蛋黄的稳定程度，以及蛋内有无污斑、黑点和其他异物。鲜蛋蛋白浓厚、清亮、包于蛋黄周围。蛋黄位于中央偏钝端，呈朦胧暗影。蛋中心色浓，边缘色淡，内无斑点和斑块。

三、实训报告

根据鲜蛋的检验方法与质量标准，针对被检样品写出检验分析报告。

作业单

查阅相关资料，回答下列问题。

1. 简述灯光透视检验蛋新鲜度的判定标准。
2. 蛋的市场检验方法有哪些？

评估单

【评估内容】

一、填空

1. 鲜蛋的检验方法一般有（　　）、（　　）、（　　）、（　　）及卵黄指数测定法等方法。

2. 鲜蛋的感官检验凭借检验人员的感官鉴别蛋的质量，主要靠（　　）、（　　）、（　　）、（　　）进行综合判定。

3. 按蛋的新鲜度可将蛋分为（　　）、（　　）、（　　）。

二、判断

1. 散黄蛋、泻黄蛋经过高温（中心温度达 85 ℃以上）处理后可以食用。　　　　（　　）
2. 蛋在贮藏过程中，由于水分蒸发，蛋白质变得浓稠。　　　　　　　　　　（　　）
3. 用透视法检查蛋新鲜度时，蛋黄阴影越清晰，说明蛋越新鲜。　　　　　　（　　）

三、简答

1. 如何用感官法检验蛋的新鲜度？
2. 如何用灯光透视法检验蛋的新鲜度？

【评估方法】

通过试验进行评估，以小组为单位进行蛋的市场检验操作，以操作熟练程度和试验结果作为依据，同时进行提问。

优：小组能独立正确完成各项工作，并正确回答相关问题。

良：小组能独立正确完成大部分工作，个别环节仍需提示才能完成。

及格：小组能基本完成大部分工作，其他环节有错误。

不及格：小组不能独立完成各项工作。

备注：项目十一任务一学习情境占模块二总分的 8%。

任务二　蛋制品的市场监督与检验

【重点内容】

蛋制品的市场监督与检验。

【教学目标】

熟悉蛋制品的质量标准，了解市场蛋制品出售的卫生要求；掌握蛋制品的感官检验方法及卫生评价指标，能够正确进行蛋制品的市场检验。

为了延长蛋的保存时间，满足消费者的多种需要，可将鲜蛋加工成蛋制品。许多蛋制品为直接食用食品，其卫生质量直接关系着消费者的健康。因此，蛋制品加工过程中的卫生监督和产品的卫生检验，显得尤为重要。蛋制品按其加工方法不同，主要分为液蛋制品、干蛋制品、冰蛋制品和再制蛋。

一、液蛋制品的加工卫生监督

液蛋制品是指鲜蛋经机械打蛋去壳后，将蛋液经巴氏杀菌或其他处理后冷藏消费的产品。蛋液主要分为全蛋液、蛋黄液、蛋白液、加盐或加糖特制蛋液等，主要用于面包、蛋糕、月饼、冰激凌、奶昔、方便面、挂面等的制作。

引进世界上最先进的液蛋加工装备，通过鸡蛋分级、清洗、打蛋去壳、过滤、预冷、均质、巴氏杀菌、冷却、自动软体包装、低温配送等工艺流程，实现高品质的蛋液生产。但液蛋生产装备昂贵、工艺复杂，生产中对巴氏杀菌的温度控制和蛋液黏稠度的把控要求极高，国内目前尚无自主研发的成套液蛋加工装备上线应用。

二、干蛋制品的加工卫生监督

干蛋制品是以鲜蛋为原料，经去壳、加工处理、脱糖、干燥等工艺制成的蛋制品，如全蛋粉、蛋黄粉、蛋白粉等。

干蛋品的半成品加工方法与冰蛋品相同。干蛋品成品加工的卫生监督应注意如下事项：干蛋粉的加工可采用喷雾干燥，即先将蛋液经过搅拌过滤，除去蛋壳及杂质，并使蛋液均匀，然后喷入干燥塔，形成微粒与热空气相遇，瞬时即可除去水分，落入底部形成蛋粉，最后经晾粉、过筛即成品。但生产蛋白粉时，需将蛋白液进行发酵，以除去其中的碳水化合物及其他杂质。

三、冰蛋制品的加工卫生监督

冰蛋制品是以鲜蛋为原料，经去壳、加工处理、冷冻等工艺制成的蛋制品，如冰全蛋、冰蛋黄、冰蛋白等，是全蛋液、蛋白液或蛋黄液经搅拌、过滤、装听、低温冻结而成的相应产品。也有先过滤，后巴氏消毒，再装听，低温急冻而成的"巴氏消毒蛋"。

1. 半成品加工的卫生监督

半成品在加工过程中，检验人员应对制备蛋液全过程进行卫生监督，包括对原料蛋先进行检验、清洗、消毒、晾干，然后去壳等。

首先进行感官检验，剔除不符合加工要求的蛋。其次进行照蛋检验，剔除所有次劣蛋和腐败变质蛋。符合加工要求的蛋，要在清水中洗净蛋壳后，放入含 1% ～ 2% 有效氯的漂白粉液中浸泡 5 min 消毒，取出后放入 45 ℃～ 50 ℃的 0.5% 硫代硫酸钠溶液中浸洗除氯，然后将消毒蛋在无菌条件下晾干，再用人工打蛋或机械去蛋壳的方法去除蛋壳。手工打蛋时，操作人员应严格遵守卫生制度，防止蛋液人为污染。

2. 成品加工的卫生监督

加工厂采用搅拌器将半成品蛋液搅拌均匀，再通过 0.1 ～ 0.5 cm^2 的筛网将蛋液内的蛋壳碎片、壳内膜等杂质滤除。及时对半成品蛋液进行预冷，以阻止细菌繁殖，并缩短速冻时间。预冷在冷却罐内进行，罐内装有蛇形管，蛇形管内通以 8 ℃的冷盐水不停地循环，使罐内的蛋液很快降温至 4 ℃左右。将冷却至 4 ℃的蛋液装听（桶），送入速冻间进行冷冻。将装有蛋液的听或桶送至速冻间冷冻排管上，听（桶）之间要留有一定的间隙，以利于冷气流通。速冻间的温度要保持在 -20 ℃以下，冷冻 36 h 后，将听（桶）倒置，使其四角冻结充实，防止膨胀，并可缩短冷冻时间。冷冻时间不超过 72 h，听（桶）内中心温度达 -15 ℃～-18 ℃时，速冻即可完成。将速冻后的听（桶）用纸箱包装，然后送到冷藏库冷藏，冷藏库的温度需保持在 -15 ℃以下。

四、再制蛋的加工卫生监督

再制蛋是以鲜蛋为原料，添加或不添加辅料，经盐、碱、糟、卤等不同工艺加工而成的蛋制品，如皮蛋、咸蛋、咸蛋黄、糟蛋、卤蛋等。

1. 变蛋的加工卫生

变蛋的制作方法大致分为生包法、浸泡法、涂抹法三种。加工变蛋的原料蛋质量的好坏直接关系着成品变蛋的质量。原料蛋可选用鸭蛋、鸡蛋和鹅蛋。挑选的方法一般采用感官检验、照蛋检验和大小分级。加工变蛋的辅料主要有纯碱、生石灰、食盐、红茶末、植物灰（或干黄泥）、谷壳。所有辅料必须保持清洁、卫生。氧化铅的加入量按规定执行，以免变蛋中的铅超出国家卫生标准，危害人体健康。

2. 咸蛋的加工卫生

咸蛋的加工方法主要有稻草灰腌制法、盐泥涂包法、盐水浸渍法。原料蛋要选择蛋壳完整的新鲜蛋，并经过严格检验，具体检验方法与变蛋相同。咸蛋加工的辅料有食盐、草木灰和黄泥。加工咸蛋的食盐要求纯净，氯化钠含量在 96% 以上，必须是食用盐。草木灰和黄泥要求干燥，无杂质，受潮霉变和杂质多的不能使用。加工用水要达到生活饮用水卫生标准。

五、蛋制品的市场检验

蛋制品的市场检验主要采用感官检验，必要时取样送实验室进行理化检验和微生物检验。

六、蛋制品的感官标准

蛋制品的感官要求见表 2-20。

表 2-20　蛋制品的感官要求（GB 2749—2015）

项目	要求
色泽	具有产品正常的色泽
滋味、气味	具有产品正常的滋味、气味，无异味
状态	具有产品正常的形状、形态，无酸败、霉变、寄生虫及其他危害食品安全的异物

七、蛋制品的卫生评价

干蛋制品应符合国家规定的卫生标准，若干蛋制品出现水分含量或游离脂肪酸含量超标或感官检查发现色深、微苦味、有轻度褐变、轻度异味及表层霉迹的，不宜继续储存，应做相应的卫生处理。有严重霉变、寄生虫及严重污染的，不能供食用。

冰蛋制品的卫生评价同干蛋制品。

　　良质变蛋的感官指标、理化指标、微生物指标应符合判定标准：破口小、无严重污染或蛋白凝固不全、轻度污黄蛋及轻度黏壳无臭味的次质变蛋，充分煮熟后可供食用。

　　腌制合格的良质咸蛋在色泽、形态、风味等方面均应符合质量要求。无腥臭腐败变质的散黄咸蛋、混黄咸蛋等，充分煮熟后可食用；黑黄蛋应禁止食用。

　　凡蛋白和蛋黄有液化、有臭味或具有霉变、虫蛀、严重污染的咸蛋，以及其他变质严重的劣质变蛋，均不能食用。

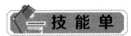

一、材料与设备

　　蛋制品、食品检验速测箱、记录本。

二、方法与步骤

（一）冰蛋品的检验

　　取适量试样置于白色瓷盘中，在自然光下观察色泽和状态，尝其滋味，闻其气味。

（二）干蛋品的检验

　　取适量试样置于白色瓷盘中，在自然光下观察色泽和状态，尝其滋味，闻其气味。

（三）再制蛋的检验

1．变蛋的检验

　　先仔细观察变蛋外观（包泥、形态）有无发霉，敲摇检验时注意颤动感及响水声。刮泥后，观察蛋壳的完整性（注意裂纹）。然后剥开蛋壳，检查蛋体的完整性，蛋白的透明度、色泽、弹性、气味、滋味，以及蛋黄的形态、色泽、气味、滋味，检查有无霉斑、异物和松花花纹。

2．咸蛋的检验

　　（1）感官检验。查看包着的灰泥是否过于干燥，有无脱落现象，有无破损。检验咸味是否适中。

　　（2）光照透视检验。采样后，除去包着的灰泥进行灯光透视。正常的咸蛋可见透亮鲜明，蛋黄随蛋的转动而转动，蛋白清晰。

　　（3）摇晃检验。将咸蛋拿在手中，轻轻摇动，听是否有拍水声。若有拍水声则是成熟的蛋，否则是混蛋。

　　（4）去壳检验。抽取几枚蛋，打开蛋壳，良质咸蛋可见蛋白、蛋黄分明，蛋白水样透明，蛋黄坚实，色红或橙黄；未成熟蛋略有腥气味，蛋黄不坚实；变质咸蛋蛋黄、蛋白不清，蛋黄发黑，有臭气。

　　（5）煮熟后检验。取几枚样品蛋洗净后煮熟。良质咸蛋可见烧煮的水洁净透明，蛋壳完整，蛋白鲜嫩洁白，蛋黄坚实，色红或橙黄；裂纹蛋烧煮水浑浊，有蛋白外溢凝固；变质蛋烧煮时炸裂，煮蛋的水浑浊而有臭气，内容物全黑或黑黄。

三、实训报告

　　根据蛋制品的感官检验方法及卫生评价指标，针对被检样品写出检验分析报告。

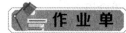

作 业 单

描述新鲜蛋、良质变蛋、变质变蛋的特征。

评 估 单

【评估内容】

一、填空

1．干蛋制品包括（　　）和（　　）。

2．冰蛋制品包括（　　）、（　　）、（　　）。

二、简答

1．如何进行咸蛋的检验？

2．如何进行变蛋的检验？

【评估方法】

以小组为单位，采用小组随机抽查提问方式，对团队整体水平进行比对考核。

优：能正确回答每个问题。

良：能正确回答大部分问题，有提示即可完成。

及格：能基本回答每个问题，但有个别错误。

不及格：回答不正确或者不能回答。

备注：项目十一任务二学习情境占模块二总分的 8%。

项目十二　乳及乳制品的市场监督与检验

任务一　原料乳、消毒乳的市场监督与检验

【基本概念】

初乳、异常乳、乳的酸度、乳的密度

【重点内容】

原料乳及消毒乳的市场检验。

【教学目标】

熟悉原料乳的质量标准，了解市场原料乳出售的卫生要求。

掌握原料乳的感官检验方法及卫生评价指标，能够正确进行原料乳的市场检验。

资料单

乳品工业迅猛发展，加强和规范乳与乳制品的卫生监督和检验具有十分重要的食品卫生学意义。

乳与乳制品的品种范围有生乳、消毒牛乳、发酵乳、炼乳、乳粉、奶油、硬质干酪、乳清粉等。

一、乳的感官特点

乳的成分与性质受动物的生理、病理和其他因素的影响，根据乳的成分可将乳分为初乳、常乳、末乳和异常乳。

1. 初乳

初乳是指母畜在产犊后一周以内所分泌的乳，呈黄色，浓厚、黏稠，有特殊气味。初乳与常乳的主要区别在于：第一，初乳中含有丰富的球蛋白、清蛋白、白细胞、酶、维生素等，有利于迅速增加幼畜的血浆蛋白和抗病能力；第二，初乳中蛋白质含量超出常乳数倍；第三，初乳中含有大量的镁盐，有轻泻作用，可促使胎粪排出；第四，初乳的乳糖含量较低。

初乳对幼畜生长发育极为有利，但由于热稳定性差，遇热易形成凝块，所以不宜作为加工乳制品的原料乳。

2. 常乳

常乳是指初乳期过后到停止泌乳前一周所产的乳。其成分及性质趋于稳定，是人们日常的饮用乳，也是乳制品加工的原料。

3. 末乳

末乳是指母畜停止泌乳前一周所产的乳，具有苦而微咸的味道。除脂肪外，末乳中各种成分的含量均高于常乳。末乳不宜贮藏，也不适于作为加工乳制品的原料乳。

4. 异常乳

异常乳是指动物泌乳过程中由于动物本身的生理、病理原因，以及其他外来因素造成乳

的成分及性质发生变化的乳。

异常乳可分为生理异常乳、病理异常乳和成分标准异常乳三类。生理异常乳一般是指初乳、末乳及营养不良乳；病理异常乳包括乳房炎乳和酒精阳性乳；成分标准异常乳是指掺水、掺杂及添加防腐剂的乳。

二、乳的化学组成

乳的化学组成主要是水、脂肪、蛋白质、乳糖、无机盐、维生素及酶类等。正常乳各种成分通常较稳定，但也会受到其他因素的影响，影响因素主要有动物的品种、年龄、泌乳期、季节、气温、健康状况、饲料等，变化最为明显的是脂肪，其次为蛋白质，而乳糖和无机盐的变化很小。乳用动物正常乳汁的主要成分及其含量见表 2-21。

表 2-21 乳用动物乳汁主要成分及其含量　　　　　　　　　　　　　　　　%

乳的成分	水分	脂肪	乳糖	酪蛋白	乳白蛋白和乳球蛋白	灰分
牛乳	87.32	3.75	4.75	3.00	0.40	0.75
山羊乳	82.34	7.57	4.96	3.62	0.60	0.74
绵羊乳	79.46	8.63	4.28	5.23	1.45	0.97

三、乳的物理性质

乳的物理性质是评价乳质量和辩明加工中牛乳变化和检验牛乳掺杂情况的依据。乳的物理性质主要包括以下八个方面。

1. 色泽

新鲜牛乳呈现不透明的乳白色或微黄色。新鲜乳的色泽会受到季节、饲料和乳畜品种等因素的影响，但相差不大。

2. 滋味

新鲜牛乳的甜味来自乳糖，微酸来自柠檬酸和磷酸，咸味来自氯化物，苦味来自钙和镁。乳房炎乳因氯的含量较高而有较浓厚的咸味。山羊乳因含有特别脂肪酸导致有膻味。

3. 气味

乳有令人愉快的特殊香味，遇热香味更浓。乳的气味主要由低级脂肪酸、丙酮酸、乙醛类和二甲硫及其他挥发性物质所致。

4. 密度

正常乳的相对密度为 1.028 ～ 1.032，平均为 1.030。乳中干物质的含量决定乳的相对密度，非脂干物质多则乳的相对密度大。乳中脂肪增加或水分增加时乳的相对密度变小，掺水或脱脂会使乳的相对密度发生变化。乳的相对密度还受温度影响。因此，可以通过测定乳的相对密度来评定乳的卫生质量。

5. 酸度

新鲜正常乳的 pH 值为 6.4 ～ 6.8，平均为 6.6 ～ 6.7，酸败乳和初乳的 pH 值在 6.4 以下，乳房炎乳和低酸度乳的 pH 值在 6.8 以上。贮藏鲜乳时，应将乳迅速冷却后低温贮藏。

乳的酸度是由乳中蛋白质、氨基酸、柠檬酸盐和 CO_2 等酸性物质共同构成的，这种酸称为固有酸度或自然酸度。乳在贮藏过程中，由于微生物的生长繁殖分解乳糖产生酸导致乳的 pH 值下降，这种酸称为发酵酸度。总酸度为自然酸度与发酵酸度之和。通常牛乳酸度是指其总酸度。乳的酸度以°T 来表示，新鲜正常牛乳的酸度通常为 16 ～ 18°T。

6．冰点和沸点

一般牛乳的冰点为 -0.525 ℃～ -0.565 ℃，山羊乳的冰点为 -0.580 ℃。乳的冰点很稳定。乳中掺水可导致冰点上升，掺水 1%，冰点约上升 0.005 4 ℃。故可用测定冰点的方法检验乳中是否掺水。

牛乳的沸点在一个大气压下约为 100.55 ℃。乳的沸点受乳中干物质含量的影响，浓缩乳的沸点会相应上升。

7．表面张力

乳的表面张力与乳中干物质含量和温度有关，蛋白质含量高则表面张力低，温度高的乳的表面张力低。新鲜牛乳在 15 ℃时表面张力为 0.04 ～ 0.062 N/m，全脂乳表面张力为 0.052 N/m，脱脂乳为 0.056 N/m。测定乳的表面张力可用于区别正常乳和异常乳，也可初步判定生乳和杀菌乳。

8．黏度

乳的黏度是指乳中各分子的变形速度与切变应力之间的比例关系。初乳、末乳和病畜乳的黏度比常乳高，乳的含脂率或非脂乳固体含量增加时黏度升高，温度升高时乳的黏度降低。

四、乳的生产、贮藏、加工、运输卫生要求

为了得到品质良好的乳，除了改良动物的品种、加强饲养管理外，在生产、贮藏、加工、运输中还应最大限度地杜绝污染，严格遵守卫生要求。

1．场区环境设计与设施的卫生要求

（1）场址应在交通方便、水质良好、地势高燥，无有害气体、烟雾、灰沙及其他污染的地区，应远离学校、公共场所、居民住宅区。

（2）饲养区、生活区布置在场区的上风处，兽医室、产房、隔离病房、贮粪场和污水处理池应布置在场区的下风处，饲养区门口通道地面应设有消毒池，人行通道除设有地面消毒池外，还增设紫外线消毒灯。

（3）场区内的道路坚硬、平坦、无积水。圈舍、运动场、道路以外地带应绿化，圈舍应坐北朝南，坚固耐用，宽敞明亮，排水通畅，通风良好，夏季应增设电风扇或排风扇进行通风降温。

（4）场区内应设有符合《粪便无害化卫生要求》（GB 7959—2012）规定的粪尿处理设施，排出的污水必须符合《畜禽养殖业污染物排放标准》（GB 18596—2001）的规定。

（5）场区内必须设有更衣室、厕所、淋浴室、休息室，更衣室内应按人数配备衣柜。

（6）场区内必须设有与生产能力相适应的微生物和产品质量检验室，并配备工作所需的仪器设备和经专业培训、考核合格的检验人员。

（7）场区内需设置专用危险品库房、橱柜，并贴有醒目的"有害"标记，在使用危险品时需经专门管理部门核准并在指定人员的严格监督下使用。

（8）场区内应有足够的生产用水，水压和水温均应满足生产需要，水质应符合《生活饮用水卫生标准》（GB 5749—2006）的规定。

2．饲养管理卫生要求

（1）饲料收购和贮藏应符合《饲料卫生标准》（GB 13078—2017）的规定，应干净、无杂质，不霉烂变质。

（2）饮水卫生应符合《生活饮用水卫生标准》（GB 5749—2006）的规定，饮水池应定期清洗、换水。

（3）饲喂前饲草应铡短，扬弃泥土，清除异物，防止污染，块根、块茎类饲料需清洗、切碎，冬季防冷冻。

（4）每天应清洗牛舍槽道、地面、墙壁，清洗工作结束后应及时将粪便及污物运送到贮

粪场，运动场内粪便派专人每天清扫，并集中到贮粪场。

（5）场区内应定期或在必要时进行除虫灭害，清除杂草，防止害虫滋生，但药液不得直接触及畜体和盛奶用具。

3. 防疫与检疫

生产优质乳的先决条件就是保证乳畜的健康，饲养场必须建立检疫和防疫制度，培育无规定疾病的乳群。首先要建立必要的消毒制度，做到进出车辆与人员严格消毒，食槽每周消毒1次，圈舍每月消毒1次，全场每季消毒1次。

初生牛犊应在出生后1 h之内引导初乳，7 d内每天应饮足其母牛的初乳，每年3～4月间，全群进行无毒炭疽芽孢苗的防疫注射。

每年春季或秋季对全群进行检疫密度不低于90%的布鲁氏杆菌病和结核病的实验室检验，检出的阳性牛扑杀、深埋或火化，非健康牛群及可疑阳性牛应隔离分群饲养，并逐步淘汰净化。对口蹄疫、蓝舌病、牛白血病、副结核病、牛肺疫、牛传染性鼻气管炎和黏膜病进行临床检查，必要时进行实验室检验，检出阳性后按有关兽医法规处理。

多雨年份的秋季应做肝片吸虫的检查。

4. 工作人员的健康与卫生要求

场内饲养、挤奶人员每年进行健康检查，并建立职工健康档案，在取得健康合格证后方可上岗工作。患有痢疾、伤寒、病毒性肝炎等消化道传染病（包括病原携带者），活动性肺结核、布鲁氏杆菌病、化脓性或渗出性皮肤病等其他有碍食品卫生、人畜共患疾病者，不得从事饲草、饲料收购、加工、饲养和挤奶工作。

饲养员和挤奶员工作时必须穿戴工作服、工作帽和工作鞋（靴），并应经常清洗。挤奶员手部受伤未愈合前不能挤奶，工作时不得佩戴饰物和涂抹化妆品，并应经常修剪指甲。

5. 挤奶卫生要求

奶牛进牛舍后必须先冲洗，洗刷牛体，然后饲喂挤奶。挤奶应先挤健康牛，再挤病牛。病牛的奶应单独存放，另行处理，尤其是患乳房炎病牛的奶。盛奶用具使用前后必须彻底清洗、消毒。

（1）手工挤奶。挤奶前应先清除牛床上粪便，固定牛尾，使用40 ℃～45 ℃温水清洗、按摩、擦干乳房，一牛一条毛巾，一牛一桶水，乳头严禁涂布润滑油脂，第1、2把奶应丢弃，挤奶后应对奶牛乳头逐个进行药浴消毒。

（2）机器挤奶。挤奶机使用时应保持性能良好，送奶管和贮奶缸使用后应及时清洗、消毒。挤奶前用温水清洗乳房和乳头，并用一次性纸巾擦干。挤奶后用消毒液喷淋乳头消毒。应注意的是挤奶开始前应对每头牛每个乳区做乳房炎的检查，阳性牛改为手工挤奶。

6. 鲜奶贮藏与运输卫生要求

鲜奶应在2 h内冷却到4 ℃以下，由过滤器或多层纱布进行过滤后装入容器贮藏。设单间存放，与牛舍隔离，并且有防尘、防蝇、防鼠的设施，并使用密闭、清洁、经消毒的奶槽车或桶装运。

7. 乳的过滤净化卫生要求

在养殖场刚挤出的乳应尽快用纱布、滤袋或不锈钢滤器过滤，以便除去机械性杂质或其他异物。在乳品厂为使乳达到更高的纯净度，常用离心净乳机来净化乳，以便除去不能被过滤的极小的杂质和附着在杂质上的微生物或乳中的体细胞，这样也有利于提高乳的质量。

8. 乳的冷却卫生要求

刚挤出的乳，含有抑菌和抗菌物质，如烃素、溶菌酶和乳过氧化氢酶等。但抗菌时间与乳的温度和细菌污染程度有关。乳的温度越低，细菌含量越少，抑菌时间越长。所以，将生乳迅速冷却可延长抗菌期，既可以抑制微生物的繁殖，又可以延长抑菌物质的活性。冷却乳与未冷却乳中细菌数的关系见表2-22。

表 2-22　冷却乳与未冷却乳中细菌数的关系　　　　细菌个数 /mL

储存时间	冷却乳	未冷却乳
刚挤出的乳	11 500	11 500
3 h 以后	11 500	18 500
6 h 以后	6 000	102 000
12 h 以后	7 800	114 000
24 h 以后	62 000	1 300 000

乳中抑菌物质的抑菌效果不仅与温度有关，还与污染程度有关。乳被污染的程度越低，其维持时间越长。乳的抗菌性与污染程度的关系见表 2-23。

表 2-23　乳的抗菌性与污染程度的关系

乳温 /℃	抗菌特性的作用时间 /h	
	挤奶时严格遵守卫生要求	挤奶时不严格遵守卫生要求
37	3.0	2.0
30	5.0	2.3
16	12.7	7.6
13	36.0	19.0

冷却只能使微生物的生命活动暂时停止，温度升高后，微生物会继续繁殖，因此冷却后的乳应储存于较低温度下。乳的冷却温度与酸度的关系见表 2-24。

表 2-24　乳的冷却温度与酸度的关系

乳的储存时间	乳的酸度 /°T		
	未冷却乳	冷却到 18℃的乳	冷却到 13℃的乳
刚挤出的乳	17.5	17.5	17.5
挤出后 3 h	18.3	17.5	17.5
挤出后 6 h	20.9	18.0	17.5
挤出后 9 h	22.5	18.5	17.5
挤出后 12 h	变酸	19.0	17.5

从表 2-24 来看，乳冷却越早，温度越低，乳越新鲜。所以，刚挤出的乳过滤后必须尽快冷却到 4 ℃，在此温度下储运到乳品厂。

9. 乳的储存和运输卫生要求

为了保证产品的风味和质量，避免腐败变质，灭菌乳应储存在干燥、卫生、通风较好的场所，不得与有害、有毒、有异味或对产品产生不良影响的物品同库储存，巴氏杀菌乳的储存温度应为 2 ℃～6 ℃。

乳的运输是乳品生产的重要环节，运输过程中要注意以下原则：一是必须保证盛乳的容器清洁卫生并加以消毒；二是防止乳在运输途中升温。长距离和高温季节运输时应用冷藏车，并应在 6 h 内分送给用户。在运输中还应避免剧烈震荡和高温，要防尘、防蝇，避免日晒、雨淋，不得与有害、有毒、有异味的物品混装运输。

10. 乳的杀菌与灭菌卫生要求

乳及时进行杀菌或灭菌，可有效防止乳的腐败变质，可长时间保持新鲜度。乳品厂常用的杀菌和灭菌方法有以下几种。

（1）巴氏杀菌法。巴氏杀菌法是采用较低温度（一般为 60 ℃～82 ℃），在规定的时间内对食品进行加热处理，达到杀死微生物营养体的目的。其一般有两种方法：一是加热到 61 ℃～65 ℃，维持 30 min。该方法虽可保持乳的状态和营养，但所用时间长，也不能有效杀灭某些病原微生物，目前已较少使用。二是将乳加热到 72 ℃～75 ℃，至少保持 15 s，或是 80 ℃～85 ℃维持 15～16 s。这种方法可杀死大部分微生物，但也会破坏乳中的营养成分。

（2）超高温瞬时杀菌法。超高温瞬时杀菌法是一种采用短时高温使乳中有害微生物致死的灭菌方法。该方法是将乳液经 135 ℃以上灭菌数秒，在无菌状态下包装，以达到商业无菌的要求。该方法虽能有效保持乳本身的风味，也能杀死病原菌和芽孢等有害微生物，但乳中的部分蛋白质会被分解或变性。

11. 乳的包装卫生要求

包装材料必须符合食品卫生要求。灭菌乳的包装应采用无菌罐装系统，包装材料必须无菌、能避光、密封和耐压。包装容器的灭菌方法有饱和蒸汽灭菌、过氧化氢灭菌、紫外线辐射灭菌、过氧化氢和紫外线联合灭菌等。产品标签按《食品安全国家标准　预包装食品标签通则》（GB 7718—2011）的规定执行。

五、原料乳及消毒乳的市场监督与检验

上市销售的鲜乳及消毒乳的市场监督，以感官检验为主，根据色泽、组织状态、滋味与气味等方面进行判定。必要时取样，用食品快速检验箱进行必要的理化项目检验和细菌学检验。

六、不合格乳的卫生处理

鲜乳经过全面检查，有下列缺陷者，禁止销售食用，应予以销毁。

（1）乳出现黄色、红色或绿色等异常色泽，乳汁黏稠，有凝块、沉淀、血或脓等肉眼可见异物或杂质的。

（2）有明显的饲料味、苦味、酸味、霉味、臭味、涩味及其他异常气味或滋味的。

（3）乳汁内有明显污染物或加有防腐剂、抗生素和其他任何有碍食品卫生的物质的。

（4）乳中检出掺杂、掺假物质和致病菌的。

（5）牛乳相对密度低于 1.028～1.032，乳脂率低于 3.0%，酸度大于 22 °T 的。

（6）炭疽、牛瘟、狂犬病、钩端螺旋体病、开放性结核、乳房放线菌病等患畜乳。

一、材料与设备

鲜乳、绿色消毒乳、食品检验速测箱、记录本。

二、方法与步骤

1. 采样

散装或用大型容器盛装的乳，采样前应先将牛乳充分混合，并按被检乳量的

0.02%～0.1%进行取样，每份样品不得少于250 mL。若为瓶装或袋装乳，取整件原装的样品，采样量按每批或每个班次取1%，所取样品分为3份，分别供检验、复检和备查用。采集理化检验用样品时，所用采样容器必须清洁干燥，不得含有待测物质或干扰物质；采集微生物检验用样品时，取样容器必须无菌，所采集的样品应迅速储存在2 ℃～6 ℃环境中，以防变质。

所取各批样品均应进行容器容量或质量的鉴定，实际容量与标签上标示的容量偏差应小于1.5%。所取批次样品中至少有1瓶做微生物检验，其余做感官检验及理化检验。

2.感官检验

依据《食品安全国家标准　生乳》（GB 19301—2010）、《食品安全国家标准　巴氏杀菌乳》（GB 19645—2010）、《食品安全国家标准　灭菌乳》（GB 25190—2010）进行。

取适量试样置于50 mL烧杯中，在自然光线下观察色泽和组织状态，闻其气味，用温开水漱口，品尝滋味。

3.乳的卫生评价

（1）合格乳标准。呈乳白色或微黄色，具有乳固有的香味，无异味，呈均匀一致液体，无凝块、无沉淀、无正常视力可见的异物。

（2）不合格乳的卫生评价。乳有下述缺陷者，禁止销售。

①乳出现黄色、红色或绿色等异常色泽。

②乳汁黏稠，有凝块、沉淀、血或脓等肉眼可见的异物或杂质。

③有明显的饲料味、苦味、酸味、霉味、臭味、涩味及其他异常气味或滋味。

三、实训报告

根据生鲜乳与消毒乳的感官检验方法及卫生评价指标，针对被检样品写出检验分析报告。

作业单

查阅相关资料，回答下列问题。

1.影响乳卫生质量的因素有哪些？

2.乳品厂常用的杀菌和灭菌方法有哪几种？

评估单

【评估内容】

一、名词解释

1.异常乳　2.乳的酸度　3.乳的密度

二、填空

1.如果采取数桶乳的混合试样，一般取样量为（　　　）。

2.牛乳试样应贮藏于（　　　）℃的环境中，以防变质。

3.根据乳的化学成分与物理性质是否正常，可将乳分为（　　　）和（　　　）。

4.异常乳常分为（　　　）、（　　　）和（　　　）。生理异常乳一般是指（　　　）、（　　　），以及（　　　）；病理异常乳包括（　　　）和（　　　）。

三、选择

炭疽、牛瘟、狂犬病、钩端螺旋体病、开放性结核、乳房放线菌病等患畜乳，一律（　　　）。

A．不准食用　　　　B．销毁　　　　C．化制　　　　D．不得出售

四、判断

1. 乳的密度与温度有关，温度越高，密度越大。 （　　）
2. 正常的牛乳应当呈白色或微黄色。 （　　）

五、简答

1. 简述乳的化学成分及理化特性。
2. 简述生鲜牛乳检验的程序。

六、操作

用感官法检验生鲜乳和消毒乳。

【评估方法】

主要是通过试验进行评估，以小组为单位进行乳的感官检验操作，以操作熟练程度和试验结果作为依据，同时进行提问。

优：小组能独立正确完成各项工作，并能答出所提出的问题。

良：小组能独立正确完成大部分工作，个别环节仍需提示才能完成。

及格：小组能基本完成大部分工作，其他环节有错误。

不及格：小组不能独立完成各项工作。

备注：项目十二任务一学习情境占模块二总分的 8%。

任务二　乳制品的市场监督与检验

【重点内容】

乳制品的市场检验。

【教学目标】

熟悉乳制品的质量标准，了解市场乳制品出售的卫生要求；掌握乳制品的感官检验方法及卫生评价指标，能够正确进行乳制品的市场检验。

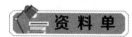

一、乳制品加工、出售卫生要求

（1）原料要求。原料乳应符合《食品安全国家标准　生乳》（GB 19301—2010）的规定，其他原料必须经过检验，应符合相应安全标准和有关规定。酸乳的发酵菌种应使用嗜热链球菌和保加利亚乳杆菌及其他由国务院卫生行政部门批准使用的菌种。

（2）感官要求。乳制品应符合《食品安全国家标准　乳粉》（GB 19644—2010）、《食品安全国家标准　发酵乳》（GB 19302—2010）、《食品安全国家标准　炼乳》（GB 13102—2010）、《食品安全国家标准　稀奶油、奶油和无水奶油》（GB 19646—2010）、《食品安全国家标准　干酪》（GB 5420—2010）、《食品安全国家标准　再制干酪》（GB 25192—2010）的要求，见表 2-25 至表 2-30。

表 2-25 乳粉的感官要求

项目	指标		检验方法
	乳粉	调制乳粉	取适量试样置于 50 mL 烧杯中,在自然光下观察色泽和组织状态,闻其气味,用温开水漱口,品尝滋味
色泽	色泽均匀一致乳,呈黄色	具有应有的色泽	
滋味和气味	具有纯正的乳香味	具有应有的滋味、气味	
组织状态	干燥均匀的粉末		

表 2-26 发酵乳的感官要求

项目	要求		检验方法
	发酵乳	风味发酵乳	取适量试样置于 50 mL 烧杯中,在自然光下观察色泽和组织状态,闻其气味,用温开水漱口,品尝滋味
色泽	色泽均匀一致,呈乳白色或微黄色	具有与添加成分相符的色泽	
滋味和气味	具有发酵乳特有的滋味、气味	具有与添加成分相符的滋味和气味	
组织状态	组织细腻、均匀,允许有少量乳清析出,风味发酵乳具有添加成分特有的组织状态粒		

表 2-27 炼乳的感官要求

项目	要求			检验方法
	淡炼乳	加糖炼乳	调制炼乳	取适量试样置于 50 mL 烧杯中,在自然光下观察色泽和组织状态,闻其气味,用温开水漱口,品尝滋味
色泽	呈均匀一致的乳白色或乳黄色,有光泽		具有辅料应有的色泽	
滋味、气味	具有乳的滋味和气味	具有乳的香味和甜味	具有乳和辅料应有的滋味和气味	
组织状态	组织细腻,质地均匀,黏度适中			

表 2-28 稀奶油、奶油和无水奶油的感官要求

项目	要求	检验方法
色泽	呈均匀一致的乳白色、乳黄色或相应辅料应有的色泽	取适量试样置于 50 mL 烧杯中,在自然光下观察色泽和组织状态,闻其气味,用温开水漱口,品尝滋味
滋味及气味	具有稀奶油、奶油、无水奶油或相应辅料应有的滋味及气味,无异味	
组织状态	均匀一致,允许有相应辅料的沉淀物,无正常视力可见的异物	

表 2-29　干酪的感官要求

项目	要求	检验方法
色泽	具有该类产品正常的色泽	取适量试样置于 50 mL 烧杯中，在自然光下观察色泽和组织状态，闻其气味，用温开水漱口，品尝滋味
滋味及气味	具有该类产品特有的滋味及气味	
组织状态	组织细腻、质地均匀，具有该类产品应有的硬度	

表 2-30　再制干酪的感官要求

项目	要求	检验方法
色泽	色泽均匀	取适量试样置于 50 mL 烧杯中，在自然光下观察色泽和组织状态，闻其气味，用温开水漱口，品尝滋味
滋味及气味	易溶于口，有奶油润滑感，并有产品特有的滋味、气味	
组织状态	外表光滑；结构细腻、均匀、润滑，应有与产品口味相关原料的可见颗粒。无正常视力可见的外来杂质	

（3）理化指标要求。乳粉应符合《食品安全国家标准　乳粉》（GB 19644—2010）的要求，炼乳应符合《食品安全国家标准　炼乳》（GB 13102—2010）的要求，奶油应符合《食品国家安全标准　稀奶油、奶油和无水奶油》（GB 19646—2010）的要求，酸乳应符合《食品安全国家标准　发酵乳》（GB 19302—2010）的要求，硬质干酪应符合《食品安全国家标准　干酪》（GB 5420—2010）的要求。

（4）微生物指标。乳粉应符合《食品安全国家标准　乳粉》（GB 19644—2010）的要求；炼乳、稀奶油产品应符合《食品安全国家标准　炼乳》（GB 13102—2010）、《食品国家安全标准　稀奶油、奶油和无水奶油》（GB 19646—2010）的要求；酸乳应符合《食品安全国家标准　发酵乳》（GB 19302—2010）的要求；硬质干酪应符合《食品安全国家标准　干酪》（GB 5420—2010）的要求。

（5）食品添加剂质量、品种和使用量应符合相关规定。

（6）生产加工过程的卫生要求符合《食品安全国家标准　乳制品良好生产规范》（GB 12693—2010）的规定。

（7）包装容器与材料符合相关规定。

（8）产品包装标志应符合《食品安全国家标准　预包装食品标签通则》（GB 7718—2011）的规定。奶粉产品名称可以标为"××奶粉"；酸乳应标明蛋白质、脂肪、非脂乳固体的含量、发酵菌种及其拉丁文名，风味酸乳应标出乳含量，产品名称可以标为"×××酸乳（奶）"；奶油应标明产品的种类和脂肪含量；硬质干酪应标明非脂成分水分含量和脂肪含量，产品名称应标为"××干酪"，并标明产品种类。

（9）产品应储存在干燥、通风良好的场所，避免与有毒、有害、有异味、易挥发、易腐蚀的物品接触。奶粉、炼乳、酸乳应储存在 2 ℃～6 ℃的环境，稀奶油应储存在 2 ℃～8 ℃的环境，奶油和无水奶油产品应储存在不超 -15 ℃的环境，硬质干酪产品应储存在 8 ℃～12 ℃、相对湿度为 85%～87% 的场所。运输产品时应避免日晒、雨淋，运输温度通常为 2 ℃～8 ℃，有冷冻或冷藏要求的产品应用冷冻或冷藏车运输。

二、乳制品的产品分类、卫生评价

（一）乳粉

乳粉是以生鲜牛（羊）乳为原料，添加或不添加辅料制成的粉状产品。

1. 产品分类

乳粉可分为全脂乳粉、全脂加糖乳粉和脱脂乳粉，它们分别为用全乳、全乳加适量砂糖、脱脂牛乳为原料，经杀菌、浓缩、喷雾干燥而制成的粉末状产品。

2. 乳粉卫生评价

（1）乳粉各项卫生指标应符合国家规定的各项标准要求。

（2）乳粉中出现苦味、霉味、化学药品等其他异味，有严重吸潮结块、生虫、褐色变化等，均应做废品处理。

（3）对于超过保藏期限者，应根据检验结果分别处理，做工业用或报废等。

（4）无明显感官变化，但部分理化指标已超标者，应做等外品处理。

（5）感官无变化而细菌菌落总数及大肠杆菌群超过卫生标准的，必须经过有效消毒后供食品加工用，且应在包装箱上标明。

（6）乳粉中不得含有致病菌及由微生物引起的缺陷。

（二）炼乳

鲜乳经预热、浓缩、均质、装罐、灭菌而制得的产品称为炼乳。

1. 产品分类

甜炼乳（全脂加糖炼乳）是在牛乳中加 16% 左右的砂糖并浓缩至原体积的 40% 左右而成；淡炼乳（全脂无糖炼乳）是牛乳浓缩至原体积的 40% 后的制品。

2. 炼乳卫生评价

（1）炼乳各项卫生指标应符合国家规定的各项标准要求。

（2）在保藏期间若出现罐筒膨胀及有色泽异常、苦味、腐臭味、金属味等异常感官指标的，一律废弃。

（3）因原料乳酸度高或预热加工时的灭菌温度不足，微生物作用致使炼乳凝结成块，应予以废弃。

（4）甜炼乳中除添加白糖外，不得添加任何防腐剂，检出者不得供直接食用。

（三）发酵乳

发酵乳是指以牛（羊）乳或复原乳为原料，加入适量的砂糖或其他成分，经巴氏杀菌冷却后，加入乳酸乳球菌和保加利亚乳杆菌经保温发酵而制成的产品。

1. 产品分类

产品按添加或不添加其他成分可分为发酵乳和风味发酵乳。

发酵乳是以乳或复原乳为原料，经脱脂、部分脱脂或不脱脂制成的产品。风味发酵乳是用 80% 以上的乳或复原乳为主料，经脱脂、部分脱脂或不脱脂，添加食糖、天然果料、调味剂等辅料制成的产品。

2. 发酵乳卫生评价

（1）发酵乳各项卫生指标应符合国家规定的各项标准要求。

（2）感官及微生物指标不合格或表面生霉的产品，不得出售，一律废弃。

（3）每批样品至少有 1 瓶做细菌学检验，其余做感官和理化检验，检出致病菌者，应予以销毁处理。

（四）奶油

奶油是从乳中分离出来的经杀菌、成熟、搅拌、压炼而成的富含乳脂肪的制品。

1．产品分类

产品按水分含量可分为奶油、稀奶油和无水奶油。

2．奶油卫生评价

（1）奶油的各项卫生指标应符合国家规定的各项标准要求。

（2）腐败、生霉或有其他各种异味的，应做废弃处理。

（3）混有尘埃、杂质者不准销售。

（4）微生物超标的，应视其污染严重程度可加工制成重制奶油，或做工业用或废弃。

（五）硬质干酪

硬质干酪是以牛乳为原料，经杀菌、凝乳添加发酵剂（纯乳酸菌）、凝乳酶、成型、发酵等过程而制得的产品。

产品分类：产品按非脂成分中的水分含量可分为软质、半硬质、硬质、特硬质干酪。产品按脂肪含量可分为高脂、全脂、中脂、部分脱脂和脱脂干酪。

三、乳制品的市场监督与检验

乳制品的市场监督与检验主要采用感官检验，必要时取样送实验室进行理化检验和微生物检验。

一、材料与设备

乳制品、食品检验速测箱、记录本。

二、方法与步骤

在光线充足无异味的环境中，按步骤对样品逐项进行感官检验。取适量试样置于 50 mL 烧杯中，在自然光下观察色泽和组织状态，闻其气味，用温开水漱口，品尝滋味。

（1）全脂奶粉的检验见表 2-31。

表 2-31　全脂奶粉的检验

滋味和气味	具有牛奶的纯香味
组织状态	颗粒均匀的干燥粉末、浅黄色、无结块、冲调后无团块、杯底无沉淀
色泽	浅黄色

（2）甜炼乳的检验见表 2-32。

表 2-32　甜炼乳的检验

滋味和气味	具有甜炼乳固有的纯香味，无其他任何外来滋味和气味、无异味
组织状态	质地均匀、黏度适中（倾倒时可成线或带状流下）、无凝块、无霉味、无脂肪上浮、无异味
色泽	呈均匀淡黄色

（3）发酵乳的检验见表2-33。

表 2-33　发酵乳的检验

滋味和气味	具有发酵乳特有的滋味和气味。无酒精发酵味、霉味和其他外来的不良气味
组织状态	凝块均匀细腻，无气泡，允许少量乳清析出
色泽	色泽均匀一致，呈乳白色或稍带微黄色

（4）奶油的检验见表2-34。

表 2-34　奶油的检验

滋味和气味	具有奶油的纯香味
组织状态	表面紧密，无霉斑、无大小水珠，允许有少量沉淀物，无异味、无杂质
色泽	呈均匀淡黄色

（5）硬质干酪的检验见表2-35。

表 2-35　硬质干酪的检验

滋味和气味	具有该种干酪特有的滋味和气味，香味浓郁。具有干酪固有的风味，无异味
组织状态	质地均匀，软硬适度，组织极细腻，可塑性较好，具有该种干酪正常的纹理图案。并有少量大小不一的气孔，外皮均匀，无裂缝、无损伤、无霉点、霉斑
色泽	色泽呈白色或淡黄色，有光泽，外形及包装良好

三、实训报告

根据乳制品的感官检验方法及卫生评价指标，针对被检样品写出检验报告。

作业单

查阅相关资料，回答下列问题。
1. 对奶粉如何进行卫生评价？
2. 对酸奶如何进行卫生评价？

评估单

【评估内容】

一、名词解释
1. 乳粉　2. 炼乳　3. 酸乳　4. 奶油

二、简答
各种乳制品的感官要求有哪些？

【评估方法】

以小组为单位，采用小组随机抽查提问方式，对团队整体水平进行比对考核。

优：能正确回答每个问题。

良：能正确回答大部分问题，稍微提示即可完成。

及格：能基本回答每个问题，但有个别是错误的。

不及格：回答不正确或者不能回答。

备注：项目十二任务二学习情境占模块二总分的 8%。

项目十三　动物性水产品的市场监督与检验

【重点内容】

动物性水产品的质量标准、市场检验及处理。

【教学目标】

熟悉动物性水产品的质量标准，了解市场出售的卫生要求。

掌握动物性水产品的感官检验方法及卫生评价指标，能够正确进行市场检验。

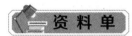

一、动物性水产品在保藏中的变化

1. 鲜鱼的变化

鱼类死后的变化过程一般分为僵直、自溶及腐败三个阶段。鱼肉的成熟过程不明显，鱼体解僵后就开始自溶与腐败。

（1）僵直。鱼体僵直一般发生在死后十几分钟至 4～5 h。僵直进行的速度与鱼的种类、放置温度及处理方式有关。温度越低，僵直越慢，持续时间也越长。鱼体僵直先由背部肌肉开始，逐渐遍及整个鱼体。处于僵直状态的鱼，口紧闭，鳃盖紧合；指压肌肉不显现压迹；用手握鱼头时，鱼尾一般不会下弯；鱼肉 pH 值为 5.0～6.0，不利于致腐微生物的生长繁殖，因此，僵直期的鱼体鲜度良好。鱼体僵直过后，又逐渐变软，肌肉具有弹性，进入成熟阶段，但鱼体的成熟期很短，很快过渡到自溶阶段。

（2）自溶。鱼体僵直后期，自溶酶将蛋白质分解为蛋白胨、多肽和氨基酸。此时，肌肉软化失去弹性。自溶阶段的鱼肉 pH 值一般在 7 以上，利于致腐微生物生长繁殖，鱼肉鲜度下降，不宜保存，应立即销售。

（3）腐败。腐败细菌在鱼体内生长繁殖，将鱼体组织分解。分解产物主要有氨、胺类、酚类及吲哚等。腐败细菌的繁殖、分解过程几乎与僵直、自溶过程同时发生，但在僵直和自溶初期，细菌的繁殖和含氮物的分解比较缓慢；自溶后期，细菌繁殖与分解作用加快，当细菌繁殖到一定数量、低级分解产物增加到一定程度时，鱼体即产生明显的腐败气味。

2. 冰冻鱼的变化

冷冻保鲜法是渔业生产中最常用的保鲜方法。保鲜的方法是将鲜鱼置于不高于 –25 ℃的条件下冻结，使鱼体中心温度降到 –15 ℃，然后放入 –18 ℃低温冷库中冷藏，借以抑制腐败菌类的生长繁殖和酶的活性。存放时间久，冰冻鱼的质量还会有所下降。

冰冻鱼在冻藏过程中主要发生两种变化：一是失水干缩。水分散失严重时，可导致冰冻鱼外形和风味的不良变化。含水量、个体大小、冻结方法、冷藏温度、相对湿度和空气流速等对鱼的失水干缩都有较大影响。二是脂肪氧化。冰冻鱼在长期存放中，细菌产生的脂肪分解酶将脂肪分解为游离脂肪酸，游离脂肪酸分解产生的低级脂肪酸会产生特殊的气味和滋味，形成水解型酸败变质。此外，鱼体脂肪会因氧化作用使不饱和脂肪酸转化成氧化物，然后分解成醛和醛酸及低级脂肪酸，形成氧化型酸败变质。酸败产物除影响口味外，还有一定的毒性。

3．咸鱼的变化

咸鱼储运不当，会出现发红、脂肪氧化、腐败等变质现象。嗜盐菌类在腌制的咸鱼上生长繁殖时，会产生红色素使鱼的体表呈现红色，俗称发红（赤变）。最初只出现于体表，继而侵入肌肉深部。脂肪氧化俗称油酵，特征是在皮肤表面、切断面和口腔内形成一层褐色薄膜。腐败主要是由于咸鱼储存不当，耐盐菌类生长繁殖而使肌肉组织分解。腐败表现为皮肤污秽，组织弹性丧失，肉质发红或变暗，有的在头等部位出现淡蔷薇色，且可深入肌肉深层，并散发不良气味。

4．干鱼的变化

干鱼在保藏中可能发生的变化有霉变、发红、脂肪氧化及虫害。霉变多与最初干度不足或者吸水回潮有关。发红是由于嗜盐菌引起的，主要见于盐干品，严重时形成有氨臭的红色黏块。干鱼脂肪氧化俗称哈喇，鱼体脂肪因含不饱和脂肪酸多，较一般动物脂肪更易氧化，鱼的外观和风味都受影响。在加工保藏时，应注意减少或避免光和热的影响。常见的害虫有鲣节虫、红带皮蠹、鲞蠹。

二、动物性水产品及其制品加工的卫生要求

无公害水产品及其制品的加工场所、原料、辅佐料、生产用水、器具、机械和操作人员的卫生管理要求与肉及肉制品的要求相似。

三、动物性水产品的市场检验

因为感官检验在生产上应用最广，无须仪器与设备，只要了解鱼体的固有特征及其死后的变化规律，再结合实际经验，就能得出比较可靠的判断，所以动物性水产品的市场检验以感官为主。必要时取样送实验室进行理化检验和细菌检验。

四、动物性水产品的感官卫生指标

《食品安全国家标准　鲜、冻动物性水产品》（GB 2733—2015）、《食品安全国家标准　动物性水产制品》（GB 10136—2015）的感官要求见表2-36、表2-37。

表2-36　鲜、冻动物性水产品感官要求（GB 2733—2015）

项目	要求	检验方法
色泽	具有水产品应有的色泽	取适量样品置于瓷盘上，在自然光下观察色泽和状态，嗅其气味
气味	具有水产品应有的气味，无异味	
状态	具有水产品正常的组织状态，肌肉紧密，有弹性	

表2-37　即食动物性水产品制品、预制动物性水产干制品感官要求（GB 10136—2015）

项目	要求	检验方法
色泽	具有该产品应有的色泽	取适量样品置于白色瓷盘上，在自然光下观察色泽和状态，嗅其气味，用温开水漱口，品其滋味
气味、滋味	具有该产品正常的滋味、气味，无异味、无酸败味	
状态	具有该产品正常的形状和组织状态，无正常视力可见的外来杂质、无霉变、无虫蛀	

五、动物性水产品的卫生评价

1．鱼及鱼制品

良质新鲜鱼与鱼制品应符合国家规定的感官、理化及细菌指标，检验后根据其卫生质量做出相应的卫生处理。

（1）新鲜鱼不受限制销售食用。

（2）次鲜鱼通常应立即销售食用（以高温烹调为宜）。

（3）腐败变质鱼禁止食用。变质严重者，不能作为饲料。

（4）变质咸鱼缺陷轻微者，经卫生处理后可供食用。但有下列变化者，不得供食用：

由于腐败变质产生明显的臭味或异味时；脂肪氧化蔓延至深层者；严重的"锈斑"或"变红"侵入肌肉深部时；虫蛀已侵入皮下或腹腔时；鱼体软化者。

（5）凡因中毒致死的鱼类不得供食用。

（6）黄鳝应鲜活出售，已死亡者不得销售或加工。

2．贝甲类的卫生评价

凡供食用的贝甲类水产品必须符合国家卫生标准和相应的行业标准的规定。

（1）虾已自溶或变质不能食用。

（2）甲鱼、乌龟、蟹及各种贝蛤类均应鲜活出售。凡死亡者不得出售加工。

（3）含有自然毒的贝蛤类，不得出售，应予销毁。

（4）凡因中毒致死的贝类及虫蛀、赤变、氧化蔓延和深层腐败的贝类，不得供食用。

一、材料与设备

水产品、食品检验速测箱、记录本。

二、方法与步骤

（1）在光线充足无异味的环境中，分别将试样倒入白色洁净的搪瓷盘内，按步骤逐项进行感官检验。

（2）在可疑情况下，可用小刀或竹扦穿嗅闻其气味，或者切取一块，浸于热水后嗅测之。在容器中加水 500 mL，将水烧开后，取样约 100 g，用清水洗净，放于容器中，盖上盖。煮 5 min 后，打开盖，嗅蒸汽气味，再品尝肉质。

①不同新鲜度鱼类的感官特征见表 2-38。

表 2-38　不同新鲜度鱼类的感官特征

项目	新鲜鱼	次鲜鱼	不新鲜鱼
体表	具有鲜鱼固有的体色与光泽，嘴鳍末端鲜红，黏液透明	体色较暗淡，光泽差，黏液透明度较差	体色暗淡无光，黏液浑浊或污秽并有腥臭味
眼睛	眼睛饱满，角膜光亮透明，有弹性	眼球平坦或稍凹陷，角膜起皱、暗淡或微浑浊，或有溢血	眼球凹陷，角膜浑浊或发黏
鳃部	鳃盖紧闭，鳃丝鲜红或紫红色，结构清晰，黏液透明，无异味	鳃盖较松，鳃丝呈紫红、淡红或暗红色，黏液有酸味或较重的腥味	鳃盖松弛，鳃丝粘连，呈淡红、暗红或灰红色，黏液浑浊并有显著腥臭味

续表

项目	新鲜鱼	次鲜鱼	不新鲜鱼
鳞片	鳞片完整，紧贴鱼体不易剥落	鳞片不完整，较易剥落，光泽较差	鳞片不完整，松弛，极易剥落
坚挺度	死后坚挺，竹扦抬起鱼身中部两端稍弯或呈直弧形	坚挺度较差，竹扦抬起，头尾端较下垂	坚挺度极差，从中间提起，几乎呈弯弓状
气味	有固有的鱼腥味	有较重的腥味	浓腥味为腐败鱼，大蒜味为有机磷中毒鱼，六六六味为有机氯致死鱼，污泥水味为污水毒死鱼
腹部肛门	正常不膨胀，肛门紧缩凹陷不外突（雌鱼产卵期除外）、不红肿	膨胀不明显，肛门稍凸出	膨胀或变软，表面有暗色或淡绿色斑点，肛门凸出
肌肉	肌肉坚实，富有弹性，手指压后凹陷立即消失，无异味，肌纤维清晰有光泽	肌肉组织结构紧密，有弹性，压陷能较快恢复，但肌纤维光泽较差，稍有腥味	肌肉松弛，弹性差，压陷恢复较慢，肌纤维无光泽，有霉味和酸臭味
内脏	气鳔充满，胆囊完整，肠管稍硬，走向清晰可辨	气鳔固定不实，胆汁稍有外溢，肠管色暗	胆汁外溢，内脏呈黄色，肠管腐烂，相互脱离
骨肉联合	鱼肉和鱼骨联系紧密，肌肉鲜嫩	腹底骨肉联系不密，剖腹后骨骼末端凸出	明显的肉骨脱离，剖腹有污水流出，有腥腐臭味
脊柱	无脊柱旁红染现象	脊柱旁红染现象不明显	脊柱旁红染现象明显

②冰冻鱼的感官特征见表2-39。

表2-39　冰冻鱼的感官特征

项目	冰冻后的特征
活鱼	眼睛明亮、眼球凸出、充满眼眶；鳞片上覆有冻结的透明黏液层，皮肤色泽明显；鱼鳍展平张开，鱼体仍保持临死前挣扎的弯曲状态
死鱼	眼部凸出，鱼鳍紧贴鱼体，鱼体挺直。中毒和窒息死后冰冻的鱼，口及鳃张开，皮肤颜色较暗
腐败鱼	完全没有活鱼冰冻后的特征，有腐败气味
冰冻较久的鱼	头部和体表有哈喇味，有黄色或褐色锈斑

③不同新鲜度咸鱼的感官特征见表2-40。

表2-40　不同新鲜度咸鱼的感官特征

项目	良质咸鱼	次质咸鱼	劣质咸鱼
色泽	色泽新鲜，具有光泽	色泽不鲜明或暗淡	体表发黄或变红
体表	体表完整，无破肚及骨肉分离现象，体形平展，无残鳞、无污物	鱼体基本完整，但可有少部分变成红色或轻度变质，有少量残鳞或污物	体表不完整，骨肉分离，残鳞及污物较多，有霉变现象

项目	良质咸鱼	次质咸鱼	劣质咸鱼
肌肉	肉质致密结实,有弹性	肉质稍软,弹性差	肉质疏松易散
气味	具有咸鱼所特有的风味,咸度适中	可有轻度腥臭味	具有明显的腐败臭味

④不同新鲜度干鱼的感官特征见表 2-41。

表 2-41　不同新鲜度干鱼的感官特征

项目	良质干鱼	次质干鱼	劣质干鱼
色泽	外表洁净有光泽,表面无盐霜,鱼体呈白色或色淡	外表光泽度差,色泽稍暗	体表暗淡色污,无光泽,发红或呈灰白、黄褐、浑黄色
气味	具有干鱼的正常风味	可有轻微的异味	有酸味、脂肪酸败或腐败臭味
组织状态	鱼体完整、干度足,肉质韧性好,切割刀口处平滑无裂纹、破碎和残缺现象	鱼体外观基本完整,但肉质韧性较差	肉质疏松,有裂纹、破碎或残缺,水分含量高

⑤不同新鲜度虾的感官特征见表 2-42。

表 2-42　不同新鲜度虾的感官特征

项目	新鲜生虾	不新鲜或变质生虾
外壳	体形完整,外壳透明、光亮	外壳暗淡无光泽
体表	体表呈青白色或青绿色,清洁,无污秽黏性物质,触之有干燥感	体色变红,体质柔软,甲壳下大量黏液渗到体表,触之有滑腻感
肢节	头、胸、腹处连接紧密	头胸节和腹节连接处松弛易脱落,甲壳与虾体分离
伸屈力	须足无损,刚死亡虾保持伸张或卷曲的固有状态,外力拉动松手后可恢复原有姿态	死亡时间长且气温高,虾体发生自溶,组织变软,失去伸屈力
肌肉	肉体硬实,紧密而有韧性,断面半透明	肉质松软、黏腐,切面呈暗白色或淡红色
内脏	内脏完整,胃脏及肝脏没有腐败	内脏溶解
气味	有固有的清淡腥味,无异常气味	有浓腥臭味,严重腐败时,有氨臭味

⑥不同新鲜度冻虾仁的感官特征见表 2-43。

表 2-43　不同新鲜度冻虾仁的感官特征

项目	良质虾仁	劣质虾仁
色泽	呈淡青色或乳白色	色变红
气味	无异味	有酸臭气味
组织形态	肉质清洁完整,无脱落的虾头、虾尾、虾壳及杂质虾仁,冻块中心温度在 -12 ℃以下,冰衣外表整洁	肉体不整洁,肌肉组织疏松

⑦不同新鲜度虾米的感官特征见表2-44。

表2-44 不同新鲜度虾米的感官特征

项目	良质虾米	变质虾米
色泽	外观整洁，呈淡黄色而有光泽	暗淡无光，呈灰白至灰褐色
组织形态	无搭壳现象，虾尾向下卷曲，肉质紧密坚硬	碎末多，表面潮润，搭壳严重，肉质酥软或如石灰状
滋味及气味	无异味	有霉味

⑧不同新鲜度虾皮的感官特征见表2-45。

表2-45 不同新鲜度虾皮的感官特征

项目	良质虾皮	变质虾皮
色泽	淡黄色有光泽	呈苍白或淡红色，暗淡无光
组织形态	外壳清洁，体形完整，尾弯如钩状，虾眼齐全，头部和躯干紧连，以手紧握一把放松后，能自动散开，无杂质	外表污秽，体形不完整，碎末较多，以手紧握后，黏结而不易散开
滋味及气味	具有虾皮固有的鲜香味，无异味	有严重霉味

三、实训报告

根据水产品的感官检验方法及卫生评价指标，针对被检样品写出检验报告。

作业单

查阅相关资料，回答下列问题。
1. 冻鱼的感官特征是什么？
2. 如何进行虾、贝的检验？

评估单

【评估内容】

一、填空
1. 鱼类死后的变化过程一般被分为（　）、（　）、（　）三个阶段。
2. 鱼在冻藏过程中，主要发生两种变化：第一种变化为（　）；第二种变化为（　）。
3. 干鱼在保藏中可能发生的变化，主要是（　）、（　）、（　）及（　）。
4. 咸鱼储运不当，会出现（　）、（　）、（　）现象。

二、选择
变质咸鱼缺陷轻微者，经卫生处理后可供食用，但下列哪种情况不得供食用？（　）
A. 由于腐败变质产生明显的臭味或异味时
B. 脂肪氧化蔓延至深层者
C. 青皮红肉的鱼类发现鱼体软化者
D. 因中毒致死的鱼类

三、判断

1．黄鳝死亡者可以出售。　　　　　　　　　　　　　　　　　　　　　　（　　）

2．虾肉组织变软，无伸屈力，体表发黏，色暗、有臭味等，说明虾已自溶或变质，高温处理后可以食用。　　　　　　　　　　　　　　　　　　　　　　　　　（　　）

3．甲鱼、乌龟、蟹、各种贝蛤类均应鲜活出售。凡死亡者不得出售加工。　（　　）

4．凡因中毒致死的贝类及虫蛀、赤变、氧化蔓延和深层腐败的贝类，不得供食用。
　　　　　　　　　　　　　　　　　　　　　　　　　　　　　　　　　（　　）

5．腐败变质鱼禁止食用，但可以作为饲料。　　　　　　　　　　　　　　（　　）

四、简答

如何进行鲜鱼的感官检验？

【评估方法】

以小组为单位，采用小组随机抽查提问方式，对团队整体水平进行比对考核。

优：能正确回答每个问题。

良：能正确回答大部分问题，稍微提示即可完成。

及格：能基本回答每个问题，但有个别错误。

不及格：回答不正确或者不能回答。

备注：项目十三学习情境占模块二总分的 8%。

项目十四　蜂蜜的质量监督与检验

【基本概念】

多花种（混合）蜂蜜

【重点内容】

蜂蜜新鲜度的感官检验方法及卫生评价指标。

【教学目标】

熟悉蜂蜜的质量标准，了解市场蜂蜜出售的卫生要求；掌握蜂蜜新鲜度的感官检验方法及卫生评价指标，能够正确进行蜂蜜的市场检验。

资料单

蜂蜜是由蜜蜂采集植物的花蜜、分泌物或蜜露，与自身分泌物结合后，经充分酿造而成的天然甜物质。蜂蜜在通常情况下呈黏稠流体状，储存时间较长或温度较低时可形成部分或全部结晶。蜂蜜含有多种糖，主要是果糖和葡萄糖。此外，含有有机酸、酶和源于蜜蜂采集的固体颗粒物（如植物花粉等）。蜂蜜的气味和色泽随蜜源的不同而有差异，如有水白色、琥珀色或深色（暗褐色）等。

单一花种蜂蜜：蜜蜂主要采集一种蜜源植物的花蜜或分泌物酿造的蜂蜜。

多花种（混合）蜂蜜：蜜蜂采集两种或两种以上蜜源植物的花蜜或分泌物酿造的蜂蜜，以及两种或两种以上单一植物蜂蜜的混合物。

一、感官要求

根据《食品安全国家标准　蜂蜜》（GB 14963—2011），蜂蜜的描述可以通过感觉器官感知的特性，主要是色泽、气味、滋味、状态和杂质五个方面进行。

1. 色泽

根据蜜源品种不同，常见的蜂蜜颜色有水白色（几乎无色）、白色、特浅琥珀色、浅琥珀色、琥珀色及深色（暗褐色）。比如，刺槐蜂蜜是水白色或白色，荔枝蜂蜜是浅琥珀色，油菜蜂蜜是琥珀色等。

2. 气味

蜜源植物花的气味是鉴别蜂蜜品种的重要手段。单一花种蜂蜜有该种蜜源植物花的气味，没有酸或酒的挥发性气味和其他异味。气味的浓郁或淡薄与蜂蜜的成熟程度、储存时间和温度有关。酸或酒的气味往往是发酵的结果，其他异味多是采集、储存过程混入其他杂质的结果。

3. 滋味

根据蜜源品种不同，蜂蜜滋味可分为甜、甜润或甜腻。甜味是蜂蜜的基本滋味，某些品种有微苦、涩等刺激味道。感官鉴别甜味的强度，可以推断其甜物质的含量。低浓度时，果糖、蔗糖、葡萄糖的甜度是不同的。但随着浓度提高，甜度差别减小。

4. 状态

常温下呈黏稠流体状或部分及全部结晶，没有发酵症状。

5. 杂质

不含蜜蜂肢体、幼虫、蜡屑及其他肉眼可见的杂物。

　　蜂蜜的黏稠程度是由蜂蜜中所含的碳水化合物及胶体物质决定的，不同糖的黏度不同，如葡萄糖和果糖的黏度比蔗糖低，所以含蔗糖高的蜂蜜黏度较大。蜂蜜中所含糖的溶解度不同，形成结晶的程度也不同，果糖溶解度最高，蔗糖次之，葡萄糖最低，因此，葡萄糖含量高的蜂蜜最容易结晶，果糖含量高的蜂蜜难以结晶，蜂蜜的结晶一般沉淀在蜂蜜底部，蔗糖的晶体可以很大，葡萄糖的晶体比较细小。结晶的蜂蜜，其液态部分水分含量增加，往往容易发酵，一般肉眼见到的发酵症状是发酵形成的气泡和泡沫，以及还有蜂蜜结晶的漂浮状态，蜂蜜结晶会缩短保质期。

二、理化要求

　　蜂蜜的理化要求见表 2-46。

表 2-46　蜂蜜的理化要求

项目	指标
果糖和葡萄糖含量 / [g·（100 g）$^{-1}$]	≥60
蔗糖含量 / [g·（100 g）$^{-1}$]	≤10
桉树蜂蜜、柑橘蜂蜜、紫苜蓿蜂蜜	
其他蜂蜜	≤5
锌 / (mg·kg^{-1})	≤25

三、监督检验卫生要求

　　（1）应符合《食品安全国家标准　蜂蜜》（GB 14963—2011）标准和法律、法规、规章及有关标准要求。

　　（2）不得添加或混入任何淀粉类、糖类、代糖类物质。不得添加或混入任何防腐剂、澄清剂、增稠剂等异物。如果在蜂蜜中添加其他物质，则不应以"蜂蜜"或"蜜"作为产品名称或名称主词。

　　（3）采用过滤工艺除去了花粉的蜂蜜应称为"过滤蜂蜜"；如果蜂蜜呈现某种颜色，可以在"蜂蜜"前加上表示色泽的形容词，如白色蜂蜜；如果蜂蜜主要产自一种植物或花，可以在"蜂蜜"前加上这种植物或花的名称；为了表明物理状态，可采用"液态蜂蜜""结晶蜂蜜"名称；如果蜂蜜是由一种蜜蜂酿造，可以在产品名称前加上这种蜜蜂的名称，写在括号内，如东北黑蜂蜂蜜。

　　（4）不应使用化学或生化处理方法改变蜂蜜的结晶变化。加热处理时温度不能过高，防止蜂蜜基本成分发生变化，造成质量损害。

四、蜂蜜的市场检验

　　蜂蜜的市场检验以感官检验为主。必要时取样送实验室进行理化检验和细菌学检验。理化检验重点检铅、锌、四环素。细菌学检验重点检菌落总数、大肠杆菌群、霉菌计数、沙门氏菌、志贺氏菌、金黄色葡萄球菌、嗜渗酵母计数，具体内容见《食品安全国家标准　蜂蜜》（GB 14963—2011）。

五、卫生评价

　　蜂蜜的色、香、味等可以满足食用者的心理需要，蜂蜜的主要成分能满足食用者的生理需要，这些都是蜂蜜的适用性。蜂蜜的质量等级和蜂蜜的感官要求、理化要求都是蜂蜜产品重要的标准化对象。

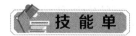

一、材料与设备

蜂蜜、不锈钢管（长约为 115 cm、直径约为 2.5 cm）、搪瓷桶（或杯）、不锈钢制单套管、500 mL 磨砂具塞广口玻璃瓶、食品检验速测箱、记录本。

二、方法与步骤

（一）取样

1．数量

以不超过 25 t 为一个单位。

100 件以下，抽取 10% 但不得少于 5 件；

101 ～ 500 件，增加部分抽取 5%；

501 ～ 1 000 件，增加部分抽取 4%；

1 000 件以上，增加部分抽取 2%；

每件抽取样品不少于 100 g。

在同一取样单位中，如果生产批次不同，则应按生产批号分别取样。

2．方法

按报告单所列的品名、包装、标志、件数、质量等核查批次相符后，取样并逐件开启。将取样管缓缓放入中部或三分之二的部位吸取样品，倾入混样器，混合均匀后装入清洁干燥的样品瓶内，并标明报验号、报验单位、商品名称、批号、报验数量、取样日期和取样人。如遇蜂蜜结晶时，则用单套杆或取样管插到底，抽取样品，混匀。

（二）检验方法（GB 14963—2011）

1．试样制备

未结晶的样品，将其用力搅拌均匀。有结晶析出的样品，可将样品瓶盖塞紧后，置于不超过 60 ℃的水浴中温热，待样品全部融化后，搅匀，迅速冷却至室温以备检验用。

2．感官检验

（1）看颜色：真蜂蜜中因含有一些蛋白质、生物酶、矿物质和花粉等成分，所以看起来不是很清亮，呈白色、淡黄色或琥珀色，以浅淡色为佳。假蜂蜜由于是用白糖熬成或用糖浆冒充，故色泽鲜艳，一般呈浅黄或深黄色。

蜂蜜具有应有的色泽。按色泽深浅分为水白色、特白色、白色、特浅琥珀色、琥珀色、深色等数种。用卜方特比色计比色，按表 2-47 进行分级。

表 2-47　卜方特比色计比色分级范围　　　　　　　　　　　　　　　　mm

色泽名称	卜方特比色计色值	色泽名称	卜方特比色计色值
水白色	8 以下	浅琥珀色	85 以下
特白色	16 以下	琥珀色	114 以下
白色	34 以下	深色	140 以下
特浅琥珀色	50 以下		

测定方法：将不含气泡的试样倒入卜方特比色槽内，以卜方特比色计进行比色读取色值后按分级范围表确定色泽。

（2）看形状：将试样放入透明容器，观察透明度、结晶和杂质；轻微倾斜容器，然后用洁净的玻璃棒搅动试样，观察其流动性和黏稠度。真蜂蜜呈黏稠液体，挑起可见柔性长丝，不断流。假蜂蜜有悬浮物或沉淀，黏度小，挑起时呈滴状下落，有断流。在暴晒后真蜂蜜变稀薄，而假蜂蜜无变化或更黏稠。若蜂蜜极稀，容易流动，则可能是掺了水的。

（3）看标签：有一些蜂蜜产品的配料表中注明蔗糖、白糖、果葡糖浆等成分，而纯正的蜂蜜产品不允许加入这些物质。

（4）闻气味：用玻璃棒挑起试样，鼻嗅或口尝试样，鉴别发酵征兆。仔细闻，真蜂蜜，气味纯正、自然，有淡淡的植物味的花香；而假蜂蜜闻起来有刺鼻异味或水果糖味。

（5）品尝：亲口尝，真蜂蜜香甜可口，有黏稠糊嘴感，有轻微的淡酸味，后味悠长，品尝结晶块时牙咬即酥，含之即化。假蜂蜜仔细品尝有苦涩味或化学品怪味，无芳香味，结晶块咀嚼如砂糖，声脆响亮。

（6）热水溶：将一勺蜂蜜放入杯中，再加 3～5 倍热水使之溶化，静置 3～4 h，如无沉淀发生，则为纯蜜、好蜜。

（三）良质蜂蜜的感官指标

良质蜂蜜的感官指标，应符合《食品安全国家标准　蜂蜜》（GB 14963—2011）的规定。

（1）在常温下呈黏稠、透明或半透明的胶状液体，温度较低时可发生结晶现象。

（2）在液态时，颜色有水白色（几乎无色）、白色、特浅琥珀色、浅琥珀色、琥珀色及深色（暗褐色）。

（3）应具有蜜源植物特有的花香气味，味甜无异味，没有酸或酒的挥发性气味和其他异味。

（4）肉眼观察应无死蜂、幼虫、蜡屑及其他杂质，常温下呈黏稠流体状，或部分及全部结晶。

三、实训报告

根据蜂蜜的感官检验方法及卫生评价指标，针对被检样品写出检验分析报告。

✎ 作业单

一、名词解释
1. 单一花种蜂蜜　2. 多花种（混合）蜂蜜
二、填空
蜂蜜的市场检验以（　　）为主。必要时取样送实验室进行理化检验和细菌学检验。理化检验重点检（　　）、（　　）、（　　）。细菌学检验重点检（　　）、（　　）、（　　）、（　　）、金黄色葡萄球菌及霉菌。

✎ 评估单

【评估内容】

如何进行蜂蜜感官检验？

【评估方法】

以小组为单位，采用小组随机抽查提问方式，对团队整体水平进行比对考核。

优：能正确回答每个问题。

良：能正确回答大部分问题，稍微提示即可完成。

及格：能基本回答每个问题，但有个别错误。

不及格：回答不正确或者不能回答。

备注：项目十四学习情境占模块二总分的 8%。

模块三　微生物指标检验

项目十五　微生物指标检验岗前知识培训

【基本概念】

食品腐败变质、大肠菌群、细菌总数、大肠菌群近似值（MPN）

【重点内容】

食品卫生细菌学检验的意义。

【教学目标】

熟悉食品中病原微生物的种类及病原微生物检验的重要意义；了解微生物引起的食品腐败变质的特征性表现及检验方法；掌握食品卫生细菌学检验的意义。

资料单

一、动物性食品中的病原微生物

肉与肉制品、蛋与蛋制品、乳与乳制品、水产品及其制品等都不同程度地受到各种微生物的污染。即便加工的原料特别新鲜，但由于原料积压，加工场地卫生条件差，消毒、灭菌、防菌不严等，因此环境中的病菌、病毒也会污染食品。如生产人员是沙门氏菌或痢疾杆菌携带者或结核病患者，病菌就会污染到食品，通过食品散布得更为广泛。如果检疫不严格，不慎使用患病动物的肉，则生产出来的食品也就带有病菌、病毒。这些污染的微生物主要是腐生菌，其次是病原微生物。

1. 肉与肉制品中的病原微生物

健康畜禽的肉、血液、脏器组织一般是无菌的，但是随着加工、运输和保藏过程的进行，污染的微生物会越来越多，越到最后的工序，细菌污染越严重。每1 g肉可以检出亿万个细菌，少者也有几万个细菌。肉品表面存在的细菌数远远多于深部组织的细菌数，细菌由肉的表面侵入深部组织通常很慢也很少，但深部肌肉组织一旦受到破坏，微生物就能很快地侵入肉的深部。肉食品上的菌丛，主要是肠道细菌。

肉保存不当时易发生腐败，肉的腐败首先是由肉表面开始的需氧性腐败，逐渐扩散至深部的厌氧性腐败。引起需氧性腐败的细菌主要是革兰氏染色阴性菌，如产气杆菌、大肠杆菌、阴沟杆菌、变形杆菌等。引起厌氧性腐败的细菌主要有腐败梭菌、产芽孢梭状杆菌和溶组织杆菌等。有时，需氧性腐败菌和厌氧性腐败菌并存。

鲜肉或一些肉制品，如腊肉、香肠、火腿、板鸭等，若储存过久或储存在较湿的环境中，则会引起霉菌的大量繁殖，肉面上常见的霉菌有曲霉、根霉、毛霉等。肉与肉制品上的霉菌，有的能引起腐败变质作用，有的能产生毒性物质，如黄曲霉菌、杂色曲霉等。

污染畜禽肉的微生物既有非病原性微生物又有病原微生物，其中最易污染的是病菌、病毒。畜禽肉上污染的病菌、病毒，主要是由于病畜病禽与健康畜禽混合屠宰加工而直接受到污染，或者是由于环境消毒不严，使病菌、病毒通过空气、灰尘而污染到其他畜禽肉。家畜家禽的传染病很多都是人畜共患的传染病，能通过肉食品传染给人，危害较大，如炭疽病、结核病、布鲁氏杆菌病、钩端螺旋体病、口蹄疫等。自然界分布最广泛的肠道致病菌主要是沙门氏菌，它能引起人类、家畜家禽、野生禽兽等不同的沙门氏菌病，并在人、畜、禽之间循环污染。

肉上的大部分微生物，都是不耐浓盐和高温的，在经过浓盐或高温处理后，都会死亡。但少数微生物会形成芽孢或孢子，如肉毒杆菌的芽孢体不会受到高浓度盐或高温的影响，可以在腊肉、火腿、香肠中长期存活。

2. 蛋与蛋制品中的病原微生物

刚产出来的禽蛋，其蛋壳上一般是不带菌的。但当禽的排卵器官有疾病时，往往就会使蛋壳污染到病原微生物。蛋在产出后，由于环境中到处存在着各种各样的微生物，所以很容易受到污染。禽蛋存放过程中，存放时间越长，污染到蛋壳上的微生物就越容易侵入蛋内部，引起腐败变质。这些微生物主要有大肠杆菌、变形杆菌、荧光杆菌、马铃薯杆菌、绿脓杆菌、各种球菌，还有一些霉菌（如芽枝霉、分支胞霉、毛霉、青霉）和酵母菌等。

当家禽传染某种疾病时，所产的蛋内就可能带有该种疾病的病原体。常见的是沙门氏菌属细菌，主要有肠炎沙门氏菌、鸭沙门氏菌、鸡伤寒沙门氏菌、鼠伤寒沙门氏菌、副伤寒沙门氏菌、雏鸡白痢沙门氏菌、汤卜逊沙门氏菌、塞夫顿堡沙门氏菌等。禽蛋里的沙门氏菌，已经被检出的有40多个血清型。此外，患新城疫的鸡所产的蛋内会有鸡新城疫病毒，患鸭瘟的鸭所产的蛋内也会有鸭瘟病毒。

蛋在加工成蛋制品如冰蛋、干蛋品的过程中也可能有微生物污染，这可能是蛋本身带有的，也可能是加工过程中污染的。因此，常采用巴氏消毒法来达到灭菌的目的。

3. 乳与乳制品中的病原微生物

乳中的营养成分较高，最便于微生物繁殖。乳中的微生物可能来自环境，也可能是乳汁本身所含有的。环境中的微生物污染乳汁主要是由于乳房表面、挤乳者的手、工具、盛器及饲养乳畜的卫生条件差而引起的。如果乳房内有微生物存在，则乳汁中也就不可避免地有微生物存在，最常见的是葡萄球菌和链球菌，棒状杆菌和乳杆菌也有可能存在。这些菌群能分解乳汁中的各种营养成分，还有一些肠道杆菌，能使乳液产酸、产气。乳制品中的炼乳，常常因微生物引起腐败变质。

除细菌外，酵母菌和霉菌在乳液中经常可以检出。

因为乳液中可能会带有各种病原微生物，为防止人通过乳液受到感染，所以鲜乳在出售前必须经巴氏消毒法处理。而刚从牛体内挤出的鲜乳必须经过煮沸后才能饮用。

4. 罐头类食品中的病原微生物

微生物也能污染各种肉类罐头，可能是由于生产罐头的原料处理不当、装罐前微生物污染严重、杀菌的温度和时间不足、罐听密封不严密等，而使罐头内留有微生物，在适宜的条件下微生物大量繁殖导致罐头的腐败变质现象。这些微生物大多是非病原微生物，其中以细菌为主，其次为真菌，也有少数病原菌。一般情况下，肉在装罐前都要经过高温灭菌和杀菌，所以罐头内通常是无菌的。

5. 水产品及其制品的病原微生物

鲜鱼除体表、鳃及消化道内含有一定数量和一些固定的微生物外，其他组织内是无菌的。鱼经过运输、贮藏或加工后，鱼体上的微生物数量和种类会增加，若卫生条件较好，则微生物的污染就少，否则微生物就会大量增加。

污染鲜鱼的微生物以腐生菌为主，主要有假单胞菌属、无色杆菌属、黄杆菌属和摩氏杆菌属等。河流中一些特定的细菌，可以污染生活在其中的水产品，如淡水河流中的鱼类往往会有致病菌，如沙门氏菌、志贺氏菌、产碱杆菌、短杆菌属等细菌。在霍乱疫区、口蹄疫疫区，河流中的鱼类也会有霍乱弧菌、口蹄疫病毒。特定细菌会污染海水中的海产鱼，如嗜盐类细菌。这些细菌分解鲜鱼组织中的蛋白质、脂肪，使组织产生吲哚、粪臭素、硫醇、硫化氢等。海产品在海水中还能被致病性嗜盐菌污染，海水中的水深性色素细菌还能在鱼变质的过程中产生颜色。

水产品经过盐制后，仍有大量细菌适合于盐制环境，能够引起鱼赤变的微生物存在，主要是嗜盐菌中的玫瑰小球菌、盐地赛杆菌、盐地假单胞菌、红皮假单胞菌、盐杆菌属等，这些细菌在含有食盐 18% ～ 25% 的基质中，仍能良好地生长。

二、微生物引起的食品腐败变质

食品变质是指食品的色、香、味和营养物质发生了从量变到质变的变化，导致食品质量的降低。腐败是指变质食品进一步发生变化而成为完全不能食用的废品。总的过程叫作食品腐败变质。引起食品腐败变质的原因很多，主要有微生物学、化学、物理和生物化学等，其中以微生物引起的腐败变质为主。

食品变质的内因主要是动物性食品中含有结构极易被破坏和变化的有机物、水分、有机微生物酶，极易被氧化的不饱和脂肪酸等不稳定物质；外因是光、热及外界介质和微生物作用。引起食品腐败变质的微生物称为腐生微生物，以非病原性细菌为主，特称之为腐生细菌，其次为霉菌和酵母等。自然界中的微生物主要是在食品加工、贮藏和流通环节中，通过水、空气、土壤、用具、器皿、动物和人而污染食品。

三、食品病原微生物检验的重要意义

为了保证食品在生产、加工、运输、储存和销售环节中不被病原微生物污染，对工厂的各个重要加工阶段和最后出厂的成品，进行微生物学监督与检验是十分必要的。可以通过严格控制屠宰畜禽的健康和原料的新鲜度，改善不合理的加工工艺，加工过程中搞好卫生消毒等措施来控制微生物对食品的污染。这样不仅是对消费者负责，还可避免造成经济损失。

因食品被污染或因腐败变质引起人畜严重病害的事例不少。曾经的阿根廷沙门氏菌，由被污染的鱼粉带入原联邦德国、荷兰、英国、美国，并迅速在家畜、家禽之间传播。自其传入起，分离出来的菌株也日益增多。英国在 1974 年发现 15 万个志贺氏菌病例，美国某地区两年内约有 15 000 人死于志贺氏菌病。1972 年，在斯德哥尔摩召开的联合国人类环境会议，表明了人们对食品病原微生物污染不断增加的关切。

我国十分重视食品病原微生物的检验和研究，为了控制病原微生物的扩散传播，制定了相应的法律、法规和标准，乳与乳制品厂、蛋与蛋制品厂、鱼与鱼制品厂等设置了检验实验室，国家还设有专门针对食品病原微生物进行检验与研究的机构，以保障人们的健康与畜牧业的良性发展。

四、食品卫生细菌学检验的意义

食品卫生细菌学检验可以正确而客观地揭示环境或食品的卫生情况，从而做出确切的卫生评价，并为各项卫生管理工作及某些传染病的防疫措施提供科学依据。

食品卫生细菌学检验中，最常用的指标除了细菌总数外。还有大肠菌群或大肠杆菌值，其次是致病菌。细菌总数是指 1 g 或 1 mL 检样，经过适当的技术处理后，在一定条件下培养，所得细菌菌落数，再换算成 1 g 或 1 mL 检样中含有的细菌总数。细菌总数主要作为判定食品或饮水被细菌污染程度的标志。大肠菌群是指一群在 37 ℃经 24 h 培养后，能分解乳糖，产酸、产气，需氧或兼性厌氧等革兰氏阴性无芽孢杆菌，包括大肠杆菌属、枸橼酸杆菌属、克雷伯菌属和肠杆菌属。大肠菌群主要来源于人畜的粪便，故以它作为指标来表示食品被粪便污染的程度，大肠菌群越多，受粪便污染的程度越大，也就是肠道中病原菌随粪便侵入食品的可能性越大。大肠菌群检验对评价食品及饮水等的卫生质量，具有广泛的卫生学意义。

（一）食品细菌菌相的食品卫生学意义

食品细菌菌相是指共存于食品中的细菌种类及其相对数量的构成，其中数量较大的细菌称为优势菌种。食品在细菌作用下可发生的变化程度和特征，取决于菌相特别是优势菌种，检测食品菌相可对食品变化做出估计。

例如，在常温下放置的猪肉、牛肉、羊肉、鲜鱼等食品，开始以需氧的芽孢杆菌属、假单胞菌属、微球菌属等的污染为主，随着这些细菌的大量繁殖食品开始腐败变质时，数量增多的是肠杆菌科中的各属细菌。随着腐败变质进程的发展，较大比例的细菌便是变形杆菌类各属细菌。再如冷冻食品鲜冻初期，主要受到黄杆菌属、假单胞菌属、嗜冷微球菌等嗜冷菌的污染，随着鲜冻至中末期，肠杆菌科各属细菌和球菌类等渐次增殖。

食品在不同的环境条件下，会受到不同细菌菌相污染，这是影响食品变质的主要因素。食品变质后性状会发生改变，如产生刺激气味、异常颜色、酸臭味道，组织松弛，黏液污秽等。同时，由于食品上存在的细菌菌相不同，各种食品可发生倾向性的成分分解，维生素、无机盐等大量破坏和流失。在食品卫生中更应重视的一个问题是食品细菌菌相中的非致病菌可能产生相对致病性。对食品中细菌菌相的分析研究，对于食品卫生具有一定意义。

（二）食品细菌数量及其食品卫生学意义

食品细菌数量的检验有两种表示方法。一是将食品经过适当处理（溶解和稀释）后，在显微镜下直接对细菌细胞进行计数，包括各种活菌，也包括尚未消失的死菌，结果称为细菌总数。二是在严格规定有样品处理、培养基及其 pH 值、培养温度与时间、计数方法等的条件下，经培养后使适应这些条件的每个活菌形成肉眼可见的菌落，从而计数结果称为该食品的菌落总数。第二种方法更能正确地反映出食品污染了存活细菌的总数。因此，我国和其他一些国家对食品细菌数量检验均采用此方法，食品细菌数量通常以每克或每毫升或每平方厘米面积食品细菌数目而言，并不考虑细菌的种类。

食品细菌数量对食品卫生质量的影响比菌相更为明显。食品污染的细菌数量达到每克 100 万～1 000 万个时，可以引起食物中毒。据报道，细菌数为 10^5 个 $/cm^2$ 的牛肉，可在 0 ℃下保存 7 d，而细菌数为 10^2 个 $/cm^2$ 的牛肉，在同样温度条件下，可保存 18 d。

食品细菌数量至少有如下两方面的卫生学意义：

（1）作为食品被污染程度的指标。我国及国外的食品卫生标准中以食品菌落的总数来控制食品污染的允许限量。

（2）利用食品细菌数量作为评定食品腐败变质的指标，可用来预测食品耐存的程度和期限。

（三）大肠菌群及其食品卫生学意义

大肠菌群来自温血动物和人的肠道，包括大肠杆菌中的大肠埃希菌属、克雷伯菌属、柠檬酸杆菌属和大肠杆菌属等，以大肠埃希菌属为主。这些菌属中的细菌，在 35 ℃～37 ℃下能发酵乳糖，产酸、产气，革兰氏阴性杆菌，需氧与兼性厌氧，不形成芽孢。但大肠埃希菌属与本群其他细菌具有明显区别，埃希菌属生化试验靛基质阳性，甲基红试验阳性，V–P 试验阴性，柠檬酸利用试验阴性。

大肠菌群中除包括典型大肠杆菌外，还包括枸橼酸杆菌、产气克雷伯菌和阴沟肠杆菌，但都是直接或间接地来自人和温血动物的粪便。如果食品中检出大肠菌群，则表示食品受到人和温血动物的粪便污染，如有典型大肠杆菌，说明粪便是近期污染，其他菌属可能为粪便的陈旧污染。

作为食品粪便污染的指示细菌一般应符合以下要求：①在肠道中数量较多，易于检出。②仅来自肠道，即有来源特异性。③在外界环境中有足够的抵抗力，并能存活较长的时间。④食品细菌学检验方法，敏感简易。大肠菌群比较符合这些要求，所以是较为理想的粪便污染指示菌。但对低温菌占优势的水产品及其他冷血动物，如用大肠菌群作为食品粪便污染的指示细菌就不一定适用，因为大肠菌群是嗜温菌，5 ℃以下不能生长繁殖。食品中不可能完全不存在大肠菌群，主要是食品污染大肠菌群的多少，即食品被粪便污染的程度，我国和其他一些国家都采用大肠菌群最近似值 MPN（Maximum Probable Number）表示，即相当于 100 g 或 100 mL 食品中的大肠菌群的最可能数来表示。

五、食品微生物检验方法的研究进展

随着人们生活水平的不断提高，食品安全问题越来越受到人们的重视，微生物对食品的污染问题也备受关注。随着食品的开发、生产、销售产业的迅速发展及人们生活水平的不断提高，研究和建立食品微生物快速检测方法以加强对食品卫生安全的监测，现今也越来越受到各国科学家的重视，最重要的是能及时、准确地检测出食品中含有的微生物。传统检测方法的准确性、灵敏性均较高，但涉及的试验较多、操作烦琐、效率低。近些年来，微生物快速检测及自动化研究进展飞速发展，主要包括微生物学、分子化学、生物化学、生物物理学、免疫学和血清学等方面及这些学科的结合应用。现今实践中通常使用分子生物学方法中的核酸探针检测法、基因芯片检测法和 PCR 技术检测法来检测食品中含有的微生物。

作 业 单

一、判断
1. 健康畜禽的肉、血液及有关脏器组织，一般是无菌的。　　　　　　　（　　）
2. 肉面上常见的霉菌有曲霉、根霉、毛霉。　　　　　　　　　　　　（　　）
3. 大肠菌群主要作为食品或饮水被细菌污染的指标。　　　　　　　　（　　）

二、简答
1. 若要检测肉、蛋、乳、鱼等食品的微生物，应检测哪些项目？
2. 查阅相关资料，说出食品微生物检验方法的研究进展。

评 估 单

【评估内容】

一、名词解释
1. 变质　　2. 腐败　　3. 细菌菌相

二、填空
1. 在一般食品卫生细菌学检验中，（　　　）和（　　　）作为最常用的卫生指标。
2. 大肠菌群主要作为（　　　）的指标。大肠菌群越多，表示（　　　），也就是受肠道中（　　　）。
3. 细菌总数主要作为判定（　　　）的程度的标志。
4. 引起肉的需氧性腐败的细菌，主要是革兰氏染色阴性菌，如大肠杆菌（　　　）、（　　　）、（　　　）等。肉深部厌氧腐败，可见到厌氧菌，如（　　　）、（　　　）和溶组织杆菌等。
5. 存放时间较长的禽蛋，蛋壳上的微生物可以侵入蛋内部，引起鲜蛋的腐败变质，侵入的微生物有（　　　）、（　　　）、（　　　）、（　　　）、大肠杆菌和各种球菌。
6. 引起食品腐败变质的原因，有物理、化学、（　　　）和（　　　）等。其中，以（　　　）的腐败变质为最普遍和最活跃。

三、简答
1. 简述食品病原微生物检验的重要意义。
2. 简述食品细菌数量检验的食品卫生学意义。

【评估方法】

以小组为单位进行评估。对各小组人员随机抽取 2 人进行提问，提问分数以两人平均分数计。

优：能正确回答每个问题。

良：能正确回答大部分问题，稍微提示即可完成。

及格：能基本回答每个问题，但有个别错误。

不及格：回答不正确或者不能回答。

备注：项目十五学习情境占模块三总分的 3%。

项目十六　动物性食品微生物检验实验室基本操作技术

任务一　实验室规则及要求

【基本概念】
无菌、无菌操作

【重点内容】
微生物实验室检验员基本职业素养的培养。

【教学目标】
1．知识目标
熟悉实验室规则及微生物实验室基本要求。
2．技能目标
通过参观实验室及学习规则，培养微生物实验室检验员基本职业素养。

资料单

一、实验室规则

（一）防止病原微生物的携带和扩散

（1）进入实验室应穿实验服，如在试验过程中沾上带有微生物的液体和其他试剂或进行了烈性细菌试验，应将实验服脱下于高压蒸汽灭菌器内灭菌或浸于消毒药水中过夜后再进行洗涤。

（2）含有液体培养物的试管应竖列在试管架上，不可平放在桌子上，以防管中液体流出而造成污染，一旦细菌培养物或病料污染桌面或地面时，应敷以浓消毒药覆盖过夜。

（3）实验室中禁止饮食，不得用嘴湿润标签等物，也勿用手或他物与面部接触。

（4）操作危险材料时勿谈话或思考其他问题，以免分散注意力而发生意外。

（5）试验过程中若发生试验人员吸入细菌、划破皮肤等意外事故时，应立即自行处理，必要时到医院就医。

（6）微生物实验室内的菌种或毒种不得带出实验室，若必须带出，则应严格按规章制度经专门管理人员办理。

（7）试验完毕后最好先用消毒药水或肥皂洗手，后用清水冲洗。

（二）实验室部分仪器使用注意事项

（1）节约使用试验所用药品、试剂、染色剂、镜油、擦镜纸等，避免不必要的浪费。

（2）仪器使用时要按操作规程进行，用后擦拭干净放到指定位置，以避免不必要的损耗和意外。

（3）吸管、试管置于试管架上时，要轻放到试管架底部再松手，以免试管底部破损。

（4）平皿放置时，一般皿底在上皿盖在下，以免拿时皿底掉下摔破。

（5）金属器皿煮沸消毒或高压消毒后，应立即擦干，防止生锈。

（三）标记要明确、结果记录要及时

试验所用的各种试剂、染料、培养物、动物等，需标记明确。如果使用物品需经高压消毒，其标签应用深色铅笔或记号笔书写，防止消毒后字迹变得模糊不清。

每项试验的操作结果、观察的现象及试验数据都应有及时、详细、清楚的记录。

（四）实验室安全隐患

（1）实验室内一切易燃物品应远离火源。在使用酒精灯时，不可将酒精灯倾斜向另一酒精灯引火，以免发生爆炸。

（2）进入实验室应先了解水、电、气闸所在之处。离开实验室时，一定要检查一遍，将水、电、气关好，门窗锁好。

（3）使用电气仪器时，绝不可用湿手触及电闸和电气开关，严防触电。实验室应备有测电笔等常用检测工具，要定期检查，凡是漏电的设备，一律不能使用。

（五）清洁与秩序

每日开始工作前，地面清扫洒水，清洁桌面。工作时各种试验操作应严格按操作规程和要求进行。工作完毕后应将实验室中各物放回原处或指定地点，对实验室整理、清洁，检查无误后离开。

二、微生物实验室的一些基本要求

（一）无菌操作要求

无菌是不含有活的微生物的意思。用物理或化学方法，防止微生物进入机体或物体的操作，叫作无菌技术或无菌操作。为了防止试验操作过程中人为污染样品或由于操作不当而引起致病菌的散布，以保证工作人员的安全，食品微生物实验室工作人员必须有严格的无菌操作观念。

（1）进行试验时，必须穿经紫外线消毒后的专用工作服和鞋帽，并将手用75%酒精棉球擦干净。

（2）接种所用的吸管、培养基必须经消毒灭菌，打开包装未使用完的器皿，放置后不能再次使用。包装中的吸管尖部不能外露，使用时不得触及试管壁或平皿边缘。

（3）必须在酒精灯前进行接种细菌操作，接种细菌用的试管管口、瓶口在打开后及关闭前，应于火焰上通过1～2次，以杀死可能从空中落入的杂菌或其他污染物。

（4）打开瓶塞或试管塞时，应将棉塞夹于手指间适当的位置，不得任意放置别处。

（5）金属用具应高压灭菌或用95%酒精烧灼后使用，接种环和接种针在接种细菌前应经火焰烧灼全部金属丝，必要时还要烧到环与杆的连接处。接种结核菌和烈性菌的接种环应在沸水中煮沸5 min，再经火焰烧灼。无菌操作取菌种如图3-1所示。

（6）用吸管吸取菌液或样品时，应用相应的橡皮头吸取，不得直接用口吸。

（二）无菌操作间使用要求

（1）无菌操作间内应设有相应的缓冲间及推拉门，并要有与外间相通的窗户，一般都是

用密封的双层玻璃制成，窗户上必须留有小窗，用于传递物品。窗户和小窗平时都不得随意打开。

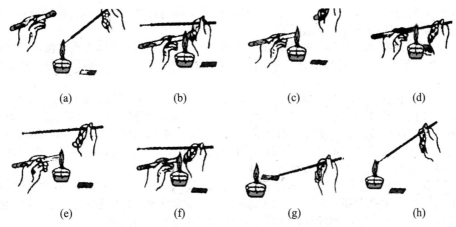

图 3-1　无菌操作取菌种

（2）无菌操作间内应保持清洁，不得存放与试验无关的物品。

（3）工作后应清洁打扫，然后用消毒液或紫外灯消毒，照射时间不少于 30 min。操作人员不得直接在紫外线下操作，以免引起损伤。紫外灯管每隔一段时间需用酒精棉球轻轻擦拭，除去上面灰尘和油垢，以减少紫外线穿透的影响。

（4）一旦进入无菌间进行操作，不得随意出入，如需要传递物品，可通过小窗进行。

（5）无菌操作间内若要装置空调，则应装有相对应的过滤装置。

（三）病原微生物污物处理要求

微生物实验室所用的试验器材、培养物、菌种及使用过的器皿等未经消毒处理，一律不得带出实验室。

（1）被微生物污染的材料及废弃物应放在严密的容器或铁丝筐内，并集中存放在指定的地点，待统一进行高压灭菌后再进行洗涤；试验用过的动物脏器、血液、尸体等应消毒后焚烧或掩埋。

（2）培养过微生物的培养皿或者试管，必须经 121 ℃ 30 min 高压灭菌后方可清洗。

（3）吸过含有微生物培养液的吸管、染色的玻片，应放入 5% 煤酚皂溶液或石炭酸溶液中浸泡 24 h，消毒液要高于浸泡的吸管或玻片的高度，或者经 121 ℃ 30 min 高压灭菌后再清洗。

（4）在涂片染色过程中冲洗过玻片的液体，应放置数天后再直接冲入下水道，烈性菌的冲洗液应经高压灭菌后方可倒入下水道。

（5）打碎的培养物，立即用 5% 煤酚皂溶液或石炭酸溶液喷洒和浸泡被污染部位，24 h 后再擦拭干净。

（四）灭菌处理要求

（1）灭菌物品取出后应检查包装的完整性，如发现包扎纸破裂、包装有水分浸入、棉塞脱掉等现象，此物品不可作为无菌物品使用。若培养基或其他试剂灭菌后色泽异常，则不应使用。

（2）取出的物品掉落在地面、误放不洁之处或沾有水液，均视为受到污染，不可作为无菌物品使用。

（3）取出的合格灭菌物品，不得与未灭菌物品混放，应存放于贮藏室或防尘柜内。

（4）凡属合格物品，应标有灭菌日期及有效期限。每批物品灭菌处理完成后，还应记录好灭菌品名、数量、温度、时间、操作者等。

（五）样品采集及处理要求

（1）所采集的检验样品一定要具有代表性，应在采样时详细调查该批食品的原料、加工、运输、贮藏条件、周围环境卫生状况等。

（2）采样时应在无菌条件下操作，即容器及所用剪、刀、匙用具必须灭菌，但应注意不得用煤酚皂、新洁尔灭、酒精等消毒液灭菌，以免杀死样品中的微生物。此外，还要防止环境中的微生物可能造成的污染。

（3）采样的数量及方法应按标准检验的要求和方法进行，并要保证采样的随机性。

（4）采集的样品要尽快送到食品微生物检验室，一般应不超过 3 h。环境温度较高或路途较远的情况下应进行冷藏。不需冷冻的样品应放在 1 ℃～5 ℃环境中送检，可以用冰盒送检。需要冷冻的样品，则需放在 0 ℃以下的环境中送检，可以用泡沫塑料隔热箱。但应注意，样品的送检及存放都不得使用任何防腐剂。

（5）检验室收到样品后，应登记样品名称、送检单位、数量、日期、编号等，之后应立即进行检验。如果检验的条件不具备，则应置于 4 ℃冰箱存放。如果发现有下列情况之一的，应拒绝检验。

①样品失去代表性的，如经过特殊高压、煮沸或其他方法杀菌者。

②样品失去原有食品形状者，如瓶、袋装食品已开启者，熟肉及其制品等已折碎不完整者，但食物中毒样品除外。

③不按规定进行采样者，如采样数量不足者。

（6）样品检验时，根据其不同性状，可适当进行处理。

①对于液体样品，接种时应充分混合均匀，按量吸取后再进行操作。

②对于固体样品，可以用灭菌刀、剪分别从不同部位取样共 25 g，剪碎或研磨后置于 225 mL 灭菌生理盐水或其他溶液中，混匀并按量吸取接种。

③对于瓶、袋装食品应在无菌条件下开启，并根据性状选择适当方法处理后再接种。

 技能单

一、材料与设备

灭菌器、生化培养箱、干燥箱、显微镜、金黄色葡萄球菌及枯草芽孢杆菌染色玻片标本、链霉菌及青霉菌的水封片、香柏油、二甲苯、擦镜纸等。

二、流程

做好准备工作→参观→进行微生物实验室常见的各种操作。

三、方法与步骤

微生物实验室的参观与无菌操作的观摩学习。

（1）各小组做好进入微生物实验室之前的准备。

（2）以小组为单位参观微生物实验室。

（3）以小组为单位进行细菌培养液的吸取、含有细菌培养液试管的处理等操作。

四、实训报告

写出你所参观的微生物实验室在防止细菌散布或在处理有毒有害物品等方面还需要做哪些改进。

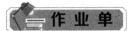 作 业 单

一、判断

1. 微生物实验室中使用酒精灯时不可将酒精灯倾斜向另一酒精灯引火。（　　）
2. 接种所用的吸管、培养基，若打开包装后未使用完，则可放置再次使用。（　　）
3. 试验过程中为了应急可用嘴湿润标签等物。（　　）
4. 平皿放置一般皿底在下皿盖在上。（　　）

二、简答

1. 微生物实验室中为什么禁止零食？
2. 若在试验过程中不小心将培养液溅到实验服上，应如何处理？
3. 若在试验过程中不慎将还有培养液的试管摔碎在地上，应如何处理？
4. 若要接种细菌，如何能达到无菌操作？

评 估 单

【评估内容】

一、名词解释

无菌操作

二、填空

1. 手臂灭菌可用（　　）%酒精棉球擦干净。
2. 采集的样品要尽快送到食品微生物实验室进行检验，一般应不超过（　　）h。
3. 如果检验的条件不具备，则样品应置于（　　）℃冰箱存放。
4. 紫外灯消毒，照射时间不少于（　　）min。

三、简答

1. 食品微生物实验室有哪些规则？
2. 吸过微生物的吸管、染色的玻片应如何处理？
3. 微生物实验室中防止微生物散布的方法有哪些？

四、操作

进入微生物实验室前的准备及进行微生物试验常用的基本操作。

序号	考核内容	考核要点	分值	评分标准	得分
1	试验准备	学生进入实验室是否穿有实验服	20	一个小组若一人不穿实验服扣4分，扣完为止	
2	试验操作	接种环的使用10分；有毒有害试管的存放处理10分；无菌取菌种的操作10分；被培养液污染后的处理10分	40	接种环灭菌方法错误扣10分；有毒有害试管乱放扣10分；取菌种不在酒精灯前操作扣10分；被培养液污染后处理不及时或者不处理扣10分	
3	结束工作	仪器的清洗、保养与放置20分；用消毒液或肥皂洗手10分	30	试验结束后一项试验器械乱放或者不清洗扣5分，扣完为止；不洗手直接出实验室扣10分	
4	安全文明操作	仪器完整无缺10分	10	打破器皿扣10分	
	合计		100		

【评估方法】

以小组为单位进行评估。主要是在试验过程中进行，检查各小组是否掌握防止微生物散布的方法，同时对各小组人员随机抽取 2 人进行提问，提问分数以 2 人平均分数计。

优：小组能独立并正确完成各项工作，正确回答问题。

良：小组能独立并正确完成大部分工作，个别环节需提示才能完成。

及格：小组能基本完成大部分工作，其他环节有错误。

不及格：小组不能独立完成各项工作。

备注：项目十六任务一学习情境占模块三总分的 3%。

任务二　微生物检验用玻璃器皿的准备

【基本概念】

灭菌、消毒、防腐、巴氏消毒法

【重点内容】

实验室各类器械、器皿和培养基等常用的灭菌方法。

【教学目标】

1. 知识目标

熟悉常用玻璃器皿的名称及规格；掌握实验室常用的灭菌方法。

2. 技能目标

掌握微生物检验用玻璃器皿的正确消毒、洗涤和包扎技术。

资料单

一、消毒与灭菌

（一）基本概念

1. 灭菌

杀灭物品中所有微生物（包括病原微生物和非病原微生物）的繁殖体和芽孢的方法叫作灭菌。

2. 消毒

杀死物品中病原微生物的方法叫作消毒。消毒与灭菌的区别是：消毒只是杀死病原微生物，但不包括非病原微生物。具有消毒作用的药物称消毒剂。一般消毒剂在常用浓度下只对细菌的繁殖体有效，而对细菌芽孢无效。

3. 防腐

防止或抑制微生物生长繁殖的方法叫作防腐。用于防腐的药物称防腐剂。某些药物在低浓度时起防腐作用，但在高浓度时就可能有消毒作用。

（二）灭菌方法

灭菌方法通常可分为物理灭菌法和化学灭菌法。

1. 物理灭菌法

物理灭菌法主要有光、热及机械灭菌等方法，可根据不同需要选择采用。一般供细菌学检验用的玻璃器皿及器械常借热力灭菌。对于遇热易破坏的液体培养基，可用机械过滤除去细菌。热力灭菌法主要包括干热灭菌法和湿热灭菌法。

（1）干热灭菌法。常用的干热灭菌法有火焚法、火焰灭菌法及干燥灭菌法。

①火焚法。火焚法适用于被污染的纸张，试验动物脏器、尸体等无经济价值物品的灭菌。

②火焰灭菌法。火焰灭菌法是将耐燃烧物品直接在火焰上灼烧数次进行灭菌的方法，主要适用于接种环、金属器械等的灭菌。

③干燥灭菌法。干燥灭菌法是利用干热空气进行灭菌的方法，需在烤箱中进行，一般加热至 100 ℃～170 ℃，经 2～3 h 即可达到灭菌目的。本方法适用于各种玻璃器皿、瓷器、金属制品及某些粉剂等的灭菌。

（2）湿热灭菌法。常用的湿热灭菌法有煮沸消毒法、高压蒸汽灭菌法、巴氏消毒法、流通蒸汽消毒法及间歇灭菌法。

①煮沸消毒法。煮沸消毒法是用煮沸消毒器或铝锅等煮沸 20 min 进行消毒。细菌的繁殖体煮沸 15 min 即可被杀死，芽孢则需煮沸 1～2 h。如在水中加入 2%～5% 石炭酸，5～10 min 可杀死芽孢，如加入 1% 碳酸氢钠，可提高其沸点并促进杀死芽孢，同时可以防止金属器材生锈。本方法适用于医用器械（如剪、镊子、手术刀、胶管和注射器等）的消毒。

②高压蒸汽灭菌法。高压蒸汽灭菌法在 15 磅蒸汽压（0.102 9 MPa，温度可达 121 ℃）下持续 20～30 min 即可杀死所有的微生物及其芽孢。高压蒸汽灭菌法是应用广、效果好的灭菌方法。此方法适用于耐高温又不怕水蒸气的物品的灭菌，如普通培养基、生理盐水、耐热药品、金属器材、玻璃制品和敷料等。

③巴氏消毒法。巴氏消毒法是将液体食品在较低的温度下消毒，这样既可杀死液体中的致病菌及其繁殖体，又不破坏液体物质中原有的营养成分。牛奶或酒类物质常采用此方法灭菌。具体方法有三种：第一种方法是以 61.1 ℃～62.8 ℃，消毒 30 min；第二种方法是以 71.7 ℃，消毒 15～30 s；第三种方法是以 132 ℃，消毒 1～2 s。现多用第二种方法。

④流通蒸汽消毒法。流通蒸汽消毒法是将要灭菌的物品放入阿诺氏灭菌器或普通蒸笼，通过蒸汽的流通进行灭菌，其温度接近 100 ℃。细菌的繁殖体用此方法经 15～30 min 可杀灭，但芽孢不被杀死。

⑤间歇灭菌法。间歇灭菌法是用阿诺氏灭菌器或用蒸笼加热约 100 ℃维持 30 min，连续 3 d 每日进行一次，为的是将细菌的繁殖体杀死，而留有未能杀死的芽孢。将被灭菌物品取出放在室温或 37 ℃恒温箱内过夜，可使未能杀死的芽孢生成繁殖体。然后连续 3 d 每日进行一次灭菌，可将芽孢生成的繁殖体全部杀死。若为了杀菌更彻底，可继续用同样的方法再将灭菌物品在适宜的温度下放置一夜后连续 3 d 每日进行一次灭菌。必要时，加热温度可低于 100 ℃，如用 75 ℃，而延长每次加热的时间至 30～60 min 或增多加热次数，也可收到同样效果，例如含血清的培养基不能加热至 100 ℃以上，为了消灭其中的细菌芽孢，可采用温度维持在 75 ℃的间歇灭菌法。

（3）过滤。凡不能耐受温度或化学药物灭菌的药液、毒素、血清等，可使用滤菌器过滤的方法将细菌除去。

（4）紫外线。细菌检验室常用紫外灯来进行室内空气消毒。经照射 30 min 后，即可成为无菌区域，但在消毒照射时，工作人员应佩戴保护眼镜。需要注意的是：微生物的菌龄、分布密度、紫外灯照射时间及距离不同，紫外消毒对各种微生物的致死作用不同。

2. 化学灭菌法

使用化学药物进行灭菌的方法叫作化学灭菌法。能抑制细菌繁殖的化学药物称为抑菌剂。能杀灭病原微生物的化学药物称为消毒剂。消毒剂对细菌和机体都有毒性，故只能用于体表或物品的消毒。理想的消毒剂应为杀菌力强、价格低、能长期保存、无腐蚀性、对机体毒性或刺激性较小的药物。有时同一化学药物，在低浓度时能抑菌，在高浓度时则可杀菌，甚至低浓度时反而会刺激细菌的生长。

二、常用玻璃器皿的种类及用途

微生物检验室所用玻璃器皿，应以能耐受高热、高压、所含游离碱较低的中性硬质玻璃制成，不致影响培养基等的酸碱度。

1. 试管

要求管壁坚厚，管直而口平。常用试管有下列数种。

75（试管长）mm×10（管口直径）mm 者，适于做康氏试验。

85 mm×15 mm 者，较前者粗短，最适于做凝集试验。

100 mm×13 mm 者，适于做生化试验、凝集试验及华氏血清试验等。

120 mm×16 mm 者，适于做斜面培养基等。

150 mm×16 mm 者，较前者稍长，常适于做培养基。

200 mm×25 mm 者，用以盛较多量琼脂培养基。

2. 培养皿

常用培养皿的大小有 50（指皿底直径）mm×10（指皿底高度）mm、75 mm×10 mm、90 mm×10 mm、100 mm×10 mm 等数种。

培养皿主要用于培养基的制备及细菌的分离培养。培养皿盖与底的大小应适合，不宜过紧或过松。培养皿盖除用玻璃制作外，一般不用不上釉的陶制皿盖，因为它能吸收培养基表面的水分，但较利于细菌标本的分离接种。

3. 三角烧瓶

三角烧瓶容量有 50 mL、100 mL、150 mL、200 mL、250 mL、300 mL、500 mL、1 000 mL 等多种规格，底大口小，便于加塞和放置平稳，多用于贮藏培养基和生理盐水等溶液。

4. 刻度吸管

刻度吸管简称吸管，常用的吸管容量有 1 mL、2 mL、5 mL、10 mL 等多种规格，其壁上有精细刻度，用于准确吸取少量液体。做某些血清学试验也常用 0.1 mL、0.2 mL、0.25 mL、0.5 mL 等容量吸管。

5. 试剂瓶

试剂瓶有广口和小口之分，容量为 30 ~ 1 000 mL。在应用时可以视所需剂量选用大小不同的试剂瓶。此外，试剂瓶还有棕色和无色之分，其中，棕色试剂瓶主要用于盛储避光试剂。

6. 玻璃缸

玻璃缸内可常盛放石炭酸或甲酚皂溶液等消毒剂，主要用于消毒用过的载玻片、盖玻片、吸管等，还可以暂时盛放细菌染色后的染液。

7. 玻璃棒

玻璃棒直径为 3 ~ 5 mm，主要用于搅拌液体或做标本支架用。

8. 玻璃珠

玻璃珠直径一般为 3 ~ 4 mm 或 5 ~ 6 mm，常用中性硬质玻璃制成。玻璃珠主要用于血液脱纤维或打碎组织、样品和菌落等。

9. 滴瓶

滴瓶容量有 30 mL 或 60 mL，有橡皮帽瓶式、玻塞式等几种滴瓶，根据颜色又分为棕色和无色两种，主要用于储存染色液。

10. 玻璃漏斗

玻璃漏斗口径常用规格为 60 ~ 150 mm 不等，分为短颈和长颈两种，主要用于分装溶液或过滤液体。

11. 载玻片、凹玻片及盖玻片

载玻片供作涂片等用；凹玻片供制作悬滴标本和血清学检验用；盖玻片为极薄的玻片，

用于覆盖载玻片和凹玻片上的标本。

12．发酵管

常用的发酵管是将杜汉氏小玻璃管倒置于含糖液的培养基试管内，主要用于测定细菌对糖类的发酵情况。

13．注射器及大小针头

有 1 ～ 20 mL 注射器，注射针头有 4、5、8 和 12 号等多种规格，主要供做动物试验和其他检验工作用。

14．量筒、量杯

量筒、量杯为试验常用器具，大小不一，主要用于测量所需液体的量，但使用时不宜装入温度很高的液体，以防底座破裂。

一、原理

在微生物试验中，清洁无菌的玻璃器皿是保证得到正确试验结果的必要条件。因此，常用的玻璃器皿必须清洗干净，并要对需灭菌的培养皿、试管、三角瓶、吸管等加棉塞后进行包扎，用以保证玻璃器皿灭菌后的无菌状态。但是如果不会进行或不按操作规定进行这些看起来既简单又普通的操作工作，就会影响试验结果，甚至会导致试验的失败。因此在微生物实验室做好玻璃器皿的准备工作是保证试验结果的第一步。

二、材料与设备

培养皿、吸管、试管、三角瓶、棉线、纱布、棉花、牛皮纸、报纸、高压蒸汽灭菌器、刷子、去污粉和相应的洗涤液。

三、流程

玻璃器皿的清洗→玻璃器材的晾干或烘干→器皿的包扎→灭菌。

四、方法与步骤

（一）玻璃器皿的清洗

1．新购的玻璃器皿的洗涤

将玻璃器皿置于 2% 盐酸溶液中浸泡数小时，以除去游离的碱性物质，然后用流水冲洗干净，倒置于洗涤架上晾干即可。

2．常用旧玻璃器皿的洗涤

常用三角瓶、培养皿、试管等可在洗衣粉溶液或肥皂水中煮沸 20 ～ 30 min，待稍冷后，用毛刷洗去灰尘、油污、无机盐等物质，然后用自来水冲洗干净，洗刷干净的玻璃器皿烘干备用。如果玻璃器皿要盛高纯度的化学药品或者做较精确的试验，用自来水冲洗干净后，最后用蒸馏水洗 2 ～ 3 次。

3．载玻片及盖玻片的洗涤

用过的载玻片先放入含有 5% 石炭酸，或 2% ～ 3% 甲酚皂溶液，或 0.1% 升汞等消毒溶液中浸泡 24 ～ 48 h，再用洗衣粉溶液或肥皂水煮沸 20 ～ 30 min，待稍冷后，逐个洗刷并用自来水冲洗干净，最后浸泡于 95% 的乙醇中备用。使用前，可用干净的纱布擦去酒精，并经火焰微热，使残余酒精挥发。

4．带菌玻璃器皿的洗涤

凡是带有细菌的各种玻璃器皿，必须经过高温灭菌或消毒后才能进行刷洗。

（1）带菌培养皿、试管、三角瓶等，做完试验后放入高压蒸汽灭菌器内 121 ℃ 20 ～ 30 min 后取出，并趁热倒出容器内的培养物，再用热的洗涤剂溶液洗刷干净。

（2）带菌的吸管、滴管、毛细吸管，使用后立即放入盛有 3% ～ 5% 甲酚皂溶液或 5% 石炭酸等消毒液的玻璃缸内消毒 24 h，然后取出用洗涤剂溶液煮沸 20 ～ 30 min 后清洗，最后用蒸馏水冲洗。

5．含油脂带菌器材的清洗

单独高压灭菌，先用高压蒸汽灭菌器灭菌 121 ℃ 20 ～ 30 min，然后取出趁热倒去污物后倒放在铺有吸水纸的篮子里，并同篮子一同放入 100 ℃烤箱内烘烤 0.5 h，取出后用 5% 的碳酸氢钠水煮两次，再用肥皂水刷洗干净，最后用蒸馏水冲洗。

（二）玻璃器材的晾干或烘干

对于不急用的玻璃器材，一般可放在实验室中自然晾干。

对于急用的玻璃器材，可放入托盘或其他合适的器材内，如试管可放在试管架或试管框内，再放入烘箱内烘干，大件的器材可直接放入烘箱中烘干。

（三）器皿的包扎

为保证灭菌后的器皿仍保持无菌状态，需在灭菌前进行包扎。

1．培养皿

培养皿洗净烘干后每 5 ～ 6 支套叠在一起，用牢固的纸卷成一筒。

2．吸管

烘干的吸管在灭菌前可在口的一头塞入少许脱脂棉花，以防造成污染，之后可进行包扎。方法是每支吸管用一条 4 ～ 5 cm 的纸条，以 30° ～ 50° 从吸管的尖端螺旋卷起，另一端用剩余的纸条打成一结，以防散开，然后标上容量，吸管的包扎如图 3-2 所示。若吸管较多，可 10 支吸管包扎成一束进行灭菌。使用时，可从中间拧断纸条，抽出吸管即可。

3．试管和三角瓶

试管和三角瓶都要做棉塞，棉塞可将空气中的微生物过滤在器皿外面。棉塞要用棉花制作，松紧适宜，过紧不易塞入且易挤破管口，过松则易掉落和污染；长度以不小于管口直径的 2 倍为宜，棉塞的制作如图 3-3 所示；棉塞约 2/3 塞进管口。包扎时试管一般以 10 支包扎为一捆，在棉花部分外包裹油纸或牛皮纸，再用绳扎紧，试管的包扎如图 3-4 所示。三角瓶加棉塞后单个在棉花部分用油纸包扎。

目前，国内已开始采用塑料试管塞，可根据所用试管的规格和试验要求来选择合适的塑料试管塞。

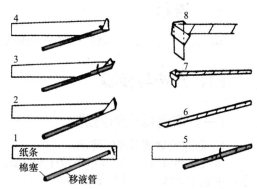

图 3-2　吸管的包扎

（杜鹏：《乳品微生物学试验技术》，2008 年）

（四）器皿的灭菌

包扎好的试管、培养皿、三角瓶等玻璃器皿，放入干燥灭菌器内 160 ℃灭菌 2 h 或放入高压蒸汽灭菌器内 121 ℃灭菌 20 ～ 30 min。

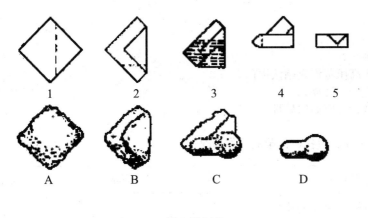

图 3-3　棉塞的制作

图 3-4　试管的包扎

（杜鹏：《乳品微生物学试验技术》，2008 年）

五、实训报告

写出你所准备的玻璃器皿的清洗、包扎、灭菌过程及实习体会，并分析试验过程中的不成功之处。

作业单

一、填空

1．灭菌方法可分为物理灭菌法和（　　　）。物理灭菌法又可分为（　　　）、（　　　）、过滤、紫外线灭菌法。

2．常用的湿热灭菌法有（　　　）、煮沸消毒法、（　　　）、（　　　）及（　　　）。

3．（　　　）或（　　　）常用巴氏消毒法。具体有三种：第一种方法是以（　　　）℃，消毒30 min；第二种方法是以（　　　）℃，消毒 15～30 s；第三种方法是以（　　　）℃，消毒 1～2 s。

4．常用的干热灭菌法有（　　　）、（　　　）及（　　　）。

5．高压蒸汽灭菌法是指温度达（　　　）℃持续（　　　）min 杀菌。

二、简答

1．载玻片及盖玻片洗涤时溶液为什么一定要浸没玻片？

2．新购的玻璃器皿的洗涤与旧玻璃器皿洗涤有什么差异？

3．试管和三角瓶需要做合适棉塞的目的是什么？带菌玻璃器皿的洗涤应注意哪些问题？

4．使用过的载玻片及盖玻片应如何处理？

评估单

【评估内容】

一、名词解释

1．灭菌　2．消毒　3．防腐

二、判断

1．火焰灭菌法适用于医用器械如剪、镊子、手术刀、胶管、注射器等的消毒。　　（　　　）

2．干燥灭菌法适用于各种玻璃器皿、瓷器、金属制品及某些粉剂等的灭菌。　　（　　　）

3．煮沸消毒法是用煮沸消毒器或铝锅等煮沸 5 min 进行消毒。煮沸消毒法适用于接种环、

金属器械等的灭菌。（　　）

三、简答

1. 常用的灭菌方法有哪些？
2. 什么样的物品适用于高压蒸汽灭菌法灭菌？
3. 新购入的玻璃器皿应如何洗涤？
4. 带菌的培养皿或者试管等应如何处理？

四、操作

使用过玻璃器皿的正确洗涤、包扎、灭菌的操作情况。

序号	考核内容	考核要点	分值	评分标准	得分
1	试验准备	1. 试验所需仪器和玻璃器皿准备正确 10 分　2. 试验所需试验试剂准备正确 10 分	20	仪器、玻璃器皿和试剂准备差一项扣 2 分，扣完为止	
2	试验操作	各种玻璃器皿的清洗正确 20 分；包扎 15 分；灭菌 15 分	50	有一项器皿清洗错误扣 3 分，扣完为止；有一项器皿包扎错误扣 3 分，扣完为止；灭菌方法错误扣 15 分	
3	结束工作	对所用的器械进行的清洗、保养与放置 10 分；用消毒液或肥皂洗手 10 分	20	试验结束后试验器械乱放或者不清洗扣 10 分；不洗手直接出实验室扣 10 分	
4	安全文明操作	仪器完整无缺 10 分	10	打破器皿扣 10 分	
	合计		100		

【评估方法】

以小组为单位进行评估。主要在试验过程中进行，检查各小组是否掌握各种新旧玻璃器皿的处理和包扎的方法，同时对各小组人员随机抽取 2 人进行提问，提问分数以 2 人平均分数计。

优：小组能独立并正确完成各项工作，正确回答问题。

良：小组能独立并正确完成大部分工作，个别环节仍需提示才能完成。

及格：小组能基本完成大部分工作，其他环节有错误。

不及格：小组不能独立完成各项工作。

备注：项目十六任务二学习情境占模块三总分的 6%。

任务三　微生物实验室常用仪器的使用和维护

【基本概念】

高压蒸汽灭菌器

【重点内容】

高压蒸汽灭菌器、生化培养箱、普通光学显微镜的使用方法及保养技术。

【教学目标】

1．知识目标

熟悉微生物实验室常用的仪器构造及其使用方法；知道各仪器的使用对象。

2．技能目标

熟练掌握高压蒸汽灭菌器、生化培养箱、不锈钢电热蒸馏水器、超净工作台、普通光学显微镜的使用及保养技术。

资 料 单

一、普通光学显微镜

普通光学显微镜是微生物检验工作中常用的贵重精密仪器之一，因此对它的使用和保护必须十分熟悉。

1．光学部分

（1）目镜。装在镜筒上端，刻有放大倍数，常用的有 5×（放大倍数）、10× 及 15×。为了指示物像，镜中可自装黑色细丝一条，作为指针。

（2）物镜。位于镜筒下端，为显微镜最主要的光学装置。一般装有三个接物镜，分别为低倍镜（10×）、高倍镜（40×）和油镜（100×）。各接物镜的放大率也可由外形辨认，接物镜放大倍数越大，镜头长度越长，反之，镜头长度越短；另外油镜上一般均刻有白线圈作为标志或者有 oil 字样。

（3）集光器。位于载物台下方可上、下移动，起到调节和集中光线的作用。

（4）反光镜。装在显微镜下方，有平、凹两面，通过自由转动可将最佳光线反射至集光器。不过现用的插电显微镜，通电后可直接调节光亮度。

2．机械部分

（1）镜筒。为一金属圆筒，位于显微镜前方，光线可从中通过。

（2）镜臂。在镜筒后面，为显微镜的握持部。

（3）镜座。用以支持全镜，是显微镜的底部。

（4）回转盘。位于镜筒下端，上有 3～4 个圆孔，接物镜装在其上。转动回转盘用以调换各接物镜。

（5）调节螺旋。分粗、细两种，在镜筒后方两侧。粗螺旋用于镜筒较大距离的升降；细螺旋位于粗螺旋的外侧，用以调节镜筒做极小距离的升降。

（6）载物台。位于镜筒下方，呈方形，用以放置被检物体。中央有孔，可以透光。载物台上装有弹簧夹可固定被检标本。弹簧夹连接推进器；捻动其上螺旋，能使标本前、后、左、右移动。

（7）光圈。在集光器下方，可以完成各种程度的开闭，借以调节射入集光器的光量多少。

（8）次台。位于载物台下方，可上、下移动，其上安装集光器的光圈。显微镜的结构如图 3-5 所示。

二、培养箱

培养箱也称恒温箱，是用于微生物培养的主要仪器。

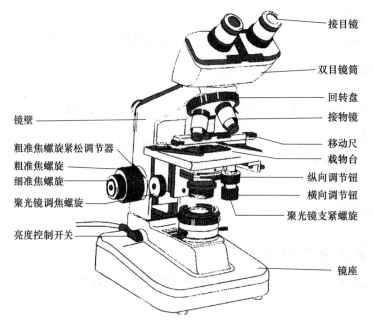

镜壁

粗准焦螺旋紧松调节器
粗准焦螺旋
细准焦螺旋

聚光镜调焦螺旋

亮度控制开关

接目镜

双目镜筒

回转盘
接物镜

移动尺
载物台
纵向调节钮
横向调节钮
聚光镜支紧螺旋

镜座

图 3-5　显微镜的结构

培养箱为方形或长方形箱体，分内、外两层。以薄钢板喷漆制成外层，壁上装有温度调节器可以调节温度。以铝板作为内层，夹层充以石棉或玻璃棉等绝缘材料以防热量扩散。内层底下安装电阻丝用以加热。箱门有双重，外为金属板门，内为玻璃门，安装玻璃门是为了便于察看箱内标本。箱内设有金属架数层。箱顶装有温度计一支，可以插入箱内，以便测知箱内温度。根据使用需要，实验室可常设 37 ℃、30 ℃、22 ℃恒温箱各一个。恒温培养箱的结构如图 3-6 所示。

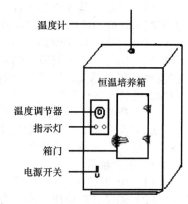

温度计

恒温培养箱

温度调节器
指示灯

箱门

电源开关

图 3-6　恒温培养箱的结构

三、冰箱

冰箱是实验室常用仪器之一，可分为普通冰箱与低温冰箱两种。前者温度为 4 ℃～8 ℃，后者温度可保持低温至 -20 ℃以下。冰箱主要利用箱内一定的低温保存培养基、血清、血液、生物制品、菌种、送验标本和某些试剂、药品等。冰箱也是开展病毒等检验工作必须具备的仪器。

四、电动离心机

电动离心机的种类有很多，包括小型倾斜电动离心机、大型电动离心机、低温电动离心机、高速电动离心机等。前两种转速均在 5 000 r/min 以下，后两者转速可高达 10 000 r/min 以上。离心的主要目的是使浑浊的液体标本离心沉淀，从而分离出试验所需要的成分，如血液中血清的分离。

五、水浴箱

水浴箱为血清学试验常用仪器。其为金属制成的长方形箱体，箱内盛以温水，箱底装有电热丝并配有自动调节温度装置。为使箱内水分加热后形成的水蒸气上升所凝结之水沿斜面流下，水浴箱盖皆呈斜面。箱内水至少应两周更换一次，并注意洗刷清洁箱内的沉积物。

六、干热灭菌器

（一）构造

干热灭菌器也称烤箱，其构造与培养箱基本相同，不同之处在于烤箱底层下的电热量大，关闭箱门通电后，箱内的温度可升至200 ℃以上。烤箱主要用于玻璃器皿的烘干或灭菌。

（二）使用烤箱时的注意事项

（1）需要灭菌的玻璃器皿，必须洗净后再行灭菌。

（2）箱内需灭菌的器皿不宜放得过挤，且不得与内层底板直接接触。

（3）箱内温度在160 ℃，维持2 h即可达到灭菌目的。为了保证器皿外包裹的纸张、棉塞不被烤焦，箱内温度不宜超过170 ℃。

（4）灭菌完毕后不得立即开门取物，应先断开电源，待箱内温度自动下降至50 ℃以下再开门取物，否则玻璃器材可能因骤冷而爆裂。

（5）玻璃器皿要烘干时，箱内温度应在120 ℃持续30 min，同时要打开箱顶部气孔，以利于水蒸气散出。若装有鼓风设备，则可加速干燥。

七、高压蒸汽灭菌器

高压蒸汽灭菌器有手提式、直立式和横卧式多种，各种灭菌器的构造和灭菌原理基本相同。其由双层金属圆筒和金属厚盖组成，双层金属圆筒分为内筒和外筒，内筒放需要灭菌的物品，外筒坚厚，水加于两筒之间。两筒上方有金属厚盖，盖上装有螺旋、压力表、放气阀、安全阀等，螺旋借以紧闭盖门，使蒸汽不能外溢；压力表显示内部的温度与压力；放气阀用以调节器内蒸汽压力与温度；安全阀用于保障安全。

高压蒸汽灭菌器主要用于培养基、试管、生理盐水、废弃的培养物及耐高热物品，如药品、纱布、敷料、手术器械、隔离衣等的灭菌，是应用最广、效果最好的灭菌器具。

一、材料与设备

高压蒸汽灭菌器、生化培养箱、干燥箱、显微镜、细菌标本片、香柏油、二甲苯、擦镜纸等。

二、流程

高压蒸汽灭菌器→生化培养箱→不锈钢电热蒸馏水器→超净工作台→普通显微镜。

三、方法与步骤

（一）高压蒸汽灭菌器

1. 操作步骤

（1）加水。每次灭菌前都要加水，水位以刚刚浸到灭菌器内的底板支架为准。

（2）放物品。将需要灭菌的物品包扎好后，放入灭菌器内筛板上，但要注意物品不宜放得过挤。

（3）加盖。灭菌器加盖，上紧螺旋，使盖与桶体密合，但螺旋不宜旋得太紧，以免损坏橡胶密封垫圈。应注意加盖时螺旋要对称拧紧。

（4）加热排放冷空气。开通电源，电源指示灯亮起，电热管开始工作。刚开始加热时应将放气阀打开，以排放灭菌器内的冷空气，待有较急的蒸汽喷出时，冷空气排放完全，此时可关闭放气阀，锅内的压力开始上升。

（5）灭菌。当灭菌器内蒸汽压力（温度）升至所需灭菌压力（温度）值时，开始计时并维持 20 ～ 30 min。在灭菌期间将压力（温度）稳定在灭菌压力（温度）值，待灭菌时间到达后，关闭电源，但此时不能马上打开锅盖，待锅内压力自然冷却至零或降至 5 磅（0.034 3 MPa）时打开放气阀，缓慢放气至压力为零时方可打开盖子取出物品。

（6）结束，打开盖子小心取出物品，擦拭干净后放回原处，灭菌完毕。

2．维护与保养

（1）灭菌前一定注意检查水位，金属锅盖要对称拧紧。

（2）注意灭菌前冷空气要完全排净。

（3）为节省时间，可提前 20 ～ 30 min 预热灭菌锅。

（4）等压力降至零时再打开盖子，取物品时注意不要被蒸汽烫伤（可戴上线手套）。

（5）灭菌锅要定期排污。

（二）生化培养箱

1．使用说明

（1）培养架上放置需要培养的物品。物品之间应保持适当间隔，利于空气的对流循环。

（2）开通外电源，打开培养箱电源开关，电源指示灯、测量值、设定值都显亮。

（3）设定培养温度。设定培养温度时应按厂家使用说明书进行。

（4）工作完毕后，切断电源即可。

2．维护与保养

（1）培养箱应放置在清洁整齐、干燥通风的工作间内。使用前，各控制开关均应处于非工作状态。

（2）易挥发性化学溶剂、低浓度爆炸气体、低着火点气体的物品及有毒物品不宜放入培养箱。

（3）按操作规程和操作要求使用培养箱，可延长培养箱的寿命。

（4）除试验需要外，应保持箱内温度稳定，避免频繁开启箱门，并防止灰尘、污物进入。低温使用时，为防止污染，应尽量避免在工作腔壁上凝结水珠。

3．恒温培养箱使用与维护

（1）箱内不应放入过热或过冷之物，取放物品时，应随手关闭箱门，以维持恒温。

（2）箱内可放入装水容器，以维持箱内湿度和减少培养物中的水分蒸发。

（3）培养箱各层金属架上不应放置过重物品，以免金属架被压弯而滑脱，防止物品损坏。最底层温度较高，培养物不宜与之直接接触。

（4）定期用 3% 甲酚皂溶液涂布消毒，后用清水抹布擦净。

（5）培养箱供细菌培养等用，不准作烘干衣帽等其他用途。

（三）电热蒸馏水器

1．操作步骤

（1）打开自来水龙头注水，直到水位达到蒸馏水器上玻璃小孔的位置。

（2）打开电源开关，仪器进入加热状态。

（3）等仪器内的水快要沸腾时，再次打开自来水龙头，开始蒸馏。

2．注意事项

（1）蒸馏水器开启后，要有专人负责，并要经常观察蒸馏水器内水位和自来水是否断流。

避免因自来水水流太小或停水引起干烧。

（2）仪器长时间不用时应把蒸馏水器内的水放掉，并要定期清洗蒸馏水器内腔的水垢，这样可延长机器的使用寿命。

（四）超净工作台

1．操作步骤

（1）打开紫外灯杀菌半小时。

（2）关闭紫外灯，打开照明灯和鼓风机。

（3）用75%酒精擦拭双手。点燃酒精灯，开始试验操作。

（4）试验完毕后关闭照明灯和鼓风机电源，清理超净工作台，将废物缸中的垃圾弃去。

2．注意事项

（1）超净工作台的透明罩为有机玻璃，不得用酒精或其他有机溶剂进行擦拭。

（2）使用超净工作台时要先关紫外灯。如使用普通紫外灯，会产生大量臭氧，使用时应注意。

（3）超净工作台内切勿放置与试验无关的物品。

（五）显微镜

1．操作步骤

（1）显微镜的放置。将显微镜置于平整的试验台上，镜座距试验台边缘约10 cm。镜检时姿势要端正。

（2）光源调节。打开电源开关，调节安装在镜座内的光源灯的照明亮度。若使用反光镜采集光源，则应根据光源的强度及所用物镜的放大倍数选用凹面或凸面反光镜，并自由转动反光镜调节视野内的光线亮度，使其均匀、适宜。

（3）目镜调节。根据使用者的个人情况，双筒显微镜的目镜间距可以适当调节。一般左目镜上还配有屈光度调节环，可适应两眼视力有差异的不同观察者。

（4）集光器数值孔径的调节。正确使用聚光镜才能提高镜检的效果。聚光镜的主要参数是数值孔径，它有一定的可变范围，一般聚光镜边框上的数字是代表它的最大数值孔径。为适应不同物镜的需要，可调节聚光镜下面可变光栅的开放程度，以得到各种不同的数值孔径。

（5）镜检。在目镜倍数保持不变的情况下，使用不同放大倍数的物镜会得到不同的分辨率及放大率。作为初学者，在使用显微镜观察标本时应遵守从低倍镜到高倍镜再到油镜的观察程序，因为在低倍镜下，所观察的物像的视野相对较大，易发现目标及确定检查的位置。

①低倍镜观察。将染色标本玻片置于载物台上并用标本夹夹住，移动推进器使所要观察的对象处于物镜的正下方。转用10倍的物镜进行观察，先用粗调节器慢慢升起镜筒，使标本在视野中初步聚焦，再使用细调节器调节使物像清晰。通过移动推进器慢慢移动玻片，并找到合适的视野，仔细观察。

②高倍镜观察。将低倍镜下找到的观察目标移至视野中心后，再转用高倍镜并调节微调节器使物像清晰。通过移动推进器慢慢移动玻片，并找到合适的视野，仔细观察。在转用高倍镜进行观察时，可对聚光器光圈及视野亮度进行适当调节。

③油镜观察。将高倍镜下找到的观察目标移至视野中心后，用粗调节器将镜筒升高，在待观察的视野区域加滴香柏油。然后转用油镜进行观察，首先从侧面注视，用粗调节器将镜筒小心地降下，使油镜镜头浸在油中，并几乎与标本接触时止，但用粗调节器下降镜筒时用力不可过大，否则不仅会因为油镜镜头压到标本而压碎玻片，还会损坏镜头。然后调节照明使视野的亮度合适，将聚光器升至最高位置并开足光圈，用粗调节器将镜筒徐徐上升，直至视野中出现物像并用细调节器使其清晰为止。

（6）显微镜使用后的处理。显微镜使用后，上升镜筒，取下载玻片并用擦镜纸将标本片上的油吸干净。再用擦镜纸擦去镜头上的油，之后蘸取少许二甲苯擦去镜头上的残留油迹，然后用擦镜纸擦去残留的二甲苯。镜头上的油擦拭干净后将显微镜的各部分还原，即物镜转成"八"字形，再向下旋，反光镜垂直于镜座，同时降下聚光镜以免接物镜与聚光镜发生碰撞。最后用绸布清洁显微镜的金属部件并套上镜套，放回原处。

2．维护与保养

（1）透镜的清洁。用柔软纱布清除灰尘，若有不易除去的污迹如油脂，可以用干净的软棉布、镜头纸蘸上无水乙醇与乙醚的混合液轻轻地擦去。纯酒精和二甲苯均易燃烧，在将电源开关打开时要特别当心着火，并要切记不得用二甲苯清洗双目镜筒底部的入射透镜和目镜筒内的棱镜表面。

（2）油漆或塑料表面的清洁。仪器的油漆或塑料表面避免用任何有机溶液（如酒精、乙醇、乙醚、稀释液等）清洗。塑料表面只能用软布蘸上清水清洁。

（3）收纳。显微镜使用完或不用时，用防尘罩盖好并贮放在干燥的地方以免生霉，之后将物镜和目镜保存在干燥的容器中，并放干燥剂。

四、实训报告

分别绘出在低倍镜、高倍镜和油镜下观察到的细菌及霉菌的形态，包括在三种情况下视野中的变化，同时注明物镜放大倍数和总放大率。

▣ 作 业 单

1．用油镜观察时应注意哪些问题？在载玻片和镜头之间加滴什么油？起什么作用？

2．试比较低倍镜、高倍镜及油镜各方面的差异。为什么在使用高倍镜及油镜时应特别注意避免粗调节器的误操作？

3．根据试验体会，谈谈应如何根据所观察微生物的大小，选择不同的物镜进行有效的观察。

4．微生物实验室中的冰箱和电动离心机有什么用途？

▣ 评 估 单

【评估内容】

一、判断

1．显微镜的回转盘用以调节镜筒作极小距离的升降。　　　　　　　　　　　　（　　　）

2．利用干燥箱灭菌时，灭菌完毕后可马上开门取物。　　　　　　　　　　　　（　　　）

3．高压蒸汽灭菌器灭菌完毕后应等到锅内的压力降至零时方可打开取物品。　　（　　　）

二、填空

1．箱内温度在 160 ℃，维持（　　　）h 即可达到灭菌目的。

2．高压蒸汽灭菌器有（　　　）、（　　　）和（　　　）多种。

三、简答

1．如何识别油镜？

2．简述高压蒸汽灭菌器的使用方法及注意事项。

3．简述显微镜的使用方法。

【评估方法】

以小组为单位进行评估。对各小组人员随机抽取 2 人进行提问。提问分数以 2 人平均分数计，占此任务分值的 80%，个人实习报告、作业等分值占此任务分值的 20%。

优：能正确回答每个问题。

良：能正确回答大部分问题，稍微提示即可完成。

及格：能基本回答每个问题，但有个别错误。

不及格：回答不正确或者不能回答。

备注：项目十六任务三学习情境占模块三总分的 10%。

任务四　培养基的制备

【基本概念】

培养基、基础培养基、营养培养基、选择培养基、鉴别培养基

【重点内容】

培养基制备的原则和制备的程序。

【教学目标】

1. 知识目标

熟悉培养基的种类；知道细菌培养生长所需的条件，并掌握培养基制备的原则和制备的程序。

2. 技能目标

会进行各种培养基的制备；掌握常用培养基（普通肉汤、普通琼脂）的制备方法。

资 料 单

一、细菌培养（生长）条件

1. 营养物质

营养物质是细菌生长过程中不可缺少的物质，主要有碳源、氮源、无机盐、生长素及水分等。

2. 酸碱度

酸碱度对细菌的生长繁殖影响很大。大多数病原菌最适宜的酸碱度 pH 值为 7.2 ～ 7.6，个别嗜碱性细菌如霍乱弧菌在 pH 值 8.4 ～ 9.2 环境中生长，结核分枝杆菌则在微酸性 pH 值 6.5 ～ 6.8 环境中有较好的生长。有时在制备培养基时，营养物中要加入缓冲剂磷酸氢二钠和磷酸二氢钾等，因为许多细菌在培养过程中因分解糖类而产酸，影响了本身的生长。

3. 温度

大多数病原菌适应了人的体温，其最适宜的生长温度为 37 ℃。低温能使细菌的生长减慢或相对静止，高温则有抑制或杀灭细菌的作用。

4. 气体

有的细菌（如牛布鲁氏杆菌）在初分离时，必须在培养环境中增加 5% ～ 10% 的二氧化碳才能生长。

5. 湿度和渗透压

细菌生长需要一定的湿度和渗透压，干燥环境可使细菌生长受阻。

6．光线

日光与紫外线均有杀菌力，因此，细菌培养物应放在暗处进行培养。

二、培养基及其种类

以人工的方法将细菌所需要的各种营养物质按一定的比例合理地配合在一起所形成的营养基质称为培养基。培养基能为细菌生长繁殖提供必要而充分的营养，如水分、碳源、氮源、无机盐和维生素等。不同的细菌有不同的营养要求，所需要培养基的种类也不同。培养基按其作用可分为基础培养基、营养培养基、选择培养基、鉴定培养基及厌氧培养基等；按其物理性状可分为固体、半固体及液体培养基；按其组成成分可分为非合成、半合成及合成培养基。

1．基础培养基

含有细菌需要的最基本的营养成分，如肉汤培养基、营养琼脂培养基等。在肉汤培养基中加入 $0.1\% \sim 0.5\%$ 的琼脂粉，则为半固体培养基；加入 $2\% \sim 3\%$ 的琼脂粉，即成固体培养基。固体培养基融化后分装在试管中可制成斜面，叫作琼脂斜面；分装在平皿内则制成平板，叫作琼脂平板。

2．营养培养基

在基础培养基中加入葡萄糖、血液、血清或酵母浸膏等营养物质制成的培养基，如血平板、血清肉汤等，可供营养要求较高的细菌生长。

3．鉴定培养基

用于鉴定细菌之用。即利用各种细菌分解糖、蛋白质的能力及其代谢产物不同，在培养基中加入某种特殊营养物质或指示剂，以便于观察细菌生长或发生的变化，如糖发酵管、醋酸铅培养基等。

4．选择培养基

不同种类细菌对各种化学物质的敏感性不同，如在培养基中加入胆酸盐可抑制革兰氏阳性菌的生长，而有利于革兰氏阴性的肠道致病菌生长。

5．厌氧培养基

专性厌氧菌在有氧条件下不能生长。利用物理或化学方法除去培养环境中的氧，以保证厌氧状态，或降低培养基中的氧化还原电势。一般方法是在液体培养基的表面加盖液体石蜡或凡士林，或在培养基中加入碎肉块可制成供厌氧菌生长的培养基。

此外，干燥培养基使用时按一定比例加入适量的水分即可，具有节省制备时间、携带方便等优点。

三、培养基制备要求

培养基为细菌的生长繁殖提供较好的条件和较适宜的环境，培养基质量好坏将直接影响微生物的生长情况。培养基制备要求如下：

（1）培养基制备时所用成分应根据配方按量称取，溶于蒸馏水。培养基制备前应对相应的试剂药品进行质量检验。

（2）测定调节 pH 值：培养基 pH 值要符合细菌生长所需，pH 值应为 $7.2 \sim 7.6$，否则会影响微生物的生长，从而影响结果的观察。pH 值在热或冷的情况下其值有差异，pH 值测定要在培养基冷至室温时进行。高压灭菌可使培养基的 pH 值降低或升高，故不宜灭菌压力过高或次数太多。指示剂、去氧胆酸钠、琼脂等一般在调完 pH 值后再加入。

（3）培养基应澄清透明，便于细菌生长情况的观察。培养基加热煮沸后，用脱脂棉或纱布过滤，以除去沉淀物。

（4）培养基中不应含有抑菌物质，盛装培养基不宜用铁、铜等容器，最好使用洗净的中性硬质玻璃容器。

（5）制备好的培养基既要达到完全灭菌目的，又要注意不因加热而降低其营养价值，一般在121 ℃灭菌15 min 即可。含有糖类、血清、明胶等的培养基应采用低温灭菌或间歇灭菌法。含有一些不可加热的试剂如卵黄、TTC、抗生素等，应待基础琼脂高压灭菌后凉至50 ℃左右再加入。

（6）培养基制备好后，应做无菌生长试验和所检菌株生长试验。如果是生化培养基，使用标准菌株接种培养后，生化结果应呈正常反应。培养基不应储存过久，必要时可置于4 ℃冰箱存放。

（7）做好记录，每批制备的培养基所用化学试剂、灭菌情况及菌株生长试验结果，制作人员应做好记录，以备查询。

四、培养基制备程序

1. 配料

制备培养基的各种成分应按配方中的量精确称取。在称取时为防止错乱可将所需药品一次取齐，置于右侧，每种称取完毕，即移放于左侧。同时，每称完一种成分应在配方上做出记号，称取完毕后，再进行一次检查。

2. 溶化

将称好的物质放入大烧杯或大烧瓶中蒸煮溶化。待大部分固体成分溶化后，再用较小火力使所有成分完全溶化，因蒸发而丢失的水分最后应补足。应注意在溶化过程中不可将营养物质放入铜锅或铁锅蒸煮，以防微量铜或铁混入培养基而抑制细菌的生长。同时，可用玻璃棒进行搅拌以加快溶化速度。

3. 测定、矫正 pH 值

pH 值的测定与矫正应在各成分完全溶解并凉至室温后进行，温度过高或过低溶液的 pH 值都会有所变动。pH 值一定要准确，否则会影响细菌的生长。用 pH 试纸或 pH 计测定培养基的 pH 值，pH 值应为 7.2～7.6。若 pH 值低于 7.2，则用 0.1 mol/L 氢氧化钠溶液调至所需 pH 值；若 pH 值高于 7.6，则用 0.1 mol/L 盐酸溶液调至所需 pH 值。

4. 过滤

为保证制备的培养基澄清透明，可采用过滤或其他澄清法。一般液体培养基采用滤纸过滤法，琼脂培养基采用清洁的纱布趁热过滤。制备肉、肝、血和土豆等浸液时，用绒布将碎渣滤去，再用滤纸过滤。

5. 分装

制备好的营养基按使用的目的和要求，分装于试管、平皿、烧瓶等容器。分装量不得超过容器装盛量的 2/3，能以形成 2/3 底层和 1/3 斜面的量为标准。培养基的分装装置和平板培养基的制备如图 3-7 和图 3-8 所示。分装容器应预先清洗干净并经干烤消毒，以利于培养基的彻底灭菌。分装时最好能使用半自动或电动的定量分装器，保证培养基分装均匀。为测定其最终 pH 值需留一部分分装于另一容器，并与已装好的培养基同时灭菌。

图 3-7　培养基的分装装置

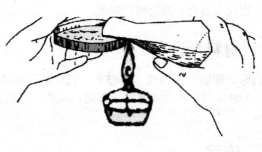

图 3-8　平板培养基的制备

6. 灭菌

培养基的灭菌可采用121℃高压蒸汽灭菌法，灭菌15 min 即可。某些含有不耐热的血清、糖类的培养基的灭菌要采用温度较低、压力较小的灭菌方法，温度不应超过100 ℃，时间为10 ～ 15 min；或者可在培养基灭菌后温度降至50 ℃左右，无菌条件下再加入不耐热的血液、血清、糖类等物质。

琼脂斜面培养基在灭菌后取出，并摆置成适当斜面，待其自然凝固即可，斜面培养基的制备如图 3-9 所示。

图 3-9　斜面培养基的制备
（杜鹏：《乳品微生物学试验技术》，2008 年）

7. 无菌检验

对于备用、灭菌完全的培养基，应仔细检查一遍，并测定其最终 pH 值。在检查过程中如发现包扎纸破裂、培养基内水分浸入、营养基质色泽异常、管口棉塞脱落等现象，均应挑出弃去。

将灭菌检查合格的培养基放入37 ℃恒温箱培养过夜，如发现有细菌生长，则应弃去。再用有关的标准菌株接种 1 ～ 2 管培养基，置于 37 ℃恒温培养箱培养 24 ～ 48 h，如无菌生长或生长不好，则应追查原因并重复接种一次；如结果仍同前，则该批培养基应弃去，不能使用。

8. 培养基的保存

培养基保存时间不宜超过一周，倾注平板培养基不宜超过 3 d。保存时应存放于冷暗处，最好放于普通冰箱内。

一、原理

培养基是微生物生长所需的营养场所。培养基必须含有微生物生长所必需的基本营养成分，还应具有适宜的 pH 值、一定的缓冲能力、一定的氧化还原电位及合适的渗透压。

琼脂是应用最广的凝固剂，加琼脂制成的培养基在 98 ℃～ 100 ℃下熔化，于 45 ℃以下凝固。多次反复溶化，其凝固性降低。

二、材料与设备

蛋白胨、琼脂、牛肉膏、蒸馏水、氯化钠、乳糖、磷酸氢二钾、2% 伊红溶液、0.65% 美蓝溶液、0.04% 溴甲酚紫水溶液、胆盐、天平、灭菌烧杯、灭菌平皿、灭菌试管、灭菌吸管、乳钵等。

三、流程

制备记录→选择所要制备培养基及其配方→培养基成分的称取→培养基各成分的混合和

溶化→培养基 pH 值的初步调整→培养基的过滤澄清和分装→培养基的灭菌→培养基的质量测试。

四、方法与步骤

（一）营养琼脂的制备

1．配方

蛋白胨	10 g
琼脂	15 ～ 20 g
牛肉膏	3 g
蒸馏水	1 000 mL
氯化钠	5 g

2．制法

将除琼脂以外的各种成分溶解于蒸馏水，加入 15% 氢氧化钠溶液约 2 mL，校正 pH 值至 7.2 ～ 7.4。加入琼脂，加热煮沸，使琼脂溶化。分装烧瓶，121 ℃高压灭菌 15 min。

此培养基可供一般细菌培养之用，可倾注平板或制成斜面。如用于细菌计数，琼脂量为 1.5%；如做成平板或斜面，则应为 2%。

（二）伊红美蓝（EMB）琼脂的制备

1．配方

蛋白胨	10 g
2% 伊红溶液	20 mL
乳糖	10 g
0.65% 美蓝溶液	10 mL
磷酸氢二钾	2 g
蒸馏水	1 000 mL
琼脂	17 g

2．制法

将蛋白胨、磷酸氢二钾和琼脂溶解于蒸馏水，校正 pH 值至 7.2 ～ 7.4。分装烧瓶，121 ℃高压灭菌 15 min。临用时加入乳糖并加热琼脂，冷至 50 ℃～ 55 ℃，加入伊红溶液和美蓝溶液，摇匀，倾注平板。

（三）乳糖胆盐发酵管的制备

1．配方

蛋白胨	20 g
0.04% 溴甲酚紫水溶液	25 mL
胆盐	5 g
乳糖	10 g
蒸馏水	1 000 mL

2．制法

将蛋白胨、胆盐及乳糖溶于蒸馏水，校正 pH 值至 7.4，加入指示剂，分装每管 10 mL，并放入一个小倒管 115 ℃高压灭菌 15 min。

双料乳糖胆盐发酵管除蒸馏水外，其他成分加倍。

（四）糖发酵管的制备

1. 配方

蛋白胨	20 g
0.04% 溴甲酚紫水溶液	25 mL
乳糖	10 g
蒸馏水	1 000 mL

2. 制法

将蛋白胨及相应的糖（乳糖、葡萄糖、蔗糖等）溶于蒸馏水，校正 pH 值至 7.4，加入指示剂，按检验要求分装 30 mL、10 mL 或 3 mL，并放入一个小倒管，115 ℃高压灭菌 15 min。

双料乳糖发酵管除蒸馏水外，其他成分加倍。

（五）HE 琼脂的制备

1. 配方

蛋白胨	12.0 g
牛肉膏	3.0 g
乳糖	12.0 g
蔗糖	12.0 g
水杨素	2 .0 g
胆盐	20.0 g
氯化钠	5.0 g
琼脂	18.0 ～ 20.0 g
蒸馏水	1 000 mL
0.4% 溴麝香草酚蓝溶液	16.0 mL
Andrade 指示剂	20.0 mL
甲液	20.0 mL
乙液	20.0 mL

（1）甲液的配制。

硫代硫酸钠	34.0 g
枸橼酸铁铵	4.0 g
蒸馏水	100 mL

（2）乙液的配制。

去氧胆酸钠	10.0 g
蒸馏水	100 mL

（3）Andrade 指示剂的配制。

酸性复红	0.5 g
1 mol/L 氢氧化钠溶液	16.0 mL
蒸馏水	100 mL

2. 制法

将蛋白胨、牛肉膏、乳糖、蔗糖、水杨素、胆盐、氯化钠溶解于 400 mL 蒸馏水作为基础液，将琼脂加入 600 mL 蒸馏水。然后分别搅拌均匀，煮沸溶解。加入甲液和乙液于基础液内，调节 pH 值为 7.5±0.2。再加入指示剂，并与琼脂液合并，待冷至 50 ℃～ 55 ℃倾注平皿。

（六）牛肉膏蛋白胨培养基的制备

1. 配方

牛肉膏	3.0 g

蛋白胨	10.0 g
NaCl	5.0 g
琼脂	15 ～ 25 g
蒸馏水	1 000 mL

2．制法

将蛋白胨、牛肉膏、NaCl 及琼脂溶于蒸馏水内，校正 pH 值至 7.4，并放入一个小倒管 115 ℃高压灭菌 15 min，分装每平皿 10 ～ 15 mL。

五、实训报告

根据试验写出实训报告和试验体会，并分析试验过程中存在的问题和解决办法。

作 业 单

一、判断

1．制备培养基时 pH 值的测定要在营养物溶化后立即进行。　　　　　　（　　）

2．高压灭菌时，如培养需含有一些不可加热的试剂如卵黄、TTC、抗生素等，应待基础琼脂高压灭菌后凉至 50 ℃左右再加入。　　　　　　　　　　　　（　　）

3．分装量不得少于容器装盛量的 2/3，能以形成 2/3 底层和 1/3 斜面的量为标准。　（　　）

4．糖发酵管、醋酸铅培养基等属于鉴别培养基。　　　　　　　　　　（　　）

二、简答

1．如何初步调整培养基 pH 值？

2．如何进行培养基的质量测试？

评 估 单

【评估内容】

一、名词解释

1．营养培养基　2．鉴定培养基　3．选择培养基

二、填空

1．培养基按其物理性状，可分为（　　　）、（　　　）及液体培养基；按其组成成分，可分为（　　　）、（　　　）及合成培养基；按其作用，可分为（　　　）、（　　　）、选择培养基、（　　　）及（　　　）等。

2．根据不同标本及培养目的不同，可采用不同方法进行培养，常用的有（　　　）、（　　　）法及厌氧培养法。

3．营养培养基有（　　　）、（　　　）等。

4．基础培养基有（　　　）、（　　　）等。

5．在肉汤培养基中加入（　　　）的琼脂粉，则为半固体培养基；若加入（　　　）琼脂粉，即成固体培养基。

三、简答

1．细菌培养应具备什么条件？

2．简述培养基制备要求。

四、操作

制备细菌生长所需的普通琼脂培养基。

序号	考核内容	考核要点	分值	评分标准	得分
1	试验准备	1. 试验所需仪器和玻璃器皿准备正确 10 分 2. 试验所需试剂准备正确 10 分	20	仪器、玻璃器皿和试剂准备差一项扣 2 分，扣完为止	
2	试验操作	配料 10 分；溶化 10 分；pH 值调整 10 分；分装 10 分；灭菌 10 分	50	对配料称取不精确扣 5 分，计算数值不对扣 5 分；溶化不完全扣 10 分；pH 值不会调整扣 10 分；分装方法不对扣 10 分；不灭菌或方法不对扣 10 分	
3	结束工作	对所用的器械进行清洗、保养与放置 10 分；用消毒液或肥皂洗手 10 分	20	试验结束后试验器械乱放或者不清洗扣 10 分；不洗手直接出实验室扣 10 分	
4	安全文明操作	仪器完整无缺 10 分	10	打破器皿扣 10 分	
	合计		100		

【评估方法】

以小组为单位进行评估。主要是在试验过程中进行，检查各小组是否掌握培养基的制备程序和方法，同时对各小组人员随机抽取 2 人进行提问。提问分数以 2 人平均分数计。

优：小组能独立并正确完成各项工作，正确回答问题。

良：小组能独立并正确完成大部分工作，个别环节仍需提示才能完成。

及格：小组能基本完成大部分工作，其他环节有错误。

不及格：小组不能独立完成各项工作。

备注：项目十六任务四学习情境占模块三总分的 6%。

任务五　细菌的接种与培养

【基本概念】

菌落、菌苔、分离培养

【重点内容】

分离培养的基本要领和方法。

【教学目标】

1. 知识目标

熟悉细菌的分离培养技术，掌握分离培养的基本要领和方法。

2. 技能目标

掌握斜面接种的方法并会进行细菌菌种的保存。

一、细菌的接种

细菌的接种和培养是微生物检验中不可缺少的操作过程。例如，有些时候样品中细菌较少，不易检出，此时需要通过增菌培养的方法培养出更多的细菌来进行检验，即将样品接种在液体培养基内，使细菌在其中生长繁殖，再进一步分离和鉴定；再者，很多时候有些标本中除含有数量较少的致病菌外，常含有更多的非致病菌及杂菌，此时就需要通过分离培养法来分离病原菌，进行下一步试验。

细菌的接种是通过接种环蘸取细菌或样品标本来进行的。右手以持笔式握住接种环，左手持培养基配合操作。接种程序：接种环灭菌→待冷→蘸取细菌或标本→进行接种（启盖或塞、接种划线、加盖或塞）→灭菌接种环。不同培养基的接种方法如下。

（一）平板划线接种法

平板划线接种法又称分离培养法，其目的是将混有多种细菌的培养物或样品标本于平板培养基上接种划线，使其分散生长，最终形成单个菌落或分离出单一菌株，从而有利于各种细菌的识别鉴定。

细菌接种于平板培养基上在一定条件下经一定时间培养形成的肉眼可见的单个细菌集团，称为菌落。因细菌的种类和所用培养基不同，形成的菌落形状、色泽、大小、透明度、边缘隆起度、湿润度、溶血现象等都有差异，这些差异可以作为识别细菌的重要依据。有些时候细菌在固体培养基表面生长密集，未能形成单个菌落，而形成了肉眼可见的细菌堆积物，称为菌苔。

平板划线接种法是细菌分离培养的常用技术，划线方法较多，以分段划线法与曲线划线法较为常用。

1. 分段划线法

方法是以接种环蘸取少许标本，先涂布于平板培养基表面一角作为第一段划线，划线时接种环与培养基表面约呈 45°，划线完毕后取出接种环置于火焰上灭菌，待冷却后，打开皿盖进行第二段划线，方法是与第一段所划的线相交接数次后不再相交划出第二个区域，完毕后再如上法灭菌，接种划线，依次划至最后一个区域。需要注意的是：最后一个区域的划线不得与第一段划线相接，划线完毕，最后灭菌接种环，盖好平皿盖，倒置于 37 ℃恒温箱中培养。分段划线法中每一段划线内的细菌数逐渐减少，这种划线法划线越长形成单个菌落的可能性越大。本方法多用于含菌量较多的标本。分段划线法如图 3-10 所示。

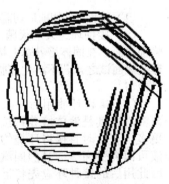

图 3-10　分段划线法

2. 曲线划线法

方法是用接种环将标本或培养物涂于平板培养基表面的一角，然后接种环自标本涂擦处开始，连续向左、右两侧划开并逐渐向下移动，划成若干条分散的曲线。此方法多用于接种材料中含菌数量不太多的标本或培养物。曲线划线法如图 3-11 所示。

（二）斜面接种法

斜面接种法是指从平板培养物上挑取一个菌落，移接至斜面培养基上的方法。此种方法主要用于接种纯菌，使其增殖后

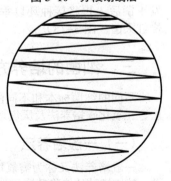

图 3-11　曲线划线法

用于鉴定或保存菌种。步骤如下：

左手持培养基，右手持接种环，将接种环通过火焰灭菌冷却后，左手打开培养皿盖，右手挑取菌落；之后左手立即换取斜面培养基管，并以持接种环的右手小指和无名指夹住试管棉塞，转动后拔出并夹持于手指间；立即将管口通过火焰灭菌后将接种环伸入斜面管，从斜面底部至顶端作 Z 形划线。

（三）穿刺接种法

过程类似斜面接种法，不同之处在于穿刺接种法是由斜面培养基表面中央直刺至底部，然后沿穿刺线拔出接种针即可。此方法多用于半固体、明胶、双糖等培养基的接种。穿刺接种法如图 3-12 所示。

（四）液体接种法

接种过程与斜面接种法基本相似，不同之处在于液体接种法是将挑取的菌落或菌液直接接种于液体培养基内。此方法多用于营养肉汤、单糖发酵试验等。

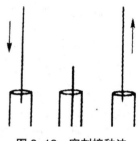

图 3-12　穿刺接种法

（五）倾注培养法

方法是取原始液体标本或经适当稀释的标本 1 mL，置于直径 9 cm 无菌平皿，倾入已溶化的培养基 13 ～ 15 mL 即可。但应注意倾入的培养基应冷却至 50 ℃左右，倾入后立即混匀待凝固后倒置于 37 ℃恒温箱中培养 18 ～ 24 h。本方法既适用于液体标本的细菌计数，也适用于厌氧菌的培养。

二、接种环使用注意事项

（1）接种环使用前后均需在酒精灯火焰上彻底烧灼一次，金属棒部分也需转动通过火焰灼烧。

（2）接种环经火焰灭菌，需待冷却后再蘸取标本或放置于工作台上，以防烫死微生物或烧损桌面。在固体培养基上接种时，可接触培养基表面试之，若不溶化琼脂，即说明接种环已冷却。

（3）接种环使用后，其上可能带有残余菌液，尤其是液体培养物接种后，残余菌液更多，若此时直接将环烧灼，则环上残余菌液可因突受高热，暴烈四溅，有传染危险。因此用后的接种环应先将近环处镍丝置于火焰中，使热导向接种环，待环上菌液渐渐蒸发干涸后，再将接种环以垂直方向于火焰中烧红灭菌（图 3-13）。

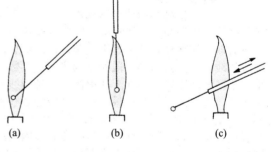

（a）　　　　（b）　　　　（c）

图 3-13　接种环火焰灭菌

三、细菌的培养方法

不同的细菌标本和不同的培养目的需要用不同的培养方法，常用的培养方法有一般培养法、二氧化碳培养法及厌氧培养法。

（一）一般培养法

一般培养法又称为需氧培养法，即将已接种好细菌的培养基，如平板划线的培养基、斜面、液体接种的培养基等，置于 37 ℃恒温箱中培养 18 ～ 24 h，一般细菌即可于培养基上生长。

（二）二氧化碳培养法

二氧化碳培养法是指将某些细菌置于二氧化碳环境中进行培养的方法，这样的细菌有脑膜炎球菌、布鲁氏杆菌等。常用的二氧化碳培养法有烛缸法和化学法。

1．烛缸法

将已接种好细菌的培养基，置于磨口标本缸或干燥器内，并在缸内或干燥器内放入小段点燃的蜡烛，勿靠近缸壁中，以免烤热缸壁而炸裂。缸盖及缸口涂以凡士林，盖密缸盖。燃烛自行熄灭时，容器内含二氧化碳 5% ～ 10%。最后连同容器一并置于 37 ℃恒温箱中培养。

2．化学法

化学法又称碳酸氢钠－盐酸法，即按每升容积加入 0.4 g 碳酸氢钠、0.35 mL 浓盐酸的比例，将两药分开置于容器中，然后连同容器置于含有细菌培养基的标本缸或干燥器内，密闭标本缸或干燥器，将标本缸或干燥器稍倾斜，使盐酸与碳酸氢钠接触而生成二氧化碳。

（三）厌氧培养法

实验室常用的厌氧培养法有下列四种。

1．肉渣（腐肉）培养法

肉渣（腐肉）培养法又称动物组织耗氧法。因肉渣中含有不饱和脂肪酸，经肉中酶作用后，能吸收环境中的氧气；肉渣中还含有谷胱甘肽，用于降低环境中的氧化势能；加之培养基的液面用凡士林封闭而造成缺氧的状态。

2．焦性没食子酸法

焦性没食子酸在碱性溶液中能形成可吸收空气中氧气的焦性没食子橙，从而造成缺氧环境。

3．硫乙醇酸钠法

用还原剂硫乙醇酸钠除去培养基中的氧气或氧化型物质，形成厌氧环境或降低氧化还原势能，利于厌氧菌的生长。

4．厌氧罐法

将培养物放入特制的厌氧罐，先通以氢气，然后通电，经铂或银的触媒作用，使氢与氧燃烧而消耗氧气，造成缺氧环境。

四、细菌的生长现象

不同种类的细菌在培养基中的生长现象也会不同，各种生长现象有助于鉴别细菌。

（一）细菌在液体培养基中的生长现象

1．浑浊

细菌在液体培养基中呈现均匀弥漫生长，形成不同程度的肉眼可见的浑浊。大部分细菌的生长呈浑浊现象。

2．沉淀

细菌由于重力而下沉，管底出现肉眼可见的沉淀物，但沉淀物上面的液体仍清澈透明，如链球菌的链与链互相缠绕而下沉。

3．菌膜

某些细菌易在液体表面生长，因而可在液体表面形成肉眼可见的薄膜，称之为菌膜，如霍乱弧菌在液体培养基内可形成菌膜。

（二）细菌在半固体培养基中的生长现象

无鞭毛的细菌，因为没有运动性，所以只会沿穿刺线生长；有鞭毛的细菌，除沿穿刺线生长外，还可沿穿刺线向外扩散生长，呈倒立的松树状。因此，穿刺法可以用于鉴别细菌是否具有鞭毛、是否具有运动性。

应当指出的是，在进行细菌的培养检查时，应根据参考标本来源和送检目的，选用适当的培养基和培养条件才能获得可靠的结果。

五、菌种的保管要求

（1）菌种的保存常采用半固体穿刺法或琼脂斜面接种法，必要时加入适量灭菌液体石蜡或半固体琼脂，然后用固体石蜡封管并置于 4 ℃冰箱保存。如用冷冻真空干燥保存，可长期保存。

（2）所保存的菌株应有菌种名称、分离日期、分离来源、传代日期、保存方法、主要性状、保管者等项目的登记。

（3）菌种应设专人妥善保管，最好加锁并放于安全的环境，取出时应进行登记，转让时应有转让手续。

（4）保存的菌株要 3～6 个月传代一次，传代时要注意无菌操作，不能使菌株死亡，更不能污染菌株。

（5）菌种经传代数次后，应检查其是否发生变异，即系统地进行一次生化反应试验及血清学特性、毒力测定等主要生物学性状观察。

一、材料与设备

生化培养箱、平板培养基、斜面培养基、接种环、菌种、病料、肉渣（腐肉）培养基、接种环、酒精灯、烙刀、镊子、剪子等。

二、流程

分离培养→细菌移植→穿刺接种。

三、方法与步骤

（一）细菌的分离培养

平板划线接种法具体操作步骤如下。

1. 接种环灭菌

右手持接种环经过火焰灼烧灭菌。

2. 无菌条件下取病料

液体病料可用接种环直接挑取一环；固体病料用无菌剪刀或烙刀在病料表面做一切口，然后用灭菌接种环从切口插入组织，缓缓转动接种环，取少量组织或液体。

3. 打开培养皿盖

左手持平皿，用拇指、食指及中指将皿盖打开一侧。

4. 划线

将已取到被检材料的接种环伸入平皿，并涂于培养基一侧，然后以腕力在培养基表面轻轻地分区划线。

5．结束

划线完毕，烧灼接种环，盖好培养皿并做好标记，倒置于 37 ℃恒温箱，培养 18～24 h，观察结果。

（二）细菌移植

斜面移植操作步骤如图 3-14 所示。

（1）左手持菌种管及琼脂斜面管，斜面管放在内侧，菌种管放在外侧，两管口齐平，管身略倾斜，培养基斜面向上，管口靠近酒精灯。

（2）拔出试管塞。以持接种环的右手小指和无名指夹住试管棉塞，转动后拔出并夹持于手指间。

（3）接种。立即将管口通过火焰灭菌，接种环伸入菌种管，取上细菌后马上移入斜面管，并从底部到顶端呈 Z 形划线。

（4）划线完毕后，塞好塞子，接种环灭菌，接好的试管置于 37 ℃恒温箱培养。

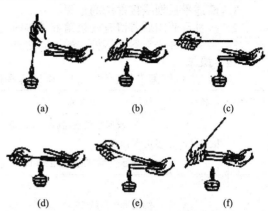

图 3-14　斜面移植操作步骤

（杜鹏：《乳品微生物学实验技术》，2008 年）

（a）接种环灭菌；（b）开启棉塞；（c）管口灭菌；
（d）挑取细菌；（e）移植；（f）塞好棉塞

四、实训报告

根据所做试验写出实训报告及体会，并描述所接种细菌的菌落特征，同时分析试验过程中存在的问题及原因。

作业单

一、填空

1．二氧化碳培养法有（　　）、（　　）。
2．穿刺接种法多用于（　　）、（　　）、（　　）等培养基的接种。
3．细菌在液体培养基中生长能见到的现象是（　　）、（　　）、（　　）。
4．保存的菌株要（　　）个月传代一次。

二、简答

1．细菌倾注培养法的操作步骤及方法，主要用于什么细菌的培养？
2．如何进行厌氧菌的培养？
3．简述细菌接种程序。
4．平板划线有什么用途？

评估单

【评估内容】

一、名词解释

1．菌落　2．菌苔

二、判断

1．斜面移植时，可在接种环火焰灭菌后马上挑取菌落进行接种。　　　　　　（　　）
2．链球菌在肉汤培养基中生长呈沉淀现象。　　　　　　　　　　　　　　（　　）

3. 霍乱弧菌在液体培养基内可形成菌膜。　　　　　　　　　　　　　　（　　）

三、简答

1. 简述平板划线接种法的步骤。

2. 接种环使用后若留有残余菌液较多时应如何灭菌？

3. 穿刺接种法与斜面接种法的不同之处在哪里？

四、操作

各小组进行细菌平板划线、斜面移植等操作，并在培养后观察形成菌落的情况。

序号	考核内容	考核要点	分值	评分标准	得分
1	试验准备	1. 试验所需仪器和玻璃器皿准备正确10分 2. 试验所需试剂准备正确10分	20	仪器、玻璃器皿和试剂准备差一项扣2分，扣完为止	
2	试验操作	细菌平板划线20分；斜面移植15分；穿刺接种15分	50	细菌平板划线方法不正确或者没有形成菌落的扣10分，不在无菌环境下操作扣10分；斜面移植方法不正确扣15分；穿刺接种法不正确扣15分	
3	结束工作	对所用的器械进行清洗、保养与放置10分；用消毒液或肥皂洗手10分	20	试验结束后试验器械乱放或不清洗扣10分；不洗手直接出实验室扣10分	
4	安全文明操作	仪器完整无缺10分	10	打破器皿扣10分	
	合计		100		

【评估方法】

以小组为单位进行评估。主要是在试验过程中进行，检查各小组是否掌握平板划线、斜面移植等操作步骤和方法，同时对各小组人员随机抽取2人进行提问，提问分数以2人平均分数计。

优：小组能独立正确地完成各项工作，菌落形成较多。

良：小组能独立正确地完成大部分工作，个别环节仍需提示才能完成，有菌落形成。

及格：小组能基本完成大部分工作，其他环节有错误，能看到有细菌生长。

不及格：小组不能独立完成各项工作，没有试验现象。

备注：项目十六任务五学习情境占模块三总分的6%。

任务六　细菌的染色、镜检

【基本概念】

复合染料

【重点内容】

染色的方法及其基本过程。

【教学目标】

1．知识目标

知道常用细菌染色的染料，并掌握常规染色方法。

2．技能目标

掌握染色的基本操作过程，明白各过程在染色当中所起的作用。

资料单

一、细菌的染色

（一）细菌染色的染料

1．酸性染料

酸性染料又称阴离子染料，酸性染料染色离子带阴性，如伊红、刚果红等。酸性染料能与带阳性离子的物质结合，使之着色。若降低菌液的 pH 值而使细菌带阳性离子，就可用酸性染料染色。

2．碱性染料

碱性染料又称阳离子染料，碱性染料染色离子带阳性，如亚甲蓝、碱性复红等。碱性染料能与带阴性离子的物质结合。细菌一般带阴性离子，所以常用碱性染料进行染色。

3．复合染料

复合染料又称中性染料，即碱性染料与酸性染料的结合物，如 Wright 染料中的伊红美蓝，Giemsa 染料中的伊红天青等。

4．单纯染料

单纯染料的染色能力视其能否溶于被染物质而定，这种染料大多属于偶氮化合物，能溶于脂溶性溶剂，但不溶于水，如苏丹类染料。

（二）影响染色的因素

影响染色的因素主要有染色液中电解质含量、pH 值、温度、细胞膜的通透性、膜孔的大小和细胞结构的完整性。此外，培养基的组成、菌龄、药物的作用等，都能影响细菌的染色情况。

二、细菌染色的基本方法和步骤

（一）细菌染色的基本方法

1．单染色法

单染色法是指只用一种染料染色，各种细菌均染成同一种颜色，如用亚甲蓝或稀释石炭酸复红等染色的方法。用此方法染色后只能显示细菌的形态大小，但对细菌的鉴别价值不大。

2．复染色法

复染色法又称鉴别染色法，是指用两种或两种以上染料染色的方法。用此方法染色细菌之后，既能显示细菌的形态大小，又对细菌种类有一定的鉴别作用。常用的复染色法有革兰氏染色法和抗酸染色法。

3．细菌特殊结构的染色法

此方法能使细菌的特殊结构着色成与菌体不同的颜色，有利于检查细菌的特殊结构，以鉴别细菌。在细菌检查中，异染颗粒染色法较常应用，其他特殊结构染色法因操作费时，在日常检验工作中较少使用。

4. 荧光染色法

除上述染色法外，还有用金胺、吖啶橙等荧光染料进行染色的方法。此类染料可溶于水，在紫外线照射下能激发出荧光，也可分为酸性染料及碱性染料两种。荧光染料染色后可以在荧光显微镜下看到黑背景中细菌发出的明亮荧光。荧光染色法有加快检查速度和提高阳性率的优点。

（二）细菌染色的基本步骤

1. 涂片

取洁净的玻片一张，接种环灭菌后取 1 ～ 2 环无菌生理盐水放于载玻片的中央，再将接种环灭菌后从固体培养基上挑取菌落或菌苔少许，与水混匀，做成直径 1 cm 左右的涂圈。若为液体标本，直接用接种环蘸取液体涂抹即可。若为多个标本而行同一染色时，可事先用记号笔在玻片上划分数格，并于玻片的背面标明编号。

2. 干燥

可采用室温自然干燥。若需加速干燥，可在火焰上方的热空气中加温干燥，但时间不宜太长，避免烤枯标本，影响检视。

3. 固定

固定法主要有火焰固定法和化学固定法两种。一般均采用火焰固定法，即将涂片迅速通过火焰 2 ～ 3 次，以玻片反面触及皮肤热而不烫为度。化学固定法常采用甲醇固定，即将适量的甲醇滴加于已干燥好的涂片上，3 ～ 5 min 后水洗。

固定可以使细菌的细胞质蛋白凝固，菌体较牢地黏附于玻片；此外，固定可以改变菌体对染料的通透性。

4. 染色

（1）初染。将涂片置于染色架上，滴加染液以覆盖标本，一定时间后冲洗。

（2）媒染。在已初染的标本片上滴加染液，一定时间后冲洗。主要用于增强菌体与染液间的作用力。常用的媒染液有金属盐、碘液等。

（3）脱色。在已媒染的标本片上滴加染液，一定时间后冲洗。其目的在于测知染料与被染物之间结合的牢固程度，一般用的脱色剂是酒精、酸等。

（4）复染。目的是使已脱色的菌体重新染色，并与前染液颜色呈鲜明的对比。

5. 染色标本的保存与封片

观察细菌染色标本需用油镜，观察后应用擦镜纸将标本上的镜油轻轻吸去，可短期保存于标本盒。若要长期保留，应在标本中央滴一滴加拿大树胶，并覆盖一洁净盖玻片，自然干燥，可多年保存于玻片盒。

一、材料与设备

酒精灯、接种环、载玻片、吸水纸、生理盐水、亚甲蓝染色液、革兰氏染色液、瑞氏染色液、染色缸、染色架、洗瓶、显微镜、香柏油等。

二、流程

涂片→干燥→固定→细菌染色。

三、方法与步骤

（一）涂片

1．固体培养物

取洁净的玻片一张，接种环灭菌后取 1 ～ 2 环无菌生理盐水，放于载玻片的中央，再将接种环灭菌后从固体培养基上挑取菌落或菌苔少许，与水混匀，做成直径 1 cm 左右的涂面。

2．液体培养物

用灭菌接种环蘸取细菌培养液 1 ～ 2 环，直接在玻片上做成涂面。

3．液体病料

取一张玻片，用其一端蘸取所检液体材料（如血液、腹水等）少许，在另一张洁净的玻片上，以 45°均匀推成一薄层的涂面。

4．组织病料

以无菌剪刀、镊子剪取组织一小块，以其新鲜切面在玻片上做几个薄层压印。

无论何种方法，切忌涂抹太厚，否则不利于细菌染色和观察。涂片制作步骤如图 3-15 所示。

图 3-15　涂片制作步骤

（二）干燥

室温自然干燥或在火焰上方的热空气中加温干燥。

（三）固定

一般均用火焰固定法，将涂片迅速通过火焰 2 ～ 3 次，以玻片反面触及皮肤，热而不烫为度。

（四）细菌染色

1．革兰氏染色法

（1）在固定好的涂片上，滴加草酸铵结晶紫染色液，染 2 min 左右，水洗。

（2）加革兰氏碘液媒染，作用 2 min，水洗。

（3）加 95% 酒精脱色 15 ～ 30 s，水洗。

（4）加稀释石炭酸复红或沙黄水溶液复染 2 min 左右，水洗，用吸水纸吸干后镜检。

结果：革兰氏阳性菌呈蓝紫色，革兰氏阴性菌呈红色。

2．亚甲蓝染色法

在固定好的涂片上，滴加适量亚甲蓝染色液，染色 2 ～ 3 min，水洗，晾干或用吸水纸轻压吸干后镜检。

结果：菌体呈蓝色。

3．瑞氏染色法

在固定好的涂片上，滴加瑞氏染色液，2 min 左右，再滴加与染色液等量的磷酸盐缓冲液或中性蒸馏水于玻片上，轻轻摇晃与染色液混合均匀，5 min 左右水洗，晾干或用吸水纸轻压吸干后镜检。

结果：菌体呈蓝色，组织细胞的胞浆呈红色，细胞核呈蓝色。

4．吉姆萨染色法

血片或组织触片用甲醇固定干燥后，在其上滴加足量吉姆萨染色液，染色 30 min，水洗，吸干或烘干，镜检。

结果：细菌呈蓝青色，细胞质呈红色，细胞核呈蓝色。

四、实训报告

根据试验写出实训报告，并画出显微镜中观察到的细菌特征，包括形态、颜色等。

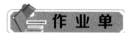 **作 业 单**

一、名词解释
复染色法

二、判断
1．细菌标本火焰固定时，越烫，固定效果越好。（　　　）
2．标本片镜检后，应马上用擦镜纸将油擦干净后装入标本盒。（　　　）

三、简答
1．除了革兰氏染色法，常用的染色方法还有哪些？各种染色方法会使细菌染成什么颜色？
2．为什么革兰氏染色后阳性菌呈蓝紫色、阴性菌呈红色？
3．革兰氏染色法中酒精脱色的目的是什么？

评 估 单

【评估内容】

一、填空
1．细菌染色基本方法有单染色法、（　　　）、（　　　）、荧光染色法。
2．细菌染色的染料有（　　　）、（　　　）、（　　　）、（　　　）。
3．固定的方法有（　　　）、（　　　），一般均用（　　　）。
4．常用的复染色法有（　　　）、（　　　）。

二、简答
1．简述不同材料涂片的方法。
2．简述革兰氏染色法步骤。

三、操作
各小组对已在平板上培养出的细菌进行涂片染色镜检，并观察染色结果。

序号	考核内容	考核要点	分值	评分标准	得分
1	试验准备	1．试验所需仪器和玻璃器皿准备正确10分　2．试验所需试剂准备正确10分	20	仪器、玻璃器皿和试剂准备差一项扣2分，扣完为止	
2	试验操作	涂片10分；干燥固定10分；染色20分；镜检10分	50	涂片方法不正确扣10分；没有进行干燥固定扣10分；染色方法不正确扣10分，革兰氏染色液滴加顺序不正确扣10分；镜检没有结果扣10分	
3	结束工作	对所用的器械进行清洗、保养与放置10分；用消毒液或肥皂洗手10分	20	试验结束后试验器械乱放或不清洗扣10分；不洗手直接出实验室扣10分	
4	安全文明操作	仪器完整无缺10分	10	打破器皿扣10分	
5	合计		100		

【评估方法】

以小组为单位进行评估。主要是在试验过程中进行，检查各小组是否掌握细菌涂片染色镜检操作步骤，同时对各小组人员随机抽取 2 人进行提问，提问分数以 2 人平均分数计。

优：小组能独立正确地完成各项工作，并能正确回答问题。

良：小组能独立正确地完成大部分工作，个别环节仍需提示才能完成。

及格：小组能基本完成大部分工作，其他环节有错误。

不及格：小组不能独立完成各项工作，没有试验现象。

备注：项目十六任务六学习情境占模块三总分的 6%。

项目十七　动物性食品微生物检验技术

任务一　动物性食品微生物检验程序及样品的处理技术

【重点内容】
肉、蛋、乳、水产品及其制品样品的采集及其微生物检验前处理技术。

【教学目标】
1. 知识目标
熟悉动物性食品微生物检验程序。
2. 技能目标
掌握样品的处理技术，会进行肉、蛋、乳、水产品及其制品样品微生物检验前处理。

一、检验程序

（一）样品的采集

在食品检验中，如何采样是至关重要的，正确的采样方法和采样程序是保证检验结果正确的首要条件。

1. 样品种类

样品种类根据其大小或多少可分为三种，即大样、中样和小样。大样是指一整批；中样是从样品各部分取得的混合样品；小样即检样，做分析用。中样以 200 g 为准。检样一般以 25 g 为准。

2. 采样方法

（1）样品的采集必须在无菌条件下进行，并要具有代表性。

（2）采样可借助灭菌的器械，如探子、铲子、匙、试管、广口瓶、剪子和开罐器等。如果样品很大，则需用无菌采样器取样。

（3）若样品为袋、瓶和罐装，则应取未开封的袋、瓶和罐。如果样品为固体粉末，则应边取边混合；如果是液体，则应通过振摇将其混合均匀。

（4）检样如果是冷冻食品，则应保持在冷冻状态，即需要放入冰柜、冰盒或低温冰箱保存，非冷冻食品需保存在 0 ℃～5 ℃环境。

3. 采样标签

每件样品采样前或采样后应立即贴上标签，要标记清楚各种样品的品名、来源、数量、采样地点、采样人及采样时间（年、月、日）等。同时，记录采样现场的温度、湿度及卫生状况。

4. 采样数量

根据不同品种，采样数量有所不同（见表 3-1）。

表 3-1　不同品种的采样数量

检样种类	采样数量	备注
肉及肉制品	生肉取屠宰后两腿内侧肌或背最长肌 100 g； 脏器根据检验目的而定； 光禽家禽用棉拭子取样 50 cm²； 熟酱卤制品、肉及灌肠取样应不少于 200 g，烧烤制品应取样 50 cm²； 熟食每份样品 1 只； 肉松每份样品 200 g； 香肚每份样品 1 个	要在样品的不同部位采取
乳及乳制品	生乳 1 瓶；奶酪 1 个；消毒乳 1 瓶； 奶粉 1 袋或 1 瓶，大包装 200 g； 奶油 1 包，大包装 200 g； 酸奶 1 瓶或 1 罐； 炼乳 1 瓶或 1 听； 淡炼乳 1 罐	每批样品按千分之一采样，不足千件者抽1 件
蛋品	全蛋粉：每件 200 g； 巴氏消毒全蛋粉：每件 200 g； 蛋黄粉：每件 200 g； 蛋白片：每件 200 g	1 日或 1 班生产为一批，检验沙门氏菌按5% 抽样，但每批不得少于 3 个检样。 测菌落总数、大肠菌群：每批按装听过程前、中、后流动取样 3 次，每次取样 50 g，每批合为一个样品
	冰全蛋：每件 200 g； 冰蛋黄：每件 200 g； 冰蛋白：每件 200 g	在装听时流动采样，检验沙门氏菌，每250 kg 取样一件
	巴氏消毒冰全蛋：每件 200 g	检验沙门氏菌，每 500 kg 取样一件；测菌落总数、大肠菌群时：每批按装听过程前、中、后流动取样 3 次，每次取样 50 g
水产品	鱼：1 条；虾：200 g；蟹：2 只； 贝壳类：按检验目的而定； 鱼松：1 袋	不足 200 g 者加量

5．送检

　　样品采集后应立即送往检验室进行检验，送检过程一般不超过 3 h，若不能及时送检，则应保存在适合的温度条件下。送检时，必须认真填写申请单，以供检验人员参考。

（二）检验与报告

1．检验

　　食品微生物检验室接到送检申请单后，应立即进行登记，填写试验序号，并按检验规程积极准备条件进行检验。检验时要按照国家标准检验方法进行操作，检验过程中要认真、负责，并要有严格的无菌操作观念。若有其他例外的情况不能及时进行检验的，如检验样品不符合要求或条件不允许进行检验等，则应将样品放在冰箱或冰盒中妥善保管。

　　食品微生物检验室必须备有专用的冰箱用于存放样品。若检验后为阳性的样品，则发出报告后 3 d（特殊情况可适当延长）方可处理。进口食品的阳性样品，则需保存 6 个月方能处理，阴性样品可及时处理。

2. 报告

检验完毕后，检验人员应及时填写报告单，签名后送主管人员核实签字，加盖单位印章，以示生效，最后交食品卫生监督人员处理。检验要有详细、清楚、真实、客观的试验过程记录，以作为结果分析、判定的依据。

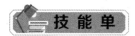

一、原理

肉、蛋、乳、水产品及其制品性状各异，在进行微生物检验时，应按其性状和不同的检验目的，进行合理的采样和处理检样。

二、材料与设备

采样箱、灭菌塑料袋、无菌刀、剪子、镊子、灭菌具塞广口瓶、搅拌棒、温度计、灭菌棉签、带绳编号牌、电钻和钻头、金属制双层旋转式套管采样器、玻璃漏斗、编号牌（或蜡笔、纸）等。

三、流程

样品的采取→送检→检样的处理。

四、方法与步骤

（一）样品的采取和送检

1. 肉与肉制品

（1）生肉及脏器检样。屠宰后的畜肉可于剖开腹腔后，用无菌刀或剪子采取两腿内侧肌肉各 50 g，或劈半后采取两侧背最长肌各 50 g；如是冷藏或售卖的生肉，则可用无菌刀取腿肉或其他部位肌肉 100 g。

（2）家禽。用灭菌棉拭子采取胸腹部各 10 cm²、背部 20 cm²、头肛部各 5 cm²、共 50 cm²。

（3）烧烤肉制品。用灭菌棉拭子采取肉制品正面（表面）20 cm²、里面（背面）10 cm²、四边各 5 cm²，共 50 cm²。

（4）其他熟肉制品，包括酱卤肉、肴肉、灌肠、香肚及肉松等，用无菌刀或剪子采取 200 g。

（5）棉拭子采样方法。用 5 cm² 的金属制规格板压在检样上，将灭菌棉拭子稍蘸湿，在板孔内揩抹 10 次，然后另换一个揩抹点。每支棉拭子揩抹 2 个点，一个检样用 5 支棉拭子，每支揩后立即剪断（或烧断），投入盛有 50 mL 灭菌水的三角瓶或大试管中立即送检。

2. 蛋与蛋制品

（1）鲜蛋。用流水冲洗外壳，再用 75% 酒精棉球涂擦消毒后放入灭菌袋，加封做好标记后送检。若要检测蛋壳表面的细菌，则可直接将蛋放入灭菌袋，加封做好标记后送检。

（2）全蛋粉、巴氏消毒全蛋粉、蛋黄粉、蛋白片。将所需检验的包装开口处用 75% 酒精棉球消毒，开盖后用灭菌金属采样器斜角插入箱底收取检样，然后提出采样器，用灭菌

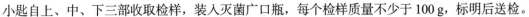

小匙自上、中、下三部收取检样，装入灭菌广口瓶，每个检样质量不少于 100 g，标明后送检。

（3）冰全蛋、巴氏消毒冰全蛋、冰蛋黄、冰蛋白。先将开口处用 75% 酒精棉球消毒，开盖后用灭菌电钻由顶到底斜角钻入取样，然后抽出电钻，从中取出 200 g 检样装入灭菌广口瓶，标明后送检。

3. 乳与乳制品

（1）散装或大型包装的乳品。用无菌刀、勺取样，每件样品数量不少于 200 g，采样放入灭菌容器内及时送检、鲜乳不超过 3 h。

（2）小型包装的乳品采取整件原包装。

（3）对成批产品进行采样时，其数量每批以千分之一计算，不足千件者抽取 1 件。

4. 水产食品

鱼类和体型较大的贝壳，采完整的个体；小型鱼类和小虾、小蟹混合采取 500 g。

（二）检样的处理

1. 肉与肉制品

（1）生肉及脏器检样的处理。先将样品进行表面消毒，再用无菌剪子剪取深层肌肉 25 g，放入灭菌乳钵内剪碎后，加入灭菌水 225 mL，混匀后即 1 : 10 稀释液。

（2）熟肉、灌肠类、香肚及肉松。可不用消毒表面而直接称取 25 g 放入灭菌乳钵，以后步骤同上。

（3）用棉拭子采取的检样，经充分振摇后，作为原液，再按要求进行 10 倍递增稀释。

2. 蛋与蛋制品

（1）鲜蛋外壳。将棉拭子用灭菌生理盐水浸湿后，充分擦拭蛋壳，然后直接放入培养基增菌培养。也可将整只鲜蛋放入已按检样要求加有定量灭菌生理盐水或液体培养基的小烧杯或平皿，并用灭菌棉拭子将蛋壳表面充分擦洗，以擦洗液作为检样检验。

（2）鲜蛋蛋液。根据检验要求，打开蛋壳取出蛋白、蛋黄或全蛋液，放入带有玻璃珠的灭菌瓶，充分摇匀待检。

（3）全蛋粉、巴氏消毒全蛋粉、蛋白片、蛋黄粉。将检样放入已按比率加有灭菌生理盐水的带有玻璃珠的灭菌瓶，充分摇匀待检。

（4）冰全蛋、巴氏消毒冰全蛋、冰蛋白、冰蛋黄。将检样融化后取出，放入带有玻璃珠的灭菌瓶，充分摇匀待检。

（5）各种蛋制品沙门氏菌增菌培养。以无菌条件下称取检样，接种于亚硒酸盐煌绿或煌绿肉汤等增菌培养基，盖紧瓶盖，充分摇匀，然后放入 37 ℃恒温箱，培养 24 h。凡用亚硒酸盐煌绿增菌培养时，各种蛋与蛋制品的检样接种数量都为 30 g，培养基数量都为 150 mL。

3. 乳与乳制品

（1）酸奶、鲜奶。用已灭菌的器械吸取 25 mL 检样，放入装有 225 mL 灭菌生理盐水的三角烧瓶，振摇均匀。

（2）炼乳。用点燃的酒精棉球消毒瓶或罐的上表面，无菌条件下打开罐（瓶）面，称取检样 25 g，放入装有 225 mL 灭菌生理盐水的三角烧瓶，振摇均匀。

（3）奶油。用无菌操作打开包装，取适量检样置于灭菌三角烧瓶，加温溶解后，用灭菌吸管吸取 25 mL 奶油放入另一含 225 mL 灭菌生理盐水或灭菌奶油稀释液的烧瓶（瓶装稀释液应预置于 45 ℃水浴中保温，与做 10 倍递增稀释时所用的稀释液相同），振摇均匀。

奶油稀释液：林格氏液（配法：氯化钠 9 g，氯化钾 0.12 g，氯化钙 0.24 g，碳酸氢钠 0.2 g，蒸馏水 750 mL，琼脂 1 g，加热溶解，分装每瓶 225 mL，121 ℃灭菌 15 min）。

（4）奶粉。罐装奶粉取样同炼乳取样，袋装奶粉应用蘸有 75% 酒精棉球涂擦消毒袋口，以无菌操作称取检样 25 g，放入装有适量玻璃珠的灭菌三角烧瓶，以 225 mL 温热的灭菌生理盐水徐徐加入，振摇使充分溶解和混匀。

（5）奶酪。先用无菌刀削去表面封蜡，表面消毒后用无菌刀切开，再无菌操作切取表层和深层检样各少许，置于灭菌乳钵内切碎，加入少量生理盐水研成糊状。

4. 水产品

（1）鱼类。采取检样的部位为背肌。先去鳞，再用 75% 酒精棉球擦净鱼背后沿脊椎切开 5 cm，再切开两端使两块背肌分别向两侧翻开。然后取样 25 g 放入灭菌乳钵，用无菌剪子剪碎加入 225 mL 灭菌生理盐水，混匀成稀释液。

（2）虾类。采取检样的部位为腹节内的肌肉。将虾体在流水下冲净，摘去头胸节，然后挤出腹节内的肌肉，称取 25 g 放入灭菌乳钵，以后操作同鱼类检样处理。

（3）蟹类。采取检样的部位为胸部肌肉。先将蟹体在流水下冲净，剥去壳盖和腹脐及鳃条，用 75% 酒精棉球擦拭前、后外壁，然后用无菌剪子剪开成左右两片，再用双手将一片蟹体的胸部肌肉挤出（用手指从足跟一端向剪开的一端挤压），称取 25 g 置入灭菌乳钵。以后操作同鱼类检样处理。

（4）贝壳类。采样部位为贝壳内容物。采样者将双手洗净并用 75% 酒精棉球涂擦消毒后，用灭菌小钝刀从贝壳的张口处缝隙中徐徐切入撬开壳盖，再用无菌镊子取出整个内容物，称取 25 g 置入灭菌乳钵，以后操作同鱼类检样处理。

5. 检验方法

检验方法见菌落总数测定和大肠菌群测定及有关致病菌检验规定。

五、实训报告

根据动物性食品检样采样送检及前处理技术写出实训报告。

作业单

一、判断

1. 一般所说的中样就是检样，做分析用，一般以 50 g 为准。（　　　）
2. 生肉屠宰后取样应取两腿内侧肌或背最长肌 100 g/ 只。（　　　）
3. 已进行检验后的样品，发出报告即可处理掉。（　　　）

二、简答

1. 为什么检样采取送检不要超过 3 h？
2. 如何在样品前处理时确保微生物检验操作数据的可靠？

评估单

【评估内容】

一、填空

1. 检验肉的细菌污染情况常用的检验方法有（　　　）、（　　　）、（　　　）及触片镜检法。
2. 样品种类根据其大小或多少可分为（　　　）、（　　　）、（　　　）。
3. 检样一般以（　　　）g 为准。
4. 进口食品的阳性样品，需保存（　　　）个月方能处理。

二、简答

1. 在食品卫生检验中样品存在什么问题时可拒绝检验？
2. 进行检验的样品应如何处理？
3. 如何进行乳样的采集？
4. 简述检验方法选择原则。

【评估方法】

以小组为单位进行评估。对各小组人员随机抽取 2 人进行提问。提问分数以 2 人平均分数计，占此任务分值的 80%，个人实训报告、作业等分值占此任务分值的 20%。

优：能正确回答每个问题。

良：能正确回答大部分问题，稍微提示即可完成。

及格：能基本回答每个问题，但个别有错误。

不及格：回答不正确或者不能回答。

备注：项目十七任务一学习情境占模块三总分的 6%。

任务二　菌落总数测定

【基本概念】

菌落总数

【重点内容】

1. 菌落总数测定的食品卫生学意义。
2. 食品细菌总数测定的方法、菌落计数和报告方式。

【教学目标】

1. 知识目标

熟悉菌落总数的定义，掌握菌落总数测定的食品卫生学意义。

2. 技能目标

学会细菌总数测定方法、菌落计数和报告方式，并能独立完成操作过程。

资 料 单

1. 菌落总数的定义

菌落总数是指食品样品经过处理，在一定条件下（如培养基本成分，培养温度和时间、pH 值、需氧性质）培养后，所得 1 mL（或 1 g）检样中形成菌落的总数。

2. 食品卫生微生物检验菌落总数测定国家标准的适用范围

食品卫生微生物检验菌落总数测定国家标准适用于各类食品菌落总数的计数。

3. 菌落总数测定的食品卫生学意义

菌落总数主要作为判定食品被污染的程度标志。根据细菌的生理特性、营养条件及其他生理条件，如温度、培养时间、pH 值、需氧性质等，满足其要求，可以分别将各种细菌都培养出来。但在实际工作中，一般只用一种常用的方法去做细菌菌落总数的测定，所得结果，只包括一群能在营养琼脂上发育的嗜中温性需氧菌的菌落总数。

技 能 单

一、材料与设备

食品检样、营养琼脂培养基、无菌生理盐水、无菌培养皿、无菌移液管、无菌不锈钢勺、恒温箱、天平、灭菌试管、乳钵、剪子和镊子等。

二、流程

检样→做成几个适当倍数的稀释液→选择 2 或 3 个适宜稀释度各 1 mL 分别加入灭菌平皿→每个平皿内加入适量营养琼脂（36℃±1℃，48 h±2 h）→菌落计数→报告。菌落总数的测定程序如图 3-16 所示。

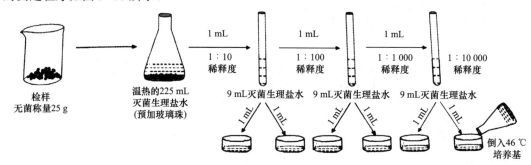

图 3-16　菌落总数的测定程序

（杜鹏：《乳品微生物学实验技术》，2008 年）

三、方法与步骤

（一）检样稀释及培养

（1）无菌操作取样。液体样品取检样 25 mL，放于 225 mL 灭菌生理盐水的灭菌玻璃瓶，固体样品取检样 25 g 置于灭菌乳钵剪碎或研磨，最好置于灭菌均质器以 8 000～10 000 r/min 的速度处理 1 min。放于 225 mL 灭菌生理盐水的灭菌玻璃瓶，经充分振摇，制成 1∶10 的均匀稀释液。

（2）用 1 mL 灭菌吸管吸取 1∶10 稀释液 1 mL，沿管壁缓慢注入含有 9 mL 灭菌生理盐水的试管，振摇试管混合均匀，制成 1∶100 的稀释液。

（3）另取 1 mL 灭菌吸管，按上述操作，制成 10 倍递增稀释液，直到符合所需稀释度。

（4）根据对样品污染情况的估计，选择 2 或 3 个适宜稀释度。分别在做 10 倍递增稀释液的同时，吸取 1 mL 于灭菌平皿，每个稀释度做两个平皿。

（5）将凉至 46℃的营养琼脂培养基注入平皿约 15 mL，转动平皿，混合均匀，并做空白对照。

（6）待琼脂凝固后，翻转平板，置 37℃恒温箱培养 24 h，取出后计算菌落数目，乘以稀释倍数，即得每克（每毫升）样品所含菌落总数。

（二）菌落计数和报告

1. 操作方法

达到规定培养时间后，应立即计数，用肉眼观察，必要时借用放大镜。计数每个平板上的菌落数，求出同稀释度的平均菌落数，计算出原始样品中每克（或每 mL）中的菌落数，进行报告。如果不能立即计数，应将平板放置于 0℃～4℃环境，但不得超过 24 h。

2. 菌落计数规则

（1）计数时应选取菌落数为 30～300 的平板，若有两个稀释度均为 30～300，以两者比值决定，比值小于或等于 2，取平均数；比值大于 2，则取较小数字。

（2）若所有稀释度均不在计数区间，则应以最接近300或30的平均菌落数乘以稀释倍数报告。如平均大于300，则取最高稀释度；如平均小于30，则取最低稀释度。有的规定对上述几种情况计算出的菌落数按估算值报告。

（3）除个别食品（如酸性饮料等）外，其他食品不同稀释度的菌落数应与稀释倍数成反比，同一稀释度的两个平板的菌落数应基本接近。如出现逆反现象，则应视为检验中的差错，不应作为检样计数报告的依据。

（4）当平板上有链状菌落生长时，则应作为一个菌落计，如存在几条不同来源的链，则每条链均应按一个菌落计算。如有片状菌落生长，该平板一般不宜采用，但如片状菌落不到平板一半，而另一半又分布均匀，则可以用半个平板的菌落数乘以2代表全平板的菌落数。

（5）当计数平板内的菌落数过多，但又分布很均匀时，可取平板的一半或1/4计数。

（6）菌落数的报告，按国家标准方法规定菌落数在1～100时，按实有数字报告，如大于100时，则保留两位有效数字，第三位数字按四舍五入计算。固体检样以克（g）为单位报告，液体检样以毫升（mL）为单位报告，表面涂擦则以平方厘米（cm^2）为单位报告。

四、实训报告

根据食品检样测定的方法、结果，报告被检食品的菌落总数，并对检样进行卫生评价。同时分析试验过程中存在的问题和解决办法。

作 业 单

一、名词解释
细菌总数
二、填空
1．计数时应选取菌落数为（　　　）的平板。
2．若有两个稀释度均为30～300，以两者比值决定，比值小于或等于2，取（　　　）；比值大于2，则取其（　　　）数字。
三、简答
1．食品检验为什么要测定细菌菌落总数？
2．为什么营养琼脂培养基在使用前要保持在（36±1）℃的温度？
3．食品微生物检验中一般检验的项目有哪些？

评 估 单

【评估内容】
一、判断
1．食品不同稀释度的菌落数应与稀释倍数成正比。　　　　　　　　　　（　　　）
2．菌落计数时，若所有稀释度的菌落均大于300，则应取最低稀释度计数。　（　　　）
3．当计数平板内的菌落数过多，但又分布很均匀时，可取平板的一半或1/4计数。（　　　）
二、简答
1．菌落总数测定时，肉样品应该如何处理？
2．当平板上有链状菌落生长或是片状菌落生长时，应如何计数？
3．简述食品细菌总数测定的方法。

三、操作

测定鲜售肉中的菌落总数并报告。

序号	考核内容	考核要点	分值	评分标准	得分
1	试验准备	仪器和玻璃器皿准备正确5分；试剂准备正确5分；培养基选择正确5分；制备过程正确5分	20	仪器、玻璃器皿和试剂准备差一项扣2分，扣完为止。培养基选择不符合要求扣5分；制备不符合要求扣5分	
2	试验样品的采集	无菌操作取样5分；样品混合均匀，取试验用样25 mL，5分；制备1∶10、1∶100等10倍递增样品5分	15	不在无菌条件下取样扣5分；试验用样数量过多或过少均扣5分；不会进行样品稀释或稀释不准确扣5分	
3	试验操作	拿吸管方法正确5分；吸液体方法正确5分；会进行吸管读数5分；在无菌条件下倾注培养基5分，倾注方法正确5分	25	操作不标准一项扣5分，直到扣完为止	
4	数据记录及处理	菌落计数平板选择正确5分；菌落计数正确5分；按稀释倍数计算总值正确5分；报告完整正确5分	20	操作不标准一项扣5分，直到扣完为止	
5	结束工作	试验所用仪器（培养基、高压蒸汽灭菌器）关闭电源、擦拭干净、保养正确5分；含有细菌的玻璃器皿高压灭菌清洗干净5分	10	试验所用仪器未进行保养或保养不准确扣5分；玻璃器皿处理不准确扣5分	
6	安全文明操作	按操作标准进行试验，顺利完成试验10分	10	损坏仪器一项扣5分，不按操作标准出现事故扣10分	
	合计		100		

【评估方法】

以小组为单位进行评估。主要是在试验过程中进行，检查各小组是否会进行菌落总数测定的操作及计数，同时对各小组人员随机抽取2人进行提问，提问分数以2人平均分数计。

优：小组能独立并且正确地完成各项工作，并能正确回答问题。

良：小组能独立正确地完成大部分工作，个别环节仍需提示才能完成。

及格：小组能基本完成大部分工作，其他环节有错误。

不及格：小组不能独立完成各项工作。

备注：项目十七任务二学习情境占模块三总分的12%。

任务三　大肠菌群计数

【基本概念】

大肠菌群、MPN

【重点内容】

1．大肠菌群测定的食品卫生学意义。

2．大肠菌群的检验方法、大肠菌群 MPN 的测定方法和报告方式。

【教学目标】

1．知识目标

熟悉大肠菌群的定义，知道大肠菌群测定的食品卫生学意义；学习并掌握大肠菌群的检验方法。

2．技能目标

掌握大肠菌群 MPN 的测定方法和报告方式；熟悉检验中各种培养基的制备。

1．大肠菌群的定义

大肠菌群是指在 36 ℃条件下培养 48 h 能发酵乳糖、产酸产气的需氧和兼性厌氧革兰氏阴性无芽孢杆菌。

大肠菌群最可能数是以每 100 mL（g）检样内大肠菌群最可能数（MPN）表示。

2．食品卫生微生物检验大肠菌群计数国家标准的适用范围

食品卫生微生物检验大肠菌群计数国家标准适用于各类食品大肠菌群的计数。

3．大肠菌群测定的食品卫生学意义

大肠菌群主要来源于人畜粪便，作为粪便污染指标评价食品的卫生状况，推断食品中肠道致病菌污染的可能，具有广泛的食品卫生学意义。

一、材料与设备

1．样品

乳、肉、禽蛋制品、饮料、糕点、发酵调味品或其他食品。

2．菌种

大肠埃希氏菌、产气肠杆菌。

3．其他仪器

恒温箱、恒温水浴箱、灭菌试管、吸管、灭菌平皿、药物天平、乳钵、剪子和镊子、稀释液、乳糖胆盐发酵管、乳糖发酵管、EMB 琼脂、显微镜、载玻片、革兰氏染色液等。

二、流程

样品处理→乳糖发酵试验→分离培养→证实试验。

三、方法与步骤

（一）样品处理

（1）无菌操作取样。液体样品取检样 25 mL，放于 225 mL 灭菌生理盐水的灭菌玻璃瓶，固体样品取检 25 g 置于灭菌乳钵内剪碎或研磨后，最好置于灭菌均质器以 8 000 ～ 10 000 r/min 的速度处理 1 min。后放于 225 mL 灭菌生理盐水的灭菌玻璃瓶，经充分振摇，制成 1 ： 10 的均匀稀释液。

（2）用 1 mL 灭菌吸管吸取 1 ： 10 稀释液 1 mL，沿管壁缓慢注入含有 9 mL 灭菌生理盐水的试管，振摇试管混合均匀，制成 1 ： 100 的稀释液。

（3）另取 1 mL 灭菌吸管，按上一步操作，制成 10 倍递增稀释液，直到符合所需稀释度。

（4）根据对样品污染情况的估计，选择 3 个适宜稀释度。

（二）乳糖发酵试验

所选每个稀释度接种 3 管乳糖胆盐发酵管，同时用大肠埃希氏菌和产气肠杆菌混合菌种接种于 1 支乳糖胆盐发酵管中做对照。置于 37 ℃恒温箱，培养 24 h，如所有发酵管都不产气，则可报告为大肠菌群阴性，如有产气者，则与对照的混合菌种一起按下列程序进行。乳糖发酵产气现象如图 3-17 所示。

（三）分离培养及证实试验

将产气发酵管中的培养物在伊红美蓝琼脂（EMB 琼脂）平板上划线分离，然后置于 37 ℃恒温箱，培养 24 h 后取出，观察平板上有无黑色中心有光泽或无光泽的典型菌落。如有典型菌落形成，则挑取可疑大肠菌落 1 或 2 个进行革兰氏染色镜检，同时接种乳糖发酵管，置于 37 ℃恒温箱，培养 24 h 后，观察产气情况。凡乳糖管产气、革兰氏染色为阴性的无芽孢杆菌，即可报告为大肠菌群阳性，否则为大肠菌群阴性。

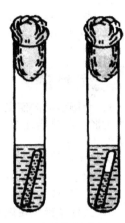

图 3-17　乳糖发酵产气现象

（四）报告（左图不产气、右图产气）

证实为大肠菌群阳性后，根据乳糖胆盐阳性的管数，查 MPN 表，报告每 100 mL（g）大肠菌群的 MPN 值。

四、实训报告

根据食品检样测定的方法、结果，报告被检食品的大肠菌群 MPN，并对检样进行卫生评价。大肠菌群最可能数（MPN 检索表）见表 3-2。

表 3-2　大肠菌群最可能数（MPN 检索表）

阳性管数			MPN	95% 可信限	
0.1 mL（g）	0.01 mL（g）	0.001 mL（g）	/100 mL（g）	下限	上限
0	0	0	＜ 3		
0	0	1	3	＜ 5	90
0	0	2	6		
0	0	3	9		
0	1	0	3		
0	1	1	6.1	＜ 5	130
0	1	2	9.2		
0	1	3	12		

续表

阳性管数			MPN	95% 可信限	
0.1 mL（g）	0.01 mL（g）	0.001 mL（g）	/100 mL（g）	下限	上限
0	2	0	6.2		
0	2	1	9.3		
0	2	2	12		
0	2	3	16		
0	3	0	9.4		
0	3	1	13		
0	3	2	16		
0	3	3	19		
1	0	0	3.6		
1	0	1	7.2	＜ 5	200
1	0	2	11	10	210
1	0	3	15		
1	1	0	7.3	10	
1	1	1	11	30	230
1	1	2	15		360
1	1	3	19		
1	2	0	11		
1	2	1	15	30	360
1	2	2	20		
1	2	3	24		
1	3	0	16		
1	3	1	20		
1	3	2	24		
1	3	3	29		
2	0	0	9.1		
2	0	1	14	10	360
2	0	2	20	30	370
2	0	3	26		
2	1	0	15		
2	1	1	20	3	44
2	1	2	27	7	89
2	1	3	34		
2	2	0	21	4	47
2	2	1	28	8.7	94
2	2	2	35	8.7	94
2	2	3	42		
2	3	0	29		94
2	3	1	36	8.7	
2	3	2	44	8.7	94
2	3	3	53		

续表

阳性管数			MPN	95% 可信限	
0.1 mL（g）	0.01 mL（g）	0.001 mL（g）	/100 mL（g）	下限	上限
3	0	0	23		94
3	0	1	39	4.6	110
3	0	2	64	8.7	180
3	0	3	95	15	
3	1	0	43	7	
3	1	1	75	14	210
3	1	2	120	30	230
3	1	3	160		380
3	2	0	93		
3	2	1	150	15	380
3	2	2	210	30	440
3	2	3	290	35	470
3	3	0	240		
3	3	1	460	42	1000
3	3	2	1100	90	2000
3	3	3	≧ 1100	180	4100

注：①本表采用 3 个稀释度〔0.1mL（g）、0.01 mL（g）、0.001 mL（g）〕，每稀释度 3 管。

②表内所列检样量如改用 1 mL（g）、0.1 mL（g）、0.01 mL（g）时，表内数字应相应降低 10 倍；如改用 0.1 mL（g）、0.01 mL（g）、0.001 mL（g）时，则表内数字应相应增加 10 倍。其余可类推。

③在 MPN 检索表第一栏阳性管数下面列出的 mL（g）数，是指原样品（包括液体和固体）的 mL（g）数，并非样品稀释后的 mL（g）数。对固体样品更应注意，如固体样品的稀释度为 1∶10，虽加入 1 mL 的量，但实际其中只含有 0.1 g 样品，故应按 0.1 g 计，不按 1 mL 计。

作 业 单

一、填空

1. 大肠菌群包括（　　）、（　　）、（　　）、（　　）等属。

2. 在大肠菌群计数时，若大肠菌群为阳性，镜检时应能看到革兰氏染色为（　　）性的（　　）芽孢杆菌。

二、简答

1. 大肠菌群检验中为什么首先要用乳糖胆盐发酵管？

2. 做空白对照试验的目的是什么？

3. 为什么大肠菌群的检验要经过复发酵才能证实？

4. 复发酵时为什么使用乳糖发酵管但不需加胆盐？

评 估 单

【评估内容】

一、名词解释

1. 大肠菌群　2. 大肠菌群近似值 MPN

二、判断

大肠菌群胆盐乳糖发酵时产酸产气，但仅仅乳糖发酵时只产酸不产气。　　　　（　　）

三、简答

1. 简述大肠菌群测定的食品卫生学意义。
2. 简述大肠菌群近似值 MPN 值的测定方法。

四、操作

各小组进行饮用水中大肠菌群的测定，并写出检验报告。

序号	考核内容	考核要点	分值	评分标准	得分
1	试验准备	仪器和玻璃器皿准备正确 5 分；试剂准备正确 5 分；培养基的选择正确 5 分；制备过程正确 5 分	20	仪器、玻璃器皿和试剂准备差一项扣 2 分，扣完为止。培养基选择不符合要求扣 5 分；制备不符合要求扣 5 分	
2	试验样品的采集	无菌操作取样 5 分；样品混合均匀，取试验用样 25 mL，5 分；制备 1：10、1：100 等 10 倍递增样品 5 分	15	不是在无菌条件下取样扣 5 分；试验用样数量过多、过少均扣 5 分；不会进行样品稀释或稀释不准确扣 5 分	
3	试验操作	糖发酵试验 10 分；细菌分离培养 5 分；细菌染色镜检 10 分	25	操作不标准一项扣 5 分，直到扣完为止	
4	数据记录及处理	试验结果记录及时 5 分；根据发酵罐数量正确查出 100 mL（g）大肠菌群的 MPN 值 5 分；细菌培养特性观察、形态观察 5 分；报告完整、规范 5 分	20	操作不标准一项扣 5 分，直到扣完为止	
5	结束工作	试验所用仪器（培养基、高压蒸汽灭菌器）关闭电源、擦拭干净、保养正确 5 分；含有细菌的玻璃器皿高压灭菌清洗干净 5 分	10	试验所用仪器未进行保养或保养不准确扣 5 分；玻璃器皿处理不正确扣 5 分	
6	安全文明操作	按操作标准进行试验，顺利完成试验 10 分	10	损坏仪器，一项扣 5 分，不按操作标准出现事故扣 10 分	
	合计		100		

【评估方法】

以小组为单位进行评估。主要是在试验过程中进行，检查各小组是否掌握大肠菌群的测定方法及操作步骤，同时对各小组人员随机抽取 2 人进行提问，提问分数以 2 人平均分数计。

优：小组能独立正确地完成各项工作，并正确回答问题。

良：小组能独立正确地完成大部分工作，个别环节仍需提示才能完成。

及格：小组能基本完成大部分工作，其他环节有错误。

不及格：小组不能独立完成各项工作。

备注：项目十七任务三学习情境占模块三总分的 14%。

任务四　沙门氏菌检验

【基本概念】

沙门氏菌

【重点内容】

1. 沙门氏菌检验的食品卫生学意义。
2. 沙门氏菌检验程序。

【教学目标】

1. 知识目标

熟悉沙门氏菌的特点，掌握沙门氏菌检验的食品卫生学意义。

2. 技能目标

会进行沙门氏菌检验并根据国家标准判定结果。

资料单

一、沙门氏菌检验国家标准的适用范围

沙门氏菌检验国家标准适用于各类食品和食物中毒样品中沙门氏菌的检验。

二、沙门氏菌的特点

形态特征：沙门氏菌属肠杆菌科，为革兰氏阴性无芽孢杆菌。菌体大小为（0.6～0.9）μm×（1～3）μm，一般无荚膜，除鸡白痢沙门氏菌和鸡伤寒沙门氏菌外，大多有周身鞭毛。

培养特性：营养要求不高，分离培养常采用肠道选择鉴别培养基。

生化反应：不液化明胶，不分解尿素，不产生吲哚，不发酵乳糖和蔗糖，能发酵葡萄糖、甘露醇、麦芽糖，大多产酸产气，少数只产酸不产气；大部分沙门氏菌在三糖铁琼脂上常产生 H_2S，能使赖氨酸和鸟氨酸脱羧基；VP 试验阴性，生化反应对本属菌的鉴别具有重要参考意义。

三、沙门氏菌检验的食品卫生学意义

沙门氏菌属是一大群寄生于人类和动物肠道，生化反应和抗原构造相似的革兰氏阴性杆菌。沙门氏菌病常在动物中广泛传播，人的沙门氏菌感染和带菌非常普遍，主要引起人类伤寒、副伤寒及食物中毒或败血症。在世界各地的食物中毒中，沙门氏菌食物中毒常居首位或第二位。污染源主要是人和家畜的粪便，沙门氏菌常存在于动物中，特别是禽类和猪中最常见，在许多环境中也有存在。检测食品中沙门氏菌可防止因沙门氏菌引起的食物中毒。

四、食品中沙门氏菌的检验方法

食品中沙门氏菌的检验有五个基本步骤。

（1）前增菌，用无选择性的培养基使处于濒死状态的沙门氏菌恢复活力。

（2）选择性增菌，使沙门氏菌得以繁殖，而大多数的其他细菌受到抑制。

（3）分离培养，选择性平板分离沙门氏菌。

（4）生化试验，鉴定到属。

（5）血清学分型鉴定。

目前食品中沙门氏菌的检验是以统计学取样方案为基础、25 g 食品为标准分析单位。

技能单

一、材料与设备

1. 菌种

沙门氏菌、大肠埃希氏菌。

2. 检样

冻肉、蛋品、乳品等。

3. 培养基

缓冲蛋白胨水（BPW）、四硫酸钠煌绿（TTB）增菌液、亚硒酸盐胱氨酸（SC）增菌液、亚硫酸铋琼脂（BS）、HE 琼脂、蛋白胨水、三糖铁高层琼脂斜面（TSI）、尿素培养基、氰化钾培养基、水杨苷培养基、鸟氨酸脱羧酶试验培养基、ONPG 培养基、棉籽糖培养基、甘露醇培养基、山梨醇培养基。

4. 试剂

吲哚试剂、VP 试剂、甲基红试剂、氧化酶试剂、革兰氏染色液等。

5. 器具及其他用品

天平、三角烧瓶、吸管、平皿、均质器或乳钵、显微镜、广口瓶、金属匙或玻璃棒、接种棒、试管架。

二、流程

沙门氏菌检验操作流程如图 3-18 所示。

三、方法与步骤

（一）前增菌

各取检样 25 g，加入盛有 225 mL 灭菌缓冲蛋白胨水的 500 mL 广口瓶（瓶内预放玻璃珠若干粒），塞紧瓶口，充分摇匀，放入 37 ℃环境培养 4 h。固体食品应先用均质器以

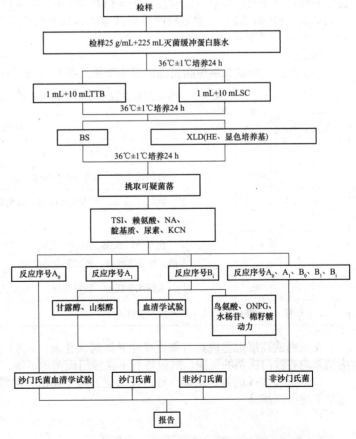

图 3-18　沙门氏菌检验操作流程

8 000 ～ 10 000 r/min 的转速打碎，或用乳钵加灭菌砂磨碎，粉状食品用金属匙或玻璃棒研磨使之乳化。

（二）选择性增菌

将增菌培养物移出 1 mL，加入 10 mL 四硫酸钠煌绿（TTB）增菌液中，在 42 ℃培养 18 ～ 24 h。另取增菌培养物 1 mL，加入 10 mL 亚硒酸盐胱氨酸（SC）增菌液内，在（36±1）℃培养 18 ～ 24 h。

（三）分离培养

取增菌液 1 环，分别划线接种于 1 个 BS 平板和 1 个 HE 平板。BS 平板于 37 ℃培养 40 ～ 48 h，HE 平板于 37 ℃培养 18 ～ 24 h。观察各个平板上生长的菌落，挑取平板深色或深色有光泽等特征的可疑菌落进行革兰氏染色与镜检。

判定：典型沙门氏菌在 BS 琼脂上，产硫化氢的菌落为黑色，有时带有金属光泽，呈褐色、灰色或黑色。菌落周围的培养基通常开始呈褐色，但伴随培养时间的延长而变为黑色，并有所谓的晕环效应。典型沙门氏菌在 HE 琼脂上，菌落呈蓝绿至蓝色，带或不带黑色中心，许多沙门氏菌培养物可呈现大的有光泽的黑色中心或几乎全部黑色的菌落。

（四）生化试验

生化试验主要用于属种鉴定。方法如下：

将上述革兰氏阴性杆菌的可疑菌落，挑取数个接种于 1 支三糖铁高层琼脂斜面，先在斜面上划线，再于底层穿刺。同时接种于蛋白胨水（供做靛基质试验）、氰化钾（KCN）培养基、尿素琼脂（pH 值 7.2）、赖氨酸脱羧酶试验培养基及对照培养基各 1 管，于（36±1）℃培养 18 ～ 24 h，必要时可延长 48 h。

判定：

（1）根据三糖铁高层琼脂斜面的反应结果判断是否为可疑沙门氏菌，按表 3-3 进行判定。

表 3-3　肠杆菌科各属在三糖铁高层琼脂内的反应结果

底层	斜面	产气	硫化氢	可能的菌属和种
+	−	±	+	沙门氏菌属、弗劳地氏柠檬酸杆菌、变形杆菌属、缓慢爱德华氏菌属
+	+	±	+	沙门氏菌 II、弗劳地氏柠檬酸杆菌、普通变形杆菌
−	−	+	−	沙门氏菌属、大肠埃希氏菌、蜂窝哈夫尼亚菌、摩根氏菌属、普罗菲登斯菌属
+	−	−	−	伤寒沙门氏菌、鸡沙门氏菌、志贺氏菌属、大肠埃希氏菌、蜂窝哈夫尼亚菌、摩根氏菌属、普罗菲登斯菌属
+	+	±	−	大肠埃希氏菌、肠杆菌属、克雷伯氏菌属、沙雷氏菌属

注：+ 阳性；− 阴性；± 表示多数阳性，少数阴性。

在三糖铁高层琼脂内只有斜面产酸并同时硫化氢（H_2S）阴性的菌株可以排除，其他的反应结果均有沙门氏菌的可能，同时均有不是沙门氏菌的可能。

（2）按表 3-4 的判定结果，沙门氏菌属五项生化试验的结果应符合 A_1、A_2 和 B_1，其他反应结果均可以排除。

表 3-4 沙门氏菌属生化反应初步鉴别表

反应序号	吲哚	H$_2$S	氰化钾	尿素	赖氨酸	判定菌属
A$_1$	−	+	−	−	+	沙门氏菌属
A$_2$	+	+	−	−	+	沙门氏菌属（少见）、爱德华氏菌属
B$_1$	−	−	−	−	+	沙门氏菌属、 甲型副伤寒沙门氏菌属

注：+ 阳性；− 阴性。

①符合反应序号 A$_1$，为沙门氏菌属典型反应，判定为沙门氏菌属细菌。若尿素琼脂、氰化钾、赖氨酸试验三项中，有一项异常，按表 3-5 可判定沙门氏菌。

表 3-5 反应序号 A$_1$ 沙门氏菌属判定

氰化钾	尿素	赖氨酸脱羧酶	判定菌属
−	−	−	甲型副伤寒沙门氏菌属
+	−	+	沙门氏菌 IV 或 V
−	+	+	沙门氏菌个别变体

注：+ 阳性；− 阴性。

②符合反应序号 A$_2$，可先做血清学鉴定，如 A～F 多价 O 血清不凝聚时，补做甘露醇和山梨醇试验，按表 3-6 判定结果。

表 3-6 反应序号 A$_2$ 沙门氏菌属判定

甘露醇	山梨醇	判定菌属
−	−	爱德华氏菌属
+	−	沙门氏菌靛基质阳性变种（要求血清学鉴定结果）

注：+ 阳性；− 阴性。

③符合反应序号 B$_1$，三糖高层斜面产酸的菌株可以排除，不产酸的应该先做血清学鉴定。如 A～F 多价 O 血清不凝聚时，补做鸟氨酸、ONPG、水杨苷、棉籽糖和半动力试验，按表 3-7 判定结果。

表 3-7 反应序号 B$_1$ 沙门氏菌属判定

赖氨酸	鸟氨酸	ONPG	水杨苷	棉籽糖	半动力试验	判定菌属
+	+	−	−	−	+	沙门氏菌属
−	−	−	−	−	−	志贺氏菌属
−	+	−	−	−	−	宋内氏志贺氏菌属
d	d	d	d	d	d	埃希氏菌属

注：+ 阳性；− 阴性；d 表示有不同反应。

（五）血清学分型鉴定

因在实际工作中用得较少，故在实习中略去此步骤。

四、实训报告

综合以上生化试验鉴定结果，写出实训报告。

备注：

1. 缓冲蛋白胨水（BPW）

（1）成分：蛋白胨 10.0 g，氯化钠 5.0 g，磷酸氢二钠（含 12 个结晶水）9.0 g，磷酸二氢钾 1.5 g，蒸馏水 1 000 mL。

（2）制法：将各成分加入蒸馏水，搅匀并煮沸溶解，调节 pH 值至 7.2±0.2，高压灭菌 121 ℃，15 min。

2. 亚硒酸盐胱氨酸（SC）增菌液

（1）成分：蛋白胨 5.0 g，乳糖 4.0 g，磷酸氢二钠 10.0 g，亚硒酸氢钠 4.0 g，L- 胱氨酸 0.01 g，蒸馏水 1 000 mL。

（2）制法：除亚硒酸氢钠和 L- 胱氨酸外，将各成分加入蒸馏水，煮沸溶解，冷至 55 ℃以下，再以无菌操作加入亚硒酸氢钠和 1 g/L 的 L- 胱氨酸溶液 10 mL，摇匀，调节 pH 值至 7.0±0.2。

3. 亚硫酸铋琼脂（BS）

（1）成分：蛋白胨 10.0 g，牛肉膏 5.0 g，葡萄糖 5.0 g，硫酸亚铁 0.3 g，磷酸氢二钠 4.0 g，柠檬酸铋铵 2.0 g，亚硫酸钠 6.0 g，琼脂 18.0 ～ 20 g，煌绿 0.025 g，蒸馏水 1 000 mL。

（2）制法：将蛋白胨、牛肉膏、葡萄糖加入 300 mL 蒸馏水制作基础液，将硫酸亚铁、磷酸氢二钠、柠檬酸铋铵和亚硫酸钠、琼脂分别加入 20 mL、30 mL、20 mL 和 30 mL、600 mL 蒸馏水，然后分别搅匀后煮沸溶解，冷至 80 ℃左右时，先将硫酸亚铁和磷酸氢二钠溶液混合后倒入基础液，混匀，然后将柠檬酸铋铵和亚硫酸钠溶液混合后倒入基础液，再混匀。调节 pH 值至 7.5±0.2，随即将混合液倾入琼脂液，混匀，冷至 50 ℃～ 55 ℃，加入煌绿充分混匀，立即倾注平皿。

4. 三糖铁琼脂（TSI）

（1）成分：蛋白胨 20.0 g，牛肉膏 5.0 g，乳糖 10.0 g，蔗糖 10.0 g，葡萄糖 1.0 g，硫酸亚铁铵（含 6 个结晶水）0.2 g，酚红 0.25 g，氯化钠 5.0 g，硫代硫酸钠 0.2 g，琼脂 12.0 g，蒸馏水 1 000 mL。

（2）制法：除酚红和琼脂外，将其他成分加入 400 mL 蒸馏水，煮沸溶解调节 pH 值至 7.4±0.2。另将琼脂加入 600 mL 蒸馏水，煮沸溶解。将上述两溶液混合均匀后，再加入酚红指示剂，混匀，分装，高压灭菌 121 ℃ 10 min 或 115 ℃ 15 min。

5. 蛋白胨水

（1）成分：蛋白胨（或胰蛋白胨）20.0 g，氯化钠 5.0 g，蒸馏水 1 000 mL。

（2）制法：将上述成分加入蒸馏水，煮沸溶解，调节 pH 值至 7.4±0.2，分装小试管，121 ℃高压灭菌 15 min。

6. 尿素琼脂（pH 值 7.2）

（1）成分：蛋白胨 1.0 g，葡萄糖 1.0 g，磷酸二氢钾 2.0 g，0.4％酚红 3.0 mL，琼脂 20.0 g，蒸馏水 1 000 mL，20% 尿素溶液 100 mL。

（2）制法：除尿素、琼脂和酚红外，将其他成分加入蒸馏水，煮沸溶解并调节 pH 值至 7.2±0.2，然后加入酚红再分装，于 121 ℃高压灭菌 15 min。冷至 50 ～ 55 ℃，加入经除菌过滤的尿素溶液，制成斜面。

7. 氰化钾（KCN）培养基

（1）成分：蛋白胨 10.0 g，氯化钠 5.0 g，磷酸二氢钾 0.225 g，磷酸氢二钠 5.64 g，蒸馏水

1 000 mL，0.5％氰化钾 20.0 mL。

（2）制法：将除氰化钾以外的成分加入蒸馏水，煮沸溶解，分装后 121 ℃高压灭菌 15 min。冷却后加入 0.5％氰化钾溶液，分装于无菌试管。

8. 赖氨酸脱羧酶试验培养基

（1）成分：蛋白胨 5.0 g，酵母浸膏 3.0 g，葡萄糖 1.0 g，1.6％溴甲酚紫—乙醇溶液 1.0 mL，L‑赖氨酸 5 g，蒸馏水 1 000 mL。

（2）制法：将除赖氨酸以外的成分加入蒸馏水，加热溶解，加入赖氨酸，混匀，调节 pH 值至 6.8±0.2，每瓶分装 100 mL，于 115 ℃高压灭菌 10 min。

1. 如何提高沙门氏菌的检出率？
2. 沙门氏菌在三糖铁培养基上的反应结果如何？
3. 食品中是否允许有个别沙门氏菌存在？为什么？
4. 典型沙门氏菌在亚硫酸铋琼脂（BS）上形成什么样的菌落？

评 估 单

【评估内容】

一、填空

1. 一般样品前增菌时间为（　　）h，干蛋品一般为（　　）h。
2. 沙门氏菌检验选择性增菌时，常用的增菌液有（　　）、（　　）、（　　）等。

二、判断

1. 前增菌目的是用无选择性的培养基使处于濒死状态的沙门氏菌恢复其活力。（　　）
2. 前增菌时间不宜太长，一般为 8 h，否则会有杂菌生长。（　　）

三、简答

1. 简述沙门氏菌检验的食品卫生学意义、沙门氏菌的特点。
2. 沙门氏菌检验有哪五个基本步骤？
3. 选择性增菌的目的是什么？
4. 典型沙门氏菌在 HE 琼脂上形成什么样的菌落？

四、操作

进行乳品中的沙门氏菌检验，并写出检验报告。

序号	考核内容	考核要点	分值	评分标准	得分
1	试验准备	仪器和玻璃器皿准备正确 5 分；试剂准备正确 5 分；培养基的选择正确 5 分；制备过程正确 5 分	20	仪器、玻璃器皿和试剂准备差一项扣 2 分，扣完为止。培养基选择不符合要求扣 5 分；制备不符合要求扣 5 分	
2	试验样品的采集	无菌操作取样 5 分；取样品 25 g，5 分；样品正确加入增菌液中培养 5 分	15	不是在无菌条件下取样扣 5 分；试验用样品数量过多或过少均扣 5 分；不会做增菌培养扣 5 分	
3	试验操作	细菌分离培养 5 分；细菌生化试验 10 分；细菌三糖铁试验 10 分	25	操作不标准一项扣 5 分，直到扣完为止	

序号	考核内容	考核要点	分值	评分标准	得分
4	数据记录及处理	试验结果记录及时 5 分；细菌培养特性判断，生化试验结果判断 10 分；报告完整、规范 5 分	20	操作不标准一项扣 5 分，直到扣完为止	
5	结束工作	试验所用仪器（培养基、高压蒸汽灭菌器）关闭电源、擦拭干净、保养正确 5 分；含有细菌的玻璃器皿高压灭菌清洗干净 5 分	10	试验所用仪器未进行保养或保养不正确扣 5 分；玻璃器皿处理不正确扣 5 分	
6	安全文明操作	按操作标准进行试验，顺利完成试验（10 分）	10	损坏仪器一项扣 5 分，不按操作标准出现事故扣 10 分	
	合计		100		

【评估方法】

以小组为单位进行评估。主要是在试验过程中进行，检查各小组是否掌握了沙门氏菌的增菌及检查方法，同时对各小组人员随机抽取 2 人进行提问，提问分数以 2 人平均分数计。

优：小组能独立正确完成各项工作，并正确回答问题。

良：小组能独立正确完成大部分工作，个别环节仍需提示才能完成。

及格：小组能基本完成大部分工作，其他环节有错误。

不及格：小组不能独立完成各项工作。

备注：项目十七任务四学习情境占模块三总分的 12%。

任务五　志贺氏菌检验

【基本概念】

志贺氏菌

【重点内容】

1. 志贺氏菌检验的食品卫生学意义。
2. 志贺氏菌检验程序。

【教学目标】

1. 知识目标

熟悉志贺氏菌的特点，掌握志贺氏菌检验的食品卫生学意义。

2. 技能目标

会进行志贺氏菌检验并根据国家标准判定结果，掌握志贺氏菌检验程序与基本操作技术。

一、志贺氏菌检验国家标准的适用范围

志贺氏菌检验国家标准适用于各类食品中志贺氏菌检验。

二、志贺氏菌的特点

1. 形态特性

志贺氏菌为革兰氏阴性杆菌，与一般肠道杆菌无明显区别，不形成芽孢，无荚膜，无鞭毛，不运动，有菌毛。

2. 培养特性

需氧或兼性厌氧。营养要求不高，能在普通培养基上生长，最适宜温度为 37 ℃，最适宜 pH 值为 6.4 ～ 7.8。在液体培养基中生长呈均匀浑浊，无菌膜形成。在普通培养基上经 37 ℃培养 24 h 后菌落呈圆形、微凸、光滑湿润、无色、边缘整齐，较不透明，并常出现扁平的粗糙型菌落。

3. 生化特性

能分解葡萄糖，产酸不产气。大多不发酵乳糖，仅宋内氏菌迟缓发酵乳糖。靛基质产生不定，VP 试验阴性，甲基红阳性，不分解尿素，不产生 H_2S。根据生化反应可进行初步分类。志贺氏菌属细菌对甘露醇分解能力不同，可分为两大组。

（1）分解甘露醇组。包括福氏菌、鲍氏菌和宋内氏菌，根据乳糖分解情况，分为迟缓分解乳糖的宋内氏菌和不分解乳糖的福氏菌和鲍氏菌，后者又根据能否产生靛基质，分为靛基质阳性菌（福氏菌 1、2、3、4、5 型和鲍氏菌 5、7、9、11、13、15 型）和靛基质阴性菌（福氏菌 6 型，鲍氏菌 1、2、3、4、6、8、10、12、14 型）两类。

（2）不分解甘露醇组。主要是志贺氏菌，根据能否产生靛基质，分为靛基质阴性（1、3、4、5、6、9、10 型）和靛基质阳性（2、7、8 型）志贺氏菌。

4. 志贺氏菌的抗原构造与分型

志贺氏菌属细菌的抗原结构，由菌体抗原（O）及表面抗原（K）组成。主要有三种抗原，即型特异性抗原、群特异性抗原、表面抗原（K 抗原）。根据抗原构造的不同，将本属细菌分为 4 个群、39 个血清型（包括亚型）。

三、志贺氏菌检验的食品卫生学意义

志贺氏菌属细菌常引起人的细菌性痢疾，是最常见的肠道传染病，主要由食物、饮水等经口感染。志贺氏菌所致菌痢的病情较重，有试验证明，10 ～ 200 个细菌可使 10% ～ 50% 志愿者致病。检测食品中的志贺氏菌可防止因志贺氏菌引起的食物中毒。

四、食品中志贺氏菌的检验方法

志贺氏菌检验时，先在鉴别培养基上挑选可疑菌落，经形态染色，并接种到三糖铁或双糖铁管，经 37 ℃ 18 ～ 24 h 培养并观察反应情况。凡三糖铁或双糖铁管中，生化反应可疑的，可进一步做血清学分型鉴定。必要时可做全面的生化反应鉴定。

 技 能 单

一、原理

志贺氏菌属区别于肠杆菌科各属细菌最主要的特征为不运动，利用能力较差，并且在含糖的培养基内一般不形成可见气体，但志贺氏菌的进一步分群、分型有赖于血清学试验。

二、材料与设备

1．菌种

志贺氏菌、大肠埃希氏菌。

2．检样

肉制品。

3．培养基及试剂

培养基：GN 增菌液、HE 琼脂、SS 琼脂、伊红美蓝琼脂（EMB）、麦康凯琼脂、三糖铁琼脂（TSI）、葡萄糖半固体、苯丙氨酸脱氨酶、赖氨酸脱羧酶培养基、西蒙氏柠檬酸盐培养基、葡萄糖铵琼脂、尿素琼脂、氰化钾琼脂、氧化酶、糖发酵管（5% 乳糖、甘露醇、棉籽糖、甘油、水杨苷、七叶苷）。

试剂：吲哚试剂、VP 试剂、甲基红试剂、氧化酶试剂、志贺氏菌属诊断血清。

4．器具及其他用品

恒温箱、显微镜、灭菌广口瓶、灭菌三角瓶、灭菌平皿、载玻片、天平、乳钵、酒精灯、金属匙或玻璃棒、接种环、试管架、硝酸纤维素膜等。

三、流程

志贺氏菌检验操作流程如图 3-19 所示。

四、方法与步骤

（一）增菌

称取检样 25 g（25 mL），加入 500 mL 装有 225 mL GN 增菌液的广口瓶，于 37 ℃培养 6～8 h。固体食品用乳钵加灭菌砂磨碎或用均质器以 8 000～10 000 r/min 的转速打碎，粉状食品用金属匙或玻璃棒研磨使其乳化。

（二）分离

取增菌液 1 环，划线接种于 SS

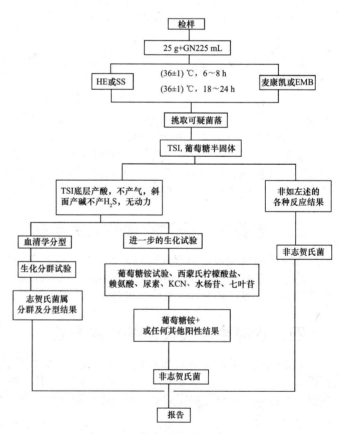

图 3-19　志贺氏菌检验操作流程

琼脂平板或 HE 琼脂平板 1 个；另取 1 环划线接种于麦康凯琼脂平板或伊红美蓝琼脂平板 1 个，于 37 ℃培养 24 h。同时应做大肠埃希氏菌的对照试验。志贺氏菌在这些培养基上呈现无色透明不发酵乳糖的菌落。

（三）生化试验

挑取平板上的可疑菌落，为防止遗漏，挑取菌落时一般应多挑几个，然后穿刺接种于三糖铁琼脂和葡萄糖半固体各 1 管。经 37 ℃培养一段时间后，若三糖铁琼脂内的反应结果为底层产酸，不产气，斜面产碱，不产生 H_2S，半固体管内沿穿刺线生长，无动力，疑为志贺氏菌。若无此现象即志贺氏菌阴性。

若疑为志贺氏菌，即可做血清学试验。在做血清学试验的同时，应做苯丙氨酸脱氨酶、赖氨酸脱羧酶、西蒙氏柠檬酸盐和葡萄糖铵、尿素、KCN、水杨苷、七叶苷试验等生化试验，志贺氏菌属均为阴性反应。必要时应做革兰氏染色检查和氧化酶试验，应为氧化酶阴性反应的革兰氏阴性杆菌。

用生化试验方法做志贺氏菌四个生化群的鉴定，见表 3-8。

表 3-8　志贺氏菌属四个群的生化特性

生化群	甘露醇	5% 乳糖	甘油	棉籽糖	靛基质
A 群：痢疾志贺氏菌	-		(+)		-/+
B 群：福氏志贺氏菌	+	-	-	+	(+)
C 群：鲍氏志贺氏菌	+		(+)		-/+
D 群：宋内氏志贺氏菌	+	(+)	d	+	-

注：+ 阳性；- 阴性；-/+ 多数阴性，少数阳性；(+) 迟缓阳性；d 有或无。

（四）血清学分型

挑取三糖铁琼脂上的培养物，做玻片凝集试验。先用四种志贺氏菌多价血清检查。如果由于 K 抗原的存在而不出现凝集，应将菌液煮沸后再检查；如果呈现凝集，则用 A_1、A_2、B 群多价血清和 D 群血清分别试验。如系 B 群福氏志贺氏菌，则用群和型因子血清分别检查。

五、实训报告

详细记录样品和对照菌种的各项结果，并给出结论报告，要求分析试验过程中存在的问题及解决办法。

备注：

1．GN 增菌液

（1）成分：胰蛋白胨 20 g，葡萄糖 1 g，甘露醇 2 g，柠檬酸钠 5 g，去氧胆酸钠 0.5 g，磷酸氢二钾 4 g，磷酸二氢钾 1.5 g，氯化钠 5 g，蒸馏水 1 000 mL。

（2）制法：按上述成分配好，加热溶解，调节 pH 值为 7.0。分装每瓶 225 mL，115 ℃高压灭菌 15 min。

2．氧化酶试验

（1）试剂：1% 盐酸二甲基对苯二胺溶液：少量新鲜配制，于冰箱内避光保存。1% α-萘酚-乙醇溶液。

（2）试验方法：取白色洁净滤纸蘸取菌落。加盐酸二甲基对苯二胺溶液一滴，阳性者呈现粉红色，并逐渐加深；再加 α-萘酚-乙醇溶液一滴，阳性者于 0.5 min 内呈现鲜蓝色；阴性于 2 min 内不变色。

3．麦康凯琼脂

（1）成分：蛋白胨 17 g，脲胨 3 g，猪胆盐（或牛、羊胆盐）5 g，氯化钠 5 g，琼脂 17 g，蒸馏水 1 000 mL，乳糖 10 g，0.01% 结晶紫水溶液 10 mL，0.5% 中性红水溶液 5 mL。

（2）制法：将蛋白胨、脲胨、胆盐和氯化钠溶解于 400 mL 蒸馏水中，校正 pH 值为 7.2。将琼脂加入 600 mL 加热溶解。将两液合并，分装后，121 ℃高压灭菌 15 min。之后趁热加入乳糖，冷至 50～55 ℃时，加入结晶紫和中性红水溶液，摇匀后倾注平板。

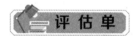

1．根据培养和生化试验，能否检出志贺氏菌？

2．志贺氏菌在普通琼脂平板上形成的菌落有哪些特点？

3．其他肠道致病菌如大肠杆菌在麦康凯琼脂平板、SS 琼脂、伊红美蓝琼脂平板上形成什么样的菌落？

评 估 单

【评估内容】

一、填空

1．志贺氏菌属细菌的形态为革兰氏（　　　）性杆菌。不形成芽孢，无荚膜，（　　　）鞭毛，有菌毛。

2．志贺氏菌在液体培养基中生长呈（　　　），无菌膜形成。

二、判断

1．志贺氏菌不能分解葡萄糖，分解尿素，不产生 H_2S。　　　　　　　　　　　　（　　　）

2．志贺氏菌在麦康凯琼脂平板或伊红美蓝琼脂平板上应形成无色透明不发酵乳糖的菌落。　　　　　　　　　　　　　　　　　　　　　　　　　　　　　　（　　　）

3．志贺氏菌在三糖铁琼脂内的反应结果为底层产酸，不产气，斜面产碱，不产生 H_2S。

（　　　）

三、简答

1．简述志贺氏菌检验的食品卫生学意义。

2．如何检出食品中的志贺氏菌？

四、操作

各小组进行肉制品中志贺氏菌的检验，并写出检验报告。

序号	考核内容	考核要点	分值	评分标准	得分
1	试验准备	仪器和玻璃器皿准备正确 5 分；试剂准备正确 5 分；培养基的选择正确 5 分；制备过程正确 5 分	20	仪器、玻璃器皿和试剂准备差一项扣 2 分，扣完为止。培养基选择不符合要求扣 5 分；制备不符合要求扣 5 分	
2	试验样品的采集	无菌操作取样 5 分；取样品 25 g 5 分；样品正确加入增菌液中培养 5 分	15	不是在无菌条件下取样扣 5 分；试验用样数量过多或过少均扣 5 分；不会做增菌培养扣 5 分	
3	试验操作	细菌分离培养 5 分；细菌生化试验 10 分；细菌三糖铁试验 10 分	25	操作不标准一项扣 5 分，直到扣完为止	

续表

序号	考核内容	考核要点	分值	评分标准	得分
4	数据记录及处理	试验结果记录及时 5 分；细菌培养特性判断，生化试验结果判断 10 分；报告完整、规范 5 分	20	操作不标准一项扣 5 分，直到扣完为止	
5	结束工作	试验所用仪器（培养基、高压蒸汽灭菌器）关闭电源、擦拭干净、保养正确 5 分；含有细菌的玻璃器皿高压灭菌清洗干净 5 分	10	试验所用仪器未进行保养或保养不正确扣 5 分；玻璃器皿处理不正确的扣 5 分	
6	安全文明操作	按操作标准进行试验，顺利完成试验 10 分	10	损坏仪器，一项扣 5 分，不按操作标准出现事故扣 10 分	
	合计		100		

【评估方法】

以小组为单位进行评估。主要是在试验过程中进行，检查各小组是否掌握了志贺氏菌检验的方法和步骤，同时对各小组人员随机抽取 2 人进行提问，提问分数以 2 人平均分数计。

优：小组能独立正确地完成各项工作，并能正确回答问题。

良：小组能独立正确地完成大部分工作，个别环节仍需提示才能完成。

及格：小组能基本完成大部分工作，其他环节有错误。

不及格：小组不能独立完成各项工作，没有试验现象。

备注：项目十七任务五学习情境占模块三总分的 6%。

任务六　金黄色葡萄球菌检验

【基本概念】

金黄色葡萄球菌

【重点内容】

1. 金黄色葡萄球菌检验的食品卫生学意义。
2. 金黄色葡萄球菌检验程序。

【教学目标】

1. 知识目标

熟悉金黄色葡萄球菌的特点，掌握金黄色葡萄球菌检验的食品卫生学意义。

2. 技能目标

会进行金黄色葡萄球菌检验并根据国家标准判定结果。

 资料单

一、金黄色葡萄球菌检验国家标准的适用范围

金黄色葡萄球菌检验国家标准适用于各类食品和食物中毒样品中金黄色葡萄球菌的检验。

二、金黄色葡萄球菌的特点

葡萄球菌是最常见的化脓性球菌之一，在自然界中分布广泛，大多数为腐物寄生菌，有一部分为致病性葡萄球菌。其鉴别要点如下：

（1）形态与颜色。单个菌体呈球形。无鞭毛，无芽孢，一般不形成荚膜，易被碱性染料着色，革兰氏染色阳性。

（2）培养特性。本菌为需氧或兼性厌氧，对营养要求不高，在普通肉汤培养基中即能生长，最适宜温度为 37 ℃，最适宜 pH 值为 7.4。在肉汤中呈均匀浑浊生长，并有管底沉淀现象。在普通琼脂平板上可形成圆形、凸起、边缘整齐、表面光滑、湿润、有光泽、不透明的菌落。在血液琼脂平板上多数致病性葡萄球菌呈金黄色，有时呈白色，大而凸起，圆形，不透明，表面光滑，周围有溶血圈，非致病性葡萄球菌则无溶血现象。在卵黄高盐琼脂平板上，由于致病性葡萄球菌能产生卵磷脂酶，而使菌落周围形成白色沉淀圈。葡萄球菌在固体培养基上，因菌种不同而产生不同的色素，如金黄色、白色及柠檬色等。

某些菌株耐盐性强，在含 10% ～ 15% 氯化钠的培养基中仍能生长，如在高盐甘露醇平板上分解甘露醇的葡萄球菌菌落呈淡橙黄色，大部分革兰氏阴性杆菌在此培养基上不生长。常用甘露醇高盐培养基作为葡萄球菌选择培养基。

（3）生化反应。本菌触酶试验阳性，大多数菌株能分解葡萄糖、乳糖、麦芽糖和蔗糖，产酸不产气。致病性葡萄球菌大多能分解甘露醇产酸，非致病性葡萄球菌无此作用。

葡萄球菌致病力的强弱与其产生毒素及酶类有关，主要是溶血毒素、肠毒素、血浆凝固酶、透明质酸酶、DNA 分解酶、磷酸酶、卵磷脂酶等。对不同毒素和不同酶类的测定，有助于致病性葡萄球菌的识别。

三、金黄色葡萄球菌检验的食品卫生学意义

金黄色葡萄球菌可以产生肠毒素，食用后能引起食物中毒，食品中生长金黄色葡萄球菌是食品卫生的一种潜在危险。因此，检查食品中金黄色葡萄球菌有实际意义。

 技能单

一、材料与设备

1. 样品

奶、肉、蛋等。

2. 菌种

金黄色葡萄球菌、藤黄八叠球菌。

3. 培养基与试剂

7.5% 氯化钠肉汤、血琼脂平板、Baird-Parker 琼脂平板、糖（葡萄糖、乳糖、麦芽糖和蔗糖）培养基、胰酪胨大豆肉汤培养基、新鲜兔血浆、革兰氏染色液等。

4. 器具及其他用品

无菌吸管、无菌试管、显微镜、恒温箱、离心机、无菌平皿、载玻片、酒精灯、接种环、均质器等。

二、流程

金黄色葡萄球菌检验操作流程如图 3-20 所示。

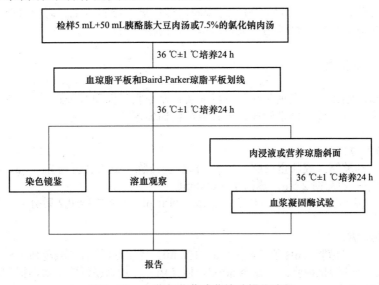

图 3-20　金黄色葡萄球菌检验操作流程

三、方法与步骤

（一）一般培养

在 225 mL 无菌生理盐水中加入 25 g 固体样品，制成混悬液。液体样品可不稀释。吸取 5 mL 上述混悬液，接种于 50 mL 胰酪胨大豆肉汤或 7.5% 的氯化钠肉汤中置 37 ℃恒温箱培养 24 h 后观察现象。将上述培养物直接在血琼脂平板和 Baird-Parker 琼脂平板划线分离，置 37 ℃恒温箱培养 24 h，同时做对照试验。

（二）分纯培养及生化试验

在上述平板上挑取可疑菌落及对照菌种进行革兰氏染色，同时做生化试验，即接种环不灭菌直接接种于葡萄糖、乳糖、麦芽糖和蔗糖培养基中。

葡萄球菌在肉汤中呈均匀浑浊现象，在血琼脂平板上多数致病性葡萄球菌呈金黄色，有时呈白色，大而凸起，圆形，不透明，表面光滑，周围有溶血圈，非致病性葡萄球菌则无溶血现象。在 Baird-Parker 琼脂平板上为圆形，颜色呈灰色到黑色，边缘为淡色，周围为一浑浊带，在其外层有一透明圈，光滑凸起，湿润的菌落。用接种针接触菌落似有奶油树胶的硬度。葡萄球菌在肉汤中呈浑浊生长，在胰酪胨大豆肉汤内有时液体澄清，菌量多时呈浑浊生长。

染色镜检可看到呈葡萄串状，菌体呈球形的革兰氏阳性菌。无鞭毛，无芽孢，一般不形成荚膜。生化试验结果为分解葡萄糖、乳糖、麦芽糖和蔗糖，产酸不产气。

若出现上述菌落特征及生化试验现象应判为疑似金黄色葡萄球菌，则最后做血浆凝固酶试验加以确定。

（三）血浆凝固酶试验

挑取上述可疑菌落和金黄色葡萄球菌、藤黄八叠球菌已知对照菌落分别接种于三管肉浸液中，37 ℃培养 24 h。吸取 1：4 新鲜兔血浆 0.5 mL，放入已盛有培养 24 h 后的可疑金黄色葡萄球菌肉浸液的小试管，振荡摇匀，同时做对照试验，最后一同放入 37 ℃恒温箱或水浴箱内，每 0.5 h 观察 1 次，观察 6 h，如呈现凝固，即将试管倾斜或倒置时呈现凝块者，被认为是阳性结果，最好以已知阳性和阴性葡萄球菌株及肉汤作为对照。

四、实训报告

详细记录试验结果，根据细菌的形态特征及在血琼脂平板和 Baird-Parker 琼脂平板上的生长情况和血浆凝固酶试验，判别检样是否有金黄色葡萄球菌。

备注：

1．胰酪胨大豆肉汤

（1）成分：胰酪胨（或胰蛋白胨）17 g，植物蛋白胨（或大豆蛋白胨）3 g，氯化钠 100 g，磷酸氢二钾 2.5 g，葡萄糖 2.5 g，蒸馏水 1 000 mL。

（2）制法：将上述成分混合，加热并溶解，调节 pH 值至 7.3±0.2 后分装，于 121 ℃高压灭菌 15 min。

2．血琼脂平板

（1）成分：豆粉琼脂（pH 值 7.4～7.6）100 mL，脱纤维羊血（或兔血）5～10 mL。

（2）制法：加热溶化琼脂，冷却至 50 ℃，以无菌操作加入脱纤维羊血，摇匀，倾注平板。

3．Baird-Parker 琼脂平板

（1）成分：胰蛋白胨 10.0 g，牛肉膏 5.0 g，酵母膏 1.0 g，丙酮酸钠 10.0 g，甘氨酸 12.0 g，氯化锂（LiCl·6H$_2$O）5.0 g，琼脂 20.0 g，蒸馏水 950 mL。

增菌剂的配法：30% 卵黄盐水 50 mL 与经过除菌过滤的 1% 亚碲酸钾溶液 10 mL 混合，保存于冰箱。

（2）制法：将各成分加到蒸馏水，加热溶解，调节 pH 值至 7.0±0.2。分装后 121 ℃高压灭菌 15 min。临用时加热融化琼脂，冷至 50 ℃，每 95 mL 加入预热至 50 ℃的卵黄亚碲酸钾增菌剂 5 mL 摇匀后倾注平板。

4．兔血浆

取柠檬酸钠 3.8 g，加蒸馏水 100 mL，溶解过滤分装后于 121 ℃高压灭菌 15 min。

兔血浆制备：取 3.8% 柠檬酸钠溶液一份，加兔全血四份，混好静置（或以 3 000 r/min 的转速离心 30 min）可得血浆。

◆ 作 业 单

一、判断

1．多数致病性葡萄球菌在血琼脂平板上呈金黄色，有时呈白色，大而凸起，圆形，不透明，表面光滑，周围有溶血圈。　　　　　　　　　　　　　　　　　　　　　　（　　）

2．非致病性葡萄球菌在血琼脂平板上也有溶血圈形成。　　　　　　　　　　　（　　）

3．致病性葡萄球菌大多能分解甘露醇产酸，非致病性葡萄球菌无此作用。　　　（　　）

二、简答

1．金黄色葡萄球菌在 Baird-Parker 琼脂平板上的菌落特征如何？

2．鉴定致病性金黄色葡萄球菌的重要指标是什么？

3．金黄色葡萄球菌在普通琼脂平板上的菌落特征如何？

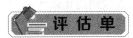 评 估 单

【评估内容】

一、填空

1．葡萄球菌（　　）鞭毛，（　　）芽孢，一般不形成荚膜，革兰氏染色（　　）性。在肉汤中呈均匀浑浊生长，并有（　　）现象。

2．现常应用（　　）培养基作为葡萄球菌选择培养基。

二、简答

1．简述金黄色葡萄球菌检验的食品卫生学意义。

2．金黄色葡萄球菌在卵黄高盐琼脂平板上的菌落特征如何？

3．简述金黄色葡萄球菌的检验程序。

三、操作

对鲜售乳进行金黄色葡萄球菌的检验，并写出检验报告。

序号	考核内容	考核要点	分值	评分标准	得分
1	试验准备	仪器和玻璃器皿准备正确 5 分；试剂准备正确 5 分；培养基的选择正确 5 分；制备过程正确 5 分	20	仪器、玻璃器皿和试剂准备差一项扣 2 分，扣完为止。培养基选择不符合要求扣 5 分；制备不符合要求扣 5 分	
2	试验样品的采集	无菌操作取样 5 分；样品研磨，取样 25 g，5 分；接种于 7.5% 氯化钠肉汤或 50 mL 胰酪胨大豆肉汤培养基 5 分	15	不是在无菌条件下取样扣 5 分；试验用样数量过多、过少、未研磨未离心均扣 5 分；不会做增菌培养扣 5 分	
3	试验操作	细菌分离培养 5 分；细菌形态观察 5 分；血浆凝固酶试验 15 分	25	操作不标准一项扣 5 分，直到扣完为止	
4	数据记录及处理	试验结果记录及时 5 分；细菌培养特性判断，血浆凝固酶试验结果判断 10 分；报告完整、规范 5 分	20	操作不标准一项扣 5 分，直到扣完为止	
5	结束工作	试验所用仪器（培养基、高压蒸汽灭菌器）关闭电源、擦拭干净、保养正确 5 分；含有细菌的玻璃器皿高压灭菌清洗干净 5 分	10	试验所用仪器未进行保养或保养不正确扣 5 分；玻璃器皿处理不正确扣 5 分	
6	安全文明操作	按操作标准进行试验，顺利完成试验 10 分	10	损坏仪器一项扣 5 分，不按操作标准出现事故扣 10 分	
	合计		100		

【评估方法】

以小组为单位进行评估。主要是在试验过程中进行，检查各小组是否做到防止微生物散布，是否掌握金黄色葡萄球菌检验的整个操作过程，同时对各小组人员随机抽取 2 人进行提问，提问分数以 2 人平均分数计。

优：小组能独立正确地完成各项工作，并能回答问题。

良：小组能独立正确地完成大部分工作，个别环节仍需提示才能完成。

及格：小组能基本完成大部分工作，其他环节有错误。

不及格：小组不能独立完成各项工作，没有试验现象。

备注：项目十七任务六学习情境占模块三总分的 6%。

任务七　动物食品中病毒的一般诊断程序

【基本概念】

病毒

【重点内容】

1．病毒检验的食品卫生学意义。

2．病毒实验室检验程序。

【教学目标】

1．知识目标

熟悉病毒的特点，掌握病毒检验的食品卫生学意义。

2．技能目标

能进行病毒实验室检验并根据国家标准判定结果。

资料单

一、病毒检验国家标准的适用范围

病毒检验国家标准适用于肉制品的实验室检验。

二、病毒的特点

1．病毒的大小

病毒的形态个体极其微小，病毒的大小单位是纳米（nm），不同种类的病毒个体大小差别较大，最大的病毒为 300 nm（痘病毒），在光学显微镜下就能观察到，最小的病毒为 17 nm（圆环病毒），一般大多数的病毒大小为 80 ～ 100 nm。

2．病毒的形态

病毒的形态大多数为球形或近似球形，但部分病毒的形态较为特殊，有砖形、丝状或子弹状。

3．病毒的分离培养

采集可能含有病毒的病料，接种到试验动物、鸡胚或组织中进行培养。接种后的动物、鸡胚或者细胞在一定的时间内会出现死亡或病变（但有的病毒需要进行盲目传代才能够检测出），也可选用应用血清学试验进行鉴定。

三、病毒的食品卫生学意义

病毒食用后能引起食物中毒，重者可导致死亡，食品中病毒的存在是食品卫生的一种潜在危险。因此，检查食品中病毒的存在有实际意义。

一、材料与设备

1. 样品

肉、蛋、活体动物等。

2. 培养物

传代细胞、鸡胚、试验动物。

3. 器具及其他用品

煮沸消毒器、灭菌刀、剪刀、镊子、试管、平皿、广口瓶、一次性注射器、酒精灯、保存液、采样袋、记录笔。

二、流程

病毒检验操作流程如图 3-21 所示。

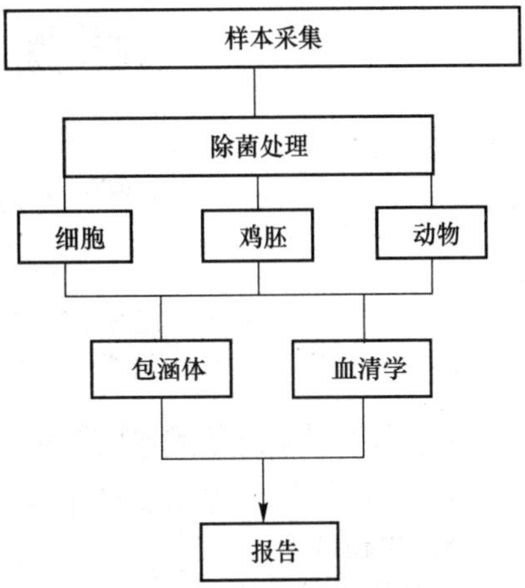

三、方法与步骤

图 3-21　病毒检验操作流程

（一）病料的采取

1. 采集适宜的病料

应采集动物的脏器、组织、血液和分泌物。

2. 保存与运送

病毒相对于细菌而言，对外界环境因素（如温度）更为敏感。因此，在运送病料时必须将其放置在已灭菌的存储液中（通常选用 50%甘油磷酸盐缓冲液），在液体病料中可适量加入抗生素防止细菌滋生。盛放病料的器皿应封口，将其放入冰瓶（内放冰块或干冰等物品），在低温条件下进行保存和送检病料。

3. 防止病料污染

采集病料时，必须做到无菌操作。为防止液体病料被细菌污染，可在病料中加入适量的青霉素和链霉素或其他抗生素，如庆大霉素；防止霉菌污染可以选用制霉菌素、两性霉素 B 等。

（二）病毒的分离培养

供接种或培养的样本应首先做除菌处理。除菌方法主要有细菌滤器法、高速离心法及选用广谱抗生素处理三种方法。如将送检的病料放置于平皿内，用已灭菌的 pH 值 7.6 磷酸盐缓冲液冲洗数次，后用灭菌的滤纸将其吸干、称重，制备成 1∶5 的悬浊液，每毫升加入青霉素 1 000 IU，链霉素 1 000 μg，放置于 2 ℃～4 ℃的冰箱存放 4～6 h，后放于离心机内以 3 000 r/min 的速度进行离心 10～15 min；完毕后吸取离心上清液备用。接种到细胞、鸡胚等，放置于恒温箱进行培养。

（三）包涵体的检查

包涵体是病毒在细胞内进行生长繁殖后，在细胞内部形成的一种在光学显微镜下可以观察到的特殊"斑块"（图3-22）。部分病毒可以在宿主细胞内或组织中形成包涵体，将被检病料直接进行涂片或做成组织切片，染色后，在普通光学显微镜下观察。

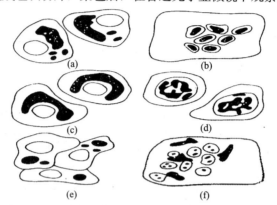

图3-22 病毒感染细胞后形成不同类型的包涵体
（a）痘苗病毒；（b）单纯疱疹病毒；（c）呼肠孤病毒；（d）腺病毒；（e）狂犬病病毒；（f）麻疹病毒

（四）病毒的血清学试验

血清学试验在病毒的检验中占有较为重要的地位。常用的方法如下。

1．中和试验

应用的原则有两种：一种是用已知的抗原来检测未知的抗体；二是选用已知的抗体鉴定未知的病毒。

2．补体结合试验

常用已知的病毒抗原来检测动物体内的抗体，对相应的疾病做出诊断。

3．病毒的红细胞凝集和红细胞凝集抑制试验

用已知的血清来鉴定未知的病毒，或者可以用已知的病毒来鉴定待检动物血清中的抗体情况，通过血液的凝集和凝集抑制判定试验结果。

4．荧光抗体技术

荧光抗体技术是最快检测出少量抗原或抗体在动物机体内分布的方法，也是检测血清抗体的一种较为敏感的方法。

5．免疫酶标记技术

免疫酶标记技术是到目前为止较为先进的诊断技术。它具有较高的敏感性，现在在病毒诊断过程中普遍应用。

6．免疫扩散试验

用已知的抗体来鉴定未知的病毒，或选用已知的病毒抗原来检测血清中相对应的抗体，观察检样孔周围有无沉淀带产生来判定试验结果。

一、判断

1．细菌的检测方法与病毒的检测方式是完全相同的。　　　　　　　　（　　）

2．免疫酶标记技术是现在病毒诊断中最为先进的技术。　　　　　　　（　　）

3．包涵体是细菌在细胞内生长繁殖的产物。　　　　　　　　　　　　（　　）

二、简答

1. 病毒实验室的培养方式有几种？分别是哪些？
2. 病毒病料的采集、运送和保存有哪些注意事项？

 评 估 单

【评估内容】

一、简答

1. 病毒病料在培养前应该做哪些前期处理？
2. 病毒的血清学试验有哪些？

二、操作

对活禽类进行病毒检验，并写出检验报告。

序号	考核内容	考核要点	分值	评分标准	得分
1	试验准备	仪器和玻璃器皿准备正确 5 分；试剂准备正确 5 分；采集样本选择正确 5 分；制备过程正确 5 分	20	仪器、玻璃器皿和试剂准备差一项扣 2 分，扣完为止。采集样本不符合要求扣 5 分；制备不符合要求扣 5 分	
2	试验样品的采集	无菌操作取样 5 分；样品采集、处理 25 g，5 分；病毒培养前期处理 5 分	15	不是在无菌条件下取样扣 5 分；试验用样数量过多、过少、样品处理不当均扣 5 分；不会做培养前期处理扣 5 分	
3	试验操作	接种于相应的培养体上并有正确的操作方法 5 分；病毒形态观察 5 分；血清学试验 15 分	25	操作不标准者一项扣 5 分，直到扣完为止	
4	数据记录及处理	试验结果记录及时 5 分；病毒培养特性判断，血清学试验结果判断 10 分；报告完整、规范 5 分	20	操作不标准者一项扣 5 分，直到扣完为止	
5	结束工作	试验所用仪器（培养液、高压蒸汽灭菌器）关闭电源、擦拭干净、保养正确 5 分；含有病毒的玻璃器皿高压灭菌清洗干净 5 分	10	试验所用仪器未进行保养或保养不正确扣 5 分；玻璃器皿处理不正确扣 5 分	
6	安全文明操作	按操作标准进行试验，顺利完成试验 10 分	10	损坏仪器，一项扣 5 分，不按操作标准出现事故扣 10 分	
	合计		100		

【评估方法】

以小组为单位进行评估。主要是在试验过程中进行，检查各小组是否做到防止病毒散布，是否掌握了病毒检验的整个操作过程，同时对各小组人员随机抽取 2 人进行提问，提问分数以 2 人平均分数计。

优：小组能独立正确地完成各项工作，并能回答问题。

良：小组能独立正确地完成大部分工作，个别环节仍需提示才能完成。

及格：小组能基本完成大部分工作，其他环节有错误。

不及格：小组不能独立完成各项工作，没有试验现象。

备注：项目十七任务七学习情境占模块三总分的 4%。

模块四　理化指标检验

项目十八　理化指标检验岗前知识培训

任务一　动物性食品理化检验分析方法

【基本概念】

朗伯－比尔定律、重量分析、容量分析

【重点内容】

1. 动物性食品理化检验常用分析方法。
2. 朗伯－比尔定律。

【教学目标】

1. 知识目标

了解动物性食品理化检验常用的分析方法，熟悉朗伯－比尔定律。

2. 技能目标

能够说出不同分析方法的具体应用。

资料单

在食品卫生检验中，由于测定目的与被检物质的性质差异，所用的方法也不同，最常用的方法有感官检查法、物理检验法、化学分析法和物理化学分析法。

一、感官检查法

感官检查法主要依靠人的感觉器官，即视觉、嗅觉、味觉、触觉来鉴定被检物质的外观、颜色、气味和滋味等。

二、物理检验法

物理检验法用于测定某些被检物质的物理性质，如温度、密度、折光率、旋光等。通过物理性质的检验可判定物质的纯度和浓度。

三、化学分析法

化学分析法是动物性食品卫生检验工作中应用最广泛的方法。根据检查目的和被检物质的特性，可进行定性分析和定量分析。

1．定性分析

定性分析的目的在于检查某一物质是否存在。根据被检物质的化学性质，经适当分离后，与一定的试剂产生化学反应，根据反应所呈现的特殊颜色或特定性状的沉淀来判定被检物质存在与否。

2．定量分析

定量分析的目的在于检查某一物质的含量。可供定量分析的方法有很多，除利用重量和容量分析外，定量分析的方法正向着快速、准确、微量的仪器分析方向发展，如层析分析等。

（1）重量分析。重量分析是将被测成分与样品中的其他成分分离，然后称量该成分的重量，计算出被测物质的含量。重量分析是化学分析中最基本、最直接的定量方法。尽管操作麻烦、费时，但准确度较高，常作为检验的基础方法。

（2）容量分析。容量分析是将已知浓度的标准溶液，由滴定管加到被检溶液中，直到所用试剂与被测物质的量相等时为止。借助指示剂的变色反应来观察反应的终点，根据标准溶液的浓度和消耗标准溶液的体积，计算出被测物质的含量。在动物性食品理化指标检验中此种方法常用。

四、物理化学分析法

1．分光光度法

一束单色光射入有色溶液，再从有色溶液中透过来的光，比原先射入时的光强度减弱，说明有色溶液能吸收一部分光能。而当溶液的厚度不变时，溶液的浓度越大，光线强度的降低就越显著。

单色光经过有色溶液时，透过溶液的光强度不仅与溶液的浓度有关，还与溶液的厚度及溶液本身对光的吸收性能有关，即各种颜色的溶液对某种单色光的吸收率有其自己的常数。一般用下式表示：

$$T=\frac{I_t}{I_0} \qquad\qquad A=\lg\frac{I_t}{I_0}=KcL$$

式中　T——透光率；

　　　　I_0——入射光强度；

　　　　I_t——透过光强度；

　　　　A——吸光度（或叫作光密度，以 D 表示）；

　　　　K——某种溶液的消光系数；

　　　　c——溶液的浓度；

　　　　L——光径，溶液的厚度。

消光系数 K 是一个常数，某种有色溶液对于一定波长的入射光，具有一定的消光数值。从上式可以看出，当 K 和 L 不变时，光密度 D 与溶液的浓度 c 成正比关系。

由上述公式可知，一束单色入射光经过有色溶液时，其透光率与溶液的浓度、溶液的厚度成反比关系，而吸光度与溶液浓度、溶液厚度成正比关系，这个论点就称为朗伯－比尔定律。朗伯－比尔定律是比色分析的理论基础。图 4-1 所示为一束单色光射入有色溶液图解。

2．原子吸收分光光度计法

原子吸收分光光度计法又称原子吸收光谱分析法，是用来分析微量元素的仪器分析技术，进行这种分析的仪器叫作原子吸收分光光度计，在食品分析中常用来进行铜、铅、镉等微量元素的测定。原子吸收分光光度计的组成如图 4-2 所示。

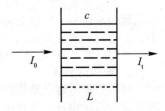

图 4-1　有色溶液与光线关系

I_0—入射光强度；L—溶液的厚度；

I_t—透过光强度；c—溶液的浓度

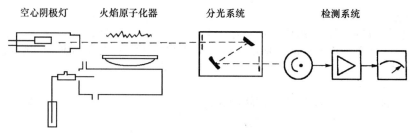

图 4-2　原子吸收分光光度计的组成

　　原子吸收分光光度计法的基本原理是由一种特制的光源即其元素的空心阴极灯发射出该元素的特征谱线（具有规定波长的光），谱线通过将试样转变为气态自由原子的火焰或电加热设备，则被待测元素的自由原子吸收，产生吸收信号。所测得的吸光度的大小与试样中该元素的含量成正比。

$$T=\frac{I_t}{I_0}\qquad\qquad A=\lg\frac{I_t}{I_0}=KcL$$

式中　T——透光率；

　　　　I_0——入射光强度；

　　　　I_t——透过光强度；

　　　　A——吸光度；

　　　　K——原子吸收系数；

　　　　c——被测元素在试样中的浓度；

　　　　L——原子蒸气层的厚度。

　　原子吸收分光光度法的过程和分光光度法很相似，只是吸收池不一样，一个是溶液的分子，另一个是火焰或电加热设备中的自由原子。

　　原子吸收分析分为两类：一类由火焰将试样分解成自由原子，称为火焰原子吸收分析；另一类依靠电加热的石墨管将试样气化分解，称为石墨炉无火焰原子吸收分析。其中，火焰原子吸收分析比较成熟。

　　原子吸收分光光度计在食品分析中常用来进行铜、铅、镉等微量元素的测定。

3．荧光分析法

　　以测定荧光强度来确定物质含量的方法，叫作荧光分析法。所使用的仪器叫作荧光计。其基本原理是某些物质经过紫外线照射后，能立即放出光波较长能量较低的光。当照射停止时，如物质能在 10^{-9} s 内停止发射的低能光，则叫作荧光；当光源发出的紫外线强度一定时，溶液的厚度一定，溶液在低浓度条件下，对于同一物质来说，溶液浓度与该溶液中的物质所发出的荧光强度成正比关系，即可求出待测溶液的浓度。

　　荧光分析法的灵敏度高，但由于干扰物质太多，处理时会带来很多麻烦，故在使用时受到很大限制。

4．原子荧光光谱法

　　原子荧光光谱法是介于原子发射和原子吸收之间的光谱分析技术。原子荧光光谱法的基本原理是基态原子吸收合适的特定频率的辐射而被激发至高能态，激发态原子在去激发过程中以光辐射的形式发射出特征波长的荧光。各种元素都有特定的原子荧光光谱，根据原子荧光强度的高低可测得试样中待测元素含量。

5．电位分析法

　　利用测定电池电动势以求物质含量的分析方法，称为电位分析法或电位法。通常是将待测溶液与指示电极、参比电极组成电池，由于电池电动势与浓度之间存在一定关系，因此，测出电池电动势，即可求出待测溶液的浓度。

6．层析法

　　层析法又称色谱法，是一种广泛应用的物理化学分离分析方法。开始由分离植物色素而得名，后来不仅用于分离有色物质，而且用于分离无色物质，色谱法名称虽沿用，但已失去原来的含义。

层析法的分离原理是利用混合物中各组分在不同的两相中溶解，吸附和亲和作用的差异，使混合物的各组分达到分离。图4-3所示为柱层析示意图。图4-4所示为薄层层析示意图。

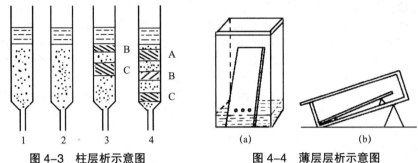

图4-3　柱层析示意图　　　　　图4-4　薄层层析示意图
1～4—层析试管；A～C—层析分层　　（a）上行法；（b）倾斜上行法

7. 气相色谱法

气相色谱法是一种以固体或液体作为固定相，以惰性气体（如Ne、Ar等）作为流动相的柱层析。气相色谱法的基本原理是用载气（流动相）将气态的待测物质以一定的流速通过装于柱中的固定相，由于待测物质各组分在两相间的吸附能力或分配系数不同，经过多次反复分配，各组分逐渐得到分离。分配系数小的组分最先流出柱外，分配系数大的组分最后流出柱外。组分流出柱外的信号由监测器以电压或电流变化的形式传送给记录系统，并把它记录下来。记录纸上的一个曲线峰即表示一个单一组分。出峰的时间是定性的基础，峰面积或峰高是定量的基础。图4-5所示为气相色谱分析一般流程。图4-6所示为气相色谱流出曲线。

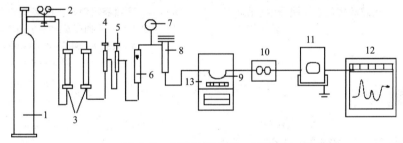

图4-5　气相色谱分析一般流程
1—气源；2—减压阀；3—清洁干燥管；4—稳压阀；5—流量调节器；6—流量计；7—压力表；8—气化室；
9—色谱柱；10—鉴定器；11—电子放大器；12—记录仪；13—色谱柱恒温箱

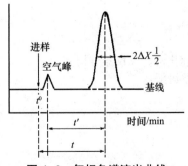

图4-6　气相色谱流出曲线

在食品卫生检验中，常用气相色谱法测定食品中农药残留量、溶剂残留量及食品中添加剂的含量。气相色谱法的不足之处：一是气相色谱法不能直接给出定性结果，它不能用来直接分析未知物，如果没有已知纯物质的色谱图和它对照，就无法判定某一色谱峰代表何物质；二是分析高含量样品时，气相色谱法的准确度不高；三是分析无机物和高沸点有机物时还比较困难等。

8. 高效液相色谱法

高效液相色谱法的基本原理与气相色谱法一样，高效液相色谱法的分离系统也由固定相和流动相组成。高效液相色谱的固定相可以是吸附剂、化学键合固定相、离子交换树脂或多孔性凝胶；流动相是各种溶剂。高效液相色谱法的分离原理是利用样品中各组分在两相间有不同的分配系数，当流动相对固定相做相对运动时，组分在两相间进行反复多次的分配，使混合物达到分离。图4-7所示为高效液相色谱仪原理示意图。图4-8所示为高效液相色谱法四环素分离色谱示意图。

在食品卫生检验中，使用高效液相色谱法测定动物性食品中兽药残留量。

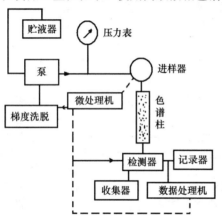

图 4-7　高效液相色谱仪原理示意图

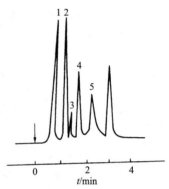

图 4-8　高效液相色谱法四环素分离色谱示意图

1—表四环素；2—四环素；3—氯四环素（金霉素）；
4—表脱水四环素；5—脱水四环素
（李俊锁：《兽药残留分析》，2002 年）

一、地点、材料及设备

理化分析实验室、资料单、记录本。

二、方法与步骤

（1）提供资料单。
（2）在教师的带领下参观理化检验及仪器分析室。
（3）针对分析仪器进行观察讲解。
（4）分组观察。
（5）小结。

三、实训报告

整理提交报告。简述朗伯 – 比尔定律及不同分析方法的具体应用。

作业单

一、名词解释

1. 感官检查法　2. 物理检验法　3. 重量分析　4. 容量分析　5. 朗伯－比尔定律

二、填空

1. 在食品卫生检验工作中最常用的检验方法有（　　）、（　　）、（　　）、（　　）。

2. 感官检查法主要依靠人的感觉器官，即（　　）、（　　）、（　　）等来鉴定被检物质的（　　）、（　　）、（　　）、（　　）等。

3. 化学分析法是根据检查目的和被检物质的特性，进行（　　）和（　　）分析。

4. 定性分析是根据反应所呈现的（　　）或（　　）来判定某种物质存在与否。

5. 定量分析的方法正向着（　　）、（　　）、（　　）的仪器分析方向发展。

6. 容量分析是根据标准溶液的浓度和消耗标准溶液的体积，计算出被测物质的（　　）。

7. 原子吸收分光光度计法在食品分析中常用来进行（　　）的测定。

8. 原子吸收分析分为两类：一是（　　）分析；二是（　　）分析。

9. 气相色谱法是以惰性气体如（　　）、（　　）等作为流动相的柱层析。

10. 在食品卫生检验中，使用气相色谱法测定食品中（　　）、（　　）、（　　）的含量。

11. 在食品卫生检验中，使用（　　）法测定动物性食品中兽药残留量。

评估单

【评估内容】

请判断以下说法是否正确。

1. 定性分析的目的在于检查某一物质是否存在。　　　　　　　　　　　（　　）

2. 定量分析的目的在于检查某一物质的含量。　　　　　　　　　　　（　　）

3. 一束单色入射光经过有色溶液时，其透光率与溶液的浓度、溶液的厚度成反比关系；吸光度与溶液的浓度、溶液的厚度成反比关系，这个定律称为朗伯－比尔定律。　（　　）

4. 已知浓度的溶液称为标准溶液。　　　　　　　　　　　　　　　　（　　）

5. 比色分析的理论基础是朗伯－比尔定律。　　　　　　　　　　　　（　　）

6. 原子吸收分光光度计法主要用来分析兽药残留量。　　　　　　　　（　　）

7. 原子吸收分光光度计法所测得的吸光度的大小与试样中该元素的含量成正比。（　　）

8. 原子吸收分光光度计法在食品分析中常用来测定食品中农药残留量、溶剂残留量及食品中添加剂的含量。　　　　　　　　　　　　　　　　　　　　　　　（　　）

9. 以测定荧光强度来确定物质含量的方法叫作荧光分析法。　　　　　（　　）

10. 当光源发出的紫外线强度一定，溶液的厚度一定，溶液在低浓度的条件下，对同一物质来说，溶液的浓度与该溶液中物质所发出的荧光强度成反比关系。　　（　　）

11. 层析法的分离原理是利用混合物中各组分在不同的两相中溶解，吸附和亲和作用的差异，使混合物的各组分达到分离。　　　　　　　　　　　　　　　　（　　）

12. 气相色谱法是一种以固体或液体作为固定相，以惰性气体（如 Ne、Ar 等）作为流动相的柱层析。　　　　　　　　　　　　　　　　　　　　　　　　（　　）

13. 气相色谱法中分配系数大的组分最先流出柱外，分配系数小的组分最后流出柱外。　　　　　　　　　　　　　　　　　　　　　　　　　　　　　　（　　）

14. 气相色谱法中出峰面积或峰高是定性的基础，出峰的时间是定量的基础。　　　　　　　　　　　　　　　　　　　　　　　　　　　　　　　　（　　）

15. 在食品卫生检验中，使用气相色谱法测定食品中农药残留量、溶剂残留量及食品中

添加剂的含量。　　　　　　　　　　　　　　　　　　　　　　　　　　　　　　（　　）

16. 高效液相色谱法的流动相是各种溶剂。　　　　　　　　　　　　　　　　　（　　）

17. 在食品卫生检验中，使用高效液相色谱法测定动物性食品中兽药残留量。　（　　）

18. 气相色谱法是一种以固体或液体作为流动相、以惰性气体作为固定相的柱层析。

　　　　　　　　　　　　　　　　　　　　　　　　　　　　　　　　　　　　（　　）

19. 食品中农药残留量、溶剂残留量及食品中添加剂含量常用高效液相色谱法测定。

　　　　　　　　　　　　　　　　　　　　　　　　　　　　　　　　　　　　（　　）

20. 由火焰将试样分解成自由原子进行分析的方法称为石墨炉无火焰原子吸收分析。

　　　　　　　　　　　　　　　　　　　　　　　　　　　　　　　　　　　　（　　）

【评估方法】

利用多媒体课件，分组对学生进行评估。

优：在限定的时间内完成全部判断，90% 以上正确。

良：在限定的时间内完成全部判断，70% 以上正确。

及格：延时完成全部判断，60% 以上正确。

不及格：延时完成全部判断，40% 以上不正确。

备注：项目十八任务一学习情境占模块四总分的 7%。

任务二　动物性食品分析质量控制

【基本概念】

标准操作程序、精密度、准确度、灵敏度、检测限、最佳测定范围、分析质量、分析误差、系统误差、随机误差、粗差、标准参考物质

【重点内容】

1. 影响分析质量控制的五大因素。

2. 影响分析数据准确性的因素。

3. 质量评价参数的定义。

【教学目标】

1. 知识目标

通过开放式理论教学，熟悉影响分析质量控制的五大因素，影响分析数据准确性的因素，能准确说出分析质量评价参数的定义。

2. 技能目标

通过开放式理论教学，提高自主学习与独立思考分析问题的能力。

资料单

在动物性食品卫生监测中，监测数据的微小差异，将影响对危害因素的正确估计，甚至会对食品的卫生学评价得出完全相反的结论。因此，在食品卫生监测中必须进行分析质量控制。为了获得准确、可靠的分析数据，检验人员必须了解产生误差的原因，并采取必要的措施来防止和发现差错，减少误差，把监测误差控制在允许限度内。

一、影响分析质量控制的五大因素

影响分析质量控制的五大因素是人、分析方法、仪器设备、原材料（包括水、试剂，以及试样本身的均匀性与稳定性）和环境。因此，分析质量控制应贯穿从样品采取开始到出具检验报告为止的全过程。

二、分析质量控制四个方面的工作内容

一个分析结果对某个实验室来说可以认为是准确的，但准确性的更完整的概念必须具有实验室之间的可比性。实验室之间的误差校正，可以更好地发现和纠正存在于实验室内的系统误差。因此，分析质量控制应包括如下四个方面的工作内容。

（1）实验室工作条件的质量控制。

（2）实验室内质量控制。

（3）实验室间质量控制。

（4）计量认证。

分析质量控制是科学管理分析实验室的一种有效方法，用它来控制分析结果，是获得正确数据的重要手段。同时，通过分析质量控制也使分析工作者逐渐掌握分析工作标准化和规范化必须遵循的技术规范。因此，分析质量控制是动物性食品分析实验室中必须进行的工作。

三、标准操作程序

标准操作程序是具体、详细描述某一日常工作或测试方法的操作步骤或程序。它是结合本实验室的条件，为本实验室使用的某一常规工作或测试方法编写的详细步骤。一般采用标准方法或在此标准方法的基础上，编写适合本实验室条件的操作细则，作为本实验室的标准操作程序，用以指导操作人员的具体工作。

对于动物性食品理化检验实验室，应包括如下标准操作程序：

制定、审查和分发；对检验样品的接收、登记、标签、送检、保管、处理（销毁）；各种测量仪器的使用、维护、清洁、校准、记录；检测方法及其试剂制备；标准溶液配制；记录保存、报告和储存；数据收集；质量保证规划的监督和审核；测试中质量控制；安全和应急。

四、分析方法的评价和选择

分析方法的评价和选择常使用分析方法质量评价参数。一种好的分析方法通常可用精密度、准确度和灵敏度三个参数进行评价，如图4-9所示。

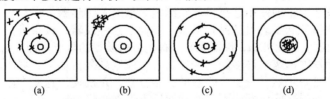

(a)　　　　(b)　　　　(c)　　　　(d)

图4-9　检验分析的准确度和精密度示意图

1．精密度

精密度是指在一定条件下对同一被测物质多次测定的结果与平均值偏离的程度。精密度反映了随机误差的大小，常用标准差（S）表示。

2．准确度

准确度是指用一个特定的分析程序所获得的分析结果（单次测定值或重复测定的均值）

与假定的或公认的真值之间的符合程度的度量。准确度用绝对误差或相对误差表示。

3．灵敏度

一种方法的灵敏度是指该方法对单位浓度或单位量的待测物质的变化所引起的响应量变化的程度。因此，它可以用仪器的响应量或其他指示量与对应的待测物质的浓度或量之比来描述。在实际工作中常以标准曲线的斜率度量灵敏度。

4．检测限

检测限是指对某一特定的分析方法在给定的置信水平内可以从样品中检测待测物质的最小浓度或最小量。所谓"检测"，是指定性检测，即断定样品中确实存在浓度高于空白的待测物质，即分析方法所能识别的极限。

5．最佳测定范围

最佳测定范围也称有效测定范围，是指在限定误差能满足预定要求的前提下，特定方法的测定下限至测定上限之间的浓度范围。在此范围内能够准确地定量测定待测物质的浓度或量。

五、影响分析数据准确性的因素

1．实验室环境

实验室环境是指实验室内的温度、湿度、气压、空气中悬浮微粒的含量及污染气体成分等参数的总和。其中有些参数影响仪器的性能，从而对测定结果产生影响；有些参数改变了试验条件，直接影响被测样品的分析结果；有时这两种影响兼而有之。动物性食品卫生理化检验标准方法绝大部分属于痕量分析，试验环境、器具和容器、水和试剂的沾污，将是分析中的主要污染源和误差源，对痕量分析要采取防尘措施，尤其超痕量分析时应采用净化实验室、超净柜或者局部防尘措施。

2．水和试剂

纯水是分析工作中用量最大的试剂，水的纯度直接影响分析结果的可靠性；痕量分析技术要求纯水中超痕量杂质的含量不影响分析测定结果；由金属或玻璃蒸馏器蒸馏的水不能满足痕量分析的需要，目前使用超纯水仪制备超纯水。

3．器皿和容器

分析工作应根据被测样品的性质及被测组分的含量水平，从器皿材料的化学组成和表面吸附、渗透性诸方面选用合适的器皿，并辅以适当的清洗过程，才能保证分析结果的可靠性。

在器皿和容器中，器壁的吸附是引起被测组分吸附损失、影响样品及标准溶液稳定性的主要因素之一。在痕量分析和高纯制备工作中，容器的洗涤十分重要，不仅要洗去器壁表面的异物，还要洗去由于容器模具的沾污，在器壁表层嵌着的铁（Fe）、锌（Zn）、镍（Ni）、铜（Cu）、锰（Mn）等物质。

4．仪器的校准和正确使用

分析仪器的校准和正确使用是获得准确测定结果的关键步骤，在动物性食品卫生理化检验中，使用的检测仪器和试验设备品种繁多，如何对这些仪器、设备进行校验，是保证所用检测仪器、设备的量值准确可靠、性能完好，提高分析质量的重要方面。

现代分析化学发展迅速，许多新技术、新方法应用到分析化学。然而，分析天平、滴定管、容量瓶、移液管等仍然是分析实验室的必备仪器。正确使用这些常用的仪器是每个分析工作者的基本功。如果这些仪器不可靠或者使用不当则必将直接影响分析结果的准确度。

六、分析质量的监控与评价

分析质量是从样品进入实验室后，样品制备和取样到分析的全过程，直到结果的计算，各个环节都有质量问题，总的属分析质量。人们在观察和研究物质量变现象时，常需借助物理、化学试验，经一系列的分析处理，才能取得各种所需数据，从而做出切合实际的评价。

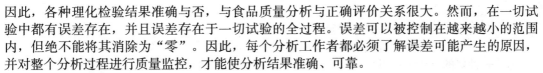

因此，各种理化检验结果准确与否，与食品质量分析与正确评价关系很大。然而，在一切试验中都有误差存在，并且误差存在于一切试验的全过程。误差可以被控制在越来越小的范围内，但绝不能将其消除为"零"。因此，每个分析工作者都必须了解误差可能产生的原因，并对整个分析过程进行质量监控，才能使分析结果准确、可靠。

1. 分析误差

测定值与真值之间的差别称为误差。误差包括系统误差、随机误差和粗差。

（1）系统误差，又称为恒定误差或可测误差。在相同条件下，对一已知量的待测物进行多次测定，测定值总是向着一个方向，也就是说测定值总是高于真实值或低于真实值。系统误差按其来源可分为方法误差、仪器误差、试剂误差和操作误差等。

（2）随机误差，也叫作偶然误差。在相同的条件下多次测定同一量的样品时，误差的绝对值和正负没有一定的方向，时大时小，时正时负，不可预定，是具有补偿性的误差。

（3）粗差，又称过失误差。由于分析过程中犯了不应有的错误，从而明显地歪曲了测定结果，如测错、记错、读错、算错、试验状况未达到预定指标而匆忙进行试验，或配错试剂、搞错样本等，都会带来粗差。含有粗差的测定值称为异常值，计算时应将其舍弃。

2. 实验室质量控制

实验室质量控制包括实验室内质量控制和实验室间质量控制，它们是控制误差的两种手段，目的是把分析误差控制在容许限度内，保证分析结果有一定的精密度和准确度，使分析数据在给定的置信水平内，有把握达到所要求的质量。

3. 标准参考物质

标准参考物质是能以数学公式表达的、精密度和稳定性已加以论证的、进行了系统误差分析的、给出了准确度测量结果的绝对测量法，确定被测物质量值的、种类繁多而应用最广的实物，可供质量保证、监控和定量结果准确度评价用。

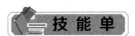

一、材料与设备

校园网、资料库、项目单、记录本。

二、方法与步骤

（1）提前一周布置开放式理论教学项目单（如何进行食品分析质量控制）。

（2）分小组针对项目单提供的问题在课前查阅整理讨论资料。

（3）课中每组推荐1人代表本组阐述小组观点。

（4）组间展开辩论。

（5）教师点评。

三、实训报告

整理提交报告。

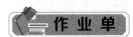

一、名词解释

1. 标准操作程序　2. 精密度　3. 准确度　4. 灵敏度　5. 检测限　6. 最佳测定范围
7. 分析质量　8. 分析误差　9. 系统误差　10. 随机误差　11. 粗差　12. 标准参考物质

二、填空

1．影响分析质量控制的五大因素有（　　　）、（　　　）、（　　　）、（　　　）、（　　　）。

2．分析质量控制四个方面的工作分别是（　　　）、（　　　）、（　　　）、（　　　）。

3．一种好的分析方法可用（　　　）、（　　　）、（　　　）三个参数进行评价。

4．影响分析数据准确性的因素有（　　　）、（　　　）、（　　　）、（　　　）。

5．分析误差包括（　　　）、（　　　）、（　　　）。

6．实验室质量控制包括（　　　）、（　　　）。

7．系统误差按其来源可分为（　　　）、（　　　）、（　　　）、（　　　）误差等。

评 估 单

【评估内容】

请判断以下说法是否正确。

1．分析质量控制是指把监测误差控制在不允许的限度。（　　）

2．分析质量控制应贯穿从样品采取开始到出具检验报告为止的全过程。（　　）

3．一个分析结果的准确性必须具有实验室之间的可比性。（　　）

4．科学管理分析实验室的有效方法是分析质量控制。（　　）

5．精密度反映了随机误差的大小，常用绝对误差或相对误差表示。（　　）

6．准确度用标准差（S）表示。（　　）

7．实际工作中常以标准曲线的斜率度量精密度。（　　）

8．检测限是指某一特定的分析方法在给定的置信水平内可以从样品中检测待测物质的最大浓度或最大量。（　　）

9．最佳测定范围内能够准确地定量测定待测物质的浓度或量。（　　）

10．实验室环境是指实验室内的温度、湿度、气压、空气中悬浮微粒的含量及污染气体成分等参数的总括。（　　）

11．痕量分析要采取防尘措施，尤其超痕量分析工作应采用净化实验室、超净柜或者局部防尘措施。（　　）

12．水的纯度直接影响分析结果的可靠性。（　　）

13．痕量分析技术的发展要求纯水中的超痕量杂质的含量可以影响分析测定结果。（　　）

14．金属或玻璃蒸馏器蒸馏的水能满足痕量分析工作的需要。（　　）

15．器壁的吸附是引起被测组分吸附损失、影响样品及标准溶液稳定性的主要因素之一。（　　）

16．分析工作应根据被测样品的性质及被测组分的含量水平，从器皿材料的化学组成和表面吸附、渗透性等方面选用合适的器皿，并辅以适当的清洗过程，才能保证分析结果的可靠性。（　　）

17．在痕量分析和高纯制备工作中，不仅要洗去器壁表面的异物，还要洗去由于容器模具的沾污，在器壁表层常嵌着的铁（Fe）、锌（Zn）、镍（Ni）、铜（Cu）、锰（Mn）等物质。（　　）

18．分析仪器的校准和正确使用是获得准确测定结果的关键步骤。（　　）

19．测错、记错、读错、算错、试验状况未达到预定指标而匆忙进行试验，或配错试剂、搞错样本都会带来系统误差。（　　）

20．含有粗差的测定值称为异常值，计算时可以保留。（　　）

【评估方法】

利用多媒体课件，分组对学生进行评估。

优：在限定的时间内完成全部判断，90%以上正确。

良：在限定的时间内完成全部判断，70%以上正确。

及格：延时完成全部判断，60%以上正确。

不及格：延时完成全部判断，40%以上不正确。

备注：项目十八任务二学习情境占模块四总分的5%。

任务三　检验结果的表示与数据处理

【基本概念】

有效数字、数字修约规则、毫克百分含量、百分含量（%）、千分含量（‰）

【重点内容】

1．检验结果的表示方法。

2．有效数字的运算规则。

【教学目标】

1．知识目标

熟悉检验结果的表示方法，明确有效数字的概念。

2．技能目标

能通过课堂练习、开放式理论学习提高自主学习与独立思考分析问题的能力。

资料单

一、检验结果的表示方法

检验结果的表示方法与食品卫生标准的表示方法一致，一般有以下几种表示形式。

（1）毫克百分含量：每百克（或每百 mL）样品中所含被测物质的毫克数。

（2）百分含量（%）：每百克（或每百 mL）样品中所含被测物质的克数。

（3）千分含量（‰）：每千克（或每升）样品中所含被测物质的克数。

（4）mg/kg 或 μg/L：每千克（或每升）样品中所含被测物质的毫克数，或每克（或每 mL）样品中所含被测物质的微克数。

二、有效数字

1．有效数字的概念

有效数字是实际能测得的数字。它不仅表示测得数值的大小，而且表示测量的准确度。在测定值中只保留 1 位可疑数字，其他各位数字都是确定的。如 14.33 mL，即表示用滴定管测量出的体积大小，又表示测得的体积准确到小数点后第 2 位；14.33 mL 是 4 位有效数字，最后一位数 "3" 是可疑数。又如 1.434 0 g，不但表示用天平称的质量的大小，而且表示称量准确到小数点后第 4 位，1.434 0 g 是 5 位有效数字，最后一位数 "0" 是可疑的，但这个 "0" 作为有效数字不能省去。"0" 可以是有效数字，也可以不是有效数字。如果 "0" 在数字中起定位作用，就不是有效数字；如果起定值作用，则是有效数字。"0"在数字之首，只起定位作用，不是有效数字，例如0.13中的"0"就不是有效数字，有效数字是2位；"0"在数尾，并在小数点后，是有效数字，例如0.130中尾数"0"就是有效数字，这个数是3位有效数字；如果数字中没有小数点，尾数的"0"不能说明是否为有效数字，如140，不能说是3位有效数字，因为后面的"0"是起定位作用还是起定值作用，含混不清，如果表示3位有效数字，只能写成1.40×100；"0"在数字中间，要看具体情况而定，如0.012 g，中间的"0"不是有效数字，而0.102 g中间的"0"是有效数字。

2．运算规则

（1）除有特殊规定外，一般可疑数表示末位有1个单位的误差。

（2）在确定了有效数字应保留的位数后，就要对不必要的位数进行修约。

（3）复杂运算时，中间过程多保留1位，最后结果须取应有的位数。

（4）加减法计算的结果，小数点后的保留位数，应与参与运算各数中小数点后位数最少的数字相同。

（5）乘除法计算的结果，有效数字保留的位数，应与参与运算的各数中有效数字位数最少者相同。

3．有效数字位数的确定

方法测定中按仪器准确度确定了有效数字的位数后，先进行运算，运算后的数值再修约。

4．数字修约规则

确定了有效数字的位数后，对不必要的位数进行修约时，应按国家标准《数值修约规则与极限数值的表示和判定》（GB/T 8170—2008）进行。我国颁布的《数值修约规则与极限数值的表示和判定》（GB/T 8170—2008）中规定数值修约适用"四舍六入五成双"法则。四舍六入五成双，即当尾数≤4时舍去，尾数为6时进位。当尾数为5时，则应视末位数是奇数还是偶数，5前为偶数应将5舍去，5前为奇数应将5进位。

（1）在拟舍弃的数字中，若左边第1个数字小于5（不包括5）时，应舍弃，即拟保留的末位数不变。

例如：将15.2342修约到保留1位小数。

修约前　　　15.2432　　　修约后　　　15.2

（2）在拟舍弃的数字中，若左边第1个数字大于5（不包括5）时，则进1，即拟保留的末位数字加1。

例如：将27.4843修约到只保留1位小数。

修约前　　　27.4843　　　修约后　　　27.5

（3）在拟舍弃的数字中，若左边第1个数字等于5，其右边的数字并非全部为0时，则进1，即拟保留的末位数字加1。

例如：将1.0501修约到只保留1位小数。

修约前　　　1.0501　　　修约后　　　1.1

（4）在拟舍弃的数字中，若左边第1个数字等于5，其右边的数字皆为0时，拟保留的末位数字若为奇数则进，若为偶数（包括0）则不进。

例如：将下列数字修约到只保留1位小数。

修约前　　　0.5500　　　0.4500　　　1.0500

修约后　　　0.6　　　　　0.4　　　　　1.0

（5）所拟舍弃的数字，若为2位以上数字时，不得连续进行多次修约，应根据所拟舍弃数字中左边第1个数字的大小，按上述规定一次修约出结果。

例如：将15.4546修约成整数。

正确的做法：

修约前　　15.4546　　修约后　　　15

不正确的做法：

修约前	1 次修约	2 次修约	3 次修约	4 次修约（结果）
15.4546 →	15.455 →	15.46 →	15.5 →	16
2.154546 →	2.15455 →	2.1546 →	2.155 →	2.16

作业单

一、名词解释

1. 有效数字　2. 数字修约规则　3. 毫克百分含量　4. 百分含量（%）　5. 千分含量（‰）

二、填空

常用检验结果的表示方法有（　　　）、（　　　）、（　　　）、（　　　）。

三、判断

1. 有效数字中只允许保留 1 位可疑数字，其他各位数字都是确定的。（　　）

2. 0 在数字之首，是有效数字。（　　）

3. 0 在数尾，并在小数点后，是有效数字。（　　）

4. 除有特殊规定外，一般可疑数表示末位有 1 个单位的误差。（　　）

5. 在确定了有效数字应保留的位数后，就要对不必要的位数进行修约。（　　）

6. 根据我国颁布的《数值修约规则与极限数值的表示和判定》（GB/T 8170—2008），数值修约适用"四舍六入五成双"法则。（　　）

7. 在拟舍弃的数字中，若右边第 1 个数字小于 5（不包括 5）时，则舍弃，即拟保留的末位数不变。（　　）

8. 在拟舍弃的数字中，若左边第 1 个数字小于 5（不包括 5）时，则进 1，即拟保留的末位数字加 1。（　　）

9. 在拟舍弃的数字中，若左边第 1 个数字等于 5，其右边的数字并非全部为 0 时，则进 1，即所拟保留的末位数字加 1。（　　）

10. 在拟舍弃的数字中，若左边第 1 个数字等于 5，其右边的数字皆为 0 时，拟保留的末位数字若为奇数则进，若为偶数（包括 0）则不进。（　　）

11. 所拟舍弃的数字，若为 2 位以上数字时，不得连续进行多次修约，应根据拟舍弃数字中左边第 1 个数字的大小，按上述规定一次修约出结果。（　　）

评估单

【评估内容】

检验结果的表示及有效数字修约。

【评估方法】

序号	考核内容	考核要点	分值	评分标准	得分
1	检验结果常用的表示方法	能说出如下常用的五种表示方法：毫克百分含量、百分含量（%）、千分含量（‰）、mg/kg 或 μg/L	10	有一项不符合标准扣 2 分	
2	确定有效数字的位数	能正确确定所给数据的位数：1.634 0 g（5 位），15.34 mL（4 位），0.140 g（3 位），0.108 g（3 位）	20	有一项不符合标准扣 2.5 分	

序号	考核内容	考核要点	分值	评分标准	得分
3	有效数字位数的确定原则	能说出有效数字位数的确定原则	10	不符合标准扣 5 分	
4	数字修约规则	能准确说出数字修约的五项规则	20	有一项不符合标准扣 2 分	
5	数字修约	能对给出的数据进行正确的修约 　　修约前　　　　修约后 （1）14.243 2　　14.2 （2）26.484 3　　26.5 （3）1.050 1　　1.1 （4）0.350 0　　0.4 （5）0.450 0　　0.4	40	有一项不符合标准扣 4 分，直到扣完为止	
	总计		100		

为考核团队协作能力和互助学习精神，以小组为单位进行考核，每组随机抽查 2 人进行评估，以评价小组整体水平。

备注：项目十八任务三学习情境占模块四总分的 2%。

任务四　动物性食品卫生检验的质量控制

【基本概念】

标准曲线

【重点内容】

动物性食品卫生检验质量控制的程序及方法。

【教学目标】

掌握动物性食品卫生检验的质量控制程序。

资料单

动物性食品卫生检验结果的准确度和可靠性，直接涉及是否正确地执行食品卫生法规和食品卫生国家标准。因此，必须采取有效措施，实行全面质量控制程序。全面质量控制程序包括样品测定前、测定过程中及测定后的质量控制。

一、样品的采集、运送和保存

抽样方法正确，所抽样品能够代表总体；正确设立、采集阴性和阳性对照样品；所采样品的品种、部位、数量和方法等必须符合检验项目的要求；按国家标准或行业标准的规定要求，运送和保存所采集的样品。

二、样品的制备及预处理

对待测样品进行适当的制备，使制备的样品颗粒细小，十分均匀，以保证测定时采取任何部分都具有代表性，并能满足溶剂提取的要求；采取适当的方法，对待测样品进行有效的预处理，以消除干扰成分，分离、浓缩待测成分，尽可能避免和减少待测定成分的损失或增多。样品缩分如图4-10所示。

三、检验方法的选择

同一检验项目中，如有两种或两种以上检验方法，应首先选择国家食品卫生标准测定的第一种方法；受实验室条件限制需要采用别的测定方法时，首先应选择精密度高、重复性好、检验结果准确、可靠的测定方法，其次应选择操作简便、省时、省力和试剂消耗量少的测定方法。

四、检测仪器的选择与校正

选择检测仪器时，必须按检测方法的要求选购所需的仪器；所购仪器应符合样品检验质量标准，要求灵敏度高，稳定性好；进行微量分析时，必须对天平、滴定管、移液管、刻度吸管及容量瓶等精密仪器和器皿进行校正。

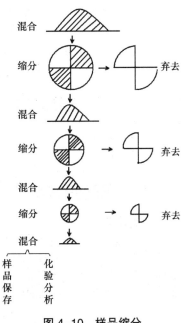

图4-10 样品缩分

五、器皿的清洁程度与水质要求

检验过程中所使用的器皿必须清洁，测定某种元素或物质时，还必须按特殊要求进行清洗和处理，以排除器皿上有待测成分的干扰。

检验中使用的蒸馏水、去离子水等的水质必须符合食品卫生检验工作的要求，不允许含有杂质。在某些测定项目中，要求对水进行特殊处理，如重新煮沸，将pH值调至中性或接近中性、不含氨等。

六、试剂的级别、质量及处理

一般试剂应使用分析纯；标准溶液和标准品系列溶液所用的试剂应为基准级或优级纯；如果纯度不能满足测定要求，则应对试剂进行纯化处理；每批样品测定时，应一次配制足够的试剂，以免两次配制引起误差；配制试剂时，试剂要称量准确，特别是标准品一般要求称量至0.1 mg，有时规定准确称量至0.01 mg或0.001 mg。

七、试剂空白对照试验

在进行样品测定时，需同时采用操作完全相同的方法，唯独不加入被测定的物质，这种试验称为试剂空白对照试验。试剂空白对照试验可将因试剂中的杂质干扰和溶液受器皿材料的影响等因素导致的系统误差，从测定结果中得到校正，从而提高检验结果的可靠性。

八、标准样品对照试验

在进行样品测定时，需按照与样品完全相同的操作步骤，测定一系列标准溶液配制的对照组，最后将检测结果进行比较，这种试验称为标准样品对照试验。标准样品对照试验可以抵消许多不明因素的影响。在一些稳定性不好的分析方法中，标准样品对照试验尤为必要。

九、确定和增加平行测定次数

平行测定次数越多，可以抵消偶然误差，使平均值越接近真值，测定结果也就越准确、可靠。因此，一般要求每个样品的测定不少于3次，有些测定项目要求的测定次数更多。

十、用回归方程法制作标准曲线

在用比色、荧光、色谱等分析方法时，需制备一套标准物质系列。该标准物质系列的吸光度、荧光强度、峰高等参数需分别测定，并依此绘制出与标准物质之间的关系曲线，即标准曲线。检验中测得的检测数据可与标准曲线进行比较，以确定被测物质的含量。在制作标准曲线时，应该用最小二乘法求出直线回归方程，就能合理地代表此标准曲线，然后从标准曲线上查找或直接用直线回归方程计算出样品中被测物质的含量。

十一、进行回收率试验

被测样品中加入已知量的标准物质，测定其回收率，可检验测定方法的正确性和样品所引起的干扰误差，并可同时求出精确度。因此，回收率试验是动物性食品卫生理化检验中常用的质量控制方法。

十二、严格遵守操作规程

严格遵守测定方法所规定的操作规程，特别是国家或主管部门规定的标准测定方法，在未经有关部门同意前，不能随意变动。

为了确保动物性食品卫生检验的质量，需要定期对在职检验人员进行业务培训，提高业务水平，使其能胜任食品卫生检验工作，正确地执行国家食品卫生标准和食品卫生法规。

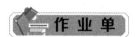 作 业 单

一、名词解释
标准曲线
二、填空
1．全面质量控制程序包括（　　）、（　　）、（　　）。
2．样品的采集、运送和保存的要求分别是（　　）、（　　）、（　　）、（　　）。
三、简答
1．如何进行样品的制备及预处理？
2．如何选择检验方法？

　评　估　单

【评估内容】

1. 如何选择检测仪器？
2. 检测中对器皿的清洁程度与水质有什么要求？
3. 试剂的级别、质量及处理方法分别是什么？
4. 为什么要做空白对照试验？
5. 为什么要进行标准样品对照试验？
6. 确定和增加平行测定次数的意义是什么？
7. 进行回收率试验的目的是什么？

【评估方法】

以小组为单位进行评估，每组推选 2 人，随机抽 2 题进行回答，采用百分制进行评价。
备注：项目十八任务四学习情境占模块四总分的 5%。

项目十九　理化检验实验室的基本操作技术

任务一　理化检验实验室的基本操作要求

【重点内容】

仪器、化学药品、危险品的管理

【教学目标】

1．知识目标

熟悉理化检验实验室规则、实验室管理要求、仪器管理、化学药品及危险品管理、安全管理的要求。

2．技能目标

通过参观实验室及规则的学习，培养实验室检验员的基本职业素养。

资料单

食品卫生检验是进行食品卫生监督、提高产品质量的重要环节，为了保证其顺利进行，必须以科学的方法管理实验室，健全管理体制，制定切实可行的规章制度。

一、实验室规则

每个分析工作者都应该有严肃认真的工作态度，精密细致的观察操作和整齐、清洁的试验习惯。

工作前后要打扫实验室卫生。要养成工作前后洗手的习惯：工作前如果手很脏，就可能沾污试验仪器和试剂、样品，引起试验误差；工作后也必须用肥皂仔细洗手，以防有毒物质在吃饭或喝水时带入口中。

试验仪器放置整齐，台面及地面保持干燥、清洁，不得向地上甩水，试验告一段落时应及时进行整理。废弃物应放在专设的废物箱内，不得随地乱扔或倒入下水道。要养成一切用品和工具用完后放回原处的习惯。

工作服应经常洗换，不得在非工作时间穿用，以防有害物质扩散。实验室严禁吸烟、饮食。

试验记录应记在专门的本子上，记录要求真实、及时、齐全、清楚、整洁、规格化。应该用钢笔或签字笔记录。如有记错应将原字画掉，在旁边写清楚，不得涂改、刀刮、补贴。

试验记录及结果报告单应根据单位规定保留一定时间，以备查考。

分析工作者应严格要求自己，逐步养成良好的实验室工作习惯，这将有助于今后的长期工作。

二、实验室管理

（一）仪器管理

1．精密仪器的管理

精密仪器按性质、灵敏度要求、精密程度等固定房间和位置。精密仪器室应与样品处理室隔开，以防腐蚀性气体腐蚀仪器。天平及其他精密仪器应放在防震、防晒、防潮、防腐蚀的房间内，并罩上仪器罩。

精密仪器应设专人保管，建立技术档案，装入全部技术资料，每使用一次要签名登记一次，没有使用过某种仪器的人，最初使用应该有专人指导。

精密仪器应由专人负责，未经批准不得任意拆卸。

2．玻璃仪器的管理

玻璃仪器应建立领用、破损登记制度，所用容量仪器应进行校准。

（二）化学药品及危险品管理

1．化学药品的储存

（1）大量的化学药品应放在药品贮藏室中，药品贮藏室应避免阳光照射、室温过高致使试剂变质。室内应干燥通风，严禁明火。

（2）一般试剂的存放。

①固体试剂。盐类及氧化物按周期表分类存放。盐类按钠盐、钾盐、铵盐、镁盐、钙盐分类存放；碱类按氢氧化钠、氢氧化钾、氢氧化铵分类存放；指示剂类按酸碱指示剂、氧化还原指示剂、金属指示剂、荧光指示剂、染料分类存放；有机试剂按测定对象或功能团分类存放。

②液体试剂。酸类按硫酸、盐酸、硝酸、醋酸分类存放；有机溶剂类按醇类、醚类、醛类、酮类分类存放；固体试剂和液体试剂应分开存放，固体试剂应按分类编号顺序存放和造册，以便查找。

（3）试剂溶液的管理。配制的试剂溶液都应根据试剂的性质及用量盛装于有塞的试剂瓶中，见光易分解的试剂装入棕色瓶，需滴加的试剂及指示剂装入滴瓶，整齐排列于试剂架上。试剂排列的方法可以按各分析项目所需试剂配套排列，指示剂可排列在小阶梯式的试剂架上。

试剂瓶的标签大小应与瓶子大小相称，书写要工整，标签应贴在试剂瓶的中上部，上面刷一薄层蜡以防腐蚀脱落。日常工作中应经常擦拭试剂瓶以保持清洁。过期失效的试剂应及时更换。

2．危险品的分类

（1）爆炸品。爆炸性物质有三硝基甲苯（TNT）、苦味酸、硝酸铵、叠氮化物、乙炔银及其他超过三个硝基的有机化合物等。

（2）压缩气体及液化气体。剧毒气体如液氯、液氨等；易燃气体如乙炔、氢气等；助燃气体如氧等；不燃气体如氮、氩等。

（3）氧化剂。一级无机氧化剂性质不稳定，容易引起燃烧爆炸，如碱金属和碱土金属的氯酸盐、过氧化物、硝酸盐、高锰酸盐、高氯酸及其盐等；一级有机氧化剂既具有强烈的氧化性，又具有易燃性，如过氧化二苯甲酰。

二级无机氧化剂性质较二级氧化剂稳定，如亚硝酸盐、重铬酸盐等；二级有机氧化剂如过氧乙酸。

（4）自燃物品。如白磷等。

（5）易燃固体。如赤磷、硫黄、萘、硝化纤维素等。

（6）易燃液体。这类液体极易挥发成气体，遇明火即燃烧。

（7）遇水燃烧物品。如金属钾、钠、电石等。

（8）毒害品。毒品分为剧毒品和有毒品。凡生物试验半数致死量（LD_{50}）在 50 mg/kg 以下者均称为剧毒品，如氰化物、三氧化二砷（砒霜）、氯化汞、硫酸二甲酯等。有毒品包括氟化钠、一氧化铅、四氯化碳、三氯甲烷等。

（9）腐蚀物品。这类物品具有强腐蚀性，可腐蚀木材、铁等物质，与人体接触会引起化学烧伤。腐蚀物品有硫酸、盐酸、硝酸、氢氟酸、冰乙酸、甲酸、氢氧化钠、氢氧化钾、氨水、甲醛等。

3．危险品的安全储存要求

（1）危险品贮藏室应干燥、朝北、通风良好。门窗应坚固、门朝外开。贮藏室应设在四周不靠建筑物的地方。易燃液体贮藏室的温度一般不允许超过 28 ℃，爆炸品贮藏室的温度不允许超过 30 ℃。

（2）危险品应分类隔离储存，量较大时应将房间隔开存放，量小时也应设立铁板柜或水泥柜以分开储存。腐蚀性物品应选用耐腐蚀性材料做架子。爆炸性物品可将瓶子存于铺有干燥黄沙的柜中。相互接触能引起燃烧爆炸及灭火方法不同的危险品应分开存放，绝不能混存。

（3）照明设备应采用隔离、封闭、防爆型。

（4）经常检查危险品贮藏情况，以消除事故隐患。实验室及库房中应准备好消防器材，管理人员必须具备防火灭火知识。

4．高压钢瓶的安全使用

（1）装有各种压缩气体的钢瓶应根据气体的种类涂上不同的颜色及标志，各种钢瓶应定期进行检验，并盖有检验钢印，不合格的钢瓶不能灌气。

（2）氧气瓶、可燃气体瓶最好不要放入楼房和实验室，钢瓶应避免日晒，不准放在热源附近。钢瓶要直立放置，用架子、套环固定。

（3）搬运钢瓶时应套好防护帽和防震胶圈，不得摔倒和撞击，如果撞断阀会引起瓦斯爆炸。

（4）使用钢瓶时必须装好规定的减压阀，拧紧丝扣，不得漏气。开启钢瓶阀门时应先检查减压阀螺杆是否松开，操作者必须站在气体出口的侧面。严禁敲打阀门，关气时应先关闭钢瓶阀门，放净减压阀中气体，再松开减压阀螺杆。

（5）钢瓶内气体不得用尽，应留有不少于几 kg/cm^2 的剩余残压，以免充气和再使用时发生危险。

（三）实验室安全管理

（1）所用药品、标样、溶液都应有标签。绝对不要在容器内装入与标签不相符的物品。

（2）禁止使用化验室器皿盛装食物，也不要用茶杯、食具盛装药品，更不要用烧杯当茶具使用。

（3）开启易挥发液体试剂之前，先将试剂瓶放在自来水流中冷却几分钟。开启时瓶口不要对人，最好在通风橱中进行。

（4）稀释硫酸时，必须在硬质耐热烧杯或锥形瓶中进行，只能将浓硫酸慢慢注入水中，边倒边搅拌，温度过高时，应等冷却或降温后再继续进行，严禁将水倒入硫酸。

（5）易燃溶剂加热时，必须在水浴或沙浴中进行，避免明火。

（6）装过强腐蚀性、可燃性、有毒或易爆物品的器皿，应由操作者洗净。

（7）移动、开启大瓶液体药品时，不能将瓶直接放在水泥地板上，最好用橡皮布或草垫垫好，若为石膏包封的可用水泡软后打开，严禁锤砸、敲打，以防破裂。

（8）取下正在沸腾的溶液时，应用瓶夹先轻轻摇动以后取下，以免溅出伤人。

（9）将玻璃棒、玻璃管、温度计等插入或拔出胶塞、胶管时均应垫棉布，且不可强行插入或拔出以免折断刺伤人。

（10）开启高压气瓶时，应缓慢，不得将出口对人。

（11）配制药品或试验中能放出 HCN、NO_2、H_2S、SO_3、Br_2、NH_3 及其他有毒和腐蚀性气体时应在通风橱中进行。

（12）禁止用火焰在天然气管道上寻找漏气的地方，应该用肥皂水检查漏气。

（13）用电应遵守安全用电规程。

（14）化验室中应备有急救药品、消防器材和劳保用品。

（15）要建立安全员制度和安全登记卡，健全岗位责任制，每天下班前应检查水、电、煤气、窗、门等，确保安全。

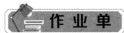

作 业 单

1．如何管理精密仪器？
2．如何管理玻璃仪器？
3．如何管理储存化学药品？
4．简述危险品的分类。
5．危险品的安全储存要求是什么？
6．如何安全使用高压钢瓶？

评 估 单

【评估内容】

请判断下列说法是否正确。

1．一般试剂存放规则是盐类及氧化物按周期表分类存放，如钠盐、钾盐、铵盐、镁盐、钙盐。　　　　　　　　　　　　　　　　　　　　　　　　　　（　　）
2．有机试剂按测定对象或功能团分类存放。　　　　　　　　　　　（　　）
3．指示剂按酸碱指示剂、金属指示剂、氧化还原指示剂、荧光指示剂、染料顺序存放。
　　　　　　　　　　　　　　　　　　　　　　　　　　　　　　　（　　）
4．酸类试剂按盐酸、硝酸、醋酸、硫酸顺序存放。　　　　　　　　（　　）
5．有机溶剂按醚类、醛类、醇类、酮类顺序存放。　　　　　　　　（　　）
6．固体试剂和液体试剂应分开存放，固体试剂应按分类编号顺序存放和造册。（　　）
7．配制药品或试验中能放出有毒和腐蚀性气体时应在通风橱中进行。（　　）
8．配制的试剂溶液排列的方法可以按各分析项目所需试剂配套排列。（　　）
9．试剂瓶的标签大小应与瓶子大小相称，书写要工整，标签应贴在试剂瓶的中部，上面刷一薄层蜡以防腐蚀脱落。　　　　　　　　　　　　　　　　　　（　　）
10．危险品贮藏室应干燥、朝南、通风良好。门窗应坚固、门应朝外开。应设在四周不靠建筑物的地方。　　　　　　　　　　　　　　　　　　　　　　　（　　）
11．稀释硫酸时，只能将浓硫酸慢慢注入水中，边倒边搅拌，温度过高时，应等冷却或降温后再继续进行，严禁将水倒入硫酸。　　　　　　　　　　　　　（　　）
12．爆炸性物品可将瓶子存于铺有干燥黄沙的柜中。　　　　　　　（　　）
13．相互接触能引起燃烧爆炸及灭火方法不同的危险品应分开存放。（　　）
14．各种钢瓶应定期进行检验，并盖有检验钢印，不合格的钢瓶不能灌气。（　　）
15．氧气瓶、可燃气体瓶应避免日晒，不准放在热源附近，钢瓶要直立放置，用架子、套环固定。　　　　　　　　　　　　　　　　　　　　　　　　　（　　）
16．搬运钢瓶时应套好防护帽和防震胶圈，不得摔倒和撞击，如果撞断阀会引起瓦斯爆炸。　　　　　　　　　　　　　　　　　　　　　　　　　　　　（　　）
17．易燃液体贮藏室温度一般不允许超过 30 ℃，爆炸品储温不允许超过 28 ℃。（　　）
18．开启易挥发液体试剂之前，先将试剂瓶放在自来水流中冷却几分钟。开启时瓶口不要对人，最好在通风橱中进行。　　　　　　　　　　　　　　　　　（　　）
19．易燃溶剂加热时，必须在水浴或沙浴中进行。　　　　　　　　（　　）
20．禁止用火焰在天然气管道上寻找漏气的地方，应该用肥皂水来检查漏气。（　　）

【评估方法】

利用多媒体课件，分组对学生进行评估。

优：在限定的时间内完成全部判断，90% 以上正确。

良：在限定的时间内完成全部判断，70% 以上正确。

及格：延时完成全部判断，60% 以上正确。

不及格：延时完成全部判断，40% 以上不正确。

备注：项目十九任务一学习情境占模块四总分的 5%。

任务二　理化检验分析基本操作技术

【基本概念】

加热烧灼、干燥

【重点内容】

1．直接加热和间接加热。

2．过滤与分离。

3．常压蒸馏。

4．减压蒸馏。

【教学目标】

学会理化检验基本操作技术，并能规范地完成操作。

 资料单

一、加热、灼烧、干燥

（一）加热

加热的方法很多，总体可分为两大类，即直接加热和间接加热。

直接加热一般是指在火焰上或电热仪器上加热。如需高温直火加热，需选用瓷质、石英质或金属质及特种玻璃质的器皿。

间接加热比直接加热时温度更为均匀。间接加热除加热器上放有石棉网或石棉板外，各种浴器都属于间接加热，如水浴、油浴、沙浴等。

（二）灼烧

把固体物质加热到高温以达到脱水，除去挥发性杂质，烧去有机物等目的的操作称为灼烧。灼烧一般是在高温电炉中进行。在进行灼烧时，应先在电炉上加热至炭化，然后放入高温炉进行灼烧。

灼烧用的容器一定要用耐高温的材质，如瓷质坩埚、石英坩埚、金属坩埚、聚四氟乙烯罐等。要根据物质的性质及其在高温下的稳定性来决定灼烧温度。灼烧是否达到要求，一般以物质达到恒重为度。恒重是指连续两次干燥后的质量差异在 0.3 mg 以下的质量。

（三）干燥

实验室中常用的干燥方法如下。

1．加热干燥法

加热干燥法通常在常压下进行，如电炉、电热板、红外线照射，各种浴热、热空气干燥及真空加热干燥。

加热干燥法的优点在于，能在较短时间内达到干燥目的，一般无机物质比较适宜用此种方法。加热干燥的温度高低、干燥时间的长短，取决于被干燥物质的性质、数量、厚度、含水率的大小、排风与否等。

加热干燥过程中，应注意产生焦糊、熔融现象。易爆炸燃烧的物质不宜采用加热干燥法。

2．化学结合干燥法

化学结合干燥法多用于干燥气体和液体中含有的游离水分，作为干燥剂的物质要易与水结合而又不破坏被干燥的物质。常用的干燥剂有钙及氯化钙、无水硫酸钠等。化学结合干燥法需针对被干燥物质的特殊性能选择使用，如氯化钙不能用于干燥醇类和胺类。

3．吸附干燥法

吸附干燥法多用于干燥气体。常用吸附剂很多，如氯化钙、五氧化二磷（P_2O_5）等。不同的干燥剂，其选择吸附的能力不同，如浓硫酸对水蒸气的选择吸附能力非常强，而对被干燥的气体则不吸附。

根据干燥目的不同，采用的条件及方法也各异。如玻璃仪器的干燥，可在 110 ℃～120 ℃条件下烘干；分析仪器一般用硅胶袋放在仪器橱内，按时更换即可。

二、溶解与溶剂、搅拌、粉碎

（一）溶解与溶剂

物质进行化学反应时，有许多是在溶液中进行的，因为反应物在溶液中有最大的接触机会，反应容易进行。要溶解物质时，选择适当的溶剂可使溶解速度加快或使溶解进行得更完全。

溶剂的选择一般应符合相似相溶规律。例如，极性物质易溶于极性溶剂；非极性物质易溶于非极性溶剂；离子型物质难溶于非极性或极性很小的溶剂。

（二）搅拌

玻璃搅拌棒是实验室常用的搅拌工具。电磁式搅拌仪，既能加热又能调速搅拌，常用于保温滴定或电位滴定，使用起来比较方便。

（三）粉碎

食品分析中常使用小型电动粉碎机磨碎样品。带有各种型号筛子的粉碎机，可以根据磨碎颗粒的大小更换筛号。少量样品常用研钵研碎。

三、过滤与分离

（一）过滤

过滤一般是指分离悬浮在液体中的固体颗粒的操作，也有用于洗涤物质的操作。

1．过滤介质

常用的过滤介质有滤纸、过滤纤维、多孔瓷板及多孔玻璃板等。滤纸分为定性滤纸和定量滤纸两种。其中，定量滤纸又称无灰滤纸，灼烧后灰分极少，其质量可忽略不计，如果灰分较重，应扣除空白。质量分析中常用定量滤纸进行过滤。

2．过滤方法

食品分析中应用最多的是常压过滤和减压过滤。

（1）常压过滤。多用锥形玻璃漏斗。过滤时应注意，如果需要的是沉淀，则滤纸不要高于漏斗，以免结晶物质经纸的毛细作用结到纸上端不易取下；倒溶液时，应将溶液沿玻璃棒流在滤纸的壁上，注意不要冲起沉淀，且不要超过滤纸的高度，沉淀物的高度应到滤器的 1/3 以上。

（2）减压过滤。减压过滤需要使用一整套装置，减压过滤装置由布氏漏斗或微孔玻璃漏斗（耐酸过滤漏斗）、抽气瓶、真空抽气泵、橡皮垫组成。操作时，布氏漏斗上铺用的过滤介质一般采用滤纸或石棉纤维。减压抽气过滤装置如图 4-11 所示。

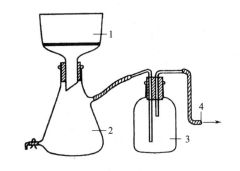

图 4-11　减压抽气过滤装置
1—布氏漏斗；2—抽气瓶；3—缓冲瓶；4—接抽气泵

（二）离心分离

利用离心力把液体中悬浮的固体颗粒或液滴分出去的方法，叫作离心分离。离心分离适用于一般不易过滤的各种黏度较大的溶液、乳浊液或油类溶液等，也可用于洗涤沉淀物等。

四、蒸发与蒸馏

（一）蒸发

对溶液加热，使一部分溶剂汽化而使溶液浓缩或析出固体物质的过程叫作蒸发。溶液的蒸发一般分为常压蒸发和减压蒸发。

1．常压蒸发

常压蒸发使用敞口设备。蒸发水溶液时，可以用电炉或酒精灯直接加热，蒸发近干时，应在水浴上蒸发，防止沉淀物质溅出或烧焦；蒸发有机溶剂时，特别是易燃的沸点低的有机溶剂，如苯、醚、己烷等，必须在水浴上调节控制适当的温度后进行蒸发；蒸发有机溶剂和能挥发出有刺激性的气体时要在通风橱中进行。沸点高于 100 ℃的溶液，水浴达不到蒸发所需温度，应用油浴、沙浴或石棉浴等加热。

2．减压蒸发

减压蒸发可以加快蒸发速度。减压蒸发必须采用密闭容器，一般有收集溶剂的冷凝装置，如旋转蒸发仪。

（二）蒸馏

利用液体混合物中各组分挥发度的不同，分离出纯组分的方法叫作蒸馏。在食品分析中经常用来分离液体混合物，得到欲测组分。蒸馏常用的方法有常压蒸馏和减压蒸馏。

1．常压蒸馏

当被蒸馏的物质受热后不发生分解或在沸点不高的情况下，可在常压下进行蒸馏。常压比较简单，加热方法要根据被蒸馏物质的特性和沸点来确定，沸点不高于 90 ℃时可用水浴；沸点超过90 ℃时，可改用油浴、沙浴、盐浴、石棉浴；被蒸馏物不易爆炸或燃烧，可用电炉或酒精灯直火加热，但最好垫以石棉网；被蒸馏物如果是有机溶剂，则要用水浴，并注意防火；被蒸馏物质的沸点高于 150 ℃时，可以用空气冷凝管代替冷水冷凝器。常压蒸馏装置如图 4-12 所示。

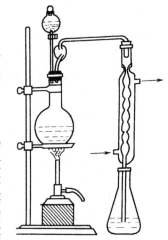

图 4-12　常压蒸馏装置

2. 减压蒸馏

采用常压蒸馏容易使蒸馏物质分解时，或蒸馏物质的沸点太高时，可以采用减压蒸馏。

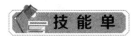

一、材料与设备

酒精灯、石棉网、水浴、玻璃器皿、坩埚、电炉、电热板、干燥器、干燥剂、玻璃棒、滤纸、玻璃漏斗、减压抽气过滤装置、旋转蒸发仪。

二、方法与步骤

（1）直接加热和间接加热。

（2）烧灼。

①将固体物质在电炉上加热炭化。

②高温电炉中进行灼烧。

（3）干燥。

①加热干燥法：在电炉电热板上常压下进行干燥。

②化学结合干燥法：在样品中加入干燥剂进行干燥（无水硫酸钠）。

③吸附干燥法：将硅胶袋放入仪器储存箱，并按时进行更换。

（4）过滤。

①常压过滤：过滤时应注意，如果需要的是沉淀，滤纸不要高于漏斗，以免结晶物质经纸的毛细作用结到纸上端不易取下；倒入沿玻璃棒流在滤纸的壁上，不要冲起沉淀，且不要超过滤纸的高度，沉淀物的高度到滤器 1/3 以上。

②减压过滤：安装减压过滤装置。滤纸放好后，用少量蒸馏水润湿，并开泵抽气，使滤纸贴紧漏斗底，无漏气现象后，方可进行过滤。过滤时，泵压应由小到大，过滤完毕时，首先关闭真空抽气泵，然后拆下抽气瓶，滤器使用完毕后应及时进行彻底清洗。

（5）蒸馏。减压蒸馏（蒸发）：在旋转蒸发仪蒸馏瓶中装入液体，体积不超过蒸馏瓶的2/3，液体沸腾时，应及时进行减压放气。

三、实训报告

写出本次实训操作体会。

1. 加热的方法有多种多样，总的可分为两大类，即（　　）、（　　）。

2. 高温直火加热，需选用（　　）、（　　）或（　　）及特种玻璃质的器皿。

3. 间接加热法如（　　）、（　　）、（　　）等。

4. 灼烧用的容器一定要用耐高温的，如（　　）、（　　）、（　　）等。

5. 灼烧温度的选择要根据物质的性质及其在高温下的稳定性来决定。灼烧是否达到要求，一般以物质达到（　　）为度。

6. 在实验室中常用的干燥方法有（　　）、（　　）、（　　）。

7. 一般加热干燥法在常压下进行，如（　　）、（　　）、（　　）、各种浴热、热空气干燥及真空加热干燥的方法。

8．常用的干燥剂有（　　　）、（　　　）、（　　　）等。

9．氯化钙不能用于干燥（　　　）、（　　　）。

10．吸附干燥法用于更多的是干燥（　　　）。

11．吸附干燥剂有（　　　）、（　　　）。

12．玻璃仪器的干燥，干燥温度可适当高一些，一般可在（　　　）℃下烘干。

13．样品处理或测定水分一般在（　　　）℃下进行，再高的温度物质将受到破坏。

14．溶剂的选择一般符合（　　　）的规律。

15．过滤方法多种多样，在食品分析中应用最多的是（　　　）、（　　　）。

16．对溶液加热，使一部分溶剂汽化而使溶液浓缩或析出固体物质的过程叫作（　　　）。溶液的蒸发一般分为（　　　）、（　　　）、（　　　）。

17．蒸馏的方法主要有（　　　）、（　　　）、（　　　）。

18．高沸点的液体，除选择高温的（　　　）、（　　　）等外，蒸馏器要加石棉或棉垫保温。

📋 评估单

【评估内容】

请判断下列说法是否正确。

1．把固体物质加热到高温以达到脱水、除去挥发性杂质、烧去有机物等目的的操作称为干燥。　　　　　　　　　　　　　　　　　　　　　　　　　　　　　　　　（　　　）

2．灼烧一般是在高温电炉中进行。在进行灼烧时，常按两个步骤进行，即先在电炉上加热至炭化，然后在高温电炉中进行灼烧。　　　　　　　　　　　　　　　　（　　　）

3．灼烧温度的选择要根据物质的性质及其在高温下的稳定性来决定。灼烧是否达到要求，一般以物质达到干燥为度。　　　　　　　　　　　　　　　　　　　　（　　　）

4．易爆炸和燃烧的物质不宜采用加热干燥法。　　　　　　　　　　　　（　　　）

5．化学结合干燥法多用于干燥气体和液体中含有的游离水分。　　　　（　　　）

6．吸附干燥法用的更多的是干燥固体。　　　　　　　　　　　　　　　（　　　）

7．极性物质易溶于极性溶剂；非极性物质易溶于非极性溶剂；离子型物质就不溶于非极性或极性很小的溶剂。　　　　　　　　　　　　　　　　　　　　　　　　（　　　）

8．过滤一般是指分离悬浮在液体中的固体颗粒的操作，但也有用于洗涤物质的操作。（　　　）

9．蒸馏瓶中装入的液体体积最大不要超过蒸馏瓶的1/2并要加瓷片，以防液体沸腾过程中发生飞溅。　　　　　　　　　　　　　　　　　　　　　　　　　　　　（　　　）

10．真空蒸馏在蒸馏完毕，首先要将真空泵和仪器连接处拆开，并小心地放入空气，当内外压力平衡后，再行拆除仪器。　　　　　　　　　　　　　　　　　　　　（　　　）

【评估方法】

利用多媒体课件，分组对学生进行评估。

优：在限定的时间内完成全部判断，90%以上正确。

良：在限定的时间内完成全部判断，70%以上正确。

及格：延时完成全部判断，60%以上正确。

不及格：延时完成全部判断，40%以上不正确。

备注：项目十九任务二学习情境占模块四总分的2%。

任务三　标准溶液的配制与标定

【基本概念】

基准试剂、优级纯、分析纯、化学纯、试验试剂、标准滴定溶液、基准溶液、标准溶液、标准比对溶液

【重点内容】

1. 配制溶液的要求。
2. 各种溶液浓度的表示方法。
3. 配制和标定标准溶液。

【教学目标】

1. 知识目标

通过学习标准滴定溶液的配制技术，明确溶液的配制方法及所配制的溶液在生活中的用途。

2. 技能目标

掌握检验用标准滴定溶液的配制技术，熟悉标准滴定溶液的标定方法。

 资 料 单

一、化学试剂

1. 化学试剂的等级、标志和符号

国家对化学试剂的等级、标志、符号有统一标准规定见表 4-1。

表 4-1　化学试剂的等级、标志和符号

级别	一级品	二级品	三级品	四级品	—
纯度分类符号	优级纯（保证试剂）GR	分析纯（分析试剂）AR	化学纯CP	试验试剂LR	生物试剂BR 或 CR

在使用化学试剂时，重点应根据文字和符号来识别化学试剂的等级。

2. 化学试剂的分级标准

（1）基准试剂。基准试剂是一类用于标定容量分析标准溶液的标准参考物质，可精确称量后直接配制成标准溶液。主要成分含量一般为 99.95% ～ 100.05%，杂质含量略低于一级品或与一级品相当。

（2）优级纯。优级纯为一级品，又称保证试剂，主要成分含量高、杂质含量低，主要用于精密的科学研究和测定工作。

（3）分析纯。分析纯为二级品，质量略低于优级纯，杂质含量略高，常用于一般的科学研究和重要的测定。

（4）化学纯。化学纯为三级品，质量较分析纯差，但高于试验试剂，用于工厂和教学试验的一般分析工作。

（5）试验试剂。试验试剂为四级品，质量较化学纯差，杂质含量更多，试验试剂的纯度高于工业品，主要用于普通的试验或研究。

化学试剂除可分为上述四级外，又可将"高纯试剂"细分为超纯、特纯、高纯、光谱纯及色谱纯或色谱标准物质等试剂。这一类化学试剂主要成分含量可达到四个9（99.99%）到五六个9不等。

光谱纯是指杂质含量用光谱分析法已测不出或低于某一限度的试剂。

色谱纯或色谱标准物质是指用于色谱分析的标准物质，其杂质含量用色谱分析法测不出或低于某一限度。

在食品理化分析中，应根据国家标准要求确定检测方法，选用不同规格的化学试剂。通常情况下，纯度高、杂质含量少的试剂因提纯过程复杂，价格较高。

二、溶液的配制要求

配制溶液的试剂及所用的溶剂应符合检验分析项目的要求。

（1）一般试剂及提取用的溶剂可用化学纯试剂，如遇试剂空白高或对测定有干扰时，则需要采用更纯的试剂或经纯化处理的试剂。

（2）用于标定标准滴定溶液浓度用的试剂，纯度应为基准级或优级纯。

（3）未注明特殊要求时，检验方法中所使用的水是指蒸馏水或去离子水。未指明溶液用何种溶剂配制时，均指水溶液。

（4）配制测定微量物质的标准溶液时，所用的试剂纯度应在分析纯以上。

（5）检验方法中未指明具体浓度的硫酸、硝酸、盐酸、氨水时，均指市售试剂规格的浓度，见表4-2。

表4-2　常用市售酸碱浓度

试剂名称	相对分子质量	含量/%（质量）	相对密度	浓度/（mol·L^{-1}）
冰乙酸	60.05	99.5	1.05（约）	17（CH_3COOH）
甲酸	46.02	90	1.20	23（$HCOOH$）
乙酸	60.05	36	1.04	6.3（CH_3COOH）
盐酸	36.5	36～38	1.18（约）	12（HCl）
硝酸	63.02	65～68	1.4	16（HNO_3）
高氯酸	100.5	70	1.67	12（$HClO_4$）
磷酸	98.0	85	1.70	15（H_3PO_4）
硫酸	98.1	96～98	1.84（约）	18（H_2SO_4）
氨水	17.0	25～28	0.8～8（约）	15（$NH_3·H_2O$）

（6）在配制溶液时，液体的滴是指蒸馏水自标准滴管流下的一滴的量，在20℃时20滴相当于1.0 mL。

（7）一般试剂用硬质玻璃瓶存放，碱液和金属溶液用聚乙烯瓶存放，需避光保存的试剂储存于棕色瓶。

三、溶液的定义和浓度表示方法

1. 标准滴定溶液
标准滴定溶液是指确定了准确浓度的、用于滴定分析的溶液。

2. 基准溶液
基准溶液是指由基准物质制备或用多种方法标定过的溶液，用于标定其他溶液。

3. 标准溶液
标准溶液是指用于制备溶液的物质而准确知道某种元素、离子、化合物或基团浓度的溶液。

4．标准比对溶液

标准比对溶液是指已准确知道或已规定有关特性（色度、浊度）的溶液，用来评价与该特性有关的试验溶液。它可由标准滴定溶液、基准溶液、标准溶液或具有所需特性的其他溶液配制。

一、材料与设备

量筒、量杯、烧杯、玻璃棒、滴管、天平、试剂、滴定管、滴定架、干燥箱。

二、方法与步骤

（一）盐酸标准滴定溶液的配制与标定

1．配制

（1）盐酸标准滴定溶液 $[c_{(HCl)}=1\ mol/L]$：量取 90 mL 盐酸，加适量水稀释至 1 000 mL。

（2）盐酸标准滴定溶液 $[c_{(HCl)}=0.5\ mol/L]$：量取 45 mL 盐酸，加适量水稀释至 1 000 mL。

（3）盐酸标准滴定溶液 $[c_{(HCl)}=0.1\ mol/L]$：量取 9 mL 盐酸，加适量水稀释至 1 000 mL。

（4）溴甲酚绿 – 甲基红混合指示液：量取 2 g/L 溴甲酚绿乙醇溶液 30 mL，加入 1 g/L 甲基红乙醇溶液 20 mL，混匀。

2．标定

（1）盐酸标准滴定溶液 $[c_{(HCl)}=1\ mol/L]$：精密称取约 1.5 g 在 270 ℃～ 300 ℃干燥至恒重的基准无水碳酸钠，加 50 mL 水使之溶解，加 10 滴溴甲酚绿 – 甲基红混合指示液，用本溶液滴定至溶液由绿色转变为紫红色，煮沸 2 min，冷却至室温，继续滴定至溶液由绿色变为暗紫色。

（2）盐酸标准滴定溶液 $[c_{(HCl)}=0.5\ mol/L]$：按（一）2.（1）中的方法操作，但基准无水碳酸钠量改为 0.8 g。

（3）盐酸标准滴定溶液 $[c_{(HCl)}=0.1\ mol/L]$：按（一）2.（1）中的方法操作，但基准无水碳酸钠量改为 0.15 g。

（4）同时做试剂空白试验。

3．计算

盐酸标准滴定溶液的浓度按下式计算。

$$c_{(HCl)}=\frac{m}{(V_1-V_2)\times0.053\ 0}$$

式中　$c_{(HCl)}$——盐酸标准滴定溶液的实际浓度（mol/L）；

　　　m——基准无水碳酸钠的质量（g）；

　　　V_1——盐酸标准滴定溶液用量（mL）；

　　　V_2——试剂空白试验中盐酸标准滴定溶液用量（mL）；

　　　0.053 0——与 1.00 mL 盐酸标准滴定溶液 $[c_{(HCl)}=1\ mol/L]$ 相当的基准无水碳酸钠的质量（g）。

4．0.01 mol/L 盐酸标准滴定溶液的配制

临用前取盐酸标准溶液 $[c_{(HCl)}=0.1\ mol/L]$加水稀释制成，必要时重新标定浓度，方法同前。

（二）氢氧化钠标准滴定溶液的配制与标定

1．配制

（1）氢氧化钠饱和溶液：称取 120 g 氢氧化钠，加 100 mL 水，振摇使之溶解成饱和溶液，冷却后置于聚乙烯塑料瓶，密塞，放置数日，澄清后备用。

（2）氢氧化钠标准滴定溶液 $[c_{(NaOH)}=1\ mol/L]$：吸取 56 mL 澄清的氢氧化钠饱和溶液，加适量新煮沸过的冷水至 1 000 mL，摇匀。

（3）氢氧化钠标准滴定溶液 $[c_{(NaOH)}=0.5\ mol/L]$：按（二）1.（2）中的方法操作，但吸取澄清的氢氧化钠饱和溶液改为 28 mL。

（4）氢氧化钠标准滴定溶液 $[c_{(NaOH)}=0.1\ mol/L]$：按（二）1.（2）中的方法操作，但吸取澄清的氢氧化钠饱和溶液改为 5.6 mL。

（5）酚酞指示液：称取酚酞 1 g，溶于适量乙醇中再稀释至 100 mL。

2．标定

（1）氢氧化钠标准滴定溶液 $[c_{(NaOH)}=1\ mol/L]$：准确称取约 6 g 在 105 ℃～110 ℃干燥至恒重的基准邻苯二甲酸氢钾，加 80 mL 新煮沸过的冷水，振摇使之溶解，加 2 滴酚酞指示液，用本溶液滴定至溶液呈浅粉红色，0.5 min 不褪色。

（2）氢氧化钠标准滴定溶液 $[c_{(NaOH)}=0.5\ mol/L]$：按（二）2.（1）中操作，但基准邻苯二甲酸氢钾量改为 3 g。

（3）氢氧化钠标准滴定溶液 $[c_{(NaOH)}=0.1\ mol/L]$：按（二）2.（1）中操作，但基准邻苯二甲酸氢钾量改为 0.6 g。

（4）同时做空白试验。

3．计算

氢氧化钠标准滴定溶液的浓度按下式计算。

$$c_{(NaOH)} = \frac{m}{(V_1-V_2)\times 0.204\ 2}$$

式中　$c_{(NaOH)}$——氢氧化钠标准滴定溶液的实际浓度（mol/L）；

　　　m——基准邻苯二甲酸氢钾的质量（g）；

　　　V_1——氢氧化钠标准滴定溶液用量（mL）；

　　　V_2——试剂空白试验中氢氧化钠标准滴定溶液用量（mL）；

　　　0.204 2——与 1.00 mL 氢氧化钠标准滴定溶液 $[c_{(NaOH)}=1\ mol/L]$ 相当的基准邻苯二甲酸氢钾的质量（g）。

4．0.01 mol/L 氢氧化钠标准滴定溶液的配制

临用前取氢氧化钠标准溶液 $[c_{(NaOH)}=0.01\ mol/L]$，加新煮沸过的冷水稀释制成，必要时重新标定浓度，方法同前。

（三）氢氧化钾标准滴定溶液的配制与标定

1．配制

氢氧化钾标准滴定溶液 $[c_{(KOH)}=0.1\ mol/L]$：称取 6 g 氢氧化钾，加入新煮沸过的冷水溶解，并稀释至 1 000 mL，混匀。

2．标定

按（二）2.（3）和（二）2.（4）中的方法操作。

3．计算

氢氧化钾标准滴定溶液的浓度按下式计算。

$$c_{(KOH)} = \frac{m}{(V_1-V_2)\times 0.204\ 2}$$

式中　$c_{(KOH)}$——氢氧化钾标准滴定溶液的实际浓度（mol/L）；

　　　m——基准邻苯二甲酸氢钾的质量（g）；

　　　V_1——氢氧化钾标准滴定溶液用量（mL）；

　　　V_2——试剂空白试验中氢氧化钾标准滴定溶液用量（mL）；

　　　0.204 2——与 1.00 mL 氢氧化钠标准滴定溶液 $[c_{(NaOH)}=1\ mol/L]$ 相当的邻苯二甲酸氢钾的质量（g）。

（四）硫代硫酸钠标准滴定溶液的配制与标定

1. 配制

硫代硫酸钠标准滴定溶液 $[c_{(Na_2S_2O_3)} = 0.1\ mol/L]$：称取 26 g 硫代硫酸钠（$Na_2S_2O_3 \cdot 5H_2O$）（或无水硫代硫酸钠 16 g），溶于 1 000 mL 纯水中，缓缓煮沸 10 min，冷却，混匀，放置 1 个月后过滤备用。

2. 标定

（1）称取在 120 ℃干燥至恒重的基准重铬酸钾 0.15 g，精密称至 0.000 1 g，置于 500 mL 碘量瓶中，加 50 mL 水溶解，加碘化钾 2.0 g，轻轻振摇使溶解，加 20 mL 硫酸（1+8），摇匀，密塞；在暗处放置 10 min 后加水 250 mL 稀释，用配制好的硫代硫酸钠滴定液（0.1 mol/L）滴定至溶液呈浅黄绿色，再加入淀粉指示液 3 mL（5 g/L），继续滴定至蓝色消失而显亮绿色，反应液及稀释用水的温度不应高于 20 ℃。

（2）同时做空白试验。

3. 计算

硫代硫酸钠标准滴定溶液的浓度按下式计算。

$$c_{(Na_2S_2O_3)} = \frac{m}{(V_1 - V_2) \times 0.049\ 03}$$

式中　$c_{(Na_2S_2O_3)}$——硫代硫酸钠标准滴定溶液的实际浓度（mol/L）；

　　　m——基准重铬酸钾的质量（g）；

　　　V_1——硫代硫酸钠标准滴定溶液用量（mL）；

　　　V_2——试剂空白试验中硫代硫酸钠标准滴定溶液用量（mL）；

　　　0.049 03——与 1.00 mL（0.1 mol/L）硫代硫酸钠标准滴定溶液 $[c_{(Na_2S_2O_3)} = 0.1\ mol/L]$ 相当的重铬酸钾的质量（g）。

三、实训报告

根据实际操作写出实训报告，分析存在的问题，找出改进的措施。

作业单

一、名词解释

1. 基准试剂　2. 优级纯　3. 分析纯　4. 化学纯　5. 试验试剂　6. 标准滴定溶液
7. 基准溶液　8. 标准溶液　9. 标准比对溶液

二、填空

1. 化学试剂按纯度可分为（　　）、（　　）、（　　）、（　　）、（　　）。

2. "高纯试剂"又可细分为（　　）、（　　）、（　　）、（　　）及（　　）或色谱标准物质等试剂。

三、判断

1. 瓶签上标明 GR 的为分析纯化学试剂。　　　　　　　　　　　　　　（　　）

2. 瓶签上标明 AR 的为分析纯化学试剂。　　　　　　　　　　　　　　（　　）

3. 瓶签上标明 CP 的为化学纯化学试剂。　　　　　　　　　　　　　　（　　）

4. 瓶签上标明 LR 的为试验试剂化学试剂。　　　　　　　　　　　　　（　　）

5. 基准试剂是一类用于标定容量分析标准溶液的标准参考物质，可精确称量后直接配制标准溶液。　　　　　　　　　　　　　　　　　　　　　　　　　　　　　（　　）

6. 优级纯试剂主要用于精密的科学研究和测定工作。　　　　　　　　　（　　）

7. 分析纯试剂用于工厂、教学试验的一般分析工作。　　　　　　　　　（　　）

8．化学纯试剂用于一般的科学研究和重要的测定。　　　　　　（　　）

9．试验试剂主要用于普通的试验或研究。　　　　　　　　　　（　　）

10．色谱纯或色谱标准物质是指用于色谱分析的标准物质，其杂质含量用色谱分析法测不出或低于某一限度。　　　　　　　　　　　　　　　　　　　　（　　）

11．一般试剂及提取用的溶剂可用化学纯试剂，如遇试剂空白高或对测定有干扰时，则需要采用更纯的试剂或经纯化处理的试剂。　　　　　　　　　　　　（　　）

12．配制微量物质的标准溶液时，所用的试剂纯度应在化学纯以上。　（　　）

13．作为标定标准滴定溶液浓度用的试剂纯度应为基准级或优级纯。　（　　）

14．检验方法中所使用的水，未注明其他要求时，是指蒸馏水或去离子水。未指明溶液用何种溶剂配制时，均指水溶液。　　　　　　　　　　　　　　　（　　）

15．检验方法中未指明具体浓度的硫酸、硝酸、盐酸、氨水时，均指市售试剂规格的浓度。　　　　　　　　　　　　　　　　　　　　　　　　　　　（　　）

16．液体的滴是指蒸馏水自标准滴管流下的一滴的量，在 20 ℃时 20 滴相当于 1.0 mL。
　　　　　　　　　　　　　　　　　　　　　　　　　　　　　　（　　）

17．一般试剂用硬质玻璃瓶存放，碱液和金属溶液用聚乙烯瓶存放，需避光保存的试剂储存于棕色瓶。　　　　　　　　　　　　　　　　　　　　　　（　　）

18．基准物质制备或用多种方法标定过的溶液，用于标定其他溶液的溶液称为基准溶液。
　　　　　　　　　　　　　　　　　　　　　　　　　　　　　　（　　）

评 估 单

【评估内容】

1 mol/L 盐酸标准滴定溶液的标定操作。

【评估方法】

序号	考核内容	考核要点	分值	评分标准	得分
1	试验准备	1．普通玻璃仪器的洗涤 2．滴定管的检查与试漏 3．用铬酸洗液洗涤滴定管 4．用自来水洗涤滴定管 5．用蒸馏水润洗滴定管 6．用待装溶液润洗滴定管 7．仪器洗涤效果	20	有一项不符合标准扣 3 分，直到扣完为止	
2	物质称量	1．天平罩的取放 2．天平的检查及调节 3．天平各部位的检查 4．清洁天平 5．天平零点调解 6．干燥器的使用 7．称量瓶的取放 8．天平门的开关 9．开关天平轻、缓、均	20	有一项不符合标准扣 1.25 分，直到扣完为止	

续表

序号	考核内容	考核要点	分值	评分标准	得分
2	物质称量	10. 取样方法及次数 11. 试样称量范围（在规定量的 ±10% 范围内） 12. 称量时间小于 10 min 13. 称量结束样品复位 14. 称量结束天平复位 15. 称量结束零点再调 16. 称量结束天平罩及凳子复原	20	有一项不符合标准扣 1.25 分，直到扣完为止	
3	物质溶解	1. 溶剂加入量 2. 物质溶解完全	10	有一项不符合标准扣 5 分，直到扣完为止	
4	滴定	1. 滴定剂装入滴定管 2. 赶气泡 3. 滴定管读数 4. 指示剂的加入 5. 滴定与摇瓶操作配合协调 6. 滴定速度的控制 7. 1/2 滴溶液的加入速度 8. 滴定终点判定 9. 滴定中是否漏液 10. 滴定中是否因使用不当更换滴定管	20	有一项不符合标准扣 2 分，直到扣完为止	
5	结束工作	1. 仪器洗涤 2. 药品、仪器归位 3. 工作台面整洁	10	有一项不符合标准扣 3 分，直到扣完为止	
6	数据记录及处理	1. 数据记录及时 2. 计算公式及结果正确 3. 正确保留有效数字 4. 报告完整、规范、整洁	10	有一项不符合标准扣 2.5 分，直到扣完为止	
7	标定结果准确度	误差 ≤ 0.5%	10	0.5% ≤误差≤ 1%，扣 5 分	
8	安全文明操作	1. 每损坏一件仪器扣 5 分 2. 发生安全事故扣 20 分 3. 乱倒（丢）废液、废纸扣 5 分			
9	试验重做	试验每重做一次扣 10 分			
	合计		100		

为考核团队协作能力和互助学习精神，以小组为单位进行考核，每组随机抽查 1 人进行操作，以评价小组的整体动手操作能力。

备注：项目十九任务三学习情境占模块四总分的 10%。

项目二十　肉及肉制品理化指标测定

任务一　肉理化指标测定

【基本概念】

挥发性盐基总氮

【重点内容】

1. 挥发性盐基总氮（TVBN）的测定，半微量定氮法（GB 5009.228—2016）。
2. 病死畜禽肉的实验室检验。

【教学目标】

1. 知识目标

熟悉鲜（冻）畜、禽产品理化检验指标，了解影响鲜（冻）肉类质量的因素及常检理化项目。

2. 技能目标

掌握肉新鲜度及病死畜禽肉的实验室检验方法，具备对检验结果进行综合分析判定的能力。

 资 料 单

一、鲜（冻）畜、禽产品理化检验指标

目前，我国鲜（冻）畜、禽产品理化检验采用的标准是《食品安全国家标准　鲜（冻）畜、禽产品》（GB 2707—2016）、《食品安全国家标准　食品中污染物限量》（GB 2762—2017）。检验指标见表4-3。

表4-3　鲜（冻）畜、禽产品理化检验标准

鲜（冻）畜、禽肉		
项目	最高限量	备注
新鲜度检验		
挥发性盐基总氮 / $[mg \cdot (100\ g)^{-1}]$	$\leqslant 15$	GB 5009.228—2016
有害化学物质残留		
铅 / $(mg \cdot kg^{-1})$	畜、禽肉 0.2，禽肉内脏 0.5，肉制品 0.5	GB 2762—2017
总砷 / $(mg \cdot kg^{-1})$	肉类及肉制品 0.5	
镉 / $(mg \cdot kg^{-1})$	肉类及肉制品 0.1，畜禽肝脏 0.5，畜禽肾脏 1.0	
总汞（以 Hg 计）/ $(mg \cdot kg^{-1})$	肉类 0.5	
铬（以 Cr 计）/ $(mg \cdot kg^{-1})$	肉类及肉制品 1.0	
兽药残留		
应符合国家有关规定及公告		GB 2707—2016

二、影响鲜（冻）肉类质量的因素及常检理化项目

鲜（冻）肉类中微生物易于生存和繁殖，其卫生质量直接关系到广大消费者的身体健康。在实践中，鲜（冻）肉类出现的主要质量问题是病死畜禽肉的鉴定及肉在保藏过程中的新鲜度质量指标变化。

在感官指标中，肉的组织状态、黏度、气味、煮沸后肉汤等指标，是相当直观的质量指标，真实地反映了肉品在屠宰加工过程中受污染的情况、储存运输时的温度环境、库存时的变化，甚至更深层次地反映了肉中成分之间的关系是否保持或接近动物活体时的状况。因此，肉的感官指标检查和品评的重要意义是不言而喻的。

病死畜禽肉品及健康肉品的新鲜度感官检验虽然简便易行，也相当灵敏准确，但有一定的局限性。许多情况下，尚需进行实验室检验，并且尽可能注意它们之间的相互联系和相互补充。在实验室中，通过肉品的放血程度检验、细菌内毒素的呈色反应、过氧化物酶反应等来鉴别病健肉和色泽异常肉。肉品的新鲜度理化检验是根据肉中蛋白质等物质的分解产物，用物理学检验和化学检验方法对肉的新鲜程度进行检验。物理学检验是根据蛋白质分解，低分子物质增多，导电率、黏度、保水量的变化来衡量肉的品质；化学检验是用定性或定量方法测定分解产物，如氨、胺类、挥发性盐基氮、三甲胺、吲哚等来评定肉的新鲜度。

肉类腐败变质的分解产物极其繁杂，检测方法很多，但测定肉中挥发性盐基氮能有规律地反映肉品质量，是评定肉新鲜度的客观指标，是国家现行食品卫生标准中唯一的理化指标。其他方法，如 pH 值的测定、氨的检测、球蛋白沉淀试验、硫化氢试验和过氧化物酶反应等可作为参考指标。

目前，肉品的理化检验指标仍侧重于新鲜度，在畜禽的生长周期中，可能接触到农药、兽药和环境污染物。如抗生素、激素、磺胺类、有机砷制剂、有机磷化物等，这些物质的监测也日益引起人们的关注。

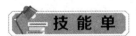

一、材料与设备

肉理化指标测定常规仪器及试剂。

二、方法与步骤

（一）病死畜禽肉的实验室检验

病死畜禽肉的实验室检验包括细菌学检验和理化检验。细菌学检验主要采集病变组织、器官，制备触片或抹片、染色镜检。理化检验包括过氧化物酶反应、硫酸铜肉汤试验、细菌内毒素的呈色反应、黄疸肉与黄脂肉的鉴别。

1. 过氧化物酶反应

（1）原理。过氧化物酶只存在于健康动物的新鲜肉中，过氧化物酶可以使过氧化氢分解，产生新生态氧，将联苯胺氧化成蓝绿色化合物，经过一定时间变成褐色。而有病动物肉中无过氧化物酶或者含量甚微。据此，用以鉴别有病动物肉。

（2）试剂。

① 0.2% 联苯胺酒精溶液：称取 0.2 g 联苯胺，溶于 100 mL95% 酒精中。

② 1% 过氧化氢溶液。

（3）设备和材料。滴管、刀、镊子。

（4）测定步骤。在肉新鲜切面上，加 1% 过氧化氢溶液 2 滴和 0.2% 联苯胺酒精溶液 5 滴，观察颜色变化。

（5）结果判定。

①健康新鲜肉：出现蓝绿色斑点，继之变成褐色。

②病死畜禽肉：颜色不发生变化，且无斑点。

2. 硫酸铜肉汤试验

（1）原理。有病动物生前体内组织蛋白质已发生不同程度的分解，形成小分子蛋白质及多肽类物质，在加热被检肉汤时，蛋白发生凝固，可用滤纸过滤除去，但蛋白分解产物仍然保留在滤液中。小分子蛋白质和多肽类可与硫酸铜试剂中的 Cu^{2+} 结合生成难溶于水的蛋白盐沉淀，以此判定是否为有病动物肉。

（2）试剂。5% 硫酸铜溶液：称取 7.82 g 硫酸铜（$CuSO_4 \cdot 5H_2O$），溶解于 100 mL 蒸馏水中。

（3）设备和材料。具塞锥形瓶、水浴锅、试管、吸管、试管架。

（4）测定步骤。

①制备肉汤：称取 20 g 精肉肉样，剪碎后置于 250 mL 锥形瓶中，加入 60 mL 蒸馏水，混合后加塞置沸水浴中 10 min，取出，冷却后将肉汤用滤纸过滤，备用。

②检验操作：取 2mL 滤液于试管中，加 3 滴 5% 硫酸铜溶液，用力振荡 2～3 次，静置，5 min 后观察结果。

（5）结果判定。

①健康新鲜肉：肉汤透明（–）或轻度浑浊（+）。

②有病动物肉：肉汤出现絮状沉淀（++）或肉汤变成胶冻状（+++）。

3. 细菌内毒素的呈色反应

（1）原理。在大多数有病动物肉及变质肉中，有细菌及其内毒素存在，这些内毒素能降低肉类或被检肉浸出液的氧化还原势能。在肉浸出液中加入硝酸银溶液，可形成氧化型毒素，这种氧化型毒素具有阻止氧化还原指示剂退色的特性。当肉浸出液中存在氧化型毒素时，可与高锰酸钾起反应，此时肉浸出液呈现出指示剂的颜色（蓝色）。当肉浸出液中无氧化型毒素存在时，指示剂被还原退色而呈现出高锰酸钾的颜色（红色）。

本方法能检出大肠埃希氏菌、变形杆菌、沙门氏菌、结核分枝杆菌和荚膜型炭疽杆菌，不能检出腐物寄生菌、红斑丹毒丝菌和芽孢型炭疽杆菌。

（2）试剂。

① 1% 甲酚蓝酒精溶液：称取 1 g 甲酚蓝，溶于 100 mL95% 酒精中，置于 37 ℃恒温箱存放 2 d，然后用滤纸过滤即成。

② 0.1 mol/L 氢氧化钠溶液：吸取 5.6 mL 澄清的氢氧化钠饱和溶液，加适量新煮沸过的冷水至 1 000 mL，摇匀。

③灭菌生理盐水。

④ 5% 草酸溶液：称取 7 g 草酸，溶于 100 mL 蒸馏水。

⑤ 0.5% 硝酸银溶液：称取 0.5 g 硝酸银，溶于 100 mL 蒸馏水。

⑥盐酸溶液：量取 2 份浓盐酸加于 3 份蒸馏水中，混匀即可。

⑦ 1% 高锰酸钾溶液：称取 1 g 高锰酸钾，溶于 100 mL 蒸馏水。

（3）设备和材料。玻璃研钵、镊子、剪刀、玻璃棒、100 mL 具塞三角烧瓶、玻璃漏斗、10 mL 吸管等均需灭菌。

（4）测定步骤。

①制备毒素抽提液：采用无菌操作法进行操作，取 10 g 精肉样品置于研钵，用剪刀仔细剪碎，加入 10 mL 灭菌生理盐水和 10 滴 0.1 mol/L 氢氧化钠溶液，仔细研磨。将所得肉浆移入 100 mL 三角瓶，加塞，水浴中加热至沸腾，取出后置冷水中冷却，加入 5 滴 5% 草酸溶液，最后用滤纸过滤备用。

②毒素检测：取灭菌试管 1 支，加入毒素抽提液 2 mL，依次加入 1% 甲酚蓝酒精溶液 1 滴、

0.5% 硝酸银溶液 3 滴、盐酸溶液 1 滴。用力振摇后，用微量吸管准确加入 1% 高锰酸钾溶液 0.15 mL，振摇后立即观察结果，经过 10 ～ 15 min 后再观察一次，以第二次的观察结果为最终结果。

另取 1 支试管，用生理盐水或已知健康新鲜肉的抽提液，做空白对照试验。

在白色背景上观察结果，操作结束后立即观察一次，经过 10 ～ 15 min 后再观察一次，以第二次的观察结果为最终结果。

（5）结果判定。

①健康动物新鲜肉呈玫瑰红色或红褐色，经 30 ～ 40 min 后变为无色。

②有病动物的肉呈蓝色。毒素含量少时，则呈蓝紫色，颜色随微生物毒素量的变少由蓝色到黄绿色。

4. 黄疸肉与黄脂肉的鉴别（氢氧化钠法）

（1）原理。黄疸肉是由于胆红素大量进入血液，将全身各组织染成黄色。黄脂肉是由于饲料因素或遗传因素，脂肪组织形成的非饱和脂肪酸叠合物小体使皮下或腹腔脂肪组织染成黄色。

在肉品卫生质量感官检验时，黄疸肉与黄脂肉有时难以区分，需要进行实验室检验，这对于检出病理性黄疸肉，特别是钩端螺旋体病猪肉，具有重要意义。

（2）测定步骤。取 2 g 脂肪放于试管，加 5 mL 5% 氢氧化钠溶液，在火焰上加热煮沸，持续 1 min，振摇试管，在流水下冷却至 40 ℃～ 50 ℃。小心加入 2.5 mL 乙醚，轻轻混匀或加入 1 ～ 2 滴乙醇，加塞静置，待溶液分层后进行观察。

（3）结果判定。当有胆红素存在时，上层乙醚液无色，下层液体呈黄绿色；如上层乙醚液染成黄色，下层液体无色，则是天然色素；如上、下两层液体均为黄色，则说明两种色素同时存在。

（二）肉新鲜度检验

肉新鲜度的实验室检验方法较多，如挥发性盐基氮的测定、pH 值的测定、球蛋白沉淀试验、纳斯勒氏试剂（Nessler）反应、氨反应等。但只有挥发性盐基氮作为我国现行法定的肉新鲜度检验的理化指标，其他实验室检测方法只能作为肉新鲜度的辅助检验方法。

1. 挥发性盐基氮（TVBN）的测定（GB 5009.228—2016）

（1）半微量定氮法。

①原理。挥发性盐基氮是指动物性食品在酶和细菌的作用下，使蛋白质分解产生氨及胺类等碱性含氮物质。此类物质具有挥发性，在碱性溶液中被蒸馏出来后，用标准酸溶液滴定，计算含量。

②试剂。

a. 氧化镁混悬液（10 g/L）：称取 1.0 g 氧化镁，加 100 mL 水，振摇成混悬液。

b. 硼酸吸收液（20 g/L）：称取 20 g 硼酸，加 1 000 mL 水，混匀。

c. 0.01 mol/L 盐酸标准滴定溶液。

d. 甲基红 – 乙醇指示剂（2 g/L）。

e. 次甲基蓝 – 乙醇指示剂（1 g/L）。

临用时将 d、e 两种指示剂等量混合为混合指示液。

③仪器。

a. 半微量定氮装置（图 4-13）。

b. 微量滴定管：最小分度为 0.01 mL。

④测定步骤。

a. 滤液制备：将试样除去脂肪、骨及腱后，切碎搅匀，称取 10.0 g，置于锥形瓶，加 100 mL 水，不时振摇，浸渍 30 min 后过滤，滤液置于冰箱备用。

b. 蒸馏滴定：在锥形瓶中加入硼酸吸收液 10 mL，混合指示液 5 ～ 6 滴，将冷凝管下端插入锥形瓶内吸收液的液面下；准确吸取 5.0 mL 滤液于蒸馏器反应室，并加入氧化镁混悬液 5

mL，迅速盖塞，加水以防漏气，通入蒸汽；蒸馏5 min 即停止，吸收液用 0.01 mol/L 盐酸标准滴定溶液滴定，终点至蓝紫色，同时做试剂空白试验。

⑤结果计算。试样中挥发性盐基氮的含量按下式进行计算。

$$X_1=\frac{(V_1-V_2)\times c_1\times 14}{m_1\times 5/100}\times 100$$

式中　X_1——样品中挥发性盐基氮的含量［mg/（100 g）］；

　　　V_1——测定用样液消耗盐酸标准溶液的体积（mL）；

　　　V_2——试剂空白消耗盐酸标准溶液的体积（mL）；

　　　c_1——盐酸标准溶液的实际浓度（mol/L）；

　　　14——与 1.00 mL 盐酸标准滴定溶液［$c_{(HCl)}$=1.000 mol/L］相当的氮的质量（mg）；

　　　m_1——样品质量（g）。

计算结果保留 3 位有效数字。

⑥精密度。在重复试验条件下获得的两次独立测定结果的绝对差值不得超过算术平均值的 10%。

（2）微量扩散法。

①原理。挥发性含氮物质可在 37 ℃碱性溶液中释出，挥发后吸收于吸收液，用标准酸溶液滴定，计算氮含量。

②试剂。

a. 饱和碳酸钾溶液：称取 50 g 碳酸钾，加 50 mL 水，微加热助溶，静置，用上清液。

b. 市售胶水。

c. 吸收液、混合指示液、盐酸标准滴定溶液（0.01 mol/L）同半微量定氮法。

③仪器。

a. 扩散皿（标准型）：玻璃质，内外室总直径 35 mm：外室深度 10 mm，内室深度 5 mm；外室壁厚 3 mm，内室壁厚 2.5 mm；加磨砂厚玻璃盖。微量扩散皿结构如图 4-14 所示。

b. 微量滴定管：同半微量定氮法。

④测定步骤。将胶水涂于扩散皿的边缘，在皿内室加入 1 mL 硼酸吸收液及 1 滴混合指示液。在皿外室一侧加入 1 mL 试样滤液，另一侧加入 1 mL 饱和碳酸钾上清液，注意勿使两液接触，立即盖好磨砂玻璃盖；密封后将皿置于桌面上轻轻转动，使样液与碱液混合，置于 37 ℃恒温箱放置 2 h，取出，用少量水从边缘润胶后揭去盖，用 0.01 mol/L 盐酸标准滴定溶液滴定，终点呈蓝紫色，同时做试剂空白试验。

⑤结果计算。试样中挥发性盐基氮的含量按下式进行计算。

$$X_1=\frac{(V_1-V_2)\times c_1\times 14}{m_1\times 1/100}\times 100$$

式中　X_1、V_1、V_2、c_1、14、m_1 同半微量定氮法。

⑥精密度。同半微量定氮法。

2. pH 值的测定

（1）原理。家畜生前肌肉的 pH 值为 7.1～7.2。宰后由于缺氧，肌糖原无氧酵解，产生乳酸，三磷酸腺苷（ATP）迅速分解，产生磷酸，使肉的 pH 值下降。如宰后 1 h 的鲜肉，

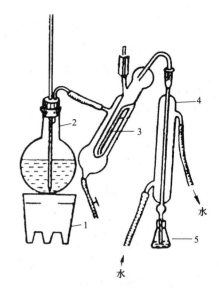

图 4-13　半微量定氮装置
1—电炉；2—蒸汽发生器；3—反应室；
4—冷凝管；5—蒸馏液接收瓶
（张彦明：《动物性食品卫生学实验指导》，2006 年）

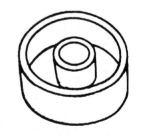

图 4-14　微量扩散皿结构

其 pH 值可降到 6.2～6.3，24 h 后 pH 值降到 5.6～6.0。此 pH 值在肉品加工中叫作"排酸值"，它能一直持续到肉发生腐败分解之前。新鲜肉浸液的 pH 值通常为 5.8～6.2。肉腐败时，由于肉内蛋白质在细菌酶的作用下，被分解为氨和胺类化合物等碱性物质，因而使肉趋于碱性，pH 值显著增高。

此外，家畜在宰前由于过劳、虚弱、患病等使能量消耗过大，肌肉中的糖原减少，所以宰后肌肉中形成的乳酸和磷酸量也较少。在这种情况下，肉虽具有新鲜肉的感官特征，但有较高的 pH 值，为 6.5～6.6。因此，在测定肉浸液 pH 值时，要考虑这方面的因素。测定肉的 pH 值的方法，通常有比色法和电化学法。

（2）设备和材料。天平、量筒、烧杯、锥形瓶、刻度吸管、剪刀、pH 值精密试纸、酸度计。

（3）测定步骤。

①肉浸液的制备。称取精肉肉样 10 g，切成碎末，置于 200 mL 烧杯，加 100 mL 蒸馏水，浸泡 15 min，其间不时振摇，后过滤备用。

②测定方法。

pH 试纸法：将 pH 值精密试纸的一端浸入被检肉浸出液中或直接贴在肉的新鲜切面上，数秒钟后取出与标准色板比较，直接读取 pH 值的近似数值。

酸度计法：将酸度计调零、校正、定位，然后将玻璃电极和参比电极插入容器内的肉浸液，按下读数开关，可直接从显示屏上读取该肉浸液的 pH 值。

（4）结果判定。新鲜肉：pH 值为 5.8～6.2；次鲜肉：pH 值为 6.3～6.6；变质肉：pH 值为 6.7 以上。

三、实训报告

根据检样测定的方法、结果，对被检样品进行卫生评价。

作业单

一、名词解释

1. 挥发性盐基氮　2. 排酸值

二、填空

1. 肉及肉制品的感官指标包括（　　）、（　　）、（　　）、（　　）等指标。

2. 肉新鲜度的理化检验是根据肉中蛋白质等物质的分解产物，用（　　）和（　　）对肉的新鲜程度进行检验。

3. 国家现行食品卫生标准中唯一的评定肉新鲜度的客观指标是测定肉中（　　）。

4. 评定肉新鲜度其他方法如（　　）、（　　）、（　　）、（　　）、（　　）等常作为参考指标。

5. 新鲜肉浸出液的 pH 值通常在（　　）范围。

6. 测定肉 pH 值的方法，通常有（　　）和（　　）法。

7. 宰后 1 h 的热鲜肉，其 pH 值可降到（　　），经 24 h 后降到（　　），此 pH 值在肉品加工中叫作"排酸值"。

评估单

【评估内容】

一、判断

1. 我国现行法定肉新鲜度检验的理化指标是挥发性盐基氮。　　　　　　　　　（　　）

2．GB 5009.228—2016 中挥发性盐基氮测定的第一种方法是微量扩散法。　　（　　）

3．微量扩散法的原理是挥发性含氮物质可在 37 ℃酸性溶液中释出，挥发后吸收于吸收液中，用标准酸溶液滴定，计算含量。　　（　　）

4．健康家畜宰后 pH 值升高。　　（　　）

5．肉腐败时，由于肉内蛋白质在细菌酶的作用下，被分解为氨和胺类化合物等碱性物质，因而使肉趋于碱性，pH 值显著降低。　　（　　）

6．新鲜肉 pH 值为 5.8～6.2，次鲜肉 pH 值为 6.3～6.6，变质肉的 pH 值为 6.7 以上。（　　）

7．GB 2707—2016 规定鲜（冻）畜肉中挥发性盐基氮［mg/（100 g）］的含量≥15。（　　）

8．大多数细菌及其内毒素都能升高肉类或被检肉浸出液的氧化还原势能。　　（　　）

9．过氧化物酶只存在于健康动物的新鲜肉中，有病动物肉一般无过氧化物酶或者含量甚微。　　（　　）

10．蛋白质和多肽类可与硫酸铜试剂中的 Cu^{2+} 结合生成难溶于水的蛋白盐而沉淀下来，以此判定是否为有病动物肉。　　（　　）

11．黄疸肉是由于机体发生大量溶血、全身性传染或某些中毒过程，胆绿素大量进入血液，将全身各组织染成黄色的结果。　　（　　）

12．黄脂肉是由于饲料因素或遗传因素，使脂肪组织形成一种棕色或黄色的非饱和脂肪酸的叠合物小体使皮下或腹腔脂肪组织染成黄色。　　（　　）

13．当存在胆红素时，上层乙醚液无色，下层液体染成黄绿色（由胆红素的水溶性钠盐生成），可判定为黄脂。　　（　　）

14．上层乙醚液染成黄色，下层液体无色，可判定为黄脂。　　（　　）

二、半微量定氮法测挥发性盐基氮操作

【评估方法】

（1）利用多媒体课件，分组对学生进行评估。

优：在限定的时间内完成全部判断，90% 以上正确。

良：在限定的时间内完成全部判断，70% 以上正确。

及格：延时完成全部判断，60% 以上正确。

不及格：延时完成全部判断，40% 以上不正确。

（2）半微量定氮法测挥发性盐基氮。

序号	考核内容	考核要点	分值	评分标准	得分
1	试样处理	1. 试样前处理 2. 称取试样，置于锥形瓶 3. 加水不时振摇 4. 浸渍过滤，滤液置冰箱备用	7	有一项不符合标准扣 2 分，直到扣完为止	
2	蒸馏	1. 确认蒸馏器安装是否正确，蒸馏器内水量是否符合要求 2. 将盛有吸收液及混合指示液的锥形瓶置于冷凝管下端，确认是否插入液面下 3. 准确吸取试样滤液于蒸馏器反应室 4. 加氧化镁混悬液，迅速盖塞 5. 加水以防漏气 6. 通入蒸汽，蒸馏 5 min 停止	18	有一项不符合标准扣 3 分，直到扣完为止	

续表

序号	考核内容	考核要点	分值	评分标准	得分
3	滴定	1. 滴定剂装入滴定管 2. 赶气泡 3. 滴定管读数 4. 指示剂的加入 5. 滴定与摇瓶操作配合协调 6. 滴定速度的控制 7. 滴定终点判定	7	有一项不符合标准扣1分，直到扣完为止	
4	试剂空白试验	做试剂空白试验	8	不符合标准扣8分	
5	结束工作	1. 仪器洗涤 2. 药品、仪器归位 3. 工作台面整洁	6	有一项不符合标准扣2分，直到扣完为止	
6	数据记录及处理	1. 数据记录及时 2. 计算公式及结果正确	4	有一项不符合标准扣2分，直到扣完为止	
7	安全文明操作	1. 每损坏一件仪器扣5分 2. 发生安全事故扣20分 3. 乱倒（丢）废液、废纸扣5分			
8	试验重做	试验每重做一次扣10分			
	合计		50		

　　为考核团队协作能力和互助学习精神，以小组为单位进行考核，每组随机抽查1人进行操作，以评价小组整体的动手操作能力。

　　备注：项目二十任务一学习情境占模块四总分的8%。

任务二　肉制品理化指标测定

【基本概念】

酸价

【重点内容】

1. 熟肉及腌腊制品的理化检验指标。
2. 亚硝酸盐含量的测定。
3. 酸价的测定。

【教学目标】

1. 知识目标

熟悉熟肉及腌腊制品的理化检验指标，了解影响肉制品质量的因素及常检理化项目。

2．技能目标

掌握熟肉及腌腊制品的理化检验方法（亚硝酸盐含量测定、酸价测定、过氧化值的测定）和指标。

肉制品包括咸肉、腊肉、火腿、酱卤肉、灌肠制品、烧烤肉、熟干肉等。

一、肉制品的安全卫生标准

（一）熟肉制品的安全卫生标准

1．术语

熟肉制品：以鲜（冻）畜、禽产品为主要原料加工制成的产品，包括酱卤肉制品类、熏肉类、烧肉类、烤肉类、油炸肉类、西式火腿类、肉灌肠类、发酵肉制品类、熟肉干制品和其他熟肉制品。《食品安全国家标准　熟肉制品》（GB 2726—2016）适用于预包装的熟肉制品，不适用于肉类罐头。

2．技术要求

（1）原料要求。原料应符合相应的食品标准和有关规定。

（2）感官要求。感官要求应符合表4-4的规定。

表4-4　熟肉制品的感官要求

项目	要求	检验方法
色泽	具有产品应有的色泽	取适量试样置于洁净的白色盘（瓷盘或同类容器），在自然光下观察色泽和状态。闻其气味，用温开水漱口，品其滋味
滋味、气味	具有产品应有的滋味和气味，无异味，无异臭	
状态	具有产品应有的状态，无正常视力可见的外来异物，无焦斑和霉斑	

（3）污染物限量。污染物限量应符合《食品安全国家标准　食品中污染物限量》（GB 2762—2017）的规定。熟肉制品的污染物限量要求见表4-5。

表4-5　熟肉制品的污染物限量要求

项目	种类	指标
铅（以 Pb 计）/（mg·kg^{-1}）	肉及肉制品	肉类（畜禽内脏除外）0.2，畜禽内脏0.5，肉制品0.5
	油脂及其制品	0.1
镉（以 Cd 计）/（mg·kg^{-1}）	肉及肉制品	肉类（畜禽内脏除外）0.1，畜禽肝脏0.5，畜禽肾脏1.0，肉制品（肝脏制品、肾脏制品除外）0.1，肝脏制品0.5，肾脏制品1.0
汞（以 Hg 计）/（mg·kg^{-1}）	肉及肉制品	肉类0.05
砷（以 As 计）/（mg·kg^{-1}）总砷无机砷[a]	肉及肉制品	0.5
	油脂及其制品	0.1

项目	种类	指标
铬（以 Cr）/（mg·kg^{-1}）	肉及肉制品	1.0
苯并芘/（μg·kg^{-1}）	肉及肉制品	熏、烧、烤肉类 5.0
	油脂及其制品	10
N-二甲基亚硝胺/（μg·kg^{-1}）	肉及肉制品	肉制品（肉类罐头除外）3.0

注：a. 对于制定无机砷限量的食品可先测定其总砷，当总砷水平不超过无机砷限量值时，不必测定无机砷；否则，需再测定无机砷。

（4）食品添加剂。食品添加剂的使用应符合《食品安全国家标准　食品添加剂使用标准》（GB 2760—2014）的规定。

（5）食品营养强化剂。食品营养强化剂的使用应符合《食品安全国家标准　食品营养强化剂使用标准》（GB 14880—2012）的规定。

（6）微生物限量。致病菌限量应符合《食品安全国家标准　食品中致病菌限量》（GB 29921—2013）的规定。微生物限量应符合《食品安全国家标准　熟肉制品》（GB 2726—2016）的规定。熟肉制品的微生物限量要求见表 4-6。

表 4-6　熟肉制品的微生物限量要求

项目	采样方案[a] 及限量			
	n	c	m	M
菌落总数[b]/（CFU·g^{-1}）	5	2	104	105
大肠菌群/（CFU·g^{-1}）	5	2	10	102

注：a. 样品的采样和处理按 GB 4789.1—2016 执行。b. 发酵肉制品类除外。

n—同一批次产品应采集的样品件数；c—最大可允许超出 m 值的样品数；m—微生物指标可接受水平的限量值；M—微生物指标的最高安全限量值。

按照二级采样方案设定的指标，在 n 个样品中，允许有≤c 个样品其相应微生物指标检测值大于 m 值。

（二）腌腊肉制品的安全卫生标准

1. 术语

腌腊肉制品：以鲜（冻）畜、禽肉或其可食副产品为原料，添加或不添加辅料，经腌制、烘干（或晒干、风干）等工艺加工而成的非即食肉制品。

火腿：以鲜（冻）猪后腿为主要原料，配以其他辅料，经修整、腌制、洗刷脱盐、风干发酵等工艺加工而成的非即食肉制品。

腊肉：以鲜（冻）畜肉为主要原料，配以其他辅料，经腌制、烘干（或晒干、风干）、烟熏（或不烟熏）等工艺加工而成的非即食肉制品。

咸肉：以鲜（冻）畜肉为主要原料，配以其他辅料，经腌制等工艺加工而成的非即食肉制品。

香（腊）肠：以鲜（冻）畜禽肉为原料，配以其他辅料，经切碎（或绞碎）、搅拌、腌制、充填（或成型）、烘干（或晒干、风干）、烟熏（或不烟熏）等工艺加工而成的非即食肉制品。

2. 技术要求（GB 2730—2015）

（1）原料、辅料要求。原料、辅料应符合相应的国家标准和有关规定。

（2）感官要求。感官要求应符合表 4-7 的规定。

表 4-7　腌腊肉制品的感官要求

项目	要求	检验方法
色泽	具有产品应有的色泽，无黏液、无霉点	取适量试样置于白瓷盘，在自然光下观察色泽和状态，闻其气味
气味	具有产品应有的气味，无异味、无酸败味	
状态	具有产品应有的组织性状，无正常视力可见的外来异物	

（3）理化指标。理化指标应符合表 4-8 的规定。

表 4-8　腌腊肉制品的理化指标

项目	指标
过氧化值（以脂肪计）/ [g·(100 g)$^{-1}$]	火腿、腊肉、咸肉、香（腊）肠≤0.5 腌腊禽制品≤1.5
三甲胺氮 / [mg·(100 g)$^{-1}$]	火腿≤2.5

（4）食品添加剂的使用应符合《食品安全国家标准　食品添加剂使用标准》（GB 2760—2014）的规定。

（三）肉类罐头的安全卫生标准

1. 术语

肉类罐头是以畜禽肉、水产动物等为原料，经过处理、装罐、密封、加热、杀菌等程序加工而成的商业无菌的罐装食品。

2. 技术要求（GB 7098—2015）

（1）原料要求。应符合相应的标准和有关规定。

（2）感官要求。容器密封完好，无泄漏，容器外表面无锈蚀、内壁涂料完整；内容物具有该品种罐头食品应有的色泽、气味、滋味、形态。

（3）理化指标。理化指标应符合表 4-9 的规定。

表 4-9　肉类罐头理化指标

项目	指标
组胺^a/ [mg·(100 g)$^{-1}$]	≤100

注：a. 仅适用于鲐鱼、沙丁鱼罐头。

（4）微生物指标。应符合罐头商业无菌的要求。

（5）食品添加剂含量应符合相应的标准和有关规定。食品添加剂的使用应符合《食品安全国家标准　食品添加剂使用标准》（GB 2760—2014）的规定。

（四）鱼类罐头的安全卫生标准

《鱼类罐头》（QB/T 1375—2015）适用于以鱼类为原料，经过加工处理、熏制或不熏制、调味或不调味、装罐（袋）、加或不加油或调味汁（料），密封、杀菌、冷却制成的罐藏食品。

1. 原料、辅料要求

鱼类应符合《食品安全国家标准　鲜、冻动物性水产品》（GB 2733—2015）的规定；辅料应符合相应卫生标准的规定。

2．感官指标

鱼类罐头（鲅鱼罐头和金枪鱼罐头除外）的感官要求见表 4-10。

3．理化指标

理化指标应符合表 4-11 的规定。

4．微生物指标

微生物指标应符合罐头商业无菌的要求。

5．食品添加剂

食品添加剂质量应符合相应的标准和有关规定。食品添加剂的品种和使用量应符合《食品安全国家标准　食品添加剂使用标准》（GB 2760—2014）的规定。

表 4-10　鱼类罐头的感官要求

项目	优级品	合格品
色泽	具有该种鱼罐头应有的色泽	
滋味气味	具有该种鱼罐头应有的滋味和气味，无异味	
组织形态	组织紧密不松散、软硬适度，油炸鱼不松软，非油炸鱼肉质紧密；马口铁罐罐头无硫化铁污染内容物；结晶长度不应大于 3 mm；不应含有未酥化的硬骨或硬鱼刺；条装鱼罐头：体型完整，可有添秤小块。段（块）装鱼罐头：部位搭配、块型大小均匀，添秤碎鱼肉不超过净含量的 5%；碎肉装鱼罐头：碎鱼肉大小均匀，粒形完整	组织较紧密，允许轻度碎散、软硬较适度，油炸鱼基本不松软，非油炸鱼肉质较紧密，马口铁罐罐头硫化铁不应有明显污染内容物；结晶长度不应大于 5 mm；不应含有未酥化的硬骨或硬鱼刺；条装鱼罐头：体型完整，排列整齐，可有添秤小块，碎鱼肉不超过净含量的 20%；段（块）装鱼罐头：部位搭配、块型大小均匀，添秤碎鱼肉不超过净含量的 20%；碎肉装鱼罐头：碎鱼肉大小均匀，粒形完整
杂质	无外来杂质	

表 4-11　鱼类罐头的理化指标

项目			优级品	合格品
净含量			应符合相关标准和规定，每批产品平均净含量不低于标示值	
固形物含量[a]/%	油浸类鱼罐头		≥85	≥6
			其中油为固形物的 10% ～ 15%	
	清蒸类鱼罐头		≥70	≥50
	调味类鱼罐头	茄汁罐头	≥65	≥55
		其他调味类鱼罐头	≥70	≥55
			其中鱼占净含量的 60%	其中鱼占净含量 50%
氯化钠含量[b]/%			≥3.5	

注：a．每批产品的平均固形物含量不应低于标示值；

　　b．豆豉类鱼罐头氯化钠含量不应大于 6.5%。

二、肉制品常检理化项目

1．熟肉制品

熟肉制品卫生质量直接关系到广大消费者的身体健康。因此，对这类产品必须进行严格的卫生检验。熟肉制品的卫生检验以感官为主，并定期或必要时进行理化检验和细菌学检验。理化检验主要检测亚硝酸盐的残留量和水分含量。酱卤肉类以感官检查为主；肉干、肉松、其他熟肉干制品、肉脯、肉糜脯、油酥肉松、肉粉松主要检测水分含量；灌肠类、肴肉主要检测亚硝酸盐；烧烤和烟熏肉制品主要测苯并芘含量。

2．腌腊肉制品

腌腊肉制品中的微生物不易生存和繁殖，在实践中，腌腊肉制品可能出现的质量问题主要是食盐含量、亚硝酸盐的残留量、某些品种含水量超标，在保藏过程中发生的脂肪氧化酸败和霉变。因此，腌腊肉制品的实验室测定项目主要有亚硝酸盐含量、食盐含量、水分含量、酸价、过氧化物、三甲胺氮等。

3．肉类罐头

罐头食品加工过程中，通过与各种金属加工机械、管道、容器和工具的接触，可能会被锡、铜、铅等金属污染。肉类罐头在生产过程中会添加各种食品添加剂，但在卫生方面需要控制其含量的主要有亚硝酸盐和复合磷酸盐类。肉类罐头的理化检验项目一般包括净重、氯化钠含量、组胺、重金属含量等检测项目。

一、材料与设备

酸碱滴定管、试管、移液管、烧瓶、锥形瓶、容量瓶、平皿、烧杯、酒精灯、水浴锅、电子天平、干燥箱、干燥器、分光光度计、比色管、蒸发皿。

二、方法与步骤

亚硝酸盐含量测定采用盐酸萘乙二胺法。

《食品安全国家标准　食品中亚硝酸盐与硝酸盐的测定》（GB 5009.33—2016）规定检出限为 1 mg/kg。

【原理】

试样经沉淀蛋白质、除去脂肪后，在弱酸条件下，亚硝酸盐与对氨基苯磺酸重氮化后，再与盐酸萘乙二胺偶合形成紫红色染料，外标法测得亚硝酸盐含量。

【试剂】

1．试剂种类

试剂均为分析纯，水为《分析实验室用水规格和试验方法》（GB/T 6682—2008）规定的一级水。

亚铁氰化钾、乙酸锌、冰乙酸、硼酸钠、盐酸、对氨基苯磺酸、盐酸萘乙二胺。

2．试剂配制

（1）亚铁氰化钾溶液（106 g/L）：称取 106.0 g 亚铁氰化钾，用水溶解，并稀释至 1 000 mL。

（2）乙酸锌溶液（220 g/L）：称取 220.0 g 乙酸锌，先加 30 mL 冰乙酸溶解，用水稀释至 1 000 mL。

（3）饱和硼砂溶液（50 g/L）：称取 5.0 g 硼酸钠，溶于 100 mL 热水，冷却后备用。

（4）盐酸（20%）：量取 20 mL 盐酸，用水稀释至 100 mL。

（5）对氨基苯磺酸溶液（4 g/L）：称取 0.4 g 对氨基苯磺酸，溶于 100 mL20% 盐酸，混匀，置棕色瓶，避光保存。

（6）盐酸萘乙二胺溶液（2 g/L）：称取 0.2 g 盐酸萘乙二胺，溶于 100 mL 水，混匀，置于棕色瓶，避光保存。

3．标准品

（1）亚硝酸钠：基准试剂，或采用具有标准物质证书的亚硝酸盐标准溶液。

（2）标准溶液配制。

亚硝酸钠标准溶液（200 μg/mL，以亚硝酸钠计）：准确称取 0.100 0 g 于 110 ℃～120 ℃干燥恒重的亚硝酸钠，加水溶解，移入 500 mL 容量瓶，加水稀释至刻度，混匀。

亚硝酸钠标准使用液（5.0 μg/mL）：临用前，吸取 2.50 mL 亚硝酸钠标准溶液，置于 100 mL 容量瓶，加水稀释至刻度。

【仪器和设备】

组织捣碎机；天平，感量为 0.1 mg 和 1 mg；超声波清洗器；恒温干燥箱；水浴锅；分光光度计。

【分析步骤】

1．试样的预处理

绞碎肉样。

2．提取

称取 5 g（精确至 0.001 g）匀浆试样（如制备过程中加水，应按加水量折算），置于 250 mL 具塞锥形瓶，加 12.5 mL50 g/L 饱和硼砂溶液，加入 70 ℃左右的水约 150 mL，混匀，于沸水浴中加热 15 min，取出置冷水浴中冷却，并放置至室温。定量转移上述提取液至 200 mL 容量瓶，加入 5 mL106 g/L 亚铁氰化钾溶液，摇匀，再加入 5 mL220 g/L 乙酸锌溶液，以沉淀蛋白质。加水至刻度，摇匀，放置 30 min，除去上层脂肪，上清液用滤纸过滤，弃去初滤液 30mL，滤液备用。

3．测定

吸取 40.0 mL 上述滤液于 50 mL 具塞比色管中，另吸取 0.00 mL、0.20 mL、0.40 mL、0.60 mL、0.80 mL、1.00 mL、1.50 mL、2.00 mL、2.50 mL 硝酸钠标准使用液（相当于 0.0 μg、1.0 μg、2.0 μg、3.0 μg、4.0 μg、5.0 μg、7.5 μg、10.0 μg、12.5 μg 亚硝酸钠），分别置于 50 mL 具塞比色管。于标准管与试样管中分别加入 2 mL4 g/L 对氨基苯磺酸溶液，混匀，静置 3～5 min 后各加入 1 mL2 g/L 盐酸萘乙二胺溶液，加水至刻度，混匀，静置 15 min，用 1 cm 比色杯，以零管调节零点，于波长 538 nm 处测吸光度，绘制标准曲线比较，同时做试剂空白测试。

【结果计算】

亚硝酸盐（以亚硝酸钠计）的含量按下式计算：

$$X=\frac{M_1\times1\,000}{M_2\times\dfrac{V_1}{V_0}\times1\,000}$$

式中　X——试样中亚硝酸钠的含量（mg/kg）；

　　　M_1——测定用样液中亚硝酸钠的质量（μg）；

　　　1 000——转换系数；

　　　M_2——试样质量（g）；

　　　V_1——测定用样液体积（mL）；

　　　V_0——试样处理液总体积（mL）。

结果保留 2 位有效数字。

【精密度】

在重复性条件下获得的两次独立测定结果的绝对差值不得超过算术平均值的 10%。《食品安全国家标准　食品中亚硝酸盐与硝酸盐的测定》（GB 5009.33—2016）中规定肉制品亚硝酸盐分光光度法检出限为 1 mg /kg。

三、实训报告

采集肉样进行测定，对结果进行分析，写出实训报告。

作 业 单

1. 熟肉制品卫生检验，以感官为主，并定期或必要时进行（　　）和（　　）。
2. 熟肉制品理化检验主要检测（　　）和（　　）。
3. 肉干、肉松、其他熟肉干制品、肉脯、肉糜脯、油酥肉松、肉粉松主要检测（　　）。
4. 灌肠类、肴肉主要检测（　　）。
5. 酱卤肉类以（　　）检验为主。
6. 烧烤和烟熏肉制品需测（　　）含量。
7. 腌腊肉制品的实验室测定项目主要有（　　）、（　　）、（　　）、（　　）、（　　）等。
8. 肉类罐头在卫生方面需要控制其含量的主要有（　　）和（　　）。
9. 肉类罐头理化检验一般包括（　　）、（　　）、（　　）、（　　）等检测项目。

评 估 单

【评估内容】

请判断以下说法是否正确。

1. GB 2762—2017 规定肉制品铅（以 Pb 计）mg/kg ≤ 0.2。　　　　　　（　　）
2. GB 7098—2015 规定肉类罐头食品组胺（mg/100 g）≤ 100。　　　　（　　）
3. GB 2730—2015 规定火腿、腊肉、咸肉、香（腊）肠过氧化值（以脂肪计）（g/100 g）含量 ≤ 0.5。　　　　　　　　　　　　　　　　　　　　　　　　（　　）
4. GB 2730—2015 规定火腿中三甲胺氮（mg/100 g）含量 ≤ 3。　　　　（　　）
5. 亚硝酸盐含量测定的原理是试样经沉淀蛋白质、除去脂肪后，在弱碱性条件下亚硝酸盐与对氨基苯磺酸重氮化，再与盐酸萘乙二胺偶合形成紫红色染料，与标准比较定量。　　　　　　　　　　　　　　　　　　　　　　　　　　　　（　　）

【评估方法】

利用多媒体课件，分组对学生进行评估。

优：在限定的时间内完成全部判断，90% 以上正确。

良：在限定的时间内完成全部判断，70% 以上正确。

及格：延时完成全部判断，60% 以上正确。

不及格：延时完成全部判断，40% 以上不正确。

备注：项目二十任务二学习情境占模块四总分的 8%。

任务三　食用动物油脂的理化指标测定

【基本概念】

油脂酸败

【重点内容】

1. 酸价、过氧化值的测定。
2. 猪油中丙二醛的测定。

【教学目标】

1. 知识目标

掌握食用动物油脂的理化检验指标，了解影响食用动物油脂质量的因素及常检理化项目。

2. 技能目标

掌握动物油脂的酸价、过氧化值、丙二醛的测定方法和指标。

资 料 单

　　油脂在加工和保存过程中，由于受光、热、氧气、水、金属、塑料及微生物等因素的影响，发生水解和氧化，产生游离脂肪酸、过氧化物、醛类、酮类、低级脂肪酸及羟酸等现象总称为油脂酸败。油脂酸败常用的检测指标有酸价、过氧化值和丙二醛测定。油脂在储存过程中，在微生物、酶和热的作用下水解，产生游离脂肪酸。其游离脂肪酸含量高，酸价也高。反之，酸价越低，油脂质量越好。过氧化值可作为油脂变质初期的指标，往往在油脂尚未出现酸败现象时，已有较多的过氧化物产生，这表示油脂已开始变质。猪油受到光、热、空气中氧的作用，发生酸败反应，分解出醛、酸之类的化合物。丙二醛就是分解产物的一种，通过对丙二醛含量的测定，可以推导出猪油酸败的程度。

一、食用动物油脂的安全卫生标准

《食品安全国家标准　食用动物油脂》（GB 10146—2015）规定了动物油脂的卫生指标要求。

1. 原料要求

原料应符合相应的国家标准和有关规定。

2. 感官要求

食用动物油脂的感官要求见表 4-12。

表 4-12　食用动物油脂的感官要求

项目	要求
色泽	具有特有的色泽、呈白色或略带黄色、无霉斑
气味、滋味	具有特有的气味、滋味，无酸败及其他异味
状态	无正常视力可见的外来异物

3. 理化指标

理化指标应符合表 4-13 的规定。

表 4-13　食用动物油脂的理化指标

项目	指标
酸价（KOH）/（mg · g^{-1}）	≤ 2.5
过氧化值/［g·（100 g）$^{-1}$］	≤ 0.20
丙二醛/［mg·（100 g）$^{-1}$］	≤ 0.25

4．污染物限量

污染物限量应符合《食品安全国家标准　食品中污染物限量》（GB 2762—2017）的规定。

5．兽药残留限量

兽药残留限量应符合国家的有关规定和公告。

6．食品添加剂和食品营养强化剂

食品添加剂的使用应符合《食品安全国家标准　食品添加剂使用标准》（GB 2760—2014）的规定。食品营养强化剂应符合《食品安全国家标准　食品营养强化剂使用标准》（GB 14880—2012）的规定。

7．其他

单一品种的食用动物油脂中不应掺有其他油脂。

二、品质评定

上述所检项目全部符合卫生标准要求，判定为合格油脂；感官指标无明显变化或变化轻微，理化指标符合国家卫生标准，但接近或已达到国家卫生标准理化指标的最高限量值，此时的油脂不得继续储存，应迅速利用；有一项或一项以上不合格的，判定为不合格油脂，不可食用。

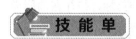

一、材料与设备

酸碱滴定管、试管、移液管、烧瓶、锥形瓶、容量瓶、平皿、烧杯、酒精灯、恒温水浴锅、分析天平、干燥箱、干燥器、分光光度计、比色管、离心机。

二、方法与步骤

（一）酸价的测定（GB 5009.229—2016）（冷溶液滴定法第一法）

冷溶液滴定法第一法适用于常温下能够被冷溶剂完全溶解成澄清溶液的食用油脂样品，适用范围包括食用植物油（辣椒油除外）、食用动物油、食用氢化油、起酥油、人造奶油、植脂奶油、植物油料共计七类。

【原理】

先用有机溶剂将油脂试样溶解成样品溶液，再用氢氧化钾或氢氧化钠标准滴定溶液中和滴定样品溶液中的游离脂肪酸，以指示剂相应的颜色变化来判定滴定终点，最后通过滴定终点消耗的标准滴定溶液的体积计算油脂试样的酸价。

【试剂】

1．试剂种类

所用试剂均为分析纯，水为《分析实验室用水规格和试验方法》（GB/T 6682—2008）规定的三级水。

异丙醇、乙醚、95% 乙醇、酚酞指示剂、百里香酚酞指示剂。

2. 试剂配制

（1）氢氧化钾或氢氧化钠标准滴定溶液：浓度为 0.1 mol/L 或 0.5 mol/L，按照《化学试剂 标准滴定溶液的制备》（GB/T 601—2016）标准要求配制和标定，也可购买市售商品化试剂。

（2）乙醚 – 异丙醇混合液：乙醚：异丙醇 =1 ： 1，500 mL 乙醚与 500 mL 的异丙醇充分互溶混合，用时现配。

（3）酚酞指示剂：称取 1 g 酚酞，加入 100 mL95% 乙醇并搅拌至完全溶解。

（4）百里香酚酞指示剂：称取 2 g 百里香酚酞，加入 100 mL95% 乙醇并搅拌至完全溶解。

【仪器和设备】

10 mL 微量滴定管：最小刻度为 0.05 mL ；天平，感量 0.001 g; 恒温水浴锅；恒温干燥箱。

【分析步骤】

1. 食用油脂试样制备

若食用油脂样品常温下呈液态，且为澄清液体，则充分混匀后直接取样，如果样品不澄清、有沉淀，则应将油脂置于 50 ℃的水浴或恒温干燥箱，将油脂的温度加热至 50 ℃并充分振摇以熔化可能的油脂结晶。若此时油脂样品变为澄清、无沉淀，则可作为试样，否则应将油脂置于 50 ℃的恒温干燥箱，用滤纸过滤不溶性的杂质，取过滤后的澄清液体油脂作为试样，过滤过程应尽快完成。

若食用油脂样品常温下为固态，则按表 4-14 的要求称取固态油脂样品，置于比其熔点高 10 ℃左右的水浴或恒温干燥箱，加热完全熔化固态油脂试样，若熔化后的油脂试样完全澄清，则可混匀后直接取样。若熔化后的油脂样品浑浊或有沉淀，则应进行除杂处理。

2. 试样称量

根据制备试样的颜色和估计的酸价，按照表 4-14 的规定称量试样。

表 4-14　试样称样表

估计的酸价 / (mg・g^{-1})	试样的最小称样量 /g	使用滴定液的浓度 / (mol・L^{-1})	试样称重的精确度 /g
0 ～ 1	20	0.1	0.05
1 ～ 4	10	0.1	0.02
4 ～ 15	2.5	0.1	0.01
15 ～ 75	0.5 ～ 3.0	0.1 或 0.5	0.001
>75	0.2 ～ 1.0	0.5	0.001

试样称样量和滴定液浓度应使滴定液用量为 0.2 ～ 10 mL（扣除空白后）。若检测后发现样品的实际称样量与该样品酸价所对应的称样量不符，则应按照表 4-14 的要求调整称样量后重新检测。

3. 试样测定

取一个干净的 250 mL 的锥形瓶，按照表 4-14 试样称量规定的要求用天平称取制备的油脂试样，其质量 m 的单位为克。加入乙醚 – 异丙醇混合液 50 ～ 100 mL，3 ～ 4 滴的酚酞指示剂，充分振摇溶解试样。再用装有标准滴定溶液的刻度滴定管对试样溶液进行手工滴定，当试样溶液初现微红色，且 15 s 内无明显褪色时，为滴定的终点。立刻停止滴定，记录下此滴定所消耗的标准滴定溶液的毫升数，此数值为 V。对于深色泽的油脂样品，可用百里香酚酞指示剂取代酚酞指示剂，滴定时，当颜色变为蓝色时为百里香酚酞的滴定终点。

4. 空白试验

取一个干净的 250 mL 的锥形瓶，准确加入乙醚 – 异丙醇混合液 50 ～ 100 mL、3 ～ 4 滴的酚酞指示剂，振摇混匀。然后，用装有标准滴定溶液的刻度滴定管进行手工滴定，当溶液初现微红色，且15 s内无明显褪色时，为滴定的终点。立刻停止滴定，记录下此滴定所消耗的标准滴定溶液的毫升数，此数值为V_0。

【分析结果的表述】

酸价（又称酸值）按照下式进行计算：

$$X = \frac{(V - V_0) \times c \times 56.11}{m}$$

式中　X——酸价（mg/g）；

　　　V——试样测定所消耗的标准滴定溶液的体积（mL）；

　　　V_0——相应的空白测定所消耗的标准滴定溶液的体积（mL）；

　　　c——标准滴定溶液的摩尔浓度（mol/L）；

　　　56.11——氢氧化钾的摩尔质量（g/mol）；

　　　m——油脂样品的称样量（g）。

酸价≤1 mg/g，计算结果保留2位小数；1 mg/g＜酸价≤100 mg/g，计算结果保留1位小数；酸价＞100 mg/g，计算结果保留至整数位。

【精密度】

当酸价＜1 mg/g时，在重复条件下获得的两次独立测定结果的绝对差值不得超过算术平均值的15%；当酸价≥1 mg/g时，在重复条件下获得的两次独立测定结果的绝对差值不得超过算术平均值的12%。

（二）过氧化值的测定（GB 5009.227—2016）（第一法　滴定法）

【原理】

制备的油脂试样在三氯甲烷和冰乙酸中溶解，其中的过氧化物与碘化钾反应生成碘，用硫代硫酸钠标准溶液滴定析出的碘。用过氧化物相当于碘的质量分数或1 kg样品中活性氧的毫摩尔数表示过氧化值的量。

【试剂】

1. 试剂种类

所用试剂均为分析纯，水为《分析实验室用水规格和试验方法》（GB/T 6682—2008）规定的三级水。

冰乙酸；三氯甲烷；碘化钾；硫代硫酸钠；可溶性淀粉；无水硫酸钠；重铬酸钾：工作基准试剂。

2. 试剂配制

（1）三氯甲烷–冰乙酸混合液（体积比40∶60）：量取40 mL三氯甲烷，加60 mL冰乙酸，混匀。

（2）碘化钾饱和溶液：称取20 g碘化钾，加入10 mL新煮沸冷却的水，摇匀后贮于棕色瓶中，存放于避光处备用。要确保溶液中有饱和碘化钾结晶存在。使用前检查：在30 mL三氯甲烷–冰乙酸混合液中添加1.00 mL碘化钾饱和溶液和2滴1%淀粉指示剂，若出现蓝色，并需用1滴以上的0.01 mol/L硫代硫酸钠溶液才能消除，此碘化钾溶液不能使用，应重新配制。

（3）1%淀粉指示剂：称取0.5 g可溶性淀粉，加少量水调成糊状。边搅拌边倒入50 mL沸水，再煮沸搅匀后，放冷备用。临用前配制。

3. 标准溶液配制

（1）0.1 mol/L硫代硫酸钠标准溶液：称取26 g硫代硫酸钠（$Na_2S_2O_3 \cdot 5H_2O$），加0.2 g无水碳酸钠，溶于1 000 mL水中，缓缓煮沸10 min，冷却。放置两周后过滤、标定。

（2）0.01 mol/L硫代硫酸钠标准溶液：由0.1 mol/L硫代硫酸钠标准溶液以新煮沸冷却的水稀释而成。临用前配制。

（3）0.002 mol/L 硫代硫酸钠标准溶液：由 0.1 mol/L 硫代硫酸钠标准溶液以新煮沸冷却的水稀释而成。临用前配制。

【仪器和设备】

碘量瓶：250 mL；滴定管：10 mL，最小刻度为 0.05 mL；滴定管：25 mL 或 50 mL，最小刻度为 0.1 mL；天平：感量为 1 mg、0.01 mg；电热恒温干燥箱。

注：本方法中使用的所有器皿不得含有还原性或氧化性物质。磨砂玻璃表面不得涂油。

【分析步骤】

1．试样制备

样品制备过程应避免强光，并尽可能避免带入空气。油脂液态样品，振摇装有油脂液态样品试样的密闭容器，充分均匀后直接取样；固态样品，选取有代表性的固态样品试样置于密闭容器中混匀后取样。

2．试样测定

应避免在阳光直射下进行试样测定。称取制备的试样 2 ～ 3 g（精确至 0.001 g），置于 250 mL 碘量瓶，加入 30 mL 三氯甲烷 – 冰乙酸混合液，轻轻振摇使试样完全溶解。准确加入 1.00 mL 饱和碘化钾溶液，塞紧瓶盖，并轻轻振摇 0.5 min，在暗处放置 3 min。取出加 100 mL 水，摇匀后立即用硫代硫酸钠标准溶液［过氧化值估计值在 0.15 g/100 g 及以下时，用 0.002 mol/L 标准溶液；过氧化值估计大于 0.15 g/100 g 时，用 0.01 mol/L 标准溶液］滴定析出的碘，滴定至淡黄色时，加 1 mL 淀粉指示剂，继续滴定并强烈振摇至溶液蓝色消失为终点。取相同量三氯甲烷 – 冰乙酸溶液、碘化钾溶液、水，按同一方法做试剂空白试验。

空白试验所消耗的 0.01 mol/L 硫代硫酸钠溶液体积 V_0 不得超过 0.1 mL。

【分析结果的表述】

（1）用过氧化物相当于碘的质量分数表示过氧化值时，按下式计算：

$$X_1 = \frac{(V-V_0) \times c \times 0.126\,9}{m} \times 100$$

式中 X_1——过氧化值（g/100 g）；

V——试样消耗的硫代硫酸钠标准溶液体积（mL）；

V_0——空白试验消耗的硫代硫酸钠标准溶液体积（mL）；

c——硫代硫酸钠标准溶液的浓度（mol/L）；

0.126 9——与 1.00 mL 硫代硫酸钠标准滴定溶液［$c(Na_2S_2O_3)$ =1.000 mol/L］相当的碘的质量；

m——试样质量（g）；

100——换算系数。

计算结果以重复性条件下获得的两次独立测定结果的算术平均值表示，结果保留 2 位有效数字。

（2）用 1 kg 样品中活性氧的毫摩尔数表示过氧化值时，按下式计算：

$$X_2 = \frac{(V-V_0) \times c}{2 \times m} \times 1\,000$$

式中 X_2——过氧化值（mmol/kg）；

V——试样消耗的硫代硫酸钠标准溶液体积（mL）；

V_0——空白试验消耗的硫代硫酸钠标准溶液体积（mL）；

c——硫代硫酸钠标准溶液的浓度（mol/L）；

m——试样质量（g）；

1 000——换算系数。

计算结果以重复性条件下获得的两次独立测定结果的算术平均值表示，结果保留 2 位有效数字。

【精密度】

在重复性条件下获得的两次独立测定结果的绝对差值不得超过算术平均值的 10%。

（三）猪油中丙二醛的测定（GB 5009.181－2016）（第二法　分光光度法）

油脂受到光、热、空气中氧的作用，发生酸败反应，分解出醛、酸之类的化合物，其中丙二醛是分解产物的一种，常用于评定油脂的酸败程度。

【原理】

丙二醛经三氯乙酸溶液提取后，与硫代巴比妥酸（TBA）作用生成粉红色化合物，测定其在 532 nm 波长处的吸光度值，与标准系列比较定量。

【试剂】

1. 试剂种类

所用试剂均为分析纯，水为规定的三级水。

三氯乙酸；乙二胺四乙酸二钠；硫代巴比妥酸。

2. 试剂配制

（1）三氯乙酸混合液：准确称取 37.50 g（精确至 0.01 g）三氯乙酸及 0.50 g（精确至 0.01 g）乙二胺四乙酸二钠，用水溶解，稀释至 500 mL。

（2）硫代巴比妥酸（TBA）水溶液：准确称取 0.288 g（精确至 0.001 g）硫代巴比妥酸溶于水中，并稀释至 100 mL（如不易溶解，可加热超声至全部溶解，冷却后定容至 100 mL），相当于 0.02 mol/L。

3. 标准品

1，1，3，3- 四乙氧基丙烷（又名丙二醛乙缩醛）：纯度≥ 97%。

4. 标准溶液配制

（1）丙二醛标准储备液（100 μg/mL）：准确移取 0.315 g（精确至 0.001 g）1，1，3，3- 四乙氧基丙烷至 1 000 mL 容量瓶，用水溶解后稀释至 1 000 mL，置于冰箱 4 ℃储存。有效期 3 个月。

（2）丙二醛标准使用溶液（1.00 μg/mL）：准确移取丙二醛标准储备液 1.0 mL，用三氯乙酸混合液稀释至 100 mL，置于冰箱 4 ℃储存。有效期 2 周。

（3）丙二醛标准系列溶液：准确移取丙二醛标准使用液 0.10 mL、0.50 mL、1.0 mL、1.5 mL、2.5 mL 于 10 mL 容量瓶，加三氯乙酸混合液定容至刻度，该标准溶液系列浓度为 0.01 μg/mL、0.05 μg/mL、0.10 μg/mL、0.15 μg/mL、0.25 μg/mL，现配现用。

【仪器和设备】

分光光度计；天平，感量为 0.000 1 g、0.01 g；恒温振荡器；恒温水浴锅。

【分析步骤】

1. 试样制备

称取样品 5 g（精确到 0.01 g）置入 100 mL 具塞锥形瓶，准确加入 50 mL 三氯乙酸混合液，摇匀，加塞密封，置于 50 ℃恒温振荡器上振摇 30 min，取出，冷却至室温，用双层定量慢速滤纸过滤，弃去初滤液，续滤液备用。准确移取上述滤液和标准系列溶液各 5 mL 分别置于 25 mL 具塞比色管，另取 5 mL 三氯乙酸混合液作为样品空白，分别加入 5 mL 硫代巴比妥酸（TBA）水溶液，加塞，混匀，置于 90 ℃水浴反应 30 min，取出，冷却至室温。

2. 试样测定

以样品空白调节零点，于 532 nm 处 1 cm 光径测定样品溶液和标准系列溶液的吸光度值，以标准系列溶液的质量浓度为横坐标，吸光度值为纵坐标，绘制标准曲线。

【分析结果的表述】

试样中丙二醛含量按下式计算：

$$X=\frac{c\times V\times1\ 000}{m\times1\ 000}$$

式中　X——试样中丙二醛含量（mg/kg）；

　　　c——从标准系列曲线得到的试样溶液中丙二醛的浓度（μg/mL）；

　　　V——试样溶液定容体积（mL）；

　　　m——最终试样溶液所代表的试样质量（g）；

　　　1 000——换算系数。

计算结果以重复性条件下获得的两次独立测定结果的算术平均值表示，结果保留 2 位有效数字。

【精密度】

在重复性条件下获得的两次独立测定结果的绝对差值不得超过算术平均值的 10%。

检出限为 0.05 mg /kg，定量限为 0.10 mg/kg。

作业单

一、名词解释

油脂酸败

二、实训报告

按检验报告要求完成实训报告。

评估单

【评估内容】

请判断以下说法是否正确。

1．酸价是指中和 1 g 脂肪中所含游离脂肪酸所需碳酸氢钠的毫克数。　　　　　　（　　）

2．酸价能反映油脂品质的优劣，游离脂肪酸含量高，酸价也高。反之，酸价越高，油脂质量越好。　　　　　　　　　　　　　　　　　　　　　　　　　　　　　　　　（　　）

3．过氧化值可作为油脂变质中期的指标，往往在油脂尚未出现酸败现象时，已有较多的过氧化物产生，这表示油脂已开始变质。　　　　　　　　　　　　　　　　　　　　（　　）

4．猪油受到光、热、空气中氧的作用，发生酸败反应，分解出醛、酸之类的化合物。　　　　　　　　　　　　　　　　　　　　　　　　　　　　　　　　　　　　　　（　　）

5．油脂酸败常用的检测指标有酸价、过氧化值和丙二醛测定。　　　　　　　　（　　）

【评估方法】

利用多媒体课件，分组对学生进行评估。

优：在限定的时间内完成全部判断，90% 以上正确。

良：在限定的时间内完成全部判断，70% 以上正确。

及格：延时完成全部判断，60% 以上正确。

不及格：延时完成全部判断，40% 以上不正确。

备注：项目二十任务三学习情境占模块四总分的 4%。

项目二十一 蛋及蛋制品理化指标检验

【重点内容】

1．灯光透视检验。
2．蛋相对密度测定。
3．荧光检验。
4．哈夫单位测定。
5．蛋黄指数测定。
6．变蛋中总碱度的测定。

【教学目标】

1．知识目标
熟悉蛋与蛋制品的理化检验指标。
2．技能目标
掌握蛋的灯光透视检验、蛋相对密度测定、荧光检验、哈夫单位测定、蛋黄指数测定、蛋 pH 值测定方法及蛋卫生评价指标；掌握变蛋中 pH 值的测定、变蛋中总碱度的测定方法、原理及卫生评价指标。

资料单

蛋的卫生质量主要依据感官指标进行判定。在实验室中经常进行的检查项目有蛋的灯光透视检验、蛋相对密度测定、荧光检验、哈夫单位测定、蛋黄指数测定、蛋 pH 值测定，这些指标具有很强的直观性和实践操作性，在生产中用于蛋新鲜度的检验。除此之外，蛋中农药残留、有害金属等污染所造成的某些指标的改变需要进行严格的理化检验才能进行评价。

蛋制品包括冰鸡全蛋、巴氏消毒冰鸡全蛋、冰鸡蛋黄、冰鸡蛋白、巴氏消毒鸡全蛋粉、鸡全蛋粉、鸡蛋黄粉、鸡蛋白片、高温复制冰鸡全蛋、变蛋，共 10 种。

蛋制品的卫生质量主要依据感官指标进行判定，但腐败变质和脂肪酸败及农药残留、有害金属污染所造成的某些指标的改变需要进行严格的理化检验才能进行评价。

一、蛋与蛋制品安全卫生标准

《食品安全国家标准 蛋与蛋制品》（GB 2749—2015）规定了鲜蛋与蛋制品的卫生指标要求。

1．术语

鲜蛋：各种家禽生产的、未经加工或仅用冷藏法、液浸法、涂膜法、消毒法、气调法、干藏法等贮藏方法处理的带壳蛋。

液蛋制品：以鲜蛋为原料，经去壳、加工处理后制成的蛋制品，如全蛋液、蛋黄液、蛋白液等。

干蛋制品：以鲜蛋为原料，经去壳、加工处理、脱糖、干燥等工艺制成的蛋制品，如全蛋粉、蛋黄粉、蛋白粉等。

冰蛋制品：以鲜蛋为原料，经去壳、加工处理、冷冻等工艺制成的蛋制品，如冰全蛋、冰蛋黄、冰蛋白等。

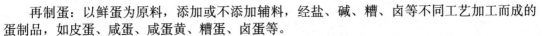

再制蛋：以鲜蛋为原料，添加或不添加辅料，经盐、碱、糟、卤等不同工艺加工而成的蛋制品，如皮蛋、咸蛋、咸蛋黄、糟蛋、卤蛋等。

2．技术要求

（1）原料要求。原料应符合相应的食品标准和有关规定。

（2）感官要求。鲜蛋的感官要求应符合表 4-15 的规定，蛋制品的感官要求应符合表 4-16 的规定。

表 4-15　鲜蛋的感官要求

项目	要求	检验方法
色泽	灯光透视时整个蛋呈微红色；去壳后蛋黄呈橘黄色至橙色，蛋白澄清、透明，无其他异常颜色	取带壳鲜蛋在灯光下透视观察。去壳后置于白色瓷盘，在自然光下观察色泽和状态，闻其气味
气味	蛋液具有固有的蛋腥味，无异味	
状态	蛋壳清洁完整，无裂纹，无霉斑，灯光透视时蛋内无黑点及异物；去壳后蛋黄凸起完整并带有韧性，蛋白稀稠分明，无正常视力可见的外来异物	

表 4-16　蛋制品的感官要求

项目	要求	检验方法
色泽	具有产品正常的色泽	取适量试样置于白色瓷盘，在自然光下观察色泽和状态，尝其滋味，闻其气味
滋味、气味	具有产品正常的滋味、气味，无异味	
状态	具有产品正常的形状、形态，无酸败、霉变、寄生虫及其他危害食品安全的异物	

（3）污染物限量。污染物限量应符合《食品安全国家标准　食品中污染物限量》（GB 2762—2017）的规定，见表 4-17。

表 4-17　蛋及蛋制品污染物限量

项目		指标	检验方法标准
无机砷／（mg·kg^{-1}）	鲜蛋	≤ 0.05	GB 5009.11—2014
铅（Pb）／（mg·kg^{-1}）	鲜蛋，其他蛋制品	≤ 0.2	GB 5009.12—2017
	皮蛋	≤ 0.5	
	皮蛋肠	≤ 0.5	
镉（Cd）／（mg·kg^{-1}）鲜蛋		≤ 0.05	GB 5009.15—2014
总汞（以 Hg 计）／（mg·kg^{-1}）		≤ 0.05	GB 5009.17—2014
锌（Zn）／（mg·kg^{-1}）蛋制品		≤ 50	GB 5009.14—2017
无机砷（mg·kg^{-1}）蛋制品		≤ 0.05	GB 5009.11—2014

（4）农药残留限量。农药残留限量应符合相关规定，最大残留限量的参考值见表 4-18。

表4-18 蛋类中农药最大残留限量

项目	每日允许摄入量/（mg·kg⁻¹）	最大残留限量/（mg·kg⁻¹）
硫丹	0.006	0.03
五氯硝基苯	0.01	0.03
艾氏剂	0.000 1	0.1
滴滴涕	0.01	0.1
狄氏剂	0.000 1	0.1
林丹	0.005	0.1
六六六	0.005	0.1
氯丹	0.000 5	0.2
七氯	0.000 1	0.05

（5）兽药残留限量。兽药残留限量应符合国家有关的规定和公告。

（6）微生物限量。致病菌限量应符合《食品安全国家标准　食品中致病菌限量》（GB 29921—2013）的规定。符合罐头食品加工工艺的再制蛋制品，应符合罐头食品商业无菌的要求。微生物限量还应符合表4-19的规定。

表4-19 蛋制品的微生物指标

项目		采样方案ᵃ及限量				检验方法
		n	c	m	M	
菌落总数ᵇ/（CFU·g⁻¹）	液蛋、干蛋、冰蛋制品	5	2	$5×10^4$	10^6	GB 4789.2—2016
	再制蛋（不含糟蛋）	5	2	10^4	10^5	
大肠菌群ᵇ/[MPN·（100 g）⁻¹]		5	2	10^4	10^2	GB 4789.3—2016 平板计数法

注：a. 样品的采样及处理按《食品卫生微生物学检验　蛋与蛋制品检验》（GB/T 4789.19—2003）执行。

　　b. 不适用于鲜蛋和非即食的再制蛋制品。

（7）食品添加剂和食品营养强化剂。食品添加剂的使用应符合《食品安全国家标准 食品添加剂使用标准》（GB 2760—2014）的规定。食品营养强化剂的使用应符合《食品安全国家标准 食品营养强化剂使用标准》（GB 14880—2012）的规定。

二、蛋常检理化项目

鲜蛋包括鲜鸡蛋、冷藏鲜鸡蛋、化学贮藏蛋。影响蛋质量的因素主要是蛋的腐败变质和脂肪酸败，在有毒有害物质检测中常检理化项目是汞、六六六和滴滴涕。

三、蛋制品常检理化项目

冰鸡全蛋、巴氏消毒冰鸡全蛋、冰鸡蛋黄理化检验项目主要有水分、脂肪、游离脂肪酸、汞、六六六、滴滴涕。冰鸡蛋白理化检验项目主要有水分、汞、六六六、滴滴涕。鸡全蛋粉、鸡蛋黄粉、巴氏消毒鸡全蛋粉理化检验项目主要有水分、脂肪、游离脂肪酸、汞、六六六、滴滴涕、溶解指数。鸡蛋白片理化检验项目主要有水分、水溶物、总酸度、汞、六六六、滴滴涕。变蛋的理化检验项目主要有 pH 值、游离碱度、挥发性盐基氮、总碱度、铅。

一、材料与设备

蛋盘、平皿、镊子、照蛋器、气室测定规尺、蛋质分析仪，各种不同程度的鲜蛋、次品蛋、变质蛋。

二、方法与步骤

（一）灯光透视检验

【原理】

利用照蛋器的灯光来透视检蛋，可见到气室的大小、内容物的透光程度、蛋黄移动的阴影及蛋内有无污斑、黑点和异物等。

【操作方法】

1. 照蛋

在暗室中将蛋的大头紧贴照蛋器的洞口上，先观察气室大小和内容物的透光程度，然后上下左右轻轻转动，根据蛋内容物移动情况来判断气室的稳定状态和蛋黄、胚盘的稳定程度，以及蛋内有无污斑、黑点和异物等。灯光照蛋法如图4-15所示。

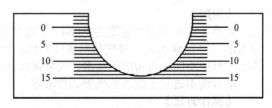

图4-15　灯光照蛋法

（王雪敏：《动物性食品卫生检验》，2002年）

2. 气室测量

蛋在储存过程中，水分不断蒸发，致使气室空间日益增大。因此，测定气室的高度，有助于判定蛋的新鲜程度。测量时，先将气室测量尺（图4-16）固定在照蛋孔上缘，将蛋的大头端向上嵌入半圆形切口，在照蛋的同时测出气室的高度与气室的直径，按下式计算：

图4-16　气室测量尺

$$气密高度 = \frac{气室左边的高度 + 气室右边的高度}{2}$$

【判定标准】

1. 最新鲜蛋

透视全蛋呈橘红色，蛋黄不显现，内容物不流动，气室高度在4 mm以内。

2. 新鲜蛋

透视全蛋呈红黄色，蛋黄所在处颜色稍深，蛋黄稍有转动，气室高5～7 mm。此为产后约2周以内的蛋，可供冷冻储存。

3. 普通蛋

透视内容物呈红黄色，蛋黄阴影清楚，能够转动，位置上移，不再居于中央。气室高度在10 mm以内，且能移动。此为产后3～9个月的蛋，应迅速销售，不宜储存。

4．可食蛋

透视蛋黄显现，易摇动，且上浮而接近蛋壳。气室移动，高达 10 mm 以上。这种蛋应迅速销售，只作普通食用蛋，不宜作为蛋制品加工原料。

5．次品蛋

（1）热伤蛋：照蛋时可见胚珠增大，但无血管。

（2）早期胚胎发育蛋：照蛋时，轻者呈现鲜红色小血圈，稍重者血圈扩大，并有明显的血丝。

（3）红贴壳蛋：照蛋时见气室增大，贴壳处呈红色。打开后蛋壳内壁可见蛋黄粘连痕迹，蛋黄与蛋白界限分明，无异味。

（4）轻度黑贴壳蛋：照蛋时蛋黄粘壳部分呈黑色阴影，其余部分蛋黄仍呈深红色。打开后可见贴壳处有黄中带黑的粘连痕迹，蛋黄与蛋白界限分明，无异味。

（5）散黄蛋：照蛋时蛋黄不完整或呈不规则云雾状。打开后黄白相混，但无异味。

（6）轻度霉蛋：蛋壳外表稍有霉迹。照蛋时见壳膜内壁有霉点，打开后蛋液内无霉点，蛋黄蛋白分明，无异味。

次品蛋不得鲜销，必须经过高温（中心温度达 85 ℃以上）处理后才能食用。

6．变质蛋和孵化蛋

（1）重度黑贴壳蛋：粘贴的黑色部分超过蛋黄面积 1/2 以上，蛋液有异味。

（2）重度霉蛋：外表霉迹明显。照蛋时见内部有较大黑点或黑斑。打开后蛋膜及蛋液内均有霉斑，蛋白液呈胶冻样霉变，并带有严重霉味。

（3）泻黄蛋：照蛋时黄白混杂不清，呈灰黄色。打开后蛋液呈灰黄色，变稀，浑浊，有不愉快气味。

（4）黑腐蛋：照蛋时全蛋不透光，呈灰黑色。打开后蛋黄蛋白分不清，呈暗黄色、灰绿色或黑色水样弥漫状，并有恶臭味或严重霉味。

（5）晚期胚胎发育蛋：照蛋时，在较大的胚胎周围有树枝状血丝、血点，或者还能观察到小雏体的眼睛，或者已有成形的死雏。

变质蛋和孵化蛋禁止食用，不允许加工成蛋制品。

（二）蛋相对密度测定

【原理】

鲜鸡蛋的平均相对密度为 1.084 5。蛋在储存过程中，蛋内水分不断蒸发和 CO_2 的逸出，使蛋的气室逐渐增大，致使相对密度降低。所以，通过测定蛋的相对密度，可推知蛋的新鲜程度。利用不同相对密度的盐水，观察蛋在其中沉浮情况，确定蛋的相对密度。

本方法不适宜于检查贮藏蛋、种蛋等。

【操作方法】

先把蛋放在相对密度为 1.073（约含食盐 10%）的食盐水中，观察其沉浮情况。若沉入食盐水中，再移入相对密度为 1.080（约含食盐 11%）的食盐中，观察其沉浮情况；若在相对密度为 1.073 的食盐中漂浮，则移入相对密度为 1.060（约含食盐 8%）的食盐水中，观察沉浮情况。

【判定标准】

（1）在相对密度为 1.073 的食盐水中下沉的蛋，为新鲜蛋。

（2）当移入相对密度为 1.080 的食盐水仍下沉的蛋，为最新鲜蛋。

（3）在相对密度为 1.073 和 1.080 的食盐中都悬浮不沉，而只在相对密度为 1.060 食盐中下沉的蛋，表明该蛋介于新陈之间，为次鲜蛋。

（4）如在上述三种食盐水中都悬浮不沉，则为过陈蛋或腐败蛋。

（三）荧光检验

【原理】

用紫外光照射，观察蛋壳光谱的变化，来鉴别蛋的新鲜程度。鲜蛋的内容物吸收紫外光后发射出红光；不新鲜蛋的内容物吸收紫外光，发出比紫外光波长稍长的紫光。由于蛋的新鲜度不同，其发射光在红光与紫光之间变化。

【操作方法】

将荧光灯放置在暗室中，鲜蛋放于灯下，观察其颜色。

【判定标准】

（1）鲜蛋：深红色。

（2）次鲜蛋：橘红色或淡红色。

（3）变质蛋：紫青色或淡紫色。

（四）哈夫单位测定

【操作方法】

称蛋重，然后把蛋打开倒在蛋质分析仪的水平玻璃台上，在距蛋黄 1 cm 处，将蛋质分析仪的垂直测微器的轴慢慢地下降到和蛋白表面接触，读取读数，精确到 0.1 mm，依次选取 3 个点，测出 3 个高度值，取其平均数为蛋白高度。

【结果计算】

$$H_U = 100 \cdot \lg \left[H - \frac{G(30M^{0.37} - 100)}{100} + 1.9 \right]$$

式中　H_U——哈夫单位；

　　　H——蛋白高度（mm）；

　　　G——常数，6.2；

　　　M——蛋的质量（g）。

【判定标准】

哈夫单位的指标范围为 30～100，"30"表示质量差，"100"为最高指标。

特级：哈夫单位在 72 以上；甲级：哈夫单位为 60～72；乙级：哈夫单位为 30～60。

（五）蛋黄指数测定

【操作方法】

将破壳蛋内容物轻轻倒于蛋质分析仪的水平测试台上，用蛋质分析仪量取蛋黄最高点的高度，用卡尺量取蛋黄最大的横径，小心不要弄破蛋黄膜。

【结果计算】

$$蛋黄指数 = \frac{蛋黄高度（cm）}{蛋黄宽度（cm）}$$

【判定标准】

新鲜蛋为 0.04～0.45，次鲜蛋为 0.25～0.40，陈旧蛋为 0.25 以下。

三、实训报告

根据实际检测方法写出蛋新鲜度的检验报告，并根据检验结果提出处理意见。

■ 作业单

1. 蛋的卫生质量主要依据（　　）进行判定。

2. 蛋腐败变质、脂肪酸败及农药残留、有害金属污染所造成的某些指标的改变需要进行严格的（　　）检验才能进行评价。

3. 鲜蛋包括鲜鸡蛋、冷藏鲜鸡蛋、化学贮藏蛋。常检理化项目是（　　）、（　　）、

（　　）。

4. 利用照蛋器的灯光来透视检蛋，可见到（　　）、（　　）、（　　）、（　　）等。

5. 蛋的常用评价等级有（　　）、（　　）、（　　）、（　　）、（　　）、（　　）。

6. 次品蛋的等级有（　　）、（　　）、（　　）、（　　）、（　　）、（　　）。

7. 变质蛋和孵化蛋的等级有（　　）、（　　）、（　　）、（　　）、（　　）。

8. 蛋相对密度的测定不适宜于检查（　　）、（　　）等。

评 估 单

【评估内容】

一、判断

1. 蛋的卫生质量主要依据理化检验进行判定。　　　　　　　　　　　　　　（　　）

2. 透视全蛋呈橘红色，蛋黄不显现，内容物不流动，气室高在 4 mm 以内可判定为新鲜蛋。
（　　）

3. 透视全蛋呈红黄色，蛋黄所在处颜色稍深，蛋黄稍有转动，气室高为 5～7 mm，判定为新鲜蛋。　　　　　　　　　　　　　　　　　　　　　　　　　　　　　　（　　）

4. 内容物呈红黄色，蛋黄阴影清楚，能够转动，且位置上移，不再居于中央，气室高度 10 mm 以内，且能移动，可判定为可食蛋。　　　　　　　　　　　　　　（　　）

5. 因浓蛋白完全水解，卵黄显现，易摇动，且上浮而接近蛋壳（靠黄蛋），气室移动，高 10 mm 以上，可判定为普通蛋。　　　　　　　　　　　　　　　　　　（　　）

6. 次品蛋不得鲜销，必须经过高温（中心温度达 60 ℃以上）处理后才能食用。（　　）

7. 变质蛋和孵化蛋禁止食用，但可加工成蛋制品。　　　　　　　　　　　（　　）

8. 鲜鸡蛋的平均相对密度为 1.084 5。　　　　　　　　　　　　　　　　（　　）

9. 蛋储存的时间越长，气室越大。　　　　　　　　　　　　　　　　　　（　　）

10. 在相对密度为 1.073 的食盐水中下沉的蛋，为新鲜蛋。　　　　　　　　（　　）

11. 在相对密度为 1.080 的食盐水中仍下沉的蛋，为最新鲜蛋。　　　　　　（　　）

12. 鲜蛋的内容物吸收紫外光后发射出紫光；不新鲜蛋的内容物吸收紫外光，发出比紫外光波长稍长的红光。　　　　　　　　　　　　　　　　　　　　　　　（　　）

13. 哈夫单位的指标范围为 30～100，"30" 表示质量差，"100" 为最高指标。（　　）

14. 新鲜蛋蛋黄指数为 0.04～0.45。　　　　　　　　　　　　　　　　　（　　）

15. 荧光灯下变质蛋呈紫青色或淡紫色。　　　　　　　　　　　　　　　　（　　）

16. 蛋在储存过程中，由于蛋内 CO_2 向外逸出，蛋白质在微生物和自溶酶的作用下不断分解，产生氨及氨态化合物，使蛋内 pH 值向碱性方向变化。　　　　　　　（　　）

二、操作

（1）灯光透视检验。

（2）蛋黄指数测定。

【评估方法】

一、判断

利用多媒体课件，分组对学生进行评估。

优：在限定的时间内完成全部判断，90% 以上正确。

良：在限定的时间内完成全部判断，70% 以上正确。

及格：延时完成全部判断，60% 以上正确。

不及格：延时完成全部判断，40% 以上不正确。

二、操作

序号	考核内容	考核要点	分值	评分标准	得分
1	照蛋器、气室测定规尺的使用	1. 照蛋：在暗室中将蛋的大头紧贴照蛋器的洞口上，使蛋的纵轴与照蛋器约成 30°倾斜，先观察气室大小和内容物的透光程度，然后上、下、左、右轻轻转动，根据蛋内容物移动情况来判断气室的稳定状态和蛋黄、胚盘的稳定程度，以及蛋内有无污斑、黑点和异物等 2. 气室测量：测量时，先将气室测量规尺固定在照蛋孔上缘，将蛋的大头端向上正直地嵌入半圆形的切口，在照蛋的同时即可测出气室的高度与气室的直径。读取气室左右两端落在规尺刻线上的数值（气室左边、右边的高度），称取试样，置于锥形瓶。 3. 检验结果判定	20	有一项不符合标准扣 7 分，直到扣完为止	
2	蛋质分析仪的使用	1. 用蛋质分析仪测蛋黄高度和宽度方法是否正确 2. 蛋黄指数计算 3. 检验结果判定	15	有一项不符合标准扣 5 分，直到扣完为止	
3	结束工作	1. 仪器洗涤 2. 药品、仪器归位 3. 工作台面整洁	6	有一项不符合标准扣 2 分，直到扣完为止	
4	数据记录及处理	1. 数据记录及时 2. 计算公式及结果正确 3. 正确保留有效数字 4. 报告完整、规范、整洁	9	有一项不符合标准扣 2 分，直到扣完为止	
5	安全文明操作	1. 每损坏一件仪器扣 5 分 2. 发生安全事故扣 20 分 3. 乱倒（丢）废液、废纸扣 5 分	30		
6	试验重做		10	试验每重做一次扣 10 分	
	合计		50		

　　为考核团队协作能力和互助学习精神，以小组为单位进行考核，每组随机抽查 1 人进行操作，以评价小组的整体动手操作能力。

　　备注：项目二十一学习情境占模块四总分的 7%。

一、材料与设备

　　酸碱滴定管、试管、移液管、烧瓶、锥形瓶、容量瓶、平皿、烧杯、酒精灯、恒温水浴锅、坩埚、分析天平、干燥箱、高温炉、蛋盘、酸度计、组织捣碎机。

二、方法与步骤

（一）变蛋中 pH 值测定

【操作方法】

1. 样品处理

将 5 个变蛋洗净，去壳，按蛋水比为 2∶1 的比例，在组织捣碎机中捣成匀浆。

2．测定

称取 15 g 匀浆（相当于 19 g 样品），加水搅匀，稀释至 150 mL，用双层纱布过滤，量取 50 mL 测 pH 值。

【判定标准】

国家标准规定变蛋的 pH 值（1∶15 稀释）≥ 9.5。

（二）变蛋中总碱度的测定

【原理】

样品经消化后，用过量的酸处理其中的碱，然后用氢氧化钠标准溶液滴定剩余的酸，按 100 g 变蛋消耗 1 mol/L 酸量计算被检变蛋的总碱度。

变蛋的总碱度以变蛋灰分的碱度来表示。碱度是指样品中能与强酸相互作用的所有物质的含量。

【试剂】

（1）0.1 mol/L 盐酸标准溶液。

（2）40％氯化钙溶液。

（3）0.1 mol/L 氢氧化钠标准溶液。

（4）1％酚酞乙醇指示液。

【操作方法】

（1）取变蛋样品 5 个，去壳，捣碎混匀，准确称取 10 g 于坩埚中，置 120 ℃烘箱内干燥 3 h，取出，再以小火炭化至无烟。

（2）将坩埚移至高温炉中，以 550 ℃灰化 1～2 h，取出放冷（如灰化不完全，加 2 mL 水，用玻璃棒搅碎，置水浴上蒸干，再灰化 1 h）。用热水将灰分洗入 500 mL 烧杯中，充分洗涤坩埚，洗液并入烧杯中。

（3）加入 0.1 mol/L 盐酸标准溶液 50.0 mL，烧杯上盖一表面皿，小心加热至沸腾，并以微火微沸 5 min，放冷。

（4）加 40％氯化钙溶液 30 mL，酚酞指示剂 10 滴，以 0.1 mol/L 氢氧化钠标准溶液滴定至溶液出现微红色，30 s 不褪为终点。

【结果计算】

$$总碱度 = \frac{M \cdot V - M_1 \cdot V_1}{m} \times 100$$

式中　M——盐酸标准溶液浓度（mol/L）；

　　　M_1——氢氧化钠标准溶液浓度（mol/L）；

　　　V——所加盐酸标准溶液（mol）；

　　　V_1——滴定样品时消耗氢氧化钠标准溶液（mL）；

　　　m——样品质量（g）。

【判定标准】

优质变蛋的总碱度一般为 5～10。

三、实训报告

根据实际检验结果写出实训报告，分析操作中存在的问题及改进的措施。

作业单

1．国家标准规定变蛋的 pH 值（1∶15 稀释）为（　　　）。

2．变蛋的理化检验项目主要有（　　　）、（　　　）、（　　　）、（　　　）、（　　　）。

3．鸡蛋白片理化检验项目主要有（　　　）、（　　　）、（　　　）、（　　　）、（　　　）、（　　　）。

4．鸡蛋黄粉理化检验项目主要有（　　　）、（　　　）、（　　　）、（　　　）、（　　　）、（　　　）。

5．冰鸡蛋白理化检验项目主要有（　　　）、（　　　）、（　　　）、（　　　）。

6．冰鸡全蛋、巴氏消毒冰鸡全蛋、冰鸡蛋黄理化检验项目主要有（　　　）、（　　　）、（　　　）、（　　　）、（　　　）。

7．优质变蛋的总碱度一般为（　　　）。

评估单

【评估内容】

变蛋中总碱度的测定。

【评估方法】

序号	考核内容	考核要点	分值	评分标准	得分
1	酸度计的使用	1．样品处理 2．用酸度计测 pH 值 3．检验结果判定	30	有一项不符合标准扣 10 分，直到扣完为止	
2	坩埚及茂福炉的使用	1．烘箱使用 2．坩埚使用 3．茂福炉的使用 4．坩埚内样品加热煮沸 5．滴定	40	有一项不符合标准扣 8 分，直到扣完为止	
3	结束工作	1．仪器洗涤 2．药品、仪器归位 3．工作台面整洁	15	有一项不符合标准扣 5 分，直到扣完为止	
4	数据记录及处理	1．数据记录及时 2．计算公式及结果正确 3．正确保留有效数字 4．报告完整、规范、整洁	15	有一项不符合标准扣 4 分，直到扣完为止	
5	安全文明操作	1．每损坏一件仪器扣 5 分 2．发生安全事故扣 20 分 3．乱倒（丢）废液、废纸扣 5 分	40		
6	试验重做		10	试验每重做一次扣 10 分	
	合计		100		

为考核团队协作能力和互助学习精神，以小组为单位进行考核，每组随机抽查 1 人进行操作，以评价小组的整体动手操作能力。

备注：项目二十一学习情境占模块四总分的 5%。

项目二十二　乳理化指标检验

任务一　乳及乳制品常用理化指标检验

【基本概念】

生乳、巴氏杀菌乳、调制乳、感官性状异常乳、异常乳、掺假乳、病畜乳、牛乳相对密度、酸度（°T）

【重点内容】

1. 乳的冰点测定。
2. 乳相对密度测定。
3. 乳蛋白质含量测定。
4. 乳脂的测定。
5. 非脂乳固体测定
6. 乳杂质度测定。
7. 乳酸度测定。

【教学目标】

1. 知识目标
熟悉乳的理化检验指标。
2. 技能目标
掌握乳的冰点、乳相对密度、乳蛋白质含量、乳脂、非脂乳固体、乳杂质度、乳酸度的测定方法。

资料单一

乳品厂在收购生鲜乳的过程中，为了判定其质量的好坏，常进行酸度、酒精试验、比重、乳脂、乳蛋白等项目测定，进行杂质度、煮沸试验、细菌总数和抗菌药物残留等检测。感官指标：正常牛乳白色或微带黄色，不得含有肉眼可见的异物，不得有红色、绿色或其他异色。不能有苦味、咸味、涩味和饲料味、青贮味、霉味等异常味。理化要求：相对密度为1.028～1.032，乳脂率≥3.2%，乳蛋白≥3.0%，非脂乳固体≥8.3%，酸度（°T）≤18.0，杂质度（mg/kg）≤4。微生物要求：细菌总数不超过［CFU/g（mL）］50万。

一、乳的安全卫生标准

（一）生乳

《食品安全国家标准　生乳》（GB 19301—2010）适用于生乳，不适用于即食生乳。

生乳是从符合国家有关要求的健康奶畜乳房中挤出的无任何成分改变的常乳。产犊后7 d的初乳、应用抗生素期间和休药期间的乳汁、变质乳不应用作生乳。

1. 感官要求

生乳的感官要求应符合表 4-20 的规定。

表 4-20 生乳的感官要求

项目	要求	检验方法
色泽	呈乳白色或微黄色	取适量试样置于 50 mL 烧杯中，在自然光下观察色泽和组织状态，闻其气味，用温开水漱口，品尝滋味
滋味、气味	具有乳固有的香味，无异味	
组织状态	呈均匀一致液体，无凝块，无沉淀，无正常视力可见的异物	

2. 理化指标

生乳的理化指标应符合表 4-21 的规定。

表 4-21 生乳的理化指标

项目	指标	检验方法
冰点 [a]/℃	$-0.500 \sim -0.560$	GB 5413.38—2016
相对密度（20 ℃ /4 ℃）	$\geqslant 1.027$	
蛋白质 / [g·(100 g)$^{-1}$]	$\geqslant 2.8$	GB 5009.5—2016
脂肪 / [g·(100 g)$^{-1}$]	$\geqslant 3.1$	
杂质度 / (mg·kg^{-1})	$\leqslant 4.0$	GB 5413.30—2016
非脂乳固体	$\geqslant 8.1$	GB 5413.39—2010
酸度 /°T 牛乳 [b] 羊乳	$12 \sim 18$ $6 \sim 13$	

注：a. 挤出 3 h 检测；

    b. 仅适用于荷斯坦奶牛。

3. 污染物限量

污染物限量应符合《食品安全国家标准 食品中污染物限量》（GB 2762—2017）的规定。乳及乳制品污染物限量见表 4-22。

表 4-22 乳及乳制品污染物限量　　　　　　　　　　　　　　**mg/kg**

项目	种类	指标	检验方法标准
铅（以 Pb 计）	乳及乳制品	（生乳、巴氏杀菌乳、灭菌乳、发酵乳、调制乳、乳粉、非脱盐乳清粉除外）0.3 生乳、巴氏杀菌乳、灭菌乳、发酵乳、调制乳 0.05 乳粉、非脱盐乳清粉 0.5	GB 5009.12—2017
汞（以 Hg 计）	乳及乳制品	生乳、巴氏杀菌乳、灭菌乳、调制乳、发酵乳 0.01	GB 5009.17—2014
砷（以 As 计）	乳及乳制品	生乳、巴氏杀菌乳、灭菌乳、调制乳、发酵乳 0.1 乳粉 0.5	GB 5009.11—2014
铬（以 Cr 计）	乳及乳制品	生乳、巴氏杀菌乳、灭菌乳、调制乳、发酵乳 0.3 乳粉 2.0	GB 5009.123—2014
亚硝酸盐、硝酸盐	乳及乳制品	生乳 0.4，乳粉 2.0	GB 5009.33—2016

注：亚硝酸盐（以 NaNO$_2$ 计），硝酸盐（以 NaNO$_3$ 计）。

4. 真菌毒素限量

真菌毒素限量应符合《食品安全国家标准 食品中真菌毒素限量》（GB 2761—2017）的规定。

5. 微生物限量

生乳的微生物限量应符合表 4-23 的规定。

表 4-23 生乳的微生物限量

项 目	限量	检验方法
菌落总数 /（CFU·g^{-1} 或 CFU·mL^{-1}）	≤ 2×10^6	GB 4789.2—2016

6. 农药残留限量

农药残留限量应符合国家有关的规定和公告。

7. 兽药残留限量

兽药残留限量应符合国家有关的规定和公告。

（二）巴氏杀菌乳

《食品安全国家标准 巴氏杀菌乳》（GB 19645—2010）适用于全脂、脱脂和部分脱脂巴氏杀菌乳。

巴氏杀菌乳仅是以生牛（羊）乳为原料，经巴氏杀菌等工序制得的液体产品。

1. 原料要求

生乳应符合《食品安全国家标准 生乳》（GB 19301—2010）的要求。

2. 感官要求

巴氏杀菌乳的感官要求应符合表 4-24 的规定。

表 4-24 巴氏杀菌乳的感官要求

项目	要求	检验方法
色泽	呈乳白色或微黄色	取适量试样置于 50 mL 烧杯中，在自然光下观察色泽和组织状态，闻其气味，用温开水漱口，品尝滋味
滋味、气味	具有乳固有的香味，无异味	
组织状态	呈均匀一致液体，无凝块，无沉淀，无正常视力可见的异物	

3. 理化指标

巴氏杀菌乳的理化指标应符合表 4-25 的规定。

表 4-25 巴氏杀菌乳的理化指标

项目		指标
脂肪 */[g·$(100\,g)^{-1}$]		≥ 3.1
蛋白质 /[g·$(100\,g)^{-1}$]	牛乳	≥ 2.9
	羊乳	≥ 2.8
非脂乳固体 /[g·$(100\,g)^{-1}$]		≥ 8.1
酸度 /°T	牛乳	12～18
	羊乳	6～13
注：* 仅适用于全脂巴氏杀菌乳。		

4. 污染物限量

污染物限量应符合《食品安全国家标准 食品中污染物限量》（GB 2762—2017）的规定。

5. 真菌毒素限量

真菌毒素限量应符合《食品安全国家标准 食品中真菌毒素限量》（GB 2761—2017）的规定。

6. 微生物限量

巴氏杀菌乳微生物限量应符合表 4-26 的规定。

表 4-26 巴氏杀菌乳微生物限量

项目	采样方案及限量（若非指定，均以 CFU/g 或 CFU/mL 表示）			
	n	c	m	M
菌落总数	5	2	50 000	100 000
大肠菌群	5	2	1	5
金黄色葡萄球菌	5	0	0/25 g（mL）	—
沙门氏菌	5	0	0/25 g（mL）	—

（三）灭菌乳

《食品安全国家标准 灭菌乳》（GB 25190—2010）适用于全脂、脱脂和部分脱脂灭菌乳。

1. 原料要求

（1）生乳：应符合《食品安全国家标准 生乳》（GB 19301—2010）的规定。

（2）乳粉：应符合《食品安全国家标准 乳粉》（GB 19644—2010）的规定。

2. 感官要求

灭菌乳的感官要求应符合表 4-27 的规定。

表 4-27 灭菌乳的感官要求

项目	要求	检验方法
色泽	呈乳白色或微黄色	取适量试样置于 50 mL 烧杯中，在自然光下观察色泽和组织状态，闻其气味，用温开水漱口，品尝滋味
滋味、气味	具有乳固有的香味，无异味	
组织状态	呈均匀一致液体，无凝块，无沉淀，无正常视力可见的异物	

3. 理化指标

灭菌乳的理化指标应符合表 4-28 的规定。

表 4-28 灭菌乳的理化指标

项目		指标
脂肪 */［g·（100 g）$^{-1}$］		≥3.1
蛋白质/［g·（100 g）$^{-1}$］	牛乳	≥2.9
	羊乳	≥2.8
非脂乳固体/［g·（100 g）$^{-1}$］		≥8.1
酸度/°T	牛乳	12～18
	羊乳	6～13
注：* 仅适用于灭菌乳。		

4．污染物限量

污染物限量应符合《食品安全国家标准　食品中污染物限量》（GB 2762—2017）的规定。

5．真菌毒素限量

真菌毒素限量应符合《食品安全国家标准　食品中真菌毒素限量》（GB 2761—2017）的规定。

6．微生物要求

微生物应符合商业无菌的要求，按《食品安全国家标准　食品微生物学检验　商业无菌检验》（GB 4789.26—2013）规定的方法检验。

（四）调制乳

调制乳是以不低于 80% 的生牛（羊）乳或复原乳为主要原料，添加其他原料或食品添加剂或营养强化剂，采用适当的杀菌或灭菌等工艺制成的液体产品。

《食品安全国家标准　调制乳》（GB 25191—2010）适用于全脂、脱脂和部分脱脂调制乳。

1．原料要求

（1）生乳：应符合《食品安全国家标准　生乳》（GB 19301—2010）的规定。

（2）其他原料：应符合相应的安全标准和 / 或有关规定。

2．感官指标

调制乳的感官要求应符合表 4-29 的规定。

表 4-29　调制乳的感官要求

项目	要求	检验方法
色泽	呈调制乳应有的色泽	取适量试样置于 50 mL 烧杯中，在自然光下观察色泽和组织状态，闻其气味，用温开水漱口，品尝滋味
滋味、气味	具有调制乳应有的香味，无异味	
组织状态	呈均匀一致液体，无凝块，无沉淀，无正常视力可见的异物	

3．理化指标

调制乳的理化指标应符合表 4-30 的规定。

表 4-30　调制乳的理化指标

项目	指标
脂肪 [a]/[g·(100 g)$^{-1}$]	≥ 3.1
蛋白质 /[g·(100 g)$^{-1}$]	≥ 2.3
a. 仅适用于全脂产品。	

4．污染物限量

污染物限量应符合《食品安全国家标准　食品中污染物限量》（GB 2762—2017）的规定。

5．真菌毒素限量

真菌毒素限量应符合《食品安全国家标准　食品中真菌毒素限量》（GB 2761—2017）的规定。

6．微生物要求

采用灭菌工艺生产的调制乳应符合商业无菌的要求，按《食品安全国家标准　食品微生

物学检验　商业无菌检验》（GB 4789.26—2013）规定的方法检验，其他调制乳应符合表 4-31 的规定。

表 4-31　调制乳微生物限量

项目	采样方案及限量（若非指定，均以 CFU/g 或 CFU/mL 表示）			
	n	c	m	M
菌落总数	5	2	50 000	100 000
大肠菌群	5	2	1	5
金黄色葡萄球菌	5	0	0/25 g（mL）	—
沙门氏菌	5	0	0/25 g（mL）	—

7. 食品添加剂和食品营养强化剂

食品添加剂的使用应符合《食品安全国家标准　食品添加剂使用标准》（GB 2760—2014）的规定。食品营养强化剂的使用应符合《食品安全国家标准　食品营养强化剂使用标准》（GB 14880—2012）的规定。

二、不合格乳的卫生评定

经过检验，原料乳或成品乳有下列缺陷者，不得食用，应予以销毁。

1. 感官性状异常

乳呈现黄色、红色或绿色等异常色泽，乳汁黏稠，有凝块或沉淀，有血或脓、肉眼可见的异物或杂质，或有明显的饲料味、苦味、酸味、霉味、臭味、涩味及其他异常气味或滋味。

2. 理化指标异常

乳的脂肪、非脂乳固体及蛋白质含量低于国家标准或有关行业标准，黄曲霉毒素、重金属、农药及其他有害物质超标。

3. 微生物指标异常

乳中检出致病微生物，菌落总数或大肠菌群数超标。

4. 异常乳

异常乳包括产犊前 15 d 的乳，产犊后 7 d 内的初乳，开始挤出的第一、二把乳汁，应用兽药期间和休药期内的乳汁，乳房炎乳及腐败变质乳等。

5. 掺假乳

乳中掺水或掺入其他任何物质均为掺假乳。

6. 病畜乳

病畜乳是指乳畜患有结核病、布鲁氏杆菌病、炭疽、口蹄疫、钩端螺旋体病、李氏杆菌病、乳房放线菌病等传染病时所产的乳。

资料单二

乳制品是指以鲜牛（羊）乳及其制品为主要原料，经加工制成的产品，包括液体乳类（杀菌乳、灭菌乳、酸牛乳、配方乳）；乳粉类（全脂乳粉、脱脂乳粉和调味乳粉、婴幼儿配方乳粉、其他配方乳粉）；炼乳类（全脂无糖炼乳、全脂加糖炼乳、调味/调制炼乳、配方炼乳）；乳脂肪类（稀奶油、奶油、无水奶油）；干酪类（原干酪、再制干酪）；其他乳制品类（干酪素、乳糖、乳清粉等）。我国少数民族地区还有扣碗酪（奶酪）、乳扇、奶皮子、奶豆腐（乳饼）、酥油、奶子酒等传统的乳制品。

一、乳制品的安全卫生标准

（一）发酵乳

《食品安全国家标准　发酵乳》（GB 19302—2010）适用于全脂、脱脂和部分脱脂发酵乳。

1. 原料要求

（1）生乳：应符合《食品安全国家标准　生乳》（GB 19301—2010）的规定。

（2）其他原料：应符合相应的安全标准和有关规定。

（3）发酵菌种：保加利亚乳杆菌（德氏乳杆菌保加利亚亚种）、嗜热链球菌或其他由国务院卫生行政部门批准使用的菌种。

2. 感官要求

发酵乳的感官要求应符合表 4-32 的规定。

表 4-32　发酵乳的感官要求

项目	要求		检验方法
	发酵乳	风味发酵乳	
色泽	色泽均匀一致，呈乳白色或微黄色	具有与添加成分相符的色泽	取适量试样置于 50 mL 烧杯中，在自然光下观察色泽和组织状态，闻其气味，用温开水漱口，品尝滋味
滋味、气味	具有发酵乳特有的滋味、气味	具有与添加成分相符的滋味和气味	
组织状态	组织细腻、均匀，允许有少量乳清析出；风味发酵乳具有添加成分特有的组织状态		

3. 理化指标

发酵乳的理化指标应符合表 4-33 的规定。

表 4-33　发酵乳的理化指标

项目	指标	
	发酵乳	风味发酵乳
脂肪[a]/[g·(100 g)$^{-1}$]	≥3.1	≥2.5
非脂乳固体/[g·(100 g)$^{-1}$]	≥8.1	—
蛋白质/[g·(100 g)$^{-1}$]	≥2.9	≥2.3
酸度/°T	≥70.0	

注：a. 适用于全脂产品。

4. 污染物限量

污染物限量应符合《食品安全国家标准　食品中污染物限量》（GB 2762—2017）的规定。

5. 真菌毒素限量

真菌毒素限量应符合《食品安全国家标准　食品中真菌毒素限量》（GB 2761—2017）的规定。

6. 微生物要求

采用灭菌工艺生产的发酵乳应符合商业无菌的要求，按《食品安全国家标准　食品微生物学检验　商业无菌检验》（GB 4789.26—2013）规定的方法检验。发酵乳微生物限量应符合表 4-34 的规定。

表 4-34　发酵乳微生物限量

项目	采样方案 [a] 及限量（若非指定，均以 $CFU \cdot g^{-1}$ 或 $CFU \cdot mL^{-1}$ 表示）			
	n	c	m	M
大肠菌群	5	2	1	5
金黄色葡萄球菌	5	0	0/25 g（mL）	—
沙门氏菌	5	0	0/25 g（mL）	—
酵母	≤ 100			
霉菌	≤ 30			
a. 样品分析与处理按 GB 4789.1—2016 和 GB 4789.18—2010 执行。				

7. 乳酸菌数

发酵乳乳酸菌数限量应符合表 4-35 的规定。

表 4-35　发酵乳乳酸菌数限量

项目	限量 / （$CFU \cdot g^{-1}$ 或 $CFU \cdot mL^{-1}$）	检验方法
乳酸菌数 [a]	≥ 1×10^6	GB 4789.35—2016
注：a. 发酵后经热处理的产品对乳酸菌数不做要求。		

8. 食品添加剂和营养强化剂

食品添加剂和营养强化剂的使用应符合《食品安全国家标准　食品添加剂使用标准》（GB 2760—2014）和《食品安全国家标准　食品营养强化剂使用标准》（GB 14880—2012）的规定。

（二）乳粉

《食品安全国家标准　乳粉》（GB 19644—2010）适用于全脂、脱脂、部分脱脂乳粉和调制乳粉。

乳粉是以生牛（羊）乳为原料，经加工制成的粉状产品。

调制乳粉是以生牛（羊）乳或其加工制品为主要原料，添加其他原料，添加或不添加食品添加剂和营养强化剂，经加工制成的乳固体含量不低于 70% 的粉状产品。

1. 原料要求

（1）生乳：应符合《食品安全国家标准　生乳》（GB 19301—2010）的规定。

（2）其他原料：应符合相应的安全标准和 / 或有关规定。

2. 感官要求

乳粉的感官要求应符合表 4-36 规定。

表 4-36　乳粉的感官要求

项目	要求		检验方法
	乳粉	调制乳粉	
色泽	呈均匀一致的乳黄色	具有应有的色泽	取适量试样置于 50 mL 烧杯中，在自然光下观察色泽和组织状态，闻其气味，用温开水漱口，品尝滋味
滋味、气味	具有纯正的乳香味	具有应有的滋味、气味	
组织状态	干燥均匀的粉末		

3. 理化指标

乳粉的理化指标应符合表 4-37 的规定。

表 4-37　乳粉的理化指标

项目		指标		检验方法
		乳粉	调制乳粉	
蛋白质 /%		≥ 非脂乳固体 [a] 的 34%	16.5	GB 5009.5—2016
脂肪 [b]/%		≥ 26.0	—	GB 5009.6—2016
复原乳酸度 /°T	牛乳	≤ 18	—	GB 5009.239—2016
	羊乳	7 ~ 14	—	
杂质度 /（mg · kg⁻¹）		≤ 16		GB 5413.30—2016
水分 /%		≤ 5.0	—	GB 5009.3—2016

注：a. 非脂乳固体（%）=100%- 脂肪（%）- 水分（%）；b. 仅适用于全脂乳粉。

4. 污染物限量

污染物限量应符合《食品安全国家标准　食品中污染物限量》（GB 2762—2017）的规定。

5. 真菌毒素限量

真菌毒素限量应符合《食品安全国家标准　食品中真菌毒素限量》（GB 2761—2017）的规定。

6. 微生物限量

乳粉微生物限量应符合表 4-38 的规定。

表 4-38　乳粉微生物限量

项目	采样方案 [a] 及限量（若非指定，均以 CFU/g 表示）				检验方法
	n	c	m	M	
菌落总数 [b]	5	2	50 000	200 000	GB 4789.2—2016
大肠菌群	5	1	10	100	GB 4789.3—2016 平板计数法
金黄色葡萄球菌	5	2	10	100	GB 4789.10—2016 平板计数法
沙门氏菌	5	0	0/25 g（mL）	—	GB 4789.4—2016

注：a. 样品的分析及处理按 GB 4789.1—2016 和 GB 4789.18—2010 执行。b. 不适用于添加活性菌种（好氧和兼性厌氧益生菌）的产品。

7. 食品添加剂和营养强化剂

食品添加剂和营养强化剂的使用应符合《食品安全国家标准　食品添加剂使用标准》（GB 2760—2014）和《食品安全国家标准　食品营养强化剂使用标准》（GB 14880—2012）的规定。

（三）炼乳

《食品安全国家标准 炼乳》（GB 13102—2010）适用于淡炼乳、加糖炼乳和调制炼乳。

淡炼乳是以生乳和（或）乳制品为原料，添加或不添加食品添加剂和营养强化剂，经加工制成的黏稠状产品。

加糖炼乳是以生乳和（或）乳制品、食糖为原料，添加或不添加食品添加剂和营养强化剂，经加工制成的黏稠状产品。

调制炼乳是以生乳和（或）乳制品为主料，添加或不添加食糖、食品添加剂和营养强化剂，添加辅料，经加工制成的黏稠状产品。

1．原料要求

（1）生乳：应符合《食品安全国家标准　生乳》（GB 19301—2010）的要求。

（2）其他原料：应符合相应的安全标准和 / 或有关规定。

2．感官要求

炼乳的感官要求应符合表 4-39 的规定。

表 4-39　炼乳的感官要求

项目	要求			检验方法
	淡炼乳	加糖炼乳	调制炼乳	
色泽	呈均匀一致的乳白色或乳黄色，有光泽		具有辅料应有的色泽	取适量试样置于 50 mL 烧杯中，在自然光下观察色泽和组织状态，闻其气味，用温开水漱口，品尝滋味
滋味、气味	具有乳的滋味和气味	具有乳的香味，甜味纯正	具有乳和辅料应有的滋味和气味	
组织状态	组织细腻，质地均匀，黏度适中			

3．理化指标

炼乳的理化指标应符合表 4-40 的规定。

表 4-40　炼乳的理化指标

项目	指标				检验方法
	淡炼乳	加糖炼乳	调制炼乳		
			调制淡炼乳	调制加糖炼乳	
蛋白质 / $[g \cdot (100\,g)^{-1}]$	≥非脂乳固体 [a] 的 34%		≥ 4.1	≥ 4.6	GB 5009.5—2016
脂肪（X）/ $[g \cdot (100\,g)^{-1}]$	$7.5 \leq X < 15.0$		$X \geq 7.5$	$X \geq 8.0$	GB 5009.6—2016
乳固体 [b] / $[g \cdot (100\,g)^{-1}]$	≥ 25.0	≥ 28.0	—	—	
蔗糖 / $[g \cdot (100\,g)^{-1}]$	—	≤ 45.0	—	≤ 48.0	GB 5413.5—2010
水分 /%	—	≤ 27.0	—	≤ 28.0	GB 5009.3—2016
酸度 /°T	≤ 48.0				GB 5009.239—2016

注：a．非脂乳固体（%）=100%-脂肪（%）-水分（%）-蔗糖（%）；b．乳固体（%）=100%-水分（%）-蔗糖（%）。

4．污染物限量

污染物限量应符合《食品安全国家标准　食品中污染物限量》（GB 2762—2017）的规定。

5．真菌毒素限量

真菌毒素限量应符合《食品安全国家标准　食品中真菌毒素限量》（GB 2761—2017）的规定。

6．微生物要求

（1）淡炼乳、调制淡炼乳应符合商业无菌的要求，按《食品安全国家标准　食品微生物

学检验　商业无菌检验》（GB 4789.26—2013）规定的方法检验。

（2）加糖炼乳、调制加糖炼乳微生物限量应符合表 4-41 的规定。

表 4-41　加糖炼乳、调制加糖炼乳微生物限量

项目	采样方案 a 及限量（若非指定，均以 CFU/g 或 CFU/mL 表示）				检验方法
	n	c	m	M	
菌落总数 b	5	2	30 000	100 000	GB 4789.2—2016
大肠菌群	5	1	10	100	GB 4789.3—2016 平板计数法
金黄色葡萄球菌	5	2	0/25 g（mL）	—	GB 4789.10—2016 定性检验法
沙门氏菌	5	0	0/25 g（mL）	—	GB 4789.4—2016

注：a. 样品的分析及处理按 GB 4789.1—2016 和 GB 4789.18—2010 执行；b. 不适用于添加活性菌种（好氧和兼性厌氧益生菌）的产品。

7. 食品添加剂和营养强化剂

食品添加剂和营养强化剂的使用应符合《食品安全国家标准　食品添加剂使用标准》（GB 2760—2014）和《食品安全国家标准　食品营养强化剂使用标准》（GB 14880—2012）的规定。

（四）稀奶油、奶油和无水奶油

《食品安全国家标准　稀奶油、奶油和无水奶油》（GB 19646—2010）适用于稀奶油、奶油和无水奶油。

稀奶油是以乳为原料，分离出的含脂肪的部分，添加或不添加其他原料、食品添加剂和营养强化剂，经加工制成的脂肪含量 10.0% ～ 80.0% 的产品。

奶油（黄油）是以乳和（或）稀奶油（经发酵或不发酵）为原料，添加或不添加其他原料、食品添加剂和营养强化剂，经加工制成的脂肪含量不小于 80.0% 的产品。

无水奶油（无水黄油）是以乳和（或）奶油或稀奶油（经发酵或不发酵）为原料，添加或不添加食品添加剂和营养强化剂，经加工制成的脂肪含量不小于 99.8% 的产品。

1. 原料要求

（1）生乳：应符合《食品安全国家标准　生乳》（GB 19301—2010）的要求。

（2）其他原料：应符合相应的安全标准和 / 或有关规定。

2. 感官要求

稀奶油、奶油和无水奶油的感官要求应符合表 4-42 的规定。

表 4-42　稀奶油、奶油和无水奶油的感官要求

项目	要求	检验方法
色泽	呈均匀一致的乳白色、乳黄色或相应辅料应有的色泽	取适量试样置于 50 mL 烧杯中，在自然光下观察色泽和组织状态，闻其气味，用温开水漱口，品尝滋味
滋味、气味	具有稀奶油、奶油、无水奶油或相应辅料应有的滋味和气味，无异味	
组织状态	均匀一致，允许有相应辅料的沉淀物，无正常视力可见异物	

3. 理化指标

稀奶油、奶油和无水奶油的理化指标应符合表 4-43 的规定。

表 4-43　稀奶油、奶油和无水奶油的理化指标

指标	项目			检验方法
	稀奶油	奶油	无水奶油	
水分 /%	—	≤ 16.0	≤ 0.1	奶油按 GB 5009.3—2016 的方法测定；无水奶油按 GB 5009.3—2016 中的卡尔 – 费休法测定
脂肪 [a]/%	≥ 10.0	≥ 80.0	≥ 99.8	GB 5009.6—2016
酸度 [b]/° T	≤ 30.0	≤ 20.0	—	GB 5009.239—2016
非脂乳固体 [c]/%	—	≤ 2.0	—	—
注：a. 无水奶油的脂肪（%）=100%- 水分（%）；b. 不适用于以发酵稀奶油为原料的产品；c. 非脂乳固体（%）= 100%- 脂肪（%）– 水分（%）（含盐奶油还应减去食盐含量）。				

4. 污染物限量

污染物限量应符合《食品安全国家标准　食品中污染物限量》（GB 2762—2017）规定。

5. 真菌毒素限量

真菌毒素限量应符合《食品安全国家标准　食品中真菌毒素限量》（GB 2761—2017）的规定。

6. 微生物限量

（1）以罐头工艺或超高温瞬时灭菌工艺加工的稀奶油产品应符合商业无菌的要求，按《食品安全国家标准　食品微生物学检验　商业无菌检验》（GB 4789.26—2013）规定的方法检验。

（2）其他产品应符合表 4-44 的规定。

表 4-44　微生物限量

项目	采样方案 [a] 及限量（若非指定，均以 CFU/g 或 CFU/mL 表示）				检验方法
	n	c	m	M	
菌落总数 [b]	5	2	10 000	100 000	GB 4789.2—2016
大肠菌群	5	2	10	100	GB 4789.3—2016 平板计数法
金黄色葡萄球菌	5	1	10	100	GB 4789.10—2016 平板计数法
沙门氏菌	5	0	0/25 g（mL）	—	GB 4789.4—2016
霉菌	≤ 90				GB 4789.15—2016
注：a. 样品的分析及处理按 GB 4789.1—2016 和 GB 4789.18—2010 执行；b. 不适用于以发酵稀奶油为原料的产品。					

7. 食品添加剂和营养强化剂

食品添加剂和营养强化剂的使用应符合《食品安全国家标准　食品添加剂使用标准》（GB 2760—2014）和《食品安全国家标准　食品营养强化剂使用标准》（GB 14880—2012）的规定。

（五）干酪

《食品安全国家标准　干酪》（GB 5420—2010）适用于成熟干酪、霉菌成熟干酪和未成熟干酪。

干酪是成熟或未成熟的软质、半硬质、硬质或特硬质、可有涂层的乳制品，其中乳清蛋白/酪蛋白的比例不超过牛奶中的相应比例。

成熟干酪是生产后不能马上使（食）用，应在一定温度下储存一定时间，以通过生化和物理变化产生该类干酪特性的干酪。

霉菌成熟干酪是主要通过干酪内部和（或）表面的特征霉菌生长而促进其成熟的干酪。

未成熟干酪（包括新鲜干酪）是指生产后不久即可使（食）用的干酪。

1. 原料要求

（1）生乳：应符合《食品安全国家标准　生乳》（GB 19301—2010）的要求。

（2）其他原料：应符合相应的安全标准和/或有关规定。

2. 感官要求

干酪的感官要求应符合表 4-45 的规定。

表 4-45　干酪的感官要求

项目	要求	检验方法
色泽	具有该类产品正常的色泽	取适量试样置于 50 mL 烧杯中，在自然光下观察色泽和组织状态，闻其气味，用温开水漱口，品尝滋味
滋味、气味	具有该类产品特有的滋味和气味	
组织状态	组织细腻，质地均匀，具有该类产品应有的硬度	

3. 污染物限量

污染物限量应符合《食品安全国家标准　食品中污染物限量》（GB 2762—2017）的规定。

4. 真菌毒素限量

真菌毒素限量应符合《食品安全国家标准　食品中真菌毒素限量》（GB 2761—2017）的规定。

5. 微生物限量

干酪的微生物限量应符合表 4-46 的规定。

表 4-46　干酪的微生物限量

项目	采样方案[a] 及限量（若非指定，均以 CFU/g 表示）				检验方法
	n	C	m	M	
大肠菌群	5	2	100	1 000	GB 4789.3—2016 平板计数法
金黄色葡萄球菌	5	2	100	1 000	GB 4789.10—2016 平板计数法
沙门氏菌	5	0	0/25 g（mL）	—	GB 4789.4—2016
单核细胞增生李斯特氏菌	5	0	0 /25 g	—	GB 4789.30—2016
酵母[b]	≤ 50				GB 4789.15—2016
霉菌[b]	≤ 50				

注：a. 样品的分析及处理按 GB 4789.1—2016 和 GB 4789.18—2010 执行；b. 不适用于霉菌成熟干酪。

6. 食品添加剂和营养强化剂

食品添加剂和营养强化剂的使用应符合《食品安全国家标准　食品添加剂使用标准》（GB 2760—2014）和《食品安全国家标准　食品营养强化剂使用标准》（GB 14880—2012）的规定。

二、乳与乳制品常检理化项目

1. 消毒牛乳

消毒牛乳常检理化项目是相对密度、乳脂率、蛋白质、酸度、消毒效果试验（磷酸酶测定）、杂质度（非脂固体）、六六六、滴滴涕、汞、黄曲霉毒素 M1。

2. 乳粉

乳粉常检理化项目是水分、脂肪、酸度、溶解度、杂质度、乳糖、蔗糖、铅、铜、锡、六六六、滴滴涕、汞、黄曲霉毒素 M1。

3. 炼乳

甜炼乳常检理化项目是脂肪、酸度、铅、铜、锡、六六六、滴滴涕、汞、黄曲霉毒素 M1；淡炼乳常检理化项目是全乳固体、脂肪、酸度、铅、铜、锡、六六六、滴滴涕、汞、黄曲霉毒素 M1。

4. 奶油

奶油常检理化项目是脂肪、酸度、六六六、滴滴涕、汞、黄曲霉毒素 B1。

5. 硬质干酪

硬质干酪常检理化项目是水分、脂肪、食盐、六六六、滴滴涕、汞、黄曲霉毒素 B1。

6. 酸牛乳

酸牛乳常检理化项目是脂肪、酸度、汞。

技 能 单

一、材料与设备

乳稠计、量筒、温度计、乳脂计、水浴锅、试管、滴定管、锥形瓶、烧杯、移液管、灭菌试管、灭菌量筒、恒温箱、瓷质过滤漏斗、平皿、容量瓶、试纸、烘箱、天平、离心机。

二、方法与步骤

（一）乳冰点测定

《食品安全国家标准　生乳冰点的测定》（GB 5413.38—2016）适用于生乳冰点的测定。生乳冰点为原料乳的冰点，单位以摄氏千分之一度（m℃）表示。

热敏电阻法冰点仪可用来准确检测牛奶中加水的情况。由于牛奶中溶解了脂肪、蛋白质等各种成分，所以冰点比水低，正常牛奶冰点平均为 –0.530 ℃，而水的冰点是 0 ℃，牛奶中若加水，整个样品的冰点则上升，正常情况下掺水1%，混合样品的冰点大约升高0.005 3 ℃，当掺水 100% 时，温度升高 0.530 ℃，这时仪器显示出的冰点温度为 0 ℃，而显示掺水就是100%。冰点仪就是利用温度探头把混合样品的冰点温度测出来，利用仪器内部的计算公式把牛奶样品中掺水的百分比得出来的。

【原理】

生乳样品过冷至适当温度，当被测乳样冷却到 –3 ℃时，通过瞬时释放热量使样品产生结晶，待样品温度达到平衡状态，并在20 s内温度回升不超过0.5 m℃，此时的温度即样品的冰点。

【试剂和材料】

1. 试剂种类

所用试剂均为分析纯或以上等级，水为《分析实验室用水规格和试验方法》（GB/T 6682—

2008）规定的二级水。

乙二醇；氯化钠。

2．试剂配制

氯化钠：氯化钠磨细后置于干燥箱中，130 ℃ ±2 ℃干燥 24 h 以上，于干燥器中冷却至室温。

冷却液：量取 330 mL 乙二醇于 1 000 mL 容量瓶中，用水定容至刻度并摇匀，其体积分数为 33%。

3．氯化钠标准溶液

标准溶液 A：称取 6.731 g 氯化钠，溶于 1 000 g±0.1 g 水中。将标准溶液分装储存于容量不超过 250 mL 的聚乙烯塑料瓶中，并置于 5 ℃左右冰箱冷藏，保存期限为两个月。其冰点值为 −400 m℃。

标准溶液 B：称取 9.422 g 氯化钠，溶于 1 000 g±0.1 g 水中。将标准溶液分装储存于容量不超过 250 mL 的聚乙烯塑料瓶中，并置于 5 ℃左右冰箱冷藏，保存期限为两个月。其冰点值为 −557 m℃。

标准溶液 C：称取 10.161g 氯化钠，溶于 1 000 g±0.1 g 水中。将标准溶液分装储存于容量不超过 250 mL 的聚乙烯塑料瓶中，并置于 5 ℃左右冰箱冷藏，保存期限为两个月。其冰点值为 −600 m℃。

【仪器和设备】

分析天平：感量 0.000 1 g；

热敏电阻冰点仪如图 4-17 所示；

干燥箱：温度可控制在 130 ℃ ±2 ℃；

样品管：硼硅玻璃，长度为 50.5 mm±0.2 mm，外部直径为 16.0 mm±0.2 mm，内部直径为 13.7mm±0.2 mm；

称量瓶；

容量瓶：1 000 mL；

干燥器：内有硅胶湿度计；

移液器：1 ～ 5 mL；

聚乙烯瓶：容量不超过 250 mL。

图 4-17　热敏电阻冰点仪

【分析步骤】

1．试样制备

测试样品要保存在 0 ℃～ 6 ℃的冰箱中并在 48 h 内完成测定。测试前样品应放至室温，且测试样品和氯化钠标准溶液测试时的温度应保持一致。

2．仪器预冷

开启热敏电阻冰点仪，等待热敏电阻冰点仪传感探头升起后，打开冷阱盖，按生产商的规定加入相应体积的冷却液，盖上盖子，冰点仪进行预冷。预冷 30 min 后开始测量。

3．校准

（1）原则。校准前应按表 4-47 配制不同冰点值的氯化钠标准溶液。可选择表中两种不同冰点值的氯化钠标准溶液进行仪器校准，两种氯化钠标准溶液冰点差值不应少于 100 m℃，且覆盖到被测样品相近冰点值范围。

表 4-47　氯化钠标准溶液的冰点

氯化钠溶液 /（g・kg⁻¹）	氯化钠溶液 ª（20 ℃）/（g・L⁻¹）	冰点 /m℃
6.763	6.731	−400.0
6.901	6.868	−408.0

续表

氯化钠溶液 / (g·kg⁻¹)	氯化钠溶液ᵃ (20℃) / (g·L⁻¹)	冰点 /m℃
7.625	7.587	−450.0
8.489	8.444	−500.0
8.662	8.615	−510.0
8.697	8.650	−512.0
8.835	8.787	−520.0
9.008	8.959	−530.0
9.181	9.130	−540.0
9.354	9.302	−550.0
9.475	9.422	−557.0
10.220	10.161	−600.0

注：a. 当称取此列中氯化钠的量配制标准溶液时，应将水煮沸，冷却保持至 20 ℃ ±2 ℃，并定容至 1 000 mL。

（2）仪器校准。

A 校准：分别取 2.5 mL 标准溶液 A，依次放入三个样品管，在启动后的冷阱中插入装有校准液 A 的样品管。当重复测量值在 −400 m℃ ±2 m℃ 校准值时，完成校准。

B 校准：分别取 2.5 mL 标准溶液 B，依次放入三个样品管，在启动后的冷阱中插入装有校准液 B 的样品管。当重复测量值在 −557 m℃ ±2 m℃ 校准值时，完成校准。

C 校准：测定生羊乳时，还应使用 C 校准。分别取 2.5 mL 标准溶液 C，依次放入三个样品管，在启动后的冷阱中插入装有校准溶液 C 的样品管。当重复测量值在 −600 m℃ ±2 m℃ 校准值时，完成校准。

（3）质控校准：在每次开始测试前应使用质控校准。连续测定乳样时，冰点仪每小时至少进行一次质控校准。如两次测量的算术平均值与氯化钠标准溶液（−512 m℃）差值大于 2 m℃，应重新开展仪器校准。

（4）样品测定。轻轻摇匀待测试样，应避免混入空气产生气泡。移取 2.5 mL 试样至一个干燥清洁的样品管，将样品管放到已校准过的热敏电阻冰点仪的测量孔中。开启冰点仪冷却试样，当温度达到 −3.0 ℃ ±0.1 ℃时试样开始冻结，当温度达到平衡（在 20 s 内温度回升不超过 0.5 m℃）时，冰点仪停止测量，传感头升起，显示温度即样品冰点值。如果试样在温度达到 −3.0 ℃ ±0.1 ℃前已开始冻结，需重新取样测试。如果第二次测试的冻结仍然太早发生，那么将剩余的样品于 40 ℃ ±2 ℃加热 5 min，以融化结晶脂肪，再重复样品测定步骤。

测定结束后，移走样品管，并用水冲洗温度传感器和搅拌金属棒并擦拭干净。

记录试样的冰点测定值。

【分析结果的表述】

生乳样品的冰点测定值取两次测定结果的平均值，单位以 m℃ 计，保留 3 位有效数字。

【精密度】

在重复性条件下获得的两次独立测定结果的绝对差值不超过 4 m℃。

方法检出限为 2 m℃。

（二）生乳相对密度测定

标准规定牛乳相对密度为 ρ_4^{20}，即乳在 20 ℃时单位体积的质量与同体积 4 ℃水的质量比值。

【原理】

乳的相对密度是乳在 20 ℃时单位体积的质量与同体积 4 ℃时水的质量之比。乳的相对密度用特别的乳稠计测定，根据读数经查表可得相对密度结果。

乳的相对密度是乳组成成分的相对密度的总和，可随乳成分的变化而发生变动。蛋白质、乳糖或盐类的含量增加，乳的相对密度升高；相反，乳的相对密度降低。乳脂肪含量增加，乳的相对密度降低。若乳的相对密度低于最低标准数则为掺水乳，若乳的相对密度高于最高标准数则为脱脂乳。

【仪器】

（1）乳稠计：20 ℃ /4 ℃；

（2）温度计：0 ℃～ 100 ℃；

（3）200 ～ 250 mL 量筒。

【操作方法】

（1）取 10 ℃～ 25 ℃的混匀乳样，小心倒入量筒容积的 3/4 处，勿使泡沫发生，并测量试样温度。

（2）将乳稠计沉入乳样，至 30°刻度处，让其自然浮动，但不能与量筒内壁接触。

（3）静止 2 ～ 3 min，眼睛对准筒内牛乳液面的高度，即在新月形表面的顶点处读取乳稠计数值。乳稠计的使用与读数观察方法如图 4-18 所示。

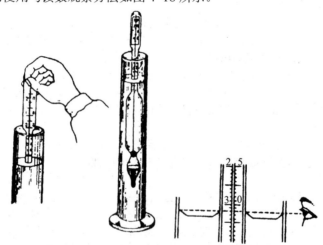

图 4-18　乳稠计的使用与读数观察方法

（王雪敏：《动物性食品卫生检验》，2002 年）

（4）测定值的校正。如果乳温不是 20 ℃，乳稠计的读数还须进行温度校正，乳密度随温度的升高而减小，随温度的降低而增大，测定值的校正可用查表法进行。

【结果计算】

根据试样的温度和乳稠计读数，查牛乳温度换算表 4-48，将乳稠计读数换算成 20 ℃时的度数，乳的相对密度可用度数表示，相对密度与乳稠计刻度关系见下式。

$$\rho_4^{20}=X/1\ 000 + 1.000$$

式中　ρ_4^{20}——被测乳样的相对密度；

　　　X——乳稠计读数。

表 4-48 乳稠计读数变为温度 20 ℃时的度数换算表

乳稠计读数	牛乳温度 /℃															
	10	11	12	13	14	15	16	17	18	19	20	21	22	23	24	25
25	23.3	23.5	23.6	23.7	23.9	24.0	24.2	24.4	24.6	24.8	25.0	25.2	25.4	25.5	25.8	26.0
26	24.2	24.4	24.5	24.7	24.9	25.0	25.2	25.4	25.6	25.8	26.0	26.2	26.4	26.6	26.8	27.0
27	25.1	25.3	25.4	25.6	25.7	25.9	26.1	26.3	26.5	26.8	27.0	27.2	27.5	27.7	27.9	28.1
28	26.0	26.1	26.3	26.5	26.6	26.8	27.0	27.3	27.5	27.8	28.0	28.2	28.5	28.7	29.0	29.2
29	26.9	27.1	27.3	27.5	27.6	27.8	28.0	28.3	28.5	28.8	29.0	29.2	29.5	29.7	30.0	30.2
30	27.9	28.1	28.3	28.5	28.6	28.8	29.0	29.3	29.5	29.8	30.0	30.2	30.5	30.7	31.0	31.2
31	28.8	29.0	29.2	29.4	29.6	29.8	30.0	30.3	30.5	30.8	31.0	31.2	31.5	31.7	32.0	32.2
32	29.8	30.0	30.2	30.4	30.6	30.7	31.0	31.2	31.5	31.8	32.0	32.3	32.5	32.8	33.0	33.3
33	30.7	30.8	31.1	31.3	31.5	31.7	32.0	32.2	32.5	32.8	33.0	33.3	33.5	33.8	34.1	34.3
34	31.7	31.9	32.1	32.3	32.5	32.7	33.0	33.2	33.5	33.8	34.0	34.3	34.4	34.8	35.1	35.3
35	32.6	32.8	33.1	33.3	33.5	33.7	34.0	34.2	34.5	34.7	35.0	35.3	35.5	35.8	36.1	36.3
36	33.5	33.8	34.0	34.3	34.5	34.7	34.9	35.2	35.6	35.7	36.0	36.2	36.5	36.7	37.0	37.3

（三）乳中蛋白质含量测定

《食品安全国家标准 食品中蛋白质的测定》（GB 5009.5—2016）第一法和第二法适用于各种食品中蛋白质的含量测定。不适用于添加无机含氮物质、有机非蛋白质含氮物质食品的测定。第一法采用凯氏定氮法，第二法采用分光光度法。

1. 乳中蛋白质含量测定（凯氏定氮法）

【原理】

食品中的蛋白质在催化加热条件下被分解，产生的氨与硫酸结合生成硫酸铵。碱化蒸馏使氨游离，用硼酸吸收后以硫酸或盐酸标准滴定溶液滴定，根据酸的消耗量计算氮含量，再乘以换算系数，即蛋白质的含量。

【试剂和材料】

1. 试剂种类

所用试剂均为分析纯，水为《分析实验室用水规格和试验方法》（GB/T 6682—2008）规定的三级水。

硫酸铜；硫酸钾；硫酸；硼酸；甲基红指示剂；溴甲酚绿指示剂；亚甲基蓝指示剂；氢氧化钠；95% 乙醇。

2. 试剂配制

硼酸溶液（20 g/L）：称取 20 g 硼酸，加水溶解后并稀释至 1 000 mL。

氢氧化钠溶液（400 g/L）：称取 40 g 氢氧化钠加水溶解后，放冷，并稀释至 100 mL。

硫酸标准滴定溶液 $[c_{(1/2 H_2SO_4)}]$ 0.050 0 mol/L 或盐酸标准滴定溶液 $[c_{(HCl)}]$ 0.050 0 mol/L。

甲基红乙醇溶液（1 g/L）：称取 1 g 甲基红，溶于 95% 乙醇，用 95% 乙醇稀释至 100 mL。

亚甲基蓝乙醇溶液（1 g/L）：称取 0.1 g 亚甲基蓝，溶于 95% 乙醇，用 95% 乙醇稀释至 100 mL。

溴甲酚绿乙醇溶液（1 g/L）：称取 0.1 g 溴甲酚绿，溶于 95% 乙醇，用 95% 乙醇稀释至 100 mL。

A 混合指示液：2 份甲基红乙醇溶液与 1 份亚甲基蓝乙醇溶液临用时混合。

B 混合指示液：1 份甲基红乙醇溶液与 5 份溴甲酚绿乙醇溶液临用时混合。

【仪器和设备】

天平：感量为 1 mg；

定氮蒸馏装置：如图 4-19 所示；

自动凯氏定氮仪。

【分析步骤】

1. 凯氏定氮法

试样处理：称取充分混匀的固体试样 0.2 ～ 2 g、半固体试样 2 ～ 5 g 或液体试样 10 ～ 25 g（相当于 30 ～ 40 mg 氮），精确至 0.001 g，移入干燥的 100 mL、250 mL 或 500 mL 定氮瓶，加入 0.4 g 硫酸铜、6 g 硫酸钾及 20 mL 硫酸，轻摇后于瓶口放一小漏斗，将瓶以 45 ℃斜支于有小孔的石棉网上。小心加热，待内容物全部炭化、泡沫完全停止后，加强火力，并保持瓶内液体微沸，至液体呈蓝绿色并澄清透明后，再继续加热 0.5 ～ 1 h。取下放冷，小心加入 20 mL 水，放冷后，移入 100 mL 容量瓶，并用少量水洗定氮瓶，洗液并入容量瓶，再加水至刻度，混匀备用，同时做试剂空白试验。

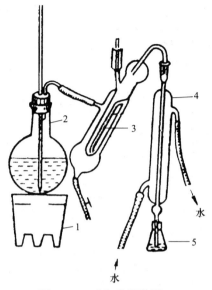

图 4-19　定氮蒸馏装置
1—电炉；2—蒸汽发生器；3—反应室；
4—冷凝管；5—蒸馏液接收瓶

测定：按图 4-19 装好定氮蒸馏装置，向蒸汽发生器内装水至 2/3 处，加入数粒玻璃珠，加甲基红乙醇溶液数滴及数毫升硫酸，以保持水呈酸性，加热煮沸蒸汽发生器内的水并保持沸腾。

向蒸馏液接收瓶内加入 10.0 mL 硼酸溶液及 1 ～ 2 滴 A 混合指示剂或 B 混合指示剂，并使冷凝管的下端插入液面。根据试样中氮含量，准确吸取 2.0 ～ 10.0 mL 试样处理液由小玻璃杯注入反应室，以 10 mL 水洗涤小玻璃杯并使之流入反应室，随后塞紧棒状玻塞。将 10.0 mL 氢氧化钠溶液倒入小玻璃杯，提起玻塞使其缓缓流入反应室，立即将玻塞盖紧并水封。夹紧螺旋夹，开始蒸馏。蒸馏 10 min 后移动蒸馏液接收瓶，液面离开冷凝管下端，再蒸馏 1 min，然后用少量水冲洗冷凝管下端外部，取下蒸馏液接收瓶。尽快以硫酸或盐酸标准滴定溶液滴定至终点，如用 A 混合指示剂，终点颜色为灰蓝色；如用 B 混合指示剂，终点颜色为浅灰红色。同时做试剂空白试验。

2. 自动凯氏定氮仪法

称取充分混匀的固体试样 0.2 ～ 2 g、半固体试样 2 ～ 5 g 或液体试样 10 ～ 25 g（相当于 30 ～ 40 mg 氮），精确至 0.001 g，置消化管，再加入 0.4 g 硫酸铜、6 g 硫酸钾及 20 mL 硫酸于消化炉进行消化。当消化炉温度达到 420 ℃之后，继续消化 1 h，此时消化管中的液体呈绿色透明状，取出冷却后加入 50 mL 水，于自动凯氏定氮仪（使用前加入氢氧化钠溶液，盐酸或硫酸标准溶液及含有混合指示剂 A 或 B 的硼酸溶液）上实现自动加液、蒸馏、滴定和记录滴定数据的过程。

【分析结果的表述】

试样中蛋白质的含量按下式计算：

$$X = \frac{(V_1 - V_2) \times c \times 0.014\,0}{m \times V_3/100} \times F \times 100$$

式中　X——试样中蛋白质的含量（g/100 g）；

V_1——试液消耗硫酸或盐酸标准滴定液的体积（mL）；

V_2——试剂空白消耗硫酸或盐酸标准滴定液的体积（mL）；

c——硫酸或盐酸标准滴定液浓度（mol/L）；

0.014 0——1.0 mL 硫酸 $[c_{(1/2\,H_2SO_4)} = 1.000\ \text{mol/L}]$ 或盐酸 $[c_{(HCl)} = 1.000\ \text{mol/L}]$ 标准滴定液相当的氮的质量（g）；

m——试样的质量（g）；

V_3——吸取消化液的体积（mL）；

F——氮换算为蛋白质的系数；

100——换算系数。

蛋白质含量 ≥ 1 g/100 g 时，结果保留 3 位有效数字；蛋白质含量 <1 g/100 g 时，结果保留 2 位有效数字。

注：当只检测氮含量时，不需要乘以氮换算为蛋白质的系数 *F*。

【精密度】

在重复条件下获得的两次独立测定结果的绝对差值不得超过算术平均值的 10%。

3. 乳中蛋白质含量测定（分光光度法）

【原理】

食品中的蛋白质在催化加热条件下被分解，分解产生的氨与硫酸结合生成硫酸铵，在 pH 值为 4.8 的乙酸钠 - 乙酸缓冲溶液中与乙酰丙酮和甲醛反应生成黄色的 3，5- 二乙酰 -2，6- 二甲基 -1，4- 二氢化吡啶化合物。在波长 400 nm 处测定吸光度值，与标准系列比较定量，结果乘以换算系数，即蛋白质含量。

【试剂和材料】

1. 试剂种类

所用试剂均为分析纯，水为《分析实验室用水规格和试验方法》（GB/T 6682—2008）规定的三级水。

硫酸铜；硫酸钾；硫酸：优级纯；氢氧化钠；对硝基苯酚；乙酸钠；无水乙酸钠；乙酸：优级纯；37% 甲醛；乙酰丙酮。

2. 试剂配制

（1）氢氧化钠溶液（300 g/L）：称取 30 g 氢氧化钠加水溶解后，放冷，并稀释至 100 mL。

（2）对硝基苯酚指示剂溶液（1 g/L）：称取 0.1 g 对硝基苯酚指示剂溶于 20 mL95% 乙醇中，加水稀释至 100 mL。

（3）乙酸溶液（1 mol/L）：量取 5.8 mL 乙酸，加水稀释至 100 mL。

（4）乙酸钠溶液（1 mol/L）：称取 41 g 无水乙酸钠或 68 g 乙酸钠，加水溶解稀释至 500 mL。

（5）乙酸钠 - 乙酸缓冲溶液：量取 60 mL 乙酸钠溶液与 40 mL 乙酸溶液混合，该溶液 pH 值为 4.8。

（6）显色剂：15 mL 甲醛与 7.8 mL 乙酰丙酮混合，加水稀释至 100 mL，剧烈振摇混匀（室温下放置稳定 3 d）。

（7）氨氮标准储备溶液（以氮计）（1.0 g/L）：称取 105 ℃干燥 2 h 的硫酸铵 0.472 0 g 加水溶解后移于 100 mL 容量瓶，并稀释至刻度，混匀，此溶液每毫升相当于 1.0 mg 氮。

（8）氨氮标准使用溶液（0.1 g/L）：用移液管吸取 10.00 mL 氨氮标准储备液于 100 mL 容量瓶，加水定容至刻度，混匀，此溶液每毫升相当于 0.1 mg 氮。

【仪器和设备】

分光光度计；电热恒温水浴锅：100 ℃ ±0.5 ℃；10 mL 具塞玻璃比色管；天平：感量为 1 mg。

【分析步骤】

1. 试样消解

称取充分混匀的固体试样 0.1 ～ 0.5 g（精确至 0.001 g）、半固体试样 0.2 ～ 1 g（精确至 0.001 g）或液体试样 1 ～ 5 g（精确至 0.001 g），移入干燥的 100 mL 或 250 mL 定氮瓶，加入 0.1 g 硫酸铜、1 g 硫酸钾及 5 mL 硫酸，摇匀后于瓶口放一小漏斗，将定氮瓶以 45°斜支于有小孔的石棉网上。缓慢加热，待内容物全部炭化、泡沫完全停止后，加强火力，并保持瓶内液体微沸，至液体呈蓝绿色澄清透明后，再继续加热 0.5 h。取下放冷，慢慢加入 20 mL 水，放冷后移入 50 mL 或 100 mL 容量瓶，并用少量水洗定氮瓶，洗液并入容量瓶，再加水至刻度，混匀备用。按同一方法做试剂空白试验。

2. 试样溶液的制备

吸取 2.00 ～ 5.00 mL 试样或试剂空白消化液于 50 mL 或 100 mL 容量瓶，加 1 ～ 2 滴对硝基苯酚指示剂溶液，摇匀后滴加氢氧化钠溶液中和至黄色，再滴加乙酸溶液至溶液无色，用水稀释至刻度，混匀。

3. 标准曲线的绘制

吸取 0.00 mL、0.05 mL、0.10 mL、0.20 mL、0.40 mL、0.60 mL、0.80 mL 和 1.00 mL 氨氮标准使用溶液（相当于 0.00 μg、5.00 μg、10.0 μg、20.0 μg、40.0 μg、60.0 μg、80.0 μg 和 100.0 μg 氮），分别置于 10 mL 比色管。加 4.0 mL 乙酸钠 – 乙酸缓冲溶液及 4.0 mL 显色剂，加水稀释至刻度，混匀。置于 100 ℃ 水浴中加热 15 min。取出用水冷却至室温后，移入 1 cm 比色杯，以零管为参比，于波长 400 nm 处测量吸光度值，根据各点吸光度值绘制标准曲线或计算线性回归方程。

4. 试样测定

吸取 0.50 ~ 2.00 mL（约相当于氮 <100 μg）试样溶液和同量的试剂空白溶液，分别于 10 mL 比色管加 4.0 mL 乙酸钠 – 乙酸缓冲溶液及 4.0 mL 显色剂，加水稀释至刻度，混匀。置于 100 ℃ 水浴中加热 15 min。取出用水冷却至室温后，移入 1 cm 比色杯，以零管为参比，于波长 400 nm 处测量吸光度值，试样吸光度值与标准曲线比较定量或代入线性回归方程求出含量。

【分析结果的表述】

试样中蛋白质的含量按下式计算：

$$X = \frac{(C - C_0) \times V_1 \times V_3}{m \times V_2 \times V_4 \times 1\,000 \times 1\,000} \times 100 \times F$$

式中　X——试样中蛋白质的含量 [g/（100 g）]；

C——试样测定液中氮的含量（μg）；

C_0——试剂空白测定液中氮的含量（μg）；

V_1——试样消化液定容体积（mL）；

V_3——试样溶液总体积（mL）；

m——试样质量（g）；

V_2——制备试样溶液的消化液体积（mL）；

V_4——测定用试样溶液体积（mL）；

1 000——换算系数；

100——换算系数；

F——氮换算为蛋白质的系数。

蛋白质含量 ≥ 1 g/（100 g）时，结果保留 3 位有效数字；蛋白质含量 <1 g/（100 g）时，结果保留 2 位有效数字。

【精密度】

在重复性条件下获得的两次独立测定结果的绝对差值不得超过算术平均值的 10%。

（四）非脂乳固体的测定

《食品安全国家标准　乳和乳制品中非脂乳固体的测定》（GB 5413.39—2010）适用于生乳、巴氏杀菌乳、灭菌乳、调制乳、发酵乳中非脂乳固体的测定。

【原理】

先分别测定出乳及乳制品中的总固体含量、脂肪含量（如添加了蔗糖等非乳成分含量，也应扣除），再用总固体减去脂肪和蔗糖等非乳成分含量，即非脂乳固体。

【试剂和材料】

所用试剂均为分析纯，水为《分析实验室用水规格和试验方法》（GB/T 6682—2008）规定的三级水。

平底皿盒：高 20 ~ 25 mm、直径 50 ~ 70 mm 的带盖不锈钢或铝皿盒，或玻璃称量皿。

短玻璃棒：适合于皿盒的直径，可斜放在皿盒内，不影响盖盖。

石英砂或海砂：可通过 500 μm 孔径的筛子，不能通过 180 μm 孔径的筛子，并通过下列适用性测试：将约 20 g 的海砂同短玻璃棒一起放于一皿盒中，然后敞盖在 100 ℃ ±2 ℃的干燥箱中至少烘 2 h。把皿盒盖盖好后放入干燥器中冷却至室温后称量，准确至 0.1 mg。用 5 mL水将海砂润湿，用短玻璃棒混合海砂和水，将其再次放入干燥箱中干燥 4 h。把皿盒盖盖好后放入干燥器中冷却至室温后称量，精确至 0.1 mg，两次称量的质量差不应超过 0.5 mg。如果两次称量的质量差超过了 0.5 mg，则需对海砂进行下面的处理后，才能使用：将海砂在体积分数为 25% 的盐酸溶液中浸泡 3 d，经常搅拌。尽可能地倾出上清液，用水洗涤海砂，直到中性。在 160 ℃条件下加热海砂 4 h，然后重复进行适用性测试。

【仪器和设备】

天平：感量为 0.1 mg；干燥箱；水浴锅。

【分析步骤】

（1）总固体的测定。在平底皿盒中加入 20 g 石英砂或海砂，在 100 ℃ ±2 ℃的干燥箱中干燥 2 h，于干燥器中冷却 0.5 h，称量，并反复干燥至恒重。称取 5.0 g（精确至 0.000 1 g）试样于恒重的皿内，置水浴上蒸干，擦去皿外的水渍，于 100 ℃ ±2 ℃干燥箱中干燥 3 h，取出放入干燥器中冷却 0.5 h，称量，再于 100 ℃ ±2 ℃干燥箱中干燥 1 h，取出冷却后称量，至前、后两次质量相差不超过 1.0 mg。

试样中总固体的含量按下式计算：

$$X = \frac{m_1 - m_2}{m} \times 100$$

式中　X——试样中总固体的含量 [g/（100 g）]；

m_1——皿盒、海砂加试样干燥后质量（g）；

m_2——皿盒、海砂的质量（g）；

m——试样的质量（g）。

（2）脂肪的测定。

（3）蔗糖的测定。

【分析结果的表述】

$$X_{NFT} = X - X_1 - X_2$$

式中　X_{NFT}——试样中非脂乳固体的含量 [g/（100 g）]；

X——试样中总固体的含量 [g/（100 g）]；

X_1——试样中脂肪的含量 [g/（100 g）]；

X_2——试样中蔗糖的含量 [g/（100 g）]。

以重复性条件下获得的两次独立测定结果的算术平均值表示，结果保留 3 位有效数字。

（五）乳和乳制品杂质度的测定

《食品安全国家标准　乳和乳制品杂质度的测定》（GB 5413.30—2016）适用于生鲜乳、巴氏杀菌乳、灭菌乳、炼乳及乳粉杂质度的测定，不适用于添加影响过滤的物质及不溶性有色物质的乳和乳制品。

【原理】

生鲜乳、液体乳用水复原的乳粉类样品经杂质度过滤板过滤，根据残留于杂质度过滤板上直观可见的非白色杂质与杂质度参考标准板比对确定样品杂质的限量。

【试剂和材料】

本方法所用试剂均为分析纯，水为《分析实验室用水规格和试验方法》（GB/T 6682—2008）规定的三级水。

杂质度过滤板：直径为 32 mm、质量为 135 mg±15 mg、厚度为 8 ～ 10 mm 的白色棉质板。

杂质度参考标准板。

【仪器和设备】

天平：感量为 0.1 g。

过滤设备：杂质度过滤机或抽滤瓶，可采用正压或负压的方式实现快速过滤（每升水的过滤时间为 10～15 s）。安放杂质度过滤板后的有效过滤直径为 286 mm±0.1 mm。

【分析步骤】

样品溶液的制备：液体乳样品充分混匀后，用量筒量取 500 mL 立即测定。准确称取 625 g±0.1 g 乳粉样品于 1 000 mL 烧杯中，加入 500 mL40 ℃±2 ℃的水，充分搅拌，溶解后立即测定。

测定：将杂质度过滤板放置在过滤设备上，将制备的样品溶液倒入过滤设备的漏斗，但不得溢出漏斗，过滤。用水多次洗净烧杯，并将洗液转入漏斗过滤。分次用洗瓶洗净漏斗过滤，滤干后取出杂质度过滤板，与杂质度标准板比对即得样品杂质度。

【分析结果的表述】

过滤后的杂质度过滤板与杂质度参考标准板比对得出的结果，即该样品的杂质度。当杂质度过滤板上的杂质量介于两个级别之间时，应判定为杂质量较多的级别。如出现纤维等外来异物，则判定杂质度超过最大值。

三、实训报告

根据实际检测方法写出被检乳样检验结果，并提出处理意见。

作 业 单

一、名词解释

乳的酸度（°T）

二、填空

1．消毒牛乳常检理化项目是（　　）、（　　）、（　　）、（　　）、（　　）、（　　）、六六六、滴滴涕、汞、黄曲霉毒素。

2．乳粉常检理化项目是（　　）、（　　）、（　　）、（　　）、（　　）、（　　）、铅、铜、锡、六六六、滴滴涕、汞、黄曲霉毒素。

3．甜炼乳常检理化项目是（　　）、（　　）、（　　）、铅、铜、锡、六六六、滴滴涕、汞、黄曲霉毒素 M1。

4．淡炼乳常检理化项目是（　　）、（　　）、（　　）、铅、铜、锡、六六六、滴滴涕、汞、黄曲霉毒素。

5．奶油常检理化项目是（　　）、（　　）、六六六、滴滴涕、汞、黄曲霉毒素。

6．硬质干酪常检理化项目是（　　）、（　　）、（　　）、六六六、滴滴涕、汞、黄曲霉毒素。

7．酸牛乳常检理化项目是（　　）、（　　）、（　　）。

8．乳的比重是指在（　　）℃时乳的单位容量的质量与同容量（　　）、15 ℃时水的质量之比。

9．新鲜正常的生牛乳酸度为（　　）°T，乳的酸度由于微生物的作用而增高。

10．乳的相对密度是乳在（　　）℃时单位体积的质量与同体积（　　）时水的质量之比。

三、判断

1．GB 19301—2010 规定生乳的冰点为 −0.500～0.500 ℃。　　　　　　　　（　　）

2．GB 19301—2010 规定生乳的脂肪（g/100 g）≥3.10。　　　　　　　　（　　）

3．GB 19301—2010 规定生乳的蛋白质（g/100 g）≤2.8。　　　　　　　　（　　）

4．GB 19301—2010 规定生乳的相对密度（20 ℃/4 ℃）≥1.027。　　　　　（　　）

5. GB 19301—2010 规定生牛乳的正常酸度为 12 °T ～ 18 °T。　　　　　（　　）
6. GB 19301—2010 规定生乳的杂质度（mg/kg）≤ 4。　　　　　　　　（　　）
7. GB 19301—2010 规定生乳的非脂乳固体（g/100 g）≤ 8.1。　　　　（　　）
8. GB 19645—2010 规定全脂巴氏杀菌乳的脂肪（g/100 g）≥ 3.1。　　（　　）
9. GB 19645—2010 规定巴氏杀菌羊乳的蛋白质（g/100 g）≥ 2.8。　　（　　）
10. GB 19645—2010 规定巴氏杀菌羊乳的正常酸度为 6 °T ～ 13 °T。　（　　）
11. GB 19645—2010 规定巴氏杀菌乳的非脂乳固体（g/100 g）≥ 8.1。（　　）

评 估 单

【评估内容】

1. 乳酸度测定。
2. 乳相对密度测定。
3. 乳脂的测定。

【评估方法】

序号	考核内容	考核要点	分值	评分标准	得分
1	乳酸度测定	1. 吸取乳样量、水量是否准确 2. 加入 3 ～ 5 滴酚酞指示剂，混匀 3. 滴定剂装入滴定管 4. 赶气泡 5. 滴定管读数 6. 滴定与摇瓶操作配合协调 7. 滴定速度的控制 8. 1/2 滴溶液的加入速度 9. 滴定终点判定 10. 滴定中是否漏液 11. 滴定中是否有因使用不当更换滴定管 12. 制备滴定酸度终点判定标准颜色方法是否正确 13. 滴定酸度计算是否准确	46	有一项不符合标准扣 3.5 分，直到扣完为止	
2	乳相对密度测定	1. 能否准确说出牛乳相对密度的概念 2. 混匀并调节乳样温度为 10 ℃～ 25 ℃ 3. 取乳样，小心倒入 250 mL 量筒中至容积的 3/4 处，是否有泡沫发生 4. 将乳稠计沉入乳样，让其自然浮动，放置时是否与量筒内壁接触 5. 读取乳稠计数值方法是否正确 6. 能否根据乳样的温度和乳稠计读数正确查表换算成 20 ℃时的度数	44	有一项不符合标准扣 7 分，直到扣完为止	

续表

序号	考核内容	考核要点	分值	评分标准	得分
3	结束工作	1. 仪器洗涤 2. 药品、仪器归位 3. 工作台面整洁	6	有一项不符合标准扣 2 分，直到扣完为止	
4	数据记录及处理	1. 数据记录及时 2. 计算公式及结果正确 3. 正确保留有效数字 4. 报告完整、规范、整洁	4	有一项不符合标准扣 1 分，直到扣完为止	
5	安全文明操作	1. 每损坏一件仪器扣 5 分 2. 发生安全事故扣 20 分 3. 乱倒（丢）废液、废纸扣 5 分			
6	试验重做	试验每重做一次扣 10 分			
	合计		100		

为考核团队的协作能力和互助学习精神，以小组为单位进行考核，每组随机抽查 3 人进行操作，以评价小组整体动手操作能力。

备注：项目二十二任务一学习情境占模块四总分的 11%。

任务二　异常乳的检验

【重点内容】

1. 掺水乳的检验。
2. 掺碱乳的检验。
3. 掺淀粉（米汁）、豆浆乳的检验。
4. 掺中性盐及弱碱性盐乳的检验。
5. 掺尿素乳的检验。
6. 掺防腐剂乳的检验。

【教学目标】

掌握异常乳的检验方法。

一、材料与设备

试管、滴定管、移液管、锥形瓶、灭菌量筒、恒温箱、平皿、试纸、烘箱、天平、离心机等。

二、方法与步骤

（一）掺水乳的检验

1. 硝酸银法

【原理】

正常乳中氯化物含量很低，一般不超过 0.14%。但各种天然水中都含有较多的氯化物，故掺水乳中氯化物含量随掺水量的增多而增高，利用硝酸银与氯化物反应可对其进行检测。反应式如下：

$$AgNO_3 + Cl^- \rightarrow AgCl \downarrow + NO_3^-$$

检验时，先在被检乳中加 2 滴 10% 重铬酸钾溶液，硝酸银与乳中氯化物反应完全后，剩余的硝酸银便与重铬酸钾反应生成黄色的重铬酸银：

$$2AgNO_3 + K_2Cr_3O7 \rightarrow Ag_2Cr_3O_7 \downarrow + 2KNO_3$$

由于氯化物的含量不同，反应后的颜色有差异，据此鉴别乳中是否掺水。

【试剂】

重铬酸钾溶液（100 g/L）；硝酸银溶液（5 g/L）。

【仪器】

吸管、试管。

【操作方法】

取 2 mL 乳样于试管，加入 2 滴重铬酸钾溶液，摇匀，再加入 4 mL 硝酸银溶液，摇匀，观察颜色，同时用正常乳做对照。

【结果判定】

正常乳呈柠檬黄色，掺水乳呈不同程度的砖红色。此方法反应比较灵敏，在乳中掺水 5% 即可检出。

2. 计算法

【原理】

用被测乳样相对密度和含脂率，计算总固体和非脂固体；再用牛舍乳样测其相对密度和含脂率，计算总固体和非脂固体，两者比较，即可确定市售乳掺水情况。一般牛乳非脂固体含量为 8.9% ～ 9.0%，最低限为 8.5%，若低于 8.5%，即有掺水的可能，其掺水量由所测样品的非脂固体含量与 8.5% 之差计算得出。

【结果计算】

按下式计算乳中掺水量：

$$掺水量（\%）= \frac{(E - E_1)}{E} \times 100\%$$

式中　E——牛舍乳样或标准规定的非脂固体含量 [g/（100 g）]；

E_1——被检乳样中的非脂固体含量 [g/（100 g）]。

注：非脂固体可由全固体量减去含脂率得出。全固体量由已测乳相对密度和含脂率代入下列公式求得：

$$全固体量（\%）= \frac{L \times 0.029}{4} + 1.2F + 0.14$$

式中　L——乳稠计读数（相对密度）；

F——含脂率。

（二）掺碱乳的检验

向乳中掺碱可掩盖牛乳的酸败，降低牛乳的酸度。加碱乳滋味不佳，适宜于腐败菌生长，同时破坏乳中某些维生素，对人的健康不利。因此，对生鲜牛乳中掺碱的检测具有一定的卫生学意义。

1. 溴麝香草酚蓝法

【原理】

溴麝香草酚蓝是一种酸碱指示剂，在 pH 值为 6.2 ～ 7.6 的溶液中，颜色可由黄色变为蓝色。乳中加碱后，氢离子浓度发生变化，可使溴麝香草酚蓝显示与正常牛乳不同的颜色，根据颜色的不同，判断加碱量的多少。

【试剂】

溴麝香草酚蓝 – 乙醇溶液（0.4 g/L）。

【仪器】

吸管、试管、试管架。

【操作方法】

取 3 mL 乳样于试管中，将试管保持倾斜状态，沿管壁小心加入 5 滴溴麝香草酚蓝 – 乙醇溶液，使两液面轻轻地互相接触，勿使液体混合，将试管垂直放置，2 min 后根据环层指示剂的颜色确定结果，同时做鲜乳空白对照试验。

【结果判定】

按环层颜色变化界限判定结果，见表 4-49。

表 4-49　溴麝香草酚蓝法掺碱试验判定标准

乳中碳酸氢钠的浓度 /（g·L^{-1}）	色环颜色特征	乳中碳酸氢钠的浓度 /（g·L^{-1}）	色环颜色特征
0	黄色	5	青绿色
0.3	黄绿色	7	淡青色
0.5	淡绿色	10	青色
1	绿色	15	深青色
3	深绿色		

2. 牛乳灰分碱度测定法

【原理】

乳中掺入的碳酸钠和有机酸钠盐经高温灼烧后，转化为氧化钠，溶于水后形成氢氧化钠，用标准酸滴定求其含量。

【试剂】

（1）盐酸标准溶液（0.100 0 mol/L）。

（2）1% 酚酞指示剂。

【仪器】

高温炉（1 000 ℃）、电热恒温水浴锅、瓷坩埚、锥形瓶、玻璃漏斗等。

【操作方法】

（1）取 20 mL 乳样于瓷坩埚中，置水浴上蒸干，然后移入高温炉灼烧成灰。

（2）灰分用 50 mL 热水分数次浸渍，用玻璃棒捣碎灰块，过滤，滤纸及灰分残块用热水冲洗。

（3）滤液中加入 3 ～ 5 滴酚酞指示剂，用 0.1 mol/L 盐酸标准溶液滴定至粉红色，0.5 min 内不退色为止。

【结果计算】

被检牛乳中碳酸钠含量按下式计算。

$$X = [V_1 \times 0.053 / (V_2 \times 1.030)] \times 100$$

式中　X——被检乳中碳酸钠含量（g/100 g）；

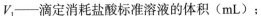

V_1——滴定消耗盐酸标准溶液的体积（mL）；

V_2——被检牛乳试样的体积（mL）；

0.053——1 mL 盐酸标准溶液相当于碳酸钠的质量（g）；

1.030——正常牛乳的平均相对密度（ρ_4^{20}）。

【结果判定】

正常牛奶灰分的碱度以碳酸钠计为 0.01% ～ 0.012%，超过此值为掺入中和剂。

（三）掺淀粉（米汁）、豆浆乳的检验

掺水后牛奶变稀薄，为了增加乳的稠度，作伪者常向乳中加入淀粉、米汁或豆浆等胶体物质，达到掩盖掺水的目的。

1．掺淀粉和米汁的检验

【原理】

淀粉中存在直链淀粉与支链淀粉两种结构。其中，直链淀粉可与碘生成稳定的络合物，呈深蓝色，借此对淀粉或米汁进行检测。

【试剂】

（1）碘溶液：2 g 碘和 4 g 碘化钾溶解定容至 100 mL 即可。

（2）20% 醋酸。

【仪器】

试管、吸管。

【操作方法】

甲法：适用于加入淀粉或米汁较多的情况。吸取 5 mL 乳样于试管，稍煮沸，冷却后加入 3 ～ 5 滴碘溶液，观察颜色变化。

乙法：适用于加入淀粉、米汁较少的情况。取 5 mL 乳样于试管，加入 20% 醋酸 0.5 mL，充分混合后过滤于另一试管，适当加热煮沸，以后操作同甲法。

【结果判定】

掺入淀粉、米汁，出现蓝色或蓝青色；掺入糊精类，则为紫红色。

2．掺豆浆乳的检验

【原理】

豆浆中含有皂角素，可溶于热水或酒精，与氢氧化钠生成黄色化合物，据此进行检测。

【试剂】

（1）醇醚混合液：乙醇和乙醚等量混合。

（2）氢氧化钠溶液（250 g/L）。

【仪器】

试管、2 mL 刻度吸管、5 mL 刻度吸管。

【操作方法】

取 2 mL 乳样于试管中，加入 3 mL 醇醚混合液，充分混匀，加入 5 mL 氢氧化钠溶液，混匀，5 ～ 10 min 内观察颜色变化，同时用纯牛乳做对照。

【结果判定】

掺入 10% 以上豆浆，试管中液体呈微黄色，纯乳呈乳白色。

（四）掺中性盐及弱碱性盐的检验

为了增加乳的密度或中和牛乳的酸度，掺入中性盐或弱碱性盐以掩盖乳中掺水或酸败牛乳，常见的有食盐、芒硝（硫酸钠）、碳酸铵等。

1．掺食盐的检验

【原理】

乳样中的氯离子含量较多时，可与硝酸银作用，生成氯化银沉淀，并与铬酸钾作用呈色。

【试剂】

（1）铬酸钾溶液（100 g/L）。

（2）硝酸银溶液（0.01 mol/L）。

【操作方法】

取 5 mL 硝酸银溶液于试管，加 2 滴铬酸钾溶液，混匀，加被检乳 1 mL，充分混匀，观察颜色变化，同时做空白对照试验。

【结果判定】

正常乳中氯离子含量为 0.09%～0.12%。如试管中溶液呈黄色，说明牛奶中氯离子的含量大于 0.14%。

2. 掺芒硝的检验

【原理】

掺入芒硝（$Na_2SO_4 \cdot 10H_2O$）的牛奶中含有较多的 SO_4^{2-}，可与氯化钡作用，生成硫酸钡沉淀，并与玫瑰红酸钠作用呈色。本方法的检出灵敏度为 100 mg/L。

【试剂】

（1）20% 醋酸溶液。

（2）氯化钡溶液（10 g/L）。

（3）1% 玫瑰红酸钠乙醇溶液。

【操作方法】

吸取 5 mL 被检乳于试管，加 1～2 滴 20% 醋酸、4～5 滴氯化钡溶液、2 滴 1% 玫瑰红酸钠乙醇溶液，混匀，静置，观察颜色变化，同时做空白对照试验。

【结果判定】

不含芒硝乳呈淡褐黄色，掺芒硝乳呈玫瑰红色。

3. 掺碳酸铵的检验

【原理】

乳中的 NH_4^+ 或 NH_3 与碘化钾和碘化汞的复盐试液（纳氏试剂）生成黄色的碘化汞铵化合物。本方法检测灵敏度为 600 mg/L。

【试剂】

纳氏试剂：称取 8 g 碘化汞、11.5 g 碘化钾，溶于 50 mL 蒸馏水。溶解后加入 50 mL 30% 氢氧化钠，混匀移入棕色试剂瓶，用时取上清液。

【仪器】

试管、吸管、滴管、试管架。

【操作方法】

吸取 2 mL 被检乳于试管，加 4～5 滴纳氏试剂，摇匀，静置 5 min，观察颜色及浑浊情况，同时做空白对照试验。

【结果判定】

正常乳颜色无变化，管底出现棕色或橙黄色沉淀为阳性，颜色深浅依铵盐浓度而定。

（五）掺尿素的检验

尿素为非电解质晶体物质，在水中不发生电离，掺入乳后使乳相对密度调至正常，但乳的冰点、酸度、脂肪含量均低于正常值。

【原理】

在酸性条件下，乳样中的尿素与亚硝酸钠作用，生成黄色物质。当乳样中无尿素时，亚硝酸钠与对氨基苯磺酸发生重氮反应，其产物与 α-萘胺起偶氮作用，生成紫红色。

【试剂】

（1）亚硝酸钠溶液（10 g/L）。

（2）浓硫酸。

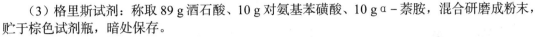

（3）格里斯试剂：称取 89 g 酒石酸、10 g 对氨基苯磺酸、10 g α-萘胺，混合研磨成粉末，贮于棕色试剂瓶，暗处保存。

【操作方法】

取 3 mL 待检乳于试管，加 1 mL 亚硝酸钠溶液、1 mL 浓硫酸，摇匀，放置 5 min，待泡沫消失后，加 0.5 g 格里斯试剂，摇匀，观察颜色变化，同时做空白对照试验。

【结果判定】

正常乳呈紫红色，掺尿素呈黄色。

（六）掺防腐剂的检验

1. 掺硼酸、硼砂的检验

【原理】

姜黄试纸被硼酸或其盐类的酸性溶液润湿后烘干时，有棕红色的斑点出现。加酸时，斑点的颜色不改变，加碱时则变为蓝绿色或墨绿色。

【试剂】

（1）盐酸（6 mol/L）。

（2）碳酸钠溶液（40 g/L）。

（3）氢氧化钠溶液（0.1 mol/L）。

（4）姜黄试纸：称取 20 g 姜黄粉末，用冷水浸渍 4 次，每次 100 mL，除去水溶性物质后，残渣在 100 ℃下干燥。干燥后的姜黄粉加 100 mL 乙醇，浸渍数日，过滤。取 1 cm×8 cm 滤纸条，浸入溶液中，取出，于空气中干燥，贮于有色玻璃瓶。

【仪器】

瓷坩埚、高温炉、水浴锅、表面皿。

【操作方法】

（1）取 20 mL 乳样于瓷坩埚中，加碳酸钠溶液至呈碱性，置水浴上蒸干。

（2）移至电炉上小火炭化，再移至高温炉（500 ℃）中灰化，取出冷却。加 10 mL 水，煮沸，使残渣溶解，放冷，过滤。滤液滴加盐酸（6 mol/L）使呈酸性。

（3）把姜黄试纸浸入酸性的滤液中，片刻后取出，将试纸置于表面皿上，在 60 ℃下干燥，观察颜色变化，在其变色部分熏以氨水，再观察颜色变化。

【结果判定】

（1）牛乳中有硼酸、硼砂存在时，第一次试纸显红色或橙红色，第二次试纸显绿黑色。

（2）结果判定也可采取焰色反应：在瓷坩埚中，加硫酸及乙醇各数滴，直接点火，如有硼酸或硼砂存在，则火焰呈绿色。

2. 掺过氧化氢（H_2O_2）的检验

【试剂】

碘化钾淀粉溶液：取 3 g 淀粉用 5 ～ 10 mL 凉水混匀，边搅拌边加沸水至 100 mL，溶入 3 g 纯碘化钾即可。此试剂极不稳定，不宜贮存。

【操作方法】

取 5 mL 乳样于试管，加 0.5 mL 碘化钾淀粉溶液，充分混合后，观察颜色变化。

【结果判定】

10 min 后乳仍为白色，表示乳中无过氧化氢；乳略变蓝色，表示乳中有过氧化氢。如有微量过氧化氢存在，则将乳放在 80 ℃～ 85 ℃下加热数分钟，重新用上述方法检查。

三、实训报告

根据被检乳样检验结果写出检验分析报告。

作业单

1. 掺水乳硝酸银检验法的原理是什么？
2. 掺碱乳溴麝香草酚蓝检验法的原理是什么？
3. 掺淀粉（米汁）乳的检验原理是什么？
4. 掺豆浆乳的检验原理是什么？
5. 掺中性盐及弱碱性盐的检验原理是什么？
6. 牛乳中掺尿素的检验原理是什么？

评估单

【评估内容】

请判断以下说法是否正确。

1. 掺水乳硝酸银检验法的原理是正常乳中氯化物含量很低，一般不超过 0.14%。天然水中含有较多的氯化物，故掺水乳中氯化物含量随掺水量的增多而增高，利用硝酸银与氯化物反应可检测之。　　　　　　　　　　　　　　　　　　　　　　　　　　　（　　）

2. 用硝酸银检验法检验掺水乳时，正常乳呈砖红色，掺水乳呈不同程度的柠檬黄色。
　　　　　　　　　　　　　　　　　　　　　　　　　　　　　　　　　（　　）

3. 掺水乳的计算法原理是利用测得乳样的相对密度和含脂率，计算出总固体和非脂固体；再用牛舍乳样测其相对密度和含脂率，计算总固体和非脂固体，两者比较，即可确定市售乳掺水情况。　　　　　　　　　　　　　　　　　　　　　　　　　　　（　　）

4. 乳中掺碱的目的是掩盖牛乳的酸败，降低牛乳的酸度，作伪者向生鲜牛乳中加入少量的碱。　　　　　　　　　　　　　　　　　　　　　　　　　　　　　　（　　）

5. 掺碱乳溴麝香草酚蓝检验法的原理是鲜牛乳中加碱后，氢离子浓度发生变化，可使酸碱指示剂变色，由颜色的不同，判断加碱量的多少。　　　　　　　　　　　　（　　）

6. 溴麝香草酚蓝法按环层颜色变化界限判定结果。　　　　　　　　　　　（　　）

7. 溴麝香草酚蓝法环层颜色为绿色时，乳中无碳酸氢钠。　　　　　　　　（　　）

8. 溴麝香草酚蓝法环层颜色为绿色时，乳中碳酸氢钠的含量为 0.10%。　　（　　）

9. 溴麝香草酚蓝法环层颜色为深青色时，乳中碳酸氢钠的含量为 1.5%。　　（　　）

10. 牛乳灰分碱度测定时，以碳酸钠计为 0.01% ～ 0.012%，超过此值为掺入中和剂。
　　　　　　　　　　　　　　　　　　　　　　　　　　　　　　　　　（　　）

11. 玫瑰红酸定性法检验牛乳掺碱时，掺入碱时呈玫瑰红色，碱掺入越多，玫瑰色越深；未掺碱者呈黄色。　　　　　　　　　　　　　　　　　　　　　　　　　（　　）

12. 掺淀粉和米汁乳检验的原理是淀粉可与碘生成稳定的络合物，呈深蓝色。　（　　）

13. 牛奶中掺淀粉、米汁，与碘结合，出现蓝色或蓝青色，掺入糊精类，则为紫红色。
　　　　　　　　　　　　　　　　　　　　　　　　　　　　　　　　　（　　）

14. 掺豆浆乳的检验原理是豆浆中含有皂角素，可溶于热水或酒精，与氢氧化钠生成红色化合物。　　　　　　　　　　　　　　　　　　　　　　　　　　　　（　　）

15. 掺豆浆乳的检验结果判定方法是，如掺入 10% 以上豆浆，则液体呈微黄色；纯牛乳呈乳白色。　　　　　　　　　　　　　　　　　　　　　　　　　　　　　（　　）

16. 牛乳中掺中性盐及弱碱性盐是为了增加牛乳的密度或中和牛乳的酸度，以掩盖乳中掺水或酸败牛乳。　　　　　　　　　　　　　　　　　　　　　　　　　　（　　）

17. 牛乳中掺碱的检验原理是乳样中的氯离子含量较多时，可与硝酸银作用，生成氯化银沉淀，并与铬酸钾作用呈色。　　　　　　　　　　　　　　　　　　　　（　　）

18. 牛乳中掺芒硝的检验原理是掺入芒硝的牛奶中含有较多的 SO_4^{2-}，可与氯化钡作用，生成硫酸钡沉淀，并与玫瑰红酸钠作用呈色。 （　　）

19. 尿素为非电解质晶体物质，在水中不发生电离。这些物质掺入牛乳后使牛乳相对密度调至正常，但冰点、酸度、脂肪含量均高于正常值。 （　　）

20. 掺尿素的检验原理是在酸性条件下，乳样中的尿素与亚硝酸钠作用，生成黄色物质。 （　　）

【评估方法】

利用多媒体课件，分组对学生进行评估。

优：在限定的时间内完成全部判断，90% 以上正确。

良：在限定的时间内完成全部判断，70% 以上正确。

及格：延时完成全部判断，60% 以上正确。

不及格：延时完成全部判断，40% 以上不正确。

备注：项目二十二任务二学习情境占模块四总分的 8%。

任务三　乳房炎乳的检验

【重点内容】

乳房炎乳的检验。

【教学目标】

掌握乳房炎乳的检验方法。

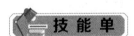

一、检验方法

乳房炎乳中含有溶血性链球菌、金黄色葡萄球菌、绿脓杆菌和大肠埃希氏菌等致病菌及小球菌、芽孢菌等腐败菌，严重影响乳的卫生质量。奶牛乳房发生炎症时，上皮细胞坏死、脱落进入乳汁，乳中白细胞数增加，甚至有血和脓。因此，收购生乳时应加强乳房炎乳的检验。乳房炎乳常用的检验方法有凝乳检验法、血与脓的检出、体细胞计数、电导率测定。此外，可采用溴麝香草酚蓝法（BTB）、过氧化氢酶法、CMT 法等检验乳房炎乳。

1. 凝乳检验法

【试剂】

凝乳检验试剂：称取 60 g 碳酸钠（$Na_2CO_3 \cdot 10H_2O$，化学纯）溶于 100 mL 蒸馏水，搅拌、加温、过滤；称取 40 g 无水氯化钙溶于 300 mL 蒸馏水，搅拌、加温、过滤；将两种滤液混合、搅拌、加温、过滤后加入等量15% 的氢氧化钠溶液，继续搅拌、加温、过滤，即检验用试剂。加入溴甲酚紫于试液中，有助于结果的观察。试液宜在棕色瓶中储存。

【仪器】

平皿（白色）、吸管。

【操作方法】

取乳样 3 mL 于白色平皿，加 0.5 mL 试液，立即回转混合，10 s 后观察结果。

【结果判定】

判定标准见表 4-50。

表 4-50　凝乳检验法检验乳房炎乳的判定标准

现象	结果
无沉淀及絮片	−（阴性）
稍有沉淀发生	±（可疑）
有片条状沉淀	＋（阳性）
发生黏稠性团块，继之分开为薄片	＋＋（强阳性）
有持续性黏稠性团块（凝胶）	＋＋＋（强阳性）

2．血与脓的检出

【试剂】

联苯胺试剂：吸取 2 mL96% 乙醇溶液于试管，加入少量联苯胺，混匀，加 2 mL 3% 过氧化氢溶液，摇匀，再加入 3 ～ 4 滴冰乙酸。

【操作与结果】

在联苯胺试剂中，加入 4 ～ 5mL 牛乳，20 ～ 30 s 后，如果乳中有血和脓存在，则液体呈深蓝色。

3．体细胞计数

乳中细胞含量的多少是衡量乳房健康状况及乳卫生质量的标志之一。国际标准中正常牛乳中体细胞含量一般每毫升不超过 20 万个，20 万个细胞为亚临床乳房炎的临界值，当奶牛患有乳房炎时，乳中体细胞数每毫升超过 20 万个。为了防止乳房炎乳混入原料乳，可采用体细胞计数法检测乳房炎乳。推荐使用体细胞计数仪进行乳汁体细胞计数。体细胞计数法有直接计数法和间接计数法。直接计数法中简便易行的方法是直接用显微镜进行体细胞计数（SCC），间接计数法就是 CMT 法。

【试剂】

亚甲蓝染色液、二甲苯、95% 乙醇。

【仪器】

生物显微镜、载玻片、10 μL 微量加样器。

【操作方法】

（1）涂片制备。充分摇匀新鲜乳样，用微量加样器吸取中部乳汁 10 μL，将乳样滴于玻片上，涂布成约 1 cm² 面积的乳膜；将涂好的玻片于 37 ℃恒温箱中干燥，取出后用二甲苯脱脂 5 min，再置于 95% 乙醇中固定 5 ～ 10 min 后取出，待玻片干燥后用亚甲蓝染色液染色 5 min，水洗，再用 95% 乙醇脱色数分钟，水洗干燥后镜检。

（2）镜检计数。在生物显微镜油镜下观察，计数 100 个视野内的细胞数，然后用下式计算：

SCC=500 000× 每个视野的细胞平均数（即细胞总数 ÷100）＝ 细胞数 /mL 乳

【结果判定】

判定标准：每毫升牛奶中含 20 万个细胞为亚临床乳房炎的临界值（±）；超过该值为阳性（＋），低于该值则正常（−）。

4．CMT 法

亚临床乳房炎的检验方法有很多，有物理性方法、化学性方法和细胞学方法。临床上常采用的方法有加利福尼亚州法（CMT）、威斯康辛测定法（SMT）、日本乳房炎检验法（PLT）、魏氏测定法、淡麝香草酚蓝试验（BTM）、上海乳房炎检验法（SMT）、兰州乳房炎检验法（LMT）、北京乳房炎检验法（BMT）、黑龙江乳房炎检验法（HMT）等。各种方法的检出率较接近。CMT 法是加利福尼亚州法的简称，该法是国际通用的隐性乳房炎诊断方法。其原理是用表面活性物质和碱性药物破坏乳中体细胞，使之释放出 DNA，并进一步作用，使乳汁产生沉淀或形成凝胶，体细胞数越多，产生的沉淀或凝胶也越多，从而间接诊断乳房炎和炎症的程度。

【试剂】

CMT 检验液：十二烷基磺酸钠 30 g 溶解于 1 000 mL 蒸馏水，用 2 mol/L 的氢氧化钠调节 pH 值至 6.4，加入溴甲酚紫 0.1 g，混匀备用。

【仪器】

乳房炎诊断盘。

【操作方法】

取乳房炎诊断盘 1 只，滴加被检乳 2 mL、CMT 检验液 2 mL，立即回转混合，10 s 后观察结果。

【结果判定】

判定标准见表 4-51。

表 4-51 CMT 法检验隐性乳房炎乳的判定方法及标准

现象	结果	体细胞数（$10^3/mL^{-1}$）
呈液体状，倾斜时，流动流畅，无凝块	—	0 ～ 200
呈液体状，有微量沉淀物，摇动时消失	±	200 ～ 500
有少量黏性沉淀物，非全部形成凝胶状，摇动时，沉淀物散布于盘底，有一定的黏性	+	500 ～ 800
全部呈凝胶状，有一定的黏性，回转时向心集中，不易散开	++	800 ～ 5 000
大部分或全部形成明显的黏稠胶状沉淀物，几乎完全黏附于盘底，旋转摇动时，沉淀集于中心难以散开	+++	> 5 000

5. 电导率测定

【原理】

正常牛乳的电导率为 0.004 ～ 0.005 S/cm。患乳房疾病时，乳中盐类含量增加，电导率增高为 0.006 5 ～ 0.013 0 S/cm。因此，可用电导率仪测定乳的电导率来检测乳房炎乳。

【仪器】

奶牛乳房炎检测仪。

【操作方法及结果判定】

（1）直接从奶牛乳头将奶牛样品挤入顶端管道漏斗形状的开口，需要最小量为 2 mL（挤一次或两次）。

（2）仪器上有 0 ～ 9 的刻度线，读数越高，表示电解质含量也越高。

（3）读数在 5 以下，表示奶牛健康，没有感染乳房炎。

（4）读数在 5 或 5 以上，说明对应的乳区感染了隐性乳房炎。

（5）同一头奶牛的某个乳区的读数比其他三个乳区高 2 个单位时，即使读数在 2 ～ 4 之间，也认为该头奶牛的该乳区感染了隐性乳房炎。

（6）设备中有自动净化系统，检测不同奶牛或不同乳区时不需要专门清洗，只需要在全部检测完之后用清水进行简单的冲洗。

二、实训报告

根据实际检测方法写出被检乳样检验结果，并给出处理意见。

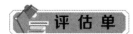

1．乳房炎乳常用的检验方法有（　　）、（　　）、（　　）、（　　）、（　　）。

2．乳房炎乳属于异常乳，因乳中含有（　　）、（　　）、（　　）、（　　）等致病菌及（　　）、（　　）等腐败菌，严重影响乳的卫生质量。

3．奶牛乳房发生炎症，（　　）细胞坏死、脱落进入乳汁，（　　）细胞增加，甚至有血和脓。

4．正常牛乳中体细胞含量一般每毫升（　　）20万个。

5．正常牛乳的电导率为 0.004～0.005 S/cm。奶牛患乳房疾病时，乳中（　　）增加，电导率增高。

6．奶牛患有乳房炎时，乳中体细胞数每毫升（　　）20万个。为了防止乳房炎乳混入原料乳中，可采用（　　）计数法检测乳房炎乳。

评 估 单

【评估内容】

1．简述凝乳法检验乳房炎乳的判定标准。

2．如何检验乳中的血与脓？

3．如何进行牛乳中的体细胞计数？

【评估方法】

以小组为单位进行评估，每组推选 2 人，随机抽 2 题进行回答，采用百分制进行评价。

备注：项目二十二任务三学习情境占模块四总分的 5%。

项目二十三 动物性水产品理化指标检验

【重点内容】

1. 挥发性盐基氮的测定。
2. 组胺的测定。
3. 总汞的测定（冷原子吸收光谱法）。

【教学目标】

1. 知识目标

熟悉动物性水产品的理化检验卫生标准。

2. 技能目标

掌握挥发性盐基氮、组胺的测定方法。

资料单

动物性水产品的品种范围有鲜鱼类及贝甲壳产品，均属新鲜水产品。动物性水产品的卫生标准包括鲜度质量中挥发性盐基氮指标和汞、砷、滴滴涕、六六六污染残留的允许量规定，以及根据品种特检的组胺、pH 值等指标项目。

《食品安全国家标准 鲜、冻动物性水产品》（GB 2733—2015）适用于鲜、冻动物性水产品，包括海水产品和淡水产品。

一、鲜、冻动物性水产品安全卫生标准

1. 感官要求

感官要求见表 4-52。

表 4-52 鲜、冻动物性水产品的感官要求

项目	要求	检验方法
色泽	具有水产品应有的色泽	取适量样品置于白色瓷盘上，在自然光下观察色泽和状态，嗅其气味
气味	具有水产品应有的气味，无异味状态	
状态	具有水产品正常的组织状态，肌肉紧密、有弹性	

2. 理化指标要求

理化指标要求见表 4-53。

表 4-53　鲜、冻动物性水产品的理化指标要求

项目		指标	检验方法
挥发性盐基氮 [a] /［mg·（100 g）⁻¹］	海水鱼虾	≤ 30	GB 5009.228—2016
	海蟹	≤ 25	
	淡水鱼虾	≤ 20	
	冷冻贝类	≤ 15	
组胺 [a] /［mg·（100 g）⁻¹］	高组胺鱼类 [b]	≤ 40	GB 5009.208—2016
	其他海水鱼类	≤ 20	

注：a. 不适用于活体水产品。

　　b. 高组胺鱼类指鲐鱼、鲹鱼、竹荚鱼、鲭鱼、鲣鱼、金枪鱼、秋刀鱼、马鲛鱼、青占鱼、沙丁鱼等青皮红肉海水鱼。

3．污染物限量

污染物限量应符合《食品安全国家标准　食品中污染物限量》（GB 2762—2017）的规定。污染物限量见表 4-54。

表 4-54　鲜、冻动物性水产品的污染物限量

项目	种类	指标	检验方法标准
铅（以 Pb 计）/（mg·kg⁻¹）	水产动物及其制品	鲜、冻水产动物（鱼类、甲壳类、双壳类除外）1.0，（去除内脏）鱼类、甲壳类 0.5，双壳类 1.5	GB 5009.12—2017
镉（以 Cd 计）/（mg·kg⁻¹）	水产动物及其制品	鲜、冻水产动物：鱼类 0.1，甲壳类 0.5，双壳类、腹足类、头足类、棘皮类 2.0，（去除内脏）水产制品：鱼类罐头（凤尾鱼、旗鱼罐头除外）0.2，凤尾鱼、旗鱼罐头 0.3，其他鱼类制品（凤尾鱼、旗鱼制品除外）0.1，凤尾鱼、旗鱼制品 0.3	GB 5009.15—2014
汞（以 Hg 计）/（mg·kg⁻¹）	水产动物及其制品	0.5（肉食性鱼类及其制品除外）肉食性鱼类及其制品 1.0	GB 5009.17—2014
砷（以 As 计）/（mg·kg⁻¹）总砷 无机砷 [b]	水产动物及其制品	鱼类及其制品除外 0.5，鱼类及其制品 0.1	GB 5009.11—2014
铬（以 Cr）/（mg·kg⁻¹）	水产动物及其制品	2.0	GB 5009.123—2014
苯并（a）芘/（μg·kg⁻¹）	水产动物及其制品	熏、烤水产品 5.0	GB 5009.27—2016
N-二甲基亚硝胺/（μg·kg⁻¹）	水产动物及其制品	水产制品（水产品罐头除外）4.0	GB 5009.26—2016
多氯联苯/（mg·kg⁻¹）	水产动物及其制品	干制水产品 0.5	GB 5009.190—2014

注：①水产动物及其制品可先测定总汞，当总汞水平不超过甲基汞限量值时，不必测定甲基汞；否则，需再测定甲基汞。

　　②对于制定无机砷限量的食品可先测定其总砷，当总砷水平不超过无机砷限量值时，不必测定无机砷；否则，需再测定无机砷。

4．贝类毒素限量

贝类毒素限量见表4-55。

表 4-55　贝类毒素限量　　　　　　　　　　　　Mu/g

项目	限量	检验方法
麻痹性贝类毒素（PSP）	≤ 4	GB 5009.213—2016
腹泻性贝类毒素（DSP）	≤ 0.05	GB 5009.212—2016

5．农药残留限量和兽药残留限量

农药残留限量应符合《食品安全国家标准　食品中农药最大残留限量》（GB 2763—2019）的规定。兽药残留限量应符合国家有关的规定和公告。

6．食品添加剂

食品添加剂的使用应符合《食品安全国家标准　食品添加剂使用标准》（GB 2760—2014）的规定。

7．其他

贝类、淡水蟹类、龟、鳖、黄鳝应活体加工，其冷冻品应在活体状态下清洗（宰杀或去壳）后冷冻。冷冻动物性水产品应储存在 −18 ℃或更低的温度下，禁止与有毒、有害、有异味的物品同库储存。

二、动物性水产制品的安全卫生标准

《食品安全国家标准　动物性水产制品》（GB 10136—2015）适用于动物性水产制品。

动物性水产制品是指以鲜、冻动物性水产品为主要原料，添加或不添加辅料，经相应的工艺加工制成的水产制品，包括即食动物性水产制品、预制动物性水产制品及其他动物性水产制品，不包括动物性水产罐头制品。

1．原料、辅料要求

原料应符合《食品安全国家标准　鲜、冻动物性水产品》（GB 2733—2015）的规定，辅料应符合相应的食品标准和有关规定。

2．感官要求

感官要求应符合表4-56 的规定。

表 4-56　鲜、冻动物性水产品的感官要求

项目	要求	检验方法
色泽	具有该产品应有的色泽	取适量样品置于白色瓷盘上，在自然光下观察色泽和状态，嗅其气味，用温开水漱口，品其滋味
滋味、气味	具有该产品正常的滋味、气味，无异味，无酸败味	
状态	具有该产品正常的形状和组织状态，无正常视力可见的外来杂质，无霉变，无虫蛀	

3．理化指标

理化指标应符合表4-57 的规定。

表 4-57 鲜、冻动物性水产品的理化指标

项目		指标	检验方法
过氧化值（以脂肪计）/[g·(100 g)⁻¹]	盐渍鱼（鳓鱼、鲅鱼、鲑鱼）	≤ 4.0	GB 5009.227—2016
	盐渍鱼（不含鳓鱼、鲅鱼、鲑鱼）	≤ 2.5	
	预制水产干制品	≤ 0.6	
组胺 / [mg·(100 g)⁻¹]	盐渍鱼（高组胺鱼类）	≤ 40	GB 5009.208—2016
	盐渍鱼（不含高组胺鱼类）	≤ 20	
挥发性盐基氮 / [mg·(100 g)⁻¹]	腌制生食动物性水产品	≤ 25	GB 5009.228—2016
	预制动物性水产制品（不含干制品和盐渍制品）	≤ 30	

注：高组胺鱼类指鲐鱼、鲹鱼、竹荚鱼、鲭鱼、鲣鱼、金枪鱼、秋刀鱼、马鲛鱼、青占鱼、沙丁鱼等青皮红肉海水鱼。

4. 污染物限量

污染物限量应符合《食品安全国家标准 食品中污染物限量》（GB 2762—2017）的规定。

5. 农药残留限量和兽药残留限量

农药残留限量应符合《食品安全国家标准 食品中农药最大残留限量》（GB 2763—2019）的规定，兽药残留限量应符合国家有关规定和公告。

6. 微生物限量

（1）熟制动物性水产制品和即食生制动物性水产制品的致病菌限量应分别符合《食品安全国家标准 食品中致病菌限量》（GB 29921—2013）中熟制水产制品和即食生制水产品的规定，见表 4-58。

表 4-58 熟制动物性水产制品和即食生制动物性水产制品的致病菌限量

项目		采样方案及限量（均以 20 g 或 25 mL 表示）				检验方法
		n	c	m	M	
水产制品	沙门氏菌	5	0	0	—	GB 4789.4—2016
熟制水产制品	副溶血性弧菌	5	1	100 MPN/g	1 000 MPN/g	GB 4789.7—2013
即食生制水产品	金黄色葡萄球菌	5	1	100 CFU/g	1000 CFU/g	GB 4789.10—2016 第二法

（2）即食生制动物性水产制品的微生物限量还应符合表 4-59 的规定。

表 4-59 即食生制动物性水产制品的微生物限量

项目	采样方案ª 及限量				检验方法
	n	c	m	M	
菌落总数 /（CFU·g⁻¹）	5	2	5×10⁴	10⁵	GB 4789.2—2016
大肠菌群 /（MPN·g⁻¹）	5	2	10	10²	GB 4789.3—2016 平板计数法

注：a. 样品的采样及处理按 GB 4789.1—2016 执行。

7. 寄生虫指标

即食生制动物性水产制品的寄生虫指标应符合表 4-60 的规定。

表 4-60　即食生制动物性水产制品的寄生虫指标

项目	指标
吸虫囊蚴	不得检出
线虫幼虫	不得检出
绦虫裂头蚴	不得检出

8. 食品添加剂

食品添加剂的使用应符合《食品安全国家标准　食品添加剂使用标准》（GB 2760—2014）的规定。

三、动物性水产品的检验方法及常检理化项目

目前能较好地反映鲜度变化规律并且与感官指标比较一致的是挥发性盐基氮，鱼肉样品中挥发性盐基氮含量测定可采用半微量凯氏定氮法或康威氏微量扩散法。

理化检验指标还有重金属毒物（如甲基汞）、农药及组胺含量等的检测。目前，采用冷原子吸收法测定鱼肉样品中总汞含量。

水产品常检理化项目是挥发性盐基氮、组胺、甲基汞、无机砷、铅、镉、多氯联苯。

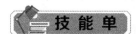

一、材料与设备

动物性水产品理化指标检验常规仪器与设备。

二、方法与步骤

（一）挥发性盐基氮的测定

按《食品安全国家标准　食品中挥发性盐基氮的测定》（GB 5009.228—2016）进行测定。

（二）组胺的测定

组胺的测定采用分光光度法《食品安全国家标准　食品中生物胺的测定》（GB 5009.208—2016）第二法。

《食品安全国家标准　食品中生物胺的测定》（GB 5009.208—2016）第二法适用于水产品（鱼类及其制品、虾类及其制品）中组胺的测定。

【原理】

以三氯乙酸为提取溶液，振摇提取，经正戊醇萃取净化，组胺与偶氮试剂发生显色反应后，分光光度计检测，外标法定量。

【试剂和材料】

1. 试剂种类

所用试剂均为分析纯，水为《分析实验室用水规格和试验方法》（GB/T 6682—2008）规

定的一级水；磷酸组胺（标准试剂）；正戊醇；三氯乙酸；碳酸钠；氢氧化钠；盐酸（HCl，37%）；对硝基苯胺；亚硝酸钠。

2．试剂配制

100 g/L 三氯乙酸溶液：称取 50 g 三氯乙酸于 250 mL 烧杯，用适量水完全溶解后转移至 500 mL 容量瓶，定容至刻度。保存期为 6 个月。

50 g/L 碳酸钠溶液：称取 5 g 碳酸钠于 100 mL 烧杯，用适量水完全溶解后转移至 100 mL 容量瓶，定容至刻度。保存期为 6 个月。

250g/L 氢氧化钠溶液：称取 25 g 氢氧化钠于 100 mL 烧杯，用适量水完全溶解后转移至 100 mL 容量瓶，定容至刻度。保存期为 3 个月。

（1+11）盐酸溶液：吸取 5 mL 盐酸于 100 mL 烧杯，加入 55 mL 水，混匀。保存期为 6 个月。

偶氮试剂甲液（对硝基苯胺）：称取 0.5 g 对硝基苯胺，加入 5 mL 盐酸溶液溶解后，再加水稀释至 200 mL，置于冰箱，临用现配。

偶氮试剂乙液（亚硝酸钠溶液）：称取 0.5 g 亚硝酸钠，加入 100 mL 水溶解混匀，临用现配。吸取 5 mL 甲液，40 mL 乙液混合即偶氮试剂，临用现配。

3．标准溶液配制

组胺标准储备液：在 100 ℃ ±5 ℃下将磷酸组胺标准物质干燥 2 h 后，称取 0.276 7 g（精确至 0.001 g）于 50 mL 烧杯，用适量水完全溶解后转移至 100 mL 容量瓶，定容至刻度。此溶液每毫升相当于 10 mg 组胺。置于 –20 ℃冰箱中储存。保存期为 6 个月。

磷酸组胺标准使用液：吸取 10 mL 组胺标准储备溶液于 50 mL 容量瓶，用水定容至刻度。此溶液每毫升相当于 200 µg 组胺。临用现配。

【分析步骤】

1．试样制备

取鲜活水产品的可食部分约 500 g 代表性样品，用组织捣碎机充分捣碎，均匀分成两份分别装入洁净容器，密封，并标明标记，–20 ℃保存。

2．试样提取

准确称取已经捣碎均匀的试样 10 g（精确至 0.01 g），置于 100 mL 具塞锥形瓶，加入 20 mL10% 三氯乙酸溶液浸泡 2 ～ 3 h，振荡 2 min 混匀，滤纸过滤，准确吸取 20 mL 滤液于分液漏斗，逐滴加入氢氧化钠溶液调节 pH 值为 10 ～ 12，加入 3 mL 正戊醇振摇提取 5 min，静置分层，将正戊醇提取液（上层）转移至 10 mL 刻度试管。正戊醇提取三次，合并提取液，并用正戊醇稀释至刻度。吸取 20 mL 正戊醇提取液于分液漏斗，加入 3 mL 盐酸溶液振摇提取，静置分层，将盐酸提取液（下层）转移至 10 mL 刻度试管。提取三次，合并提取液，并用盐酸溶液稀释至刻度。

3．测定

分别吸取 0.00 mL、0.20 mL、0.40 mL、0.60 mL、0.80 mL、1.0 mL 组胺标准使用液（相当于 0.00 µg、4.0 µg、8.0 µg、12 µg、16 µg、20 µg 组胺）及 20 mL 试样提取液于 10 mL 比色管，加水至 1 mL，再加入 1 mL 盐酸溶液，混合均匀。加入 3 mL 碳酸钠溶液，3 mL 偶氮试剂。加水至刻度，混匀，放置 10 min。将"0"管溶液转移至 1 cm 比色皿，分光光度计波长调至 480 nm，调节吸光度为"0"后，依次测试系列标准溶液及试样溶液吸光度，以吸光度 A 为纵轴，组胺的质量为横轴绘制标准曲线。

【结果计算】

试样中组胺的含量按下式计算：

$$X = \frac{m_1 V_1 \times 10 \times 10}{m_2 \times 2 \times 2 \times 2} \times \frac{100}{1\,000}$$

式中　X——试样中组胺的含量（mg/100 g）；

　　　m_1——试样中组胺的吸光度值对应的组胺质量（µg）；

　　　V_1——加入三氯乙酸溶液的体积（mL）；

第一个 10——正戊醇提取液的体积（mL）；

第二个 10——盐酸提取液的体积（mL）；

m_2——取样量（g）；

第一个 2——三氯乙酸提取液的体积（mL）；

第二个 2——正戊醇提取液的体积（mL）；

第三个 2——盐酸提取液的体积（mL）；

100——换算系数；

1 000——换算系数。

计算结果保留小数点后 1 位。

【精密度】

在重复性条件下获得的两次独立测定结果的绝对差值不得超过算术平均值的 10%。

【其他】

方法定量限：组胺 50 mg/kg。

（三）总汞的测定

总汞的测定采用冷原子吸收光谱法《食品安全国家标准　食品中总汞及有机汞的测定》（GB 5009.17—2014）第二法。

【原理】

汞蒸气对波长为 253.7 nm 的共振线具有强烈的吸收作用。试样经过酸消解使汞转为离子状态，在强酸性介质中以氯化亚锡还原成元素汞，载气将元素汞吹入汞测定仪，进行冷原子吸收测定，在一定浓度范围其吸收值与汞含量成正比，外标法定量。

【试剂与材料】

1．试剂种类

所用试剂均为优级纯，水为《分析实验室用水规格和试验方法》（GB/T 6682—2008）规定的一级水；硝酸；盐酸；过氧化氢（30%）；无水氯化钙：分析纯；高锰酸钾：分析纯；重铬酸钾：分析纯；氯化亚锡：分析纯。

2．试剂配制

高锰酸钾溶液（50 g/L）：称取 5.0 g 高锰酸钾置于 100 mL 棕色瓶，用水溶解并稀释至 100 mL。

硝酸溶液（5+95）：量取 5 mL 硝酸，缓缓倒入 95 mL 水中，混匀。

重铬酸钾的硝酸溶液（0.5 g/L）：称取 0.05 g 重铬酸钾溶于 100 mL 硝酸溶液（5+95）。

氯化亚锡溶液（100 g/L）：称取 10 g 氯化亚锡溶于 20 mL 盐酸，90 ℃水浴中加热，轻微振荡，待氯化亚锡溶解成透明状后，冷却，纯水稀释定容至 100 mL，加入几粒金属锡，置阴凉、避光处保存，经发现浑浊应重新配制。

硝酸溶液（1+9）：量取 50 mL 硝酸，缓缓倒入 450 mL 水中。

3．标准品

氯化汞（$HgCl_2$）：纯度≥ 99%。

4．标准溶液配制

汞标准储备液（1.00 mg/mL）：准确称取 0.135 4 g 干燥过的氯化汞，用重铬酸钾的硝酸溶液（0.5 g/L）溶解并转移至 100 mL 容量瓶，定容。此溶液浓度为 1.00 mg/mL。于 4 ℃冰箱中避光保存，可保存两年。或购买经国家认证并授予标准物质证书的标准溶液物质。

汞标准中间液（10 g/mL）：吸取 1.00 mL 汞标准储备液（1.00 mg/mL）于 100 mL 容量瓶，用重铬酸钾的硝酸溶液（0.5 g/L）稀释和定容。溶液浓度为 10 g/mL。于 4 ℃冰箱中避光保存，可保存两年。

汞标准使用液（50 µg/mL）：吸取 0.50 mL 汞标准中间液（10 g/mL）于 100 mL 容量瓶，用重铬酸钾的硝酸溶液（0.5 g/L）稀释和定容。此溶液浓度为 50 µg/mL，现用现配。

【仪器和设备】

玻璃器皿及聚四氟乙烯消解内罐均需以硝酸溶液（1+4）浸泡 24 h，用水反复冲洗，最后用去离子水冲洗干净。

测汞仪（附气体循环泵、气体干燥装置、汞蒸气发生装置及汞蒸气吸收瓶），或全自动测汞仪。

天平：感量为 0.1 mg 和 1 mg。

控温电热板（50 ～ 200 ℃）。

超声水浴箱。

【分析步骤】

1. 试样预处理

在采样和制备过程中，应注意不使试样污染。鱼类新鲜样品，洗净晾干，取可食部分匀浆，装入清净聚乙烯瓶，密封，于 4 ℃冰箱冷藏备用。

2. 试样酸消解法

称取 1.00 ～ 3.00 g 试样（干样、含脂肪高的试样＜ 1.00 g，鲜样＜ 3.00 g）于聚四氟乙烯罐，加硝酸 2 ～ 4 mL 浸泡过夜。再加 30% 过氧化氢 2 ～ 3 mL。置于有隔热板的可调式电炉上，加热至消化完全，用滴管将消化液洗入或过滤入 10.0 mL 容量瓶，用少量的水多次洗罐，洗液合并于容量瓶，定容至刻度，混匀备用，同时做试剂空白试验。

3. 仪器参考条件

开测汞仪，预热 1 h，并将仪器性能调至最佳状态。

4. 标准曲线的制作

分别吸取汞标准使用液（50 μg/mL）0.00 mL、0.20 mL、0.50 mL、1.00 mL、1.50 mL、2.00 mL、2.50 mL 于 50 mL 容量瓶，用硝酸溶液（1+9）稀释至刻度，混匀。各自相当于汞浓度为 0.00 μg/mL、0.20 μg/mL、0.50 μg/mL、1.00 μg/ml、1.50 μg/mL、2.00 μg/ml 和 2.50 μg/mL。将标准系列溶液分别置于测汞仪的汞蒸气发生器中，连接抽气装置，沿壁迅速加入 3.0 mL 还原剂氯化亚锡（100 g/L），迅速盖紧瓶塞，随后有气泡产生，立即通过流速为 1.0 L/min 的氮气或经活性炭处理的空气，使汞蒸气经过氯化钙干燥管进入测汞仪中，从仪器读数显示的最高点测得其吸收值。然后，打开吸收瓶上的三通阀将产生的剩余汞蒸气吸收于高锰酸钾溶液（50 g/L）中，待测汞仪上的读数达到零点时进行下一次测定同时做空白试验。求得吸光度值与汞质量关系的一元线性回归方程。

5. 试样溶液的测定

分别吸取样液和试剂空白液各 5.0 mL 置于测汞仪的汞蒸气发生器的还原瓶中，以下按照"4 标准曲线的制作'连接抽气装置……同时做空白试验'"进行操作。将所测的吸光度值代入标准系列溶液的一元线性回归方程中求得试样溶液中汞含量。

【分析结果的表述】

试样中汞含量按下式进行计算：

$$X = \frac{(m_1 - m_2) \times V_1 \times 1\,000}{m \times V_2 \times 1\,000 \times 1\,000}$$

式中　X——试样中汞含量（mg/kg 或 mg/L）；

m_1——测定样液中汞质量（μg）；

m_2——空白液中汞质量（μg）；

V_1——试样消化液定容总体积（mL）；

V_2——测定样液体积（mL）；

m——试样质量或体积（g 或 mL）。

1 000——换算系数。

计算结果保留 2 位有效数字。

【精密度】

在重复性条件下获得的两次独立测定结果的绝对差值不得超过算术平均值的 20%。

【其他】

当样品称样量为 0.5 g，定容体积为 25 mL 时，方法检出限为 0.002 mg/kg，方法定量限为 0.007 mg/kg。

三、实训报告

根据被检鱼肉样品检验结果写出检验分析报告。

 作业单

1．水产品的品种范围有（　　）、（　　）。

2．水产品常检理化项目是（　　）、（　　）、（　　）、（　　）、（　　）、（　　）、（　　）等。

3．能较好地反映鲜度变化规律而且与感官指标比较一致的检测方法是（　　）。

4．可采用（　　）或（　　）法测定鱼肉样品中挥发性盐基氮。

评估单

【评估内容】

1．简述冷原子吸收法测汞原理。

2．简述冷原子吸收法测汞含量的标准曲线绘制方法。

【评估方法】

以小组为单位进行评估，每组推选 1 人，随机抽题进行回答，采用百分制进行评价。

备注：项目二十三学习情境占模块四总分的 8%。

模块五　兽药残留指标检验

项目二十四　兽药残留分析岗前知识培训

【基本概念】
兽药残留、最高残留限量、休药期

【重点内容】
兽药残留的种类与危害、兽药残留控制的基本原理。

【教学目标】
熟悉兽药残留的基本概念、兽药残留的种类与危害、残留控制的基本原理、残留分析的基本方法。

一、兽药残留的概念

兽药残留是指给动物使用药物后蓄积或储存在细胞、组织或器官内的药物原形、代谢产物和药物杂质。

二、兽药残留的种类

兽药残留主要有三大类，分别如下：

（1）抗微生物药物。抗微生物药物又称抗感染药物，即杀灭或者抑制微生物生长或繁殖的药物，包括抗菌药物、抗病毒药物、抗滴虫原虫药物、抗立克次体药物等。

（2）抗寄生虫药和杀虫剂。抗寄生虫药物可分为抗螨虫药、抗原虫药、体外杀虫药。

杀虫剂可分为无机杀虫剂和有机杀虫剂两类。无机杀虫剂主要含有砷、氟、硫和磷等元素。有机杀虫剂可分为天然来源杀虫剂和人工合成杀虫剂两类。天然来源杀虫剂可分为植物源杀虫剂和微生物源杀虫剂。人工合成杀虫剂可分为有机氯类杀虫剂、有机磷类杀虫剂、氨基甲酸酯类杀虫剂、拟除虫菊酯类杀虫剂、昆虫生长调节剂等。

（3）促生长剂。促生长剂包括亚治疗量抗微生物药物和一些专用的促生长剂。专用促生长剂包括性激素和 β - 兴奋剂。

三、兽药残留的危害

1．毒性作用

一次摄入残留物的量过大，出现急性毒性反应。

2．过敏反应和变态反应

一些抗菌药物（如青霉素类、磺胺类、四环素类及某些氨基糖苷类抗生素）的残留能使部分人群发生过敏反应。

3. 三致作用

三致作用即致癌、致畸、致突变作用。药物及环境中的化学药品可引起基因突变或染色体畸变，从而对人类造成潜在的危害。

4. 对胃肠道菌群的影响

动物源食品中低剂量的抗菌药物长期与动物胃肠道接触，会抑制或杀灭敏感菌、耐药菌或条件性致病菌，使胃肠道的微生态平衡遭到破坏。

5. 细菌耐药性增加

使用亚治疗剂量抗微生物药物可使细菌耐药性增加。亚治疗剂量抗微生物药物的残留对人体健康的影响有两个方面：一是易于诱导耐药菌株；二是组织残留可干扰人肠道内的正常菌丛。

6. 污染环境

动物用药后，药物以原形或代谢物形式随粪、尿等排泄到环境中，对土壤微生物、水生生物及昆虫等造成影响，并在多种环境因子的作用下，产生转移、转化或在动植物中蓄积。

四、兽药残留控制的原理

兽药残留的控制包括药物及剂型研制、注册登记、使用、食品和环境监测等诸多环节。

兽药残留控制的常用参数有最高残留限量、最大无作用剂量、安全系数、日许量、食物消费系数、休药期六个。

（一）最高残留限量（MRLs）

最高残留限量是指对食品动物用药后产生的允许存在于食物表面或内部的该兽药残留的最高量（以鲜重计，μg/kg）。

为加强兽药残留监控，保证动物性食品食用安全，2002 年，原农业部组织修订并发布《动物性食品中兽药最高残留限量》（235 号公告），该公告对动物性食品规定了 95 种（类）兽药最高残留限量和 40 种（类）不得检出药物品种。阿苯达唑、四环素等兽药最高残留限量的规定见表 5-1。

表 5-1　阿苯达唑、四环素等兽药最高残留限量的规定（235 号公告）　　　μg/kg

药物名称	动物种类	靶组织	残留限量
阿苯达唑	牛羊	肌肉	100
		脂肪	100
		肝	5 000
		肾	5 000
		奶	100
苄星青霉素 / 普鲁卡因青霉素	所有食品动物	肌肉	50
		脂肪	50
		肝	50
		肾	50
土霉素 / 金霉素 / 四环素	所有食品动物	肌肉	100
		肝	300
		肾	600
	牛 / 羊	奶	100
	禽	蛋	200
	鱼虾	肉	100

续表

药物名称	动物种类	靶组织	残留限量
磺胺类	所有食品动物	肌肉	100
		脂肪	100
		肝	100
		肾	100
	牛/羊	奶	100

（二）最大无作用剂量

最大无作用剂量是指化学物质在一定时间内，按一定方式与机体接触，用现代的检测方法和最灵敏的观测指标不能发现任何损害作用的最高剂量。

（三）安全系数

同一种属的动物对外来物质的敏感性存在差异，当使用试验动物试验结果推测人的日许量时需除以适当的数值，该数值称为安全系数。非致癌物安全系数的制定原则见表 5-2。

表 5-2　非致癌物安全系数的制定原则

毒理学试验类型	安全系数
慢性试验	100
90 天亚慢性试验	1 000
繁育试验	100（仅出现母体毒性）
	1 000（出现其他毒性）
对于致癌物，要求出现危险的概率为"零"	

（四）日许量（ADI）

日许量是人体每日允许摄入量的简称，是指人终生每日摄入某种药物或化学物质残留而不引起可觉察危害的最高量，单位是 mg/（kg·d），计算公式为

ADI= 最大无作用剂量（试验动物）/ 安全系数

制定 ADI 时还需要考虑到特殊人群，如婴幼儿、老年人等。他们的代谢和排泄机能与成人存在明显差异。

（五）食物消费系数与最高残留限量计算

食物消费系数是指平均每人每日摄入的某种食物的量，单位 kg/d。美国 FDA 在制定 MRLs 时采用的食物消费系数（平均体重 60 kg）为肌肉 0.3、肝 0.1、肾 0.05、脂肪 1.05。

MRLs 的计算公式如下：

MRLs（mg/kg）=ADI［mg/（kg·d）］× 平均体重（kg）/ 食物消费系数（kg/d）

（六）休药期（WDT）

休药期是指食品动物从停止给药到许可屠宰或它们的产品（包括可食组织、蛋、奶等）许可上市的间隔时间。

1．规定休药期的目的

规定休药期的目的是让动物体内的或加工产品（乳、蛋）的药物含量，降低到符合人体

安全的浓度以下。

2．休药期的影响因素

休药期受动物种属、药物种类、制剂形式、用药剂量、给药途径及组织中的分布情况等因素的影响。经过休药期，暂时残留在动物体内的药物被分解至完全消失或对人体无害的浓度。

3．不遵守休药期规定的危害

造成药物在动物体内大量蓄积，产品中的残留药物超标，或出现不应有的残留药物，会对人体造成潜在的危害。造成的危害表现在如下四个方面：

一是致畸、致突变和致癌作用。如丙咪唑类抗蠕虫药残留对人体最大的潜在危害是致畸作用和致突变作用。

二是激素（样）作用。兽用激素类药物残留，会影响人体正常的激素水平，并有一定的致癌性，表现为儿童早熟、异性化倾向、肿瘤等。另外，可使人出现头痛、心动过速、狂躁不安、血压下降等症状。

三是过敏反应。常引起人过敏反应的药物有青霉素类、四环素类、磺胺类等。如牛奶含有青霉素或磺胺类药物，可使人发生不同程度的过敏反应。

四是环境污染。兽药及其代谢产物通过粪便、尿等进入环境，被环境中的生物富集，然后进入食物链，同样危害人类健康。

由于休药期在保障食品安全中的重要作用，国家历来十分重视休药期的管理。原农业部于2003年5月22日发布了《部分兽药品种的停药期规定》，制定了202种兽药停药期规定和92种（类）不需制定停药期的兽药品种。

五、残留分析方法

（一）残留分析基本原理

残留分析的目的是通过分离与检测，了解待测组分的种类和浓度。分离和检测是一个残留分析方法的两个基本组成部分。

1．分离

分离是检测的必要条件。残留分析时，分离一般需消耗整个分析过程90%以上的时间和资源。残留分析复杂的根本原因是样品基质组成复杂，被测组分浓度低（低于1%）。分离方法的原则如图5-1所示。

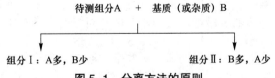

图 5-1　分离方法的原则

分离方法的原则就是从 A、B 混合物中将待测组分 A（待检药物），从基质或其他组分 B（非待检成分）中分离出来，并保证待测组分 A（待检药物）的回收率应尽可能高。

残留分析中控制方法定量限低于 MRLs，回收率80% ~ 90% 就能满足实际需要。

一般根据待测物和样品基质的性质差异，利用组合的分离步骤可以达到分离和分析目的要求。大多数的分析方法中至少采用1个提取步骤（将待测物从样品中释放进入溶液状态）、3个分离步骤、1 ~ 3个净化步骤（除去部分干扰杂质）、1个分辨步骤。

2．检测

检测主要是利用待测物分子的整体性质，如紫外/可见、红外、荧光、核磁共振、质谱等波谱学性质，氧化－还原性、旋光性和官能团性质，直接对痕量残留物质进行定性或定量分析。常用的测定方法有酶免疫测定法、高效液相色谱法、气相色谱法、放射受体分析法、极谱法、荧光分光光度法、微生物测定法、紫外可见分光光度法、比色法、色质联用法等。

（二）残留分析过程

典型的残留分析过程如图 5-2 所示。

（三）检测方法分类

1．按分离或检测原理分类

（1）免疫分析法：免疫分析法是以免疫结合反应为原理进行分析的方法。免疫分析法可简化分析过程、提高检测速度、降低检测成本，如酶免疫测定法（EIA）、荧光免疫测定法（FIA）、放射免疫测定法（RIA）等。

理化分析方法包括波谱法、色谱法及其联用技术，如 HPLC、GC、薄层色谱法（TLC）、毛细管电泳（CE）等。由于残留样品的特点，一些分离（色谱方法）与检测（波谱方法）联用分析技术，如 HPLC、GC、TLC 在残留分析中具有较大的优势，是主流的残留分析方法。

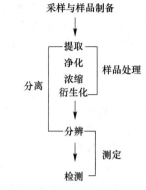

图 5-2　典型的残留分析过程
（李俊锁：《兽药残留分析》，2002 年）

（2）生物测定法：如微生物学测定法（敏感菌抑制法）、放射受体测定法等。微生物学测定法原理和操作简单，目前在抗微生物药物残留的快速分析中仍发挥作用。

2．按被测组分数量分类

（1）单组分残留分析法是指对样品中单个残留组分进行分析的技术。国家标准中大部分残留分析方法是以单组分残留分析为基础建立的。

（2）多组分残留分析法是指能同时对样品中多个残留组分进行分析的技术。多组分残留分析法在提高分析效率和未知样品分析中具有重要的价值。

3．按分析目的分类

（1）常规分析法。要求具有准确的定量分析能力，但不一定具有准确的定性能力。实验室中建立和使用的多数分析方法属于此类。常规分析法的阳性结果在理论上存在不确定性，对于可能引起严重后果的阳性样品必须用确证分析法进行确证。

（2）筛选分析法。筛选分析法只要求具有半定量和定性能力，但必须灵敏度高、过程简单、分析速度快。常用的筛选分析法有免疫测定法、微生物学测定法等。

（3）确证分析法。确证分析法要求具有准确的定性分析（给出被测组分的结构信息）和定量分析能力，并且要有高的灵敏度，残留组分的绝对量极小（小于 1 μg）。目前能够满足要求的分析方法只有色－质联用技术，如 LC/MS、GC/MS。

为降低大批量样品分析的成本和提高分析效率，通常将筛选分析法和确证分析法联合使用，即先用筛选分析法对大量样品进行快速分析，疑似阳性样品再用确证分析法确证。

六、残留分析的实验室规范

在残留分析中，数据的可靠性不仅与分析方法密切相关，而且与分析人员的专业素质、是否执行"残留分析的实验室规范"有关。

（一）分析人员

残留分析由系列分析步骤衔接组成，从事残留分析的人员必须具备相关的背景知识和残留分析经验。对分析人员进行仪器设备的正确使用、基本试验技能、分析质量保证体系、数据的处理、解释和评价方面的专业培训，能确保分析人员胜任残留分析工作。

（二）基本设施

1. 实验室

从事残留分析的实验室与设备均需要专用仪器设备和场所，按分析实验室的工作要求设计，确保达到最大的安全性和将可能的样品污染降至最低限度。

2. 装备

做好仪器的日常保养，定期进行性能测试。做好每台仪器设备的使用、维护或维修记录。度量、测量仪器必须定期进行校准并将相关记录存档。实验室应备有各种已知的、高纯度的标准物。所有的标准溶液、标准储备液和试剂都应贴示标签，注明有效期并进行正确存放。

3. 供应

保证实验室充足的水电及各种高质量气体的供应，保证试剂、溶剂、玻璃器皿、色谱分析材料等的充足供应。

（三）分析

1. 样品接收和样品储存

接收样品时，必须按一一对应原则对样品进行编码标记，该编码将伴随样品分析的整个过程直至结果报告，并要求注明分析所需信息及要求的储存条件、处理样品时的潜在危害。要求标签标志清楚，并可永久保存。

样品应在低温环境（1 ℃～5 ℃）下存放，避免阳光直射，并在数日内进行分析。当需要存放相当长的一段时间后才进行分析时，应放置在 -20 ℃左右。

保存样品的容器及其盖子应密封性良好，不能有外界物质的渗入渗漏。样品处理和分样均应按相关程序进行，保证不改变兽药残留浓度。

2. 避免污染

残留分析时应避免污染。一旦被检验的样本发生痕量污染，便会产生假阳性结果或降低检测的灵敏度。当检测方法的灵敏度下降时，会导致存在的残留物不能被检出。

为防止交叉污染，残留分析实验室通常应做如下要求。

（1）样品制备、前处理应与仪器分析分开。

（2）所有的玻璃器皿、试剂、有机溶剂和水在使用前均应进行试剂空白试验，检查其中是否有可能带来污染。

（3）应使用纯化试剂与吸附剂，并使用重蒸水（超纯水）。禁止在实验室使用含杀菌剂的肥皂、杀虫剂、防护油脂等。

（4）所有的玻璃器皿都必须先用洗涤剂清洗，然后用蒸馏水彻底淋洗，最后用所用的溶剂淋洗。用于残留分析的玻璃器皿应与其他分析的玻璃器皿分开存放。

（5）标准品应在适当的温度下单独存放。

（6）残留分析实验室里除聚四氟乙烯（PTFE）材料外，最好不用含有塑料材质的仪器。

3. 标准操作程序

为有效控制试验误差，应建立标准操作程序。标准操作程序包括方法的应用、操作、检测限、结果的计算方法和其他详尽的试验细节。标准操作程序的任何变更，均应得到分析主管的授权许可并记录在案。

4. 方法的确认

常规实验室按照国家规定的标准化分析方法进行日常检测。

5. 整体分析性能质量控制

为有效控制本实验室整体分析质量，应定期开展如下工作。

（1）分析方法评估：定期对使用的分析方法进行评估，在残留限量水平与检测限量水平两个方面对空白样品与实际样品进行分析测试。

（2）空白阴性样本、试剂和溶剂评估：定期对已知的空白阴性样本进行分析。当试剂和溶剂的批次或来源改变时，应检查试剂和溶剂对分析结果的影响。

（3）标准溶液评估：确保标准溶液在储存期间不发生任何变化，应定期对标准样品进行重现性分析。

6. 确证试验

对某些样本，当检出在正常情况下不太可能的某些兽药残留超过 MRLs 值时，需进行确证试验，以保证分析报告的准确性。

确证试验分为定性分析和定量分析两种类型。禁用物质侧重于定性分析。有 MRLs 值规定的限用物质，先要进行定性分析，确认存在后需要进一步进行定量分析。

作 业 单

一、简答

1. 抗微生物药物残留对健康和生态的影响主要有哪些方面？
2. 按照分离或检测原理残留分析方法有哪些？

二、论述

1. 论述目前我国兽药残留的危害。
2. 论述做好残留分析的实验室规范。

评 估 单

【评估内容】

一、名词解释

1. 兽药残留　　2. 最高残留限量　　3. 休药期

二、简答

1. 按照兽药的用途，兽药残留又可分为哪几类？
2. 兽药残留的主要危害有哪些？
3. 休药期的影响因素有哪些？
4. 画出典型的残留分析过程图。

【评估方法】

以小组为单位进行评估，每组推选 2 人，随机抽 2 题进行回答，采用百分制进行评价。

备注：项目二十四学习情境占模块五总分的 10%。

项目二十五　样品前处理技术

【基本概念】

液液萃取、气流吹蒸法

【重点内容】

液液萃取、固相萃取，旋转蒸发器浓缩法、气流吹蒸法操作。

【教学目标】

熟悉残留分析的主要特点，学会样品前处理操作技术。

 资 料 单

一、残留分析的主要特点

兽药残留分析属复杂基质中痕量组分的分析技术，与药品或制剂分析有很大不同。兽药残留分析的特点概括为如下四个方面。

（1）待测物质浓度低，浓度波动范围大。待测物质浓度低、浓度波动范围大是残留分析的显著特点，残留水平多数为 $1\ \mu g/kg \sim 1\ mg/kg$。

（2）样品基质复杂，干扰物质多。不同种属动物的样品、同种动物的不同组织器官的成分有明显差异，样品基质成分复杂，除此之外，其他干扰因素还有药物自身的代谢产物、动物日粮成分和环境污染物等。

（3）需要精细的微量操作手段和灵敏度高、选择性强的检测技术。

（4）残留检测以仪器分析方法为主。残留样品要求分析技术具有灵敏度高、选择性或分离能力强和线性范围宽的特点。而传统意义上的化学分析方法不能满足残留分析的需要，必须采用仪器分析方法。

二、样品的采集、制备与储存

1．样品采集

残留分析样品主要是各种食用组织，如肌肉、脂肪、肝、肾、皮肤、血液、蛋、奶及其加工食品；活体检测中一般采集血浆、尿液和粪便；屠宰现场主要采集某种药物的靶组织及其他高浓度的样本，如肝、肾、胆汁、注射部位的组织等。采集时应根据具体的测定需要，遵循代表性原则进行随机采样。

2．样品制备

样品制备又称为样品预处理，是指采样后至化学分析前试样的准备工作，包括样品匀化、缩分、过筛、离心、过滤、防腐和抑制降解等过程。样品制备是采样工作的继续。

3．样品储存

为避免样品组分被降解，通常采用样品深度冷冻的方法进行储存。冷冻能延缓样品变化

的速度，对一些易于代谢的药物，如磺胺类、甾类同化激素类药物，它们的肝或肾组织样品不宜长时间存放，理想的冷冻温度为 –40 ℃～ –80 ℃。

三、样品提取

（一）组织捣碎法

"样品 + 溶剂"高速捣碎 2 ～ 3 min，组织匀浆和样品萃取，过滤或离心，将残渣重复提取 1 ～ 3 次，合并滤液或上清液。

（二）振荡提取法

"样品匀浆物 + 溶剂"中速振荡 30 ～ 60 min，过滤或离心，将残渣重复提取 1 ～ 3 次，合并滤液或上清液。

（三）超声波辅助提取法

超声波辅助提取法是通过空化作用使分子运行速度加快，同时将超声波的能量传递给样品，使组分脱附和溶解加快。操作中将样品和溶剂放于密闭的试管中，置于具有一定能量的超声波水浴，数秒后拿出，如此反复数次后即可达到提取目的。每次超声时间宜短，以防止溶剂过热沸腾，影响提取回收率。超声波辅助提取法操作简单、一次可以同时提取多个样品，提取时间短、速度快、提取效率高。

（四）索氏提取法

使用索氏提取器进行提取。索氏提取法操作简便，不需要转移样品，不受样品基质影响，是一种彻底提取法。但是索氏提取法提取时间长，需耗用较多溶剂（每个样品 300 ～ 500 mL），需对提取液进行浓缩。索氏提取法适用于水分较少的样品如饲料等的提取，动物组织样品须与海沙或无水硫酸钠一起研磨，制成干粉后再进行提取。

（五）消化法

消化法主要用于常规方法无法提取的样品基质如毛发、角质、骨头等及组织结合力强的组分的处理。

1. 酸消化法

消化液为"60% $HClO_4$- 冰 HOAc（1+1）"的混合液，反应条件控制在 80 ℃～ 90 ℃。

2. 碱消化法

常用的消解试剂有甲醇钾、乙醇钾、甲醇钠、乙醇钠溶液，还可以直接向溶剂中加入氢氧化钠。反应条件一般控制在 60 ℃。

3. 酶消化法

常用枯草菌溶素作为蛋白水解酶。反应条件：pH 值为 7.0 ～ 11.0，50 ℃～ 60 ℃。

（六）超临界流体提取法

以超临界状态下的流体为萃取溶剂，利用该状态下的流体所具有的高渗透能力分离混合物的过程。最常用的超临界流体是 CO_2，可用于萃取非极性和中等极性的物质，如加入适量极性调节剂，还可萃取极性物质。

（七）微波辅助萃取

微波辅助萃取是利用微波加热，加速溶剂对固体样品中目标物的萃取过程。微波辅助萃

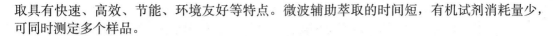

取具有快速、高效、节能、环境友好等特点。微波辅助萃取的时间短，有机试剂消耗量少，可同时测定多个样品。

（八）其他技术

1.冷冻干燥

先将样品冷冻，水分在样品表面形成"冰壳"，将其置入冻干机进行减压干燥。冰升华时可将其他挥发性杂质一道除去，样品被干燥，向残渣中加入有机溶剂进行萃取。也可将冻干的样品研成细末，与适量吸附剂或助滤剂混合装柱淋洗。该方法适用于含水样品中热稳定性差、水溶性强的组分的预处理，也可用于样品衍生化或储存前的预处理。

2.制备"干混合物"

先将液态或固态样品与足量的无水硫酸钠或无水硫酸镁混合研磨制成"干混合物"，然后用溶剂萃取或装柱淋洗，该方法适用于水溶性强的组分提取。

3.起泡分离

利用泡沫除去溶解物质，常用于浓缩和分离水中的洗涤剂或其他表面活性剂。

四、样品净化

将待测组分与杂质分离的过程称为净化。提取过程可除去 99% 以上的样品基质，而不到 1% 的共萃取物是主要的干扰杂质，这些杂质可干扰光谱检测、增加基线噪声、降低柱效、阻塞色谱管路、污染色谱柱和检测器、干扰色谱分离过程，直接影响定量和定性分析质量。因此，为保证测定的正常进行，必须在净化过程中除去这些杂质。在实际操作中可根据待测物的理化性质结合多种分离方法设计净化过程，如待测物的极性、溶解性、酸性或碱性、分子质量等。

净化过程常用的方法有液液萃取、固相萃取，除此以外还有固相微萃取、基质固相分散技术、免疫亲和色谱技术、分子印迹技术、加速溶剂萃取等新技术。

（一）液液萃取（LLE）

液液萃取是一种利用待测组分与样品杂质在互不相溶的两相中溶解性差异进行净化的方法，属经典的净化方法。使用 LLE 很容易将溶质分为两个组分：极性组分与非极性组分。极性物质可再分成酸性、碱性或中性物质。

1.常用的萃取溶剂对

萃取溶剂对一般由非极性溶剂和极性溶剂组成，残留净化中常见的溶剂对，如正己烷（或石油醚）-乙腈、正己烷-甲醇、正己烷-丙酮、异辛烷-80%丙酮、氯仿-水、乙酸乙酯-水。

2.影响液液萃取的因素

（1）溶剂。按"相似相溶"原理选择溶剂。萃取溶剂的极性越小，共萃取的杂质越少，选择性越高。可采用少量多次抽提、不等体积抽提等萃取方法。

（2）pH 值。pH 值对酸碱性物质的溶解或分配系数影响很大，可采用酸碱萃取法进行净化。调节 pH 值使组分水相处于中性分子状态，或达到两性分子的等电点，组分水溶性降低，易被有机溶剂萃取；调节 pH 值使组分呈解离状态，水溶性增加，根据这种性质可使酸性或碱性水溶液从有机溶剂中反萃取碱性或酸性组分。这种萃取方法能选择性地除去中性、酸性或碱性杂质和提高萃取效率。

（3）离子对试剂。酸性或碱性较强的有机物在水中解离为亲水性很高的离子，通过控制 pH 值不能完全抑制它们的解离，因此难以用有机溶剂进行萃取净化。但是可以向呈解离状态的待测物溶液中加入与其电性相反的离子对试剂（反离子），两者结合形成具有一定脂溶性的离子对（水相），可被有机溶剂萃取。这种方法称为离子对萃取法。

（4）盐析。向溶液中加入中性强电解质（如氯化钠、硫酸钠等）会促进溶质的析出，这种现象称为盐析。盐析可降低萃取乳化和有机相与水相分层；盐析可促进有机溶剂萃取，如向样品中加入适量无水硫酸钠可提高药物的提取效率。盐析操作简单，但盐析常导致更多的共萃取杂质。

（5）其他。萃取中溶液发生乳化，可使溶解的部分组分不能回收，乳化现象可以使萃取时间延长、回收率下降。因此，操作过程中应避免乳化现象的出现。

3．液液萃取操作注意事项

液液萃取是最基本的净化方法，通常采用分液漏斗振荡法、涡旋萃取、逆流萃取、特殊容器萃取等。

液液萃取操作时，可采用如下措施防止溶剂中带水、样品乳化、药物吸附损失。

（1）从水相萃取药物时溶剂中常带入少量水分，可使用无水硫酸钠进行脱水。

（2）样品乳化时，可进行离心或静置等待，也可试用添加溶剂或盐析法。

（3）为防止吸附损失，可向萃取溶剂中加入一些异丙醇或二乙胺，也可将玻璃器皿进行硅烷化处理。方法是用含 1% 三甲基氯硅烷的甲苯溶液将干燥的玻璃器皿浸一次，然后于 100 ℃干燥 30 min 备用。

（二）固相萃取（SPE）

固相萃取是指使用预制的装有各种色谱填料的固相萃取小柱（SPE 柱）的分离方法。SPE柱一般由柱体、固定相和滤板三部分组成，典型的 SPE 柱结构如图 5-3 所示。

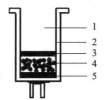

图 5-3　SPE 柱结构
1—样品室；2—管壁；3—滤板；
4—填料；5—滤板

1．SPE 填料

SPE 采用的填料接近 HPLC 的固定相，分为正相固定相、反相固定相和离子交换固定相。

根据相似相溶原理，尽可能选择极性与待测组分相近的固定相，使组分得到最佳保留。分析中等极性物质时，反相或正相固定相均可；分析非极性或低极性物质时，选用反相固定相；分析离子型或较强的有机酸或有机碱化合物时，可选择离子交换固定相。

2．洗脱溶剂

洗脱溶剂的作用随固定相种类和组分性质的不同而有所不同。

在用于正相机理的组分洗脱时，极性越强的溶剂洗脱能力越强。在用于反相机理的组分洗脱时，极性越强的溶剂洗脱能力越弱。不同溶剂的溶剂强度顺序见表 5-3。在反相 SPE 中极性高的组分先流出，正相 SPE 中的组分流出顺序正好相反。

表 5-3　洗脱溶剂强度

正相		反相
己烷		水
异辛烷		甲醇
甲苯		异丙醇
氯仿		乙腈
二氯甲烷	弱	丙酮
四氢呋喃		乙酸
乙醚		乙醚
乙酸		四氢呋喃
丙酮	强	二氯甲烷
乙腈		氯仿
异丙醇		甲苯
甲醇		异辛烷
水		己烷

　　离子交换固定相上组分的保留和洗脱取决于流动相中的离子强度、反离子强度和 pH 值，与溶剂强度关系较小。阴离子和阳离子交换固定相的相对反离子强度见表 5-4。离子强度和反离子强度越强，分析物越易被洗脱；反之，保留越强。

表 5-4　相对反离子强度
（李俊锁：《兽药残留分析》，2002 年）

阳离子		阴离子	
离子	相对强度	离子	相对强度
H^+	0.5	OH^-、F^-、$CHCOO^-$	0.1
Na^+	1.5	$HCOO^-$	0.2
NH_4^+	2	HPO_4^-、HCO^-	0.4
Mn^{4+}、K^+、Mg^{2+}、Fe^{2+}、Fe^{4+}	2.5	NO^-	1.0
Zn^{2+}、Co^{2+}、Cu^{2+}、Cd^{3+}	3.3	CN^-	1.5
Ca^{2+}	4.5	NO^-	4.0
Cu^{2+}	6	CO_3^{2-}	4.5
Pb^{2+}、Ag^{2+}	8.5	HSO_4^-	5.0
Ba^{2+}	10	柠檬酸根	9.5
		苯磺酸根	10.0

3．SPE 操作步骤

SPE 操作一般有四步：固定相活化、样品上柱、洗涤和洗脱。

（1）固定相活化。活化的目的是除去柱内杂质并创造一定的溶剂环境。操作步骤通常是先用一种强洗脱能力的初始溶剂润湿和净化 SPE 柱，然后用弱洗脱能力的终溶剂平衡 SPE 柱。柱床活化操作注意事项如下：

100 mg 固定相用 1 ～ 2 mL 溶剂平衡；在活化过程中和上样之前不要让空气进入柱内，也不要让液体流干，以防柱床出现裂隙，影响回收率、重复性和净化效果；终溶剂的强度应比样品溶剂强度低或接近，以免样品被带出造成回收率下降。

（2）样品上柱。样品上柱操作注意事项如下：

尽可能用弱溶剂溶解样品，使组分在柱上有强保留，在柱床起始部位形成窄的谱带；对于必须用强溶剂提取的样品，上柱前用弱溶剂稀释至适宜强度，避免样品的溶剂强度过高或体积过大，造成柱床穿漏，使回收率降低；将样品流速控制为 3 ～ 10 mL/min，以保证良好的净化效果。

（3）洗涤。洗涤是除去不需要的组分或杂质。洗涤所选溶剂的强度一般略强于或等于样品溶剂。洗涤溶剂体积一般为每 100 mg 填料用 0.5 ～ 0.8 mL 洗涤溶剂。

（4）洗脱。洗脱是将所需组分从柱上淋洗下来。

洗脱操作注意事项如下：

洗脱溶剂的选择必须十分谨慎，溶剂强度应适宜，以保证用较小体积的溶剂将组分淋洗下来，并且避免洗出不必要的组分，通常采用混合溶剂作为洗脱溶剂。当洗脱溶剂与洗涤溶剂互不相溶时，可用空气或氮气对柱床进行干燥后再洗脱。洗脱溶剂的体积一般控制为（0.5 ～ 0.8 mL）/100 mg 为宜。

图 5-4 所示为一个反相 SPE 柱的洗脱分布图，显示 30% 甲醇能洗出一些组分，70% 甲醇则洗出所有组分。因此，选择 70% 甲醇作为洗脱溶剂，20% 甲醇可作为洗涤溶剂。高于 80% 的甲醇可洗出不必要的杂质。

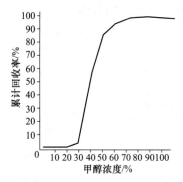

活化：先甲醇，后水；上样：3 mL 分析物水溶液样品；洗涤洗脱：水，10%、20%、30% 到 100% 甲醇各 3 mL，然后加入 3 mL 丙酮

图 5-4　洗脱分布图

（李俊锁：《兽药残留分析》，2002 年）

（三）基质固相分散技术

基质固相分散技术是将涂渍有 C18 等多种聚合物的担体固相萃取材料与样品一起研磨，将所得的半干状的混合物作为填料装柱，然后采用类似 SPE 的方法洗脱出各种待测物。

（四）固相微萃取

用涂渍在石英玻璃纤维上的固定相作为吸附介质，对目标物质进行萃取和浓缩，在进样口直接加热解析，或用流动相冲洗到液相色谱柱，用色谱进行分析。

（五）搅拌棒吸附萃取

将外层固定有吸附剂的萃取棒直接放入样品进行萃取。

（六）膜萃取

在选择性透过膜两侧加推动力，使样品一侧中的欲分离组分选择性地通过膜，从而达到分离纯化的目的。

（七）液相微萃取

液相微萃取是样品与 μL 级甚至 nL 级的萃取溶剂之间的分配平衡，是把微滴溶剂置于流动的溶液中来实现溶质的微萃取方法。

（八）加压液体萃取

加压液体萃取是通过升高温度和压力来增加物质溶解度和提高溶质的扩散效率的样品前处理技术。

（九）分子印迹技术

分子印迹技术是将要分离的目标分子与功能担体通过共价或非共价作用进行预组装，与交联剂共聚制备得到聚合物，作为 SPE 的填充剂或 SPME 的涂层填料，用于分离复杂样品中的分析物。

（十）免疫亲和色谱技术

免疫亲和色谱技术是一种利用抗原抗体特异性、可逆性结合特性的 SPE 技术，根据抗原抗体的特异性亲和作用，从复杂的待测样品中提取目标物质。

五、样品的浓缩与富集

在残留分析中，经过提取和净化后，必须对组分进行浓缩和富集，使供测定的样品达到仪器能够检测的浓度或进行溶剂转换。

浓缩是指通过减少样品溶液中的溶剂或水分而使组分的浓度升高；富集常指利用液固萃取的方法浓缩某种组分。溶剂挥发是常规的浓缩方法，常用的有减压蒸馏和气流吹蒸两种方式。

1．旋转蒸发器浓缩

旋转蒸发器是残留分析中最常用的浓缩装置，包括旋转烧瓶、冷凝器、溶剂接收瓶、真空设备、加热源和电动机。在烧瓶的缓缓转动时，液体在瓶壁展开成膜并在减压和加热条件下被迅速蒸发。旋转的烧瓶还可防止液体发生暴沸。该方法的浓缩速度快，溶剂可以回收。

2．气流吹蒸法

气流吹蒸法是常用的浓缩方法。利用空气或氮气流将溶剂带出样品，一般在加热条件下进行，该方法多用于少量液体的浓缩，但蒸汽压较高的组分易损失。

浓缩过程中组分最易损失，不要将样品直接蒸干，必须干燥时应在最后缓缓吹入氮气或空气。加入少量不干扰测定的高沸点物质，减少吸附损失。

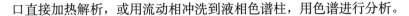
作 业 单

1．查阅资料，学习免疫亲和色谱的原理及操作过程。

2．根据调研报告的写作格式，有针对性地完成参观考察净化方法中的任何一种方法的实践操作过程。

 评 估 单

【评估内容】

一、名词解释

1．液液萃取 2．气流吹蒸法 3．超临界流体萃取 4．分子印迹 5．免疫亲和色谱

二、简答

1．残留分析的主要特点是什么？

2．兽药残留分析中常采集的样品有哪些？

3．SPE 小柱活化时应注意的事项有哪些？

4．水溶性溶剂提取动物组织样品的优点有哪些？

5．常见的提取方法有哪些？

6．常见的净化方法有哪些？

7．浓缩与富集的方法有哪些？

【评估方法】

以小组为单位进行评估，每组推选 2 人，随机抽 2 题进行回答，采用百分制进行评价。

备注：项目二十五学习情境占模块五总分的 15%。

项目二十六　兽药残留测定方法

【基本概念】

抗原、抗体、色谱峰、保留时间、保留因子、分离因子、质谱技术、质谱

【重点内容】

ELISA 方法的原理；色谱分析法基本概念、高效液相色谱 – 质谱联用仪器的组成、高效液相色谱 – 质谱联用技术原理。

【教学目标】

1．了解兽药残留常用的测定方法。

2．熟悉免疫测定的基本概念、常规免疫测定法的应用。

3．熟悉色谱分析法的基本概念、原理，高效液相色谱法的应用特点，初步学会使用高效液相色谱仪。

4．了解高效液相色谱 – 质谱联用法基本概念、原理、高效液相色谱 – 质谱联用法的应用特点。

资料单一　兽药残留测定方法

动物性食品中兽药残留的检测技术有生物法、液相色谱法、液相色谱 – 质谱联用法、气相色谱 – 质谱联用法、薄层色谱法、免疫分析法、高效毛细管电泳法、生物传感器法。

一、生物法

生物法是根据对抗生素敏感的试验菌，在适当条件下所产生的抑菌圈大小和药物浓度成比例的关系设计而成，是目前公认而又广泛应用的测定四环素类抗生素残留的经典方法，也是我国药典中常用的方法，使用范围广，可一次测定同类型抗生素的总效价，无须分离纯化，虽然原理及操作简单，但是所需时间长，易受其他抗生素的干扰，灵敏度不高，缺乏专一性和精确度。

二、液相色谱法

液相色谱是一种能够把液体混合物中的不同组分根据在色谱柱中保留时间进行分离、检测及收集的仪器。高效液相色谱法是目前广泛应用的一种理化检测方法，它在气相色谱理论的基础上，在技术上采用了高压泵、高效固定相和高灵敏度检测器，实现了分离速度快、效率高和操作自动化，大大缩短了分析时间。高效液相色谱技术主要用于高沸点、热稳定性差、相对分子质量大的有机物的分离检测，是抗生素分析中最常用的方法。

三、液相色谱 – 质谱联用法

液相色谱 – 质谱联用法是当代重要的分离分析方法之一，最早用于食品中四环素残留检测。这种技术是将高分离能力、使用范围广的液相色谱分离技术（包括高效毛细管电泳、毛

细管高效液相色谱）与高灵敏、高专属的质谱技术结合起来，通过对样品离子质量和强度的测定进行的定性、定量分析。它综合了液相色谱的高分离效能和质谱的高选择性、高灵敏度及丰富的结构信息，可以检测多种样品，已经成为强有力的分析工具，应用于药学研究的各个领域。超高效液相色谱串联质谱具有灵敏度高、进样量少、基质干扰小等显著优点，在兽药残留检测方面已成为国内外较为先进且积极推广使用的检测方法。

四、气相色谱－质谱联用法

气相色谱－质谱联用法是将气相色谱与质谱直接联机，气相色谱仪和气相色谱质谱接口相当于质谱的进样系统，质谱仪作为气相色谱的检测器。气相色谱质谱联用利用了气相色谱的分离能力将混合物中的组分分离，并通过接口将各个组分依次送入质谱仪的离子源中进行离子化，经过质量分析器按质荷比（m/z）进行分离后，这些离子被离子检测器检测，检测信号被计算机系统处理后获得待测组分的质谱图，计算机将待测组分的质谱图与计算机中保存的已知化合物标准质谱图按一定程序进行比较，将匹配度最高的若干个化合物的名称、分子量、分子式、识别代号及匹配率等数据列出供用户参考，进行未知化合物的鉴别。值得注意的是，匹配率最高的并不一定是最终确定的结果，还需结合各个方面进行综合分析。通用的GC-MS主要构成包括气相色谱单元、接口单元、质谱单元和计算机控制系统单元。气相色谱－质谱联用法主要采用电子轰击源和负离子化学源，灵敏度高，检出限可达 0.1 μg/kg。由于氯霉素、甲砜霉素和氟苯尼考在硅烷化后均有几个丰度较大的碎片离子易于定性鉴别，因此气相色谱－质谱联用法是检测胺苯醇类药物残留的灵敏方法。

五、薄层色谱法

薄层色谱法（TLC）是将适宜的固定相涂布于玻璃板、塑料或铝基片，成一均匀薄层。待点样展开后，根据比移值与适宜的对照物按同方法所得的色谱图的比移值做对比，用以进行药品的鉴别、杂质检查或含量测定的方法。薄层色谱法是快速分离和定性分析少量物质的一种重要的试验技术，也用于跟踪反应进程，是一种微量快速而简单的色谱法。它兼备了柱色谱和纸色谱的优点，具有简便快速、不需要复杂仪器等优点，已广泛应用于四环素类抗生素混合物的快速定性鉴定，但是该方法分离度、灵敏度均比高效液相色谱法差，薄层色谱法适用于挥发性较小或在较高温度条件下易发生变化的兽药分析。

六、免疫分析法

免疫分析法是以抗原与抗体的特异性、可逆性结合反应为基础的分析技术，包括放射免疫测定法、酶联免疫吸附测定法、荧光免疫测定法、化学发光免疫测定法等，具有操作简便、灵敏度高、专一性强、适用于批量样品分析的特点，广泛用于牛奶、动物组织、蜂蜜等动物源食品中四环素类抗生素残留的检测。与常规理化分析技术相比，免疫分析法具有特异性强、灵敏度高、检测限可达 1 μg ~ 1 pg、方便快捷、分析容量大、分析成本相对较低及安全可靠等优点。

七、高效毛细管电泳法

高效毛细管电泳法是以高压电场为驱动力，以毛细管为分离通道，依据样品中各组分之间淌度和分配行为上的差异而实现分离分析的液相分离方法。离子的淌度是指某种离子在一定的溶剂中，当电位梯度为每米 1 V 时的迁移速率称为此种离子的淌度。高效毛细管电泳法与常用的液相色谱法相比，它没有高压泵，不受运行缓冲液的酸碱性和其中的表面活性剂等添加剂的影响，具有溶剂和试样消耗少、分离速度快、分离效率高、适用范围广、选择性强、仪器成本低等特点。

八、生物传感器法

生物传感器是一种由生物敏感部件与转换器紧密结合，对特定的化学物质或生物活性物质具有选择性和可逆性响应的装置，包括酶传感器、组织传感器、微生物传感器等。与传统的检测方法相比，生物传感器法具有选择信号灵敏度高、响应快、易于操作、高通量及适合现场检测等优点。生物传感器在国内食品分析领域的应用比较广泛。将生物传感器与免疫分析结合，可用于检测牛奶中的青霉素类抗生素。

兽药残留检测方法不断更新完善，正向着快速、灵敏、准确、高效的方向发展。

资料单二　免疫测定技术

抗原与抗体结合反应是体液免疫的基础，也是一切免疫测定技术的最基本原理，在抗原与抗体结合反应的基础上结合生化或理化方法作为信号显示或放大系统即可建立免疫测定方法。成功的免疫测定方法必须具备性能优良的抗体、灵敏和专一性的标记物、高效的分离手段三个要素。

一、免疫测定方法分类

免疫测定方法按照是否使用标记物，可分为非标记免疫测定法和标记免疫测定法。非标记免疫测定法又称经典免疫测定法。按照标记物种类，标记免疫测定法又可分为放射性标记免疫测定法和非放射性标记免疫测定法。免疫测定方法分类见表5-5。

表 5-5　免疫测定方法分类

分类		方法名称
非标记免疫测定法	经典免疫测定法	凝集反应法
		沉淀法
		免疫浊度法
		免疫电泳法
标记免疫测定法	放射性标记免疫测定法	放射免疫测定法
		免疫放射测定法
	非放射性标记免疫测定法	酶免疫测定法
		酶联免疫吸附测定法
		酶放大免疫测定法
		荧光免疫测定法
		底物标记荧光免疫测定法
		荧光偏振免疫测定法
		胶体金免疫测定法
		化学发光免疫测定法
		多组分免疫测定法

经典免疫测定法灵敏度较低，在残留分析中极少应用。放射性标记免疫测定法因辐射污染等问题已被淘汰。目前应用最多的是非放射性标记免疫测定法。

二、常规免疫测定法简介

（一）酶免疫测定法

酶免疫测定法是以酶作为标记物，标记抗原（药物）或抗体，与相应的抗体（或抗原）反应，形成酶－抗原－抗体复合物，通过标记酶对专一性底物的催化反应产生可测定的信号进行分析。酶免疫测定法具有很高的灵敏度。酶免疫测定法的典型代表是酶联免疫吸附测定（ELISA）。

（二）荧光免疫测定法

荧光免疫测定法是以荧光物质作为标记物，标记抗体（或抗原），与相应的抗原（或抗体）反应，形成荧光物质－抗原－抗体复合物，根据荧光的存在与否来检测其是否存在。在实际工作中，用荧光素标记抗体检查抗原的方法较为常用，也称为荧光抗体技术。

（三）发光免疫测定法

免疫反应中的酶作用于发光底物，使底物发生化学反应，发射出光子，利用发光信号测量仪器测定待测物质的含量。

（四）胶体金免疫测定法

胶体金免疫测定法是以胶体金标记抗体检测待测物质是否存在，也称为免疫胶体金技术，是一种快速检测技术。

三、酶联免疫吸附测定法（ELISA）

（一）基本概念

抗原是指进入人或动物机体后，可刺激机体免疫系统产生免疫应答，生成抗体或形成致敏淋巴细胞，并能和抗体或致敏淋巴细胞发生特异性反应的物质。

抗体是由抗原刺激动物的免疫系统后，由免疫系统产生分泌的能和相应抗原发生特异性结合的免疫球蛋白。

（二）ELISA 方法的原理

ELISA 的抗原抗体反应具有特异性和等比例性。基于抗原抗体的特异性和等比例性，以 96 孔酶标板为载体，采用适当的技术使抗原或抗体吸附在酶标板的内壁上成为包被抗原或抗体，将没有被吸附的抗原或抗体通过洗涤除去，直接加入酶标记抗体或抗原，形成的酶标记抗原－抗体复合物吸附在酶标板的微孔内，然后将没有被吸附的酶标记物通过洗涤除去，在微孔内加入底物，吸附在酶标板微孔内的抗原－抗体复合物上的酶催化底物使其水解、氧化或还原成为有色的底物，通过分光光度计进行测定，在一定的条件下，复合物上酶的量和酶产物呈现的色泽成正比，从而计算出参与反应的抗原和抗体的量。

（三）ELISA 方法的分类

ELISA 可分为直接 ELISA 法、间接 ELISA 法和夹心 ELISA 法。

直接 ELISA 法是将酶标抗原或抗体直接与包被在酶标板上的抗体或抗原结合形成酶标抗原－抗体复合物，加入酶反应底物，测定产物的吸光值，计算出包被在酶标上的抗体或抗原的量。直接 ELISA 法如图 5-5 所示。

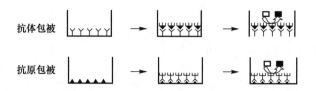

▲ 代表抗原　　₩ 代表酶标抗原　Y 代表抗体　　₩ 代表酶标抗标　口■ 代表底物-产物

图 5-5　直接 ELISA 法

间接 ELISA 法是将酶标记在二抗上，当一抗和包被在酶标板的抗原结合形成复合物后，再以酶标二抗和复合物结合，通过测定酶反应产物的颜色可以反映一抗和抗原的结合情况，进而计算出抗原或抗体的量。间接 ELISA 法如图 5-6 所示。

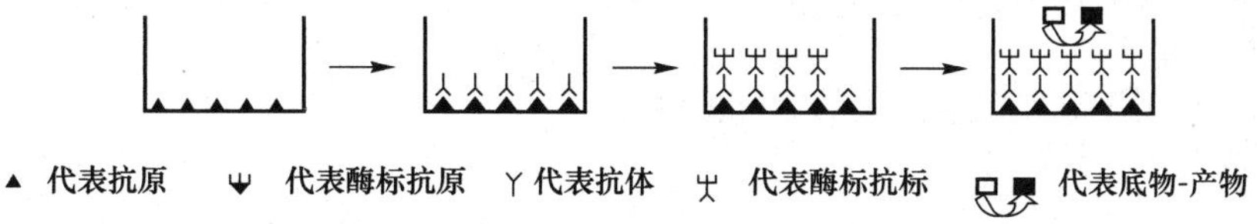

▲ 代表抗原　　₩ 代表酶标抗原　Y 代表抗体　　₩ 代表酶标抗标　口■ 代表底物-产物

图 5-6　间接 ELISA 法

夹心 ELISA 法是先将未标记的抗体包被在酶标板上，用于捕获抗原，再用酶标记的抗体与抗原反应形成抗体 – 抗原 – 酶标抗体复合物，又称直接夹心法；也可以用酶标二抗和抗体 –抗原 – 抗体复合物结合，形成抗体 – 抗原 – 抗体 – 酶标二抗复合物，又称间接夹心法。夹心 ELISA 法如图 5-7 所示。

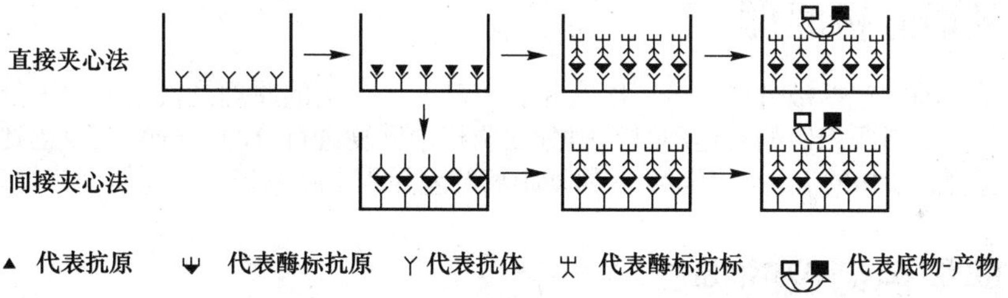

▲ 代表抗原　　₩ 代表酶标抗原　Y 代表抗体　　₩ 代表酶标抗标　口■ 代表底物-产物

图 5-7　夹心 ELISA 法

上述三种方法又可以分为竞争法和非竞争法。直接法中的酶标抗原竞争法较常用。

（四）酶标抗原竞争法的原理

将包被了抗体的酶标板微孔分为测定孔和对照孔，在对照孔中加入系列标准品溶液和酶标记物；同时在测定孔中加入待测样品和酶标记物，酶标记物和样品互相竞争包被抗体的结合位点，经过温浴后，没有结合到包被抗体上的酶标记物和样品经过洗涤除去。拍干后加入底物溶液，经温育后洗涤拍干，显色、终止，用酶标仪测定吸光度值。

（五）ELISA 试剂的作用

1. 固相载体

固相载体在 ELISA 测定过程中作为吸附剂和容器，不参与化学反应。ELISA 载体的形状主要有三种：微量滴定板（酶标板）、小珠和小试管。以微量滴定板最为常用，专用于 EILSA 的产品称为 ELISA 板，国际上标准的微量滴定板为 8×12 的 96 孔式。

2. 免疫吸附剂

免疫吸附剂是将可溶性的抗原或抗体吸附到固相载体上，免疫吸附剂是 ELISA 方法中的核心试剂。

3．酶标记物

酶标记物即用酶标记的抗原或抗体，是 ELISA 中最关键的试剂。在 ELISA 中，常用辣根过氧化物酶和碱性磷酸酶作为标记用酶。

4．酶的底物

（1）辣根过氧化物酶的底物。常用邻苯二胺、四甲基联苯胺作为辣根过氧化物酶的底物。邻苯二胺经辣根过氧化物酶作用后产物呈橙红色，用酸终止酶反应后，在 492 nm 处有最高吸收峰。四甲基联苯胺经辣根过氧化物酶作用后产物显蓝色，用酸终止酶反应后，产物由蓝色呈黄色，在 450 nm 处有最高吸收峰。

（2）碱性磷酸酶的底物。常用对硝基苯磷酸酯作为碱性磷酸酶的底物。对硝基苯磷酸酯在碱性磷酸酶的作用下生成黄色的对硝基酚，黄色的对硝基酚在 405 nm 波长处有吸收峰。

5．酶反应终止液

常用硫酸或盐酸作为酶反应终止液。

6．参考标准品

参考标准品用于制作定量测定的标准曲线。

结果用吸光度（A）表示。

资料单三　高效液相色谱技术

色谱是现代分析科学的一个重要分支，是一种应用最广泛的分离分析方法。色谱的应用范围涉及石油化工、环境污染物、医学临床、药品、农药和兽药残留等。

一、色谱分析原理

色谱体系中通常包括被分离组分、固定相和流动相，色谱的原理是根据不同组分在两相之间分配系数的差异，当两相做相对运动时，组分在两相中反复进行分配，分配次数达到几千次甚至几百万次，随着流动相的流动，不同组分移动距离的差异越来越明显，从而使这些组分得到分离。

二、典型色谱仪的构成

色谱分离分析操作是在色谱仪上完成的，典型的色谱仪如图 5-8 所示。

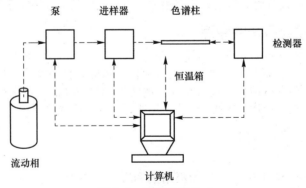

图 5-8　色谱仪的构成

（李俊锁：《兽药残留分析》，2002 年）

（1）泵：泵的性能决定流动相的流量或压力的稳定性，流量或压力直接影响定量的准确性。

（2）进样器：用来导入被分析样品。

（3）色谱柱：色谱柱是色谱仪器分离的核心，用于分离组分。

（4）温控器：用于控制色谱柱温。

（5）检测器：用于检测和识别从柱子流出的组分。

（6）数据处理系统：用于处理和输出从检测器传输的检测信息，并给出定量、定性和统计结果。

三、色谱法分类

根据流动相和固定相（或色谱柱）的不同，色谱法可以分为气相色谱（GC）、高效液相色谱（HPLC）、薄层色谱（TLC）、超临界流体色谱（SFC）、毛细管电泳（CE）等。气相色谱以气体为流动相，高效液相色谱以液体为流动相，超临界流体色谱的流动相为超临界流体，薄层色谱属平板色谱的一种，毛细管电泳是在电场力作用下进行分离的。

四、现代色谱技术的特点

现代色谱技术的特点有：分离效能高；分析速度快；检测灵敏度高；选择性高；应用范围广。

五、色谱分析的基本概念

1．色谱峰

将检测器检测出的色谱流出物的信号记录下来，当有组分随流动相进入检测器时，检测器输出信号随该组分浓度的改变而改变，得出信号由小到大再到小的一个曲线，即色谱峰。图 5-9 所示为典型的色谱流出曲线。

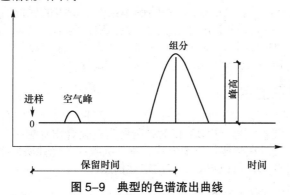

图 5-9　典型的色谱流出曲线

2．基线

基线是柱中仅有流动相通过时，检测器响应信号的记录值，稳定的基线应该是一条水平直线。

3．峰高

峰高是色谱峰顶点与基线之间的垂直距离。

4．保留时间（体积）

保留时间即从进样到组分峰最高点出现的时间（体积）。当组分不被固定相保留时，所得保留时间（体积）也叫作死保留时间 t_R^0（体积 V_R^0），是载气（或流动相）通过色谱柱所需的时间（体积）。将保留时间（体积）扣除死时间（体积）即得到调整保留时间 t_R（体积 V_R）。

5．保留因子

保留因子也称分配比，即组分停留在固定相中的时间和在流动相中时间的相对值或在平衡状态下组分在固定相中的量和在流动相中的量的比值。

6. 分配系统

分配系统是平衡状态下，组分在流动相中的浓度和组分在固定相中的浓度的比值。

7. 相对保留值

相对保留值是组分与标准物质的调整保留时间或体积之比。

8. 分离因子（选择性因子）

分离因子是两个相邻峰的相对保留值。

9. 分离度

分离度是相邻两峰分开的距离与平均峰宽的比值。保留时间差异越大，峰越窄，分离效果越好。

10. 响应因子

响应因子是指在同一条件下，同一检测器对等量的不同物质的响应值是不同的。但在一定范围内对同一物质，其响应值只与该物质的量（或浓度）有关。因此，可以在限定条件下利用成正比的关系来进行定量分析。

11. 线性

线性是指进样量和信号值（峰面积）之间成正比关系，也就是成直线关系。

12. 线性范围

线性范围是指成线性的最高浓度和最低浓度的比值。

六、色谱定性方法

（一）保留值定性

将样品中组分的保留值与已知物质在相同操作条件下测得的保留值相比，如果数值在试验容许的误差范围内，就可以推定此组分可能是该物质。为了提高定性分析的可靠性，还可进一步改变色谱条件（如分离柱、流动相、柱温等）或在样品中添加标准物质，如果被测物的保留值仍然与标准物质一致，则可认为它们为同一物质。

（二）选择性检测器定性

选择性检测器只对某类或某几类化合物有信号，因此可用于判定被检测物质是否为此化合物，例如氢火焰离子化检测器（FID）仅对含碳的有机化合物有响应；紫外检测器（UVD）或荧光检测器（FLD）仅对在某波长范围内具有紫外吸收或荧光性质的物质有响应。两个或两个以上检测器串联或并联，还可以得到更多的定性信息。

（三）与其他仪器联用定性

将具有定性能力的分析仪器［如质谱（MS）、红外（IR）、原子吸收光谱（AAS）、原子发射光谱（AES，ICP-AES）等仪器］作为色谱仪的检测器，即可获得比较准确的定性信息。

（四）其他

其他方法有化学衍生化法、官能团定性法、保留值规律定性法等。在残留分析中，由于色－质联用技术的发展和普及，其他定性方法较为次要。

七、色谱定量方法

色谱定量分析的依据是被测物质的量与它在色谱图上的峰面积（或峰高）成正比。通常采用峰面积进行定量分析。

色谱定量首先必须解决的问题包括色谱峰的测量、峰面积或高度与组分质量或浓度的关系及其计算方法等。

（一）色谱峰的测量

峰高的测量是指从基线至峰顶点对每一个化合物的峰进行测量。峰高受流动相流速、柱温和检测器灵敏度的影响，当色谱峰分辨率不够、基线漂移或峰太小时，测量误差较大。

峰面积的测量目前使用的是积分仪和计算机进行检测和处理，可以进行基线和峰的检测、基线校正、面积积分和对重叠峰进行分解，响应因子可存入系统以备调用。

（二）计算方法

1. 外标法

外标法就是用标准品的峰面积或峰高与其对应的浓度作一条标准曲线，测出样品的峰面积或峰高，在标准曲线上查出其对应的浓度。

外标法的表达式如下：

$$C_X = A_X \cdot (C_S/A_S) = A_X/S_X$$

式中，C_X 为组分浓度，A_X 为组分峰面积，C_S 为标样浓度，A_S 为标样峰面积，S_X 为响应因子。

作为外标物应具备下列条件：要求外标物与被测组分为同一种物质，并且要有一定的纯度；分析时要求外标物的浓度应与被测物浓度接近，以利于定量分析的准确性。

外标法的优点：简便、不需要用校正因子，不论样品中其他组分是否出峰，均可对待测组分定量。

外标法的缺点：此方法的准确性受进样重复性和试验条件稳定性的影响。

2. 内标法

内标法是在要测定的样品中加入已知的内标物作为测定的比较标准，用待测物的峰面积和内标物的峰面积的比值进一步求得待测组分的浓度。可用下式表示：

$$C_X = 组分峰面积 / 内标物峰面积 \times 相对响应因子$$

作为内标物应具备下列条件：不是样品中的组分，但与被测组分性质比较接近；能从样品组分中完全分离出来；纯度要求尽可能高；不与试样发生化学反应；出峰位置应位于被测组分附近，且不受组分峰的影响。

内标法的优点：进样量不超过限定的范围内，定量结果与进样量的重复性无关；被测组分及内标物出峰且分离度合乎要求时就可以定量。

内标法的缺点：样品配制比较麻烦，内标物不好找，没有标准曲线法定量精确。

3. 归一化法

按照色谱定量分析的原则，由于组分的量与其峰面积成正比，如果样品中所有组分都能产生信号，得到相应的色谱峰，那么可以用如下归一化公式计算各组分的含量。

$$C_i（\%） = [A_1f_1/(A_1f_1 + A_2f_2 + \cdots + A_nf_n)] \times 100\% = (A_1f_1/\sum_{i=1}^{n} A_1f_1) \times 100\%$$

式中，C_i 为组分浓度，A 为组分峰面积，f 为校正因子。

若样品中各组分的校正因子相近，则可将校正因子消去，直接用峰面积归一化进行计算。

归一化法的优点：简便、准确、定量结果与进样重复性无关。操作条件略有变化对结果影响较小。

归一化法的缺点：需要获得每个峰的峰面积，检测器对每个组分都产生信号，不适用于微量杂质的测定。

外标法和内标法是色谱分析常用的定量方法，适用于各种检测器。归一化法主要用于通用性检测器，如 FID、UVD、FLD 等。选择性检测器对不同结构物质的响应差别很大，一般不采用归一化法定量。

八、高效液相色谱仪的典型结构

典型的高效液相色谱仪（HPLC）包括储液器、高压输液泵、进样系统、分离柱、检测器、数据处理系统和恒温装置。

（一）储液器

储液器用于储存流动相。一般选择对使用溶剂惰性、能耐压力、便于脱气、容积足够大（1～2 L）的容器。

流动相在使用前的操作注意事项：流动相必须是色谱级的；流动相须过滤，流动相里有很微小的垃圾，如不经过过滤，会卡在阀门中，产生压力波动；流动相在使用前必须脱气，以免造成检测器噪声增大，基线不稳定。

常用的脱气方法有以下三种：

（1）超声波脱气法，将流动相瓶置于超声波清洗槽，以水为介质，超声 30～60 min。

（2）吹氮气或氦气脱气法，将气体经过滤器导入流动相，保持压力 0.5 kg/cm^2，脱气 10～15 min，必要时可适当加温或抽真空。

（3）仪器自动脱气，新型号的仪器均装有在线脱气机，可以满足正常流速下脱气的需要。

（二）高压输液泵

高压输液泵用于将流动相按一定的流速或压力输入色谱柱，使样品得到分离。一般要求输液泵流量稳定，精度达到 0.1%，流速范围为 0.001～10 mL/min，压力波动小，易于清洗和更换溶剂。

泵的日常维护方法：使用高质量试剂和 HPLC 溶剂；将流动相和溶剂过滤；脱气；每天工作前放空排气，工作结束后从泵中洗去缓冲液；不让水或腐蚀性溶剂滞留在泵中；定期更换垫圈；加润滑油等。

（三）进样系统

进样系统用来将一定量的样品引入色谱柱。自动进样器通过计算机控制，自动进行取样、进样、清洗等一系列操作。而操作者只需要键入样品的位置和进样参数即可。典型的自动进样器包括进样阀、进样针头、样品小瓶、样品支架和步进电动机等。

进样系统的保养方法：保持清洁和装配合理；工作结束后应冲洗掉缓冲溶液，样品应经过过滤和净化。

（四）分离柱

HPLC 柱的结构为一根空心柱管，两端连接烧结过滤片和螺母，内填一定粒径的固定相。

1. 柱的分类

柱根据分离方式可分为硅胶型和聚合物型两种类型。

（1）硅胶型：有正相；反相（C18）；离子交换［WAX（弱碱阴离子交换）、WCX（弱酸阳离子交换）、SAX（强碱阴离子交换）、SCX（强酸阳离子交换）］；凝胶过滤（Diol、GF）四大类型。

（2）聚合物型：有反相、离子交换、配位交换、离子排阻、凝胶过滤、凝胶渗透色谱、羟基磷灰石型七大类型。

聚合物型柱按尺寸分：有标准柱、快速色谱柱、小孔径柱。

2. 色谱柱填料

最常用的色谱柱填充剂为化学键合硅胶。反相色谱系统使用非极性填充剂，以十八烷基硅烷键合硅胶最为常用；正相色谱系统使用极性填充剂，常用的填充剂有硅胶等；离子交换色谱系统使用离子交换填充剂；分子排阻色谱系统使用凝胶或高分子多孔微球等填充剂。

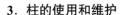

3．柱的使用和维护

柱子损坏表现为柱压升高，柱效下降，保留值改变，峰形畸变等。柱的质量直接影响样品组分的分离、组分的定性定量分析，所以在操作时必须十分注意。以反相柱为例，它要求填料处于甲醇或乙腈中，不使柱子干枯，并注意下列事项。

（1）勿使柱子受较强振动，检测器之间的连接应没有死区，HPLC 柱的温度必须经过严格的控制。

（2）流动相与样品最好经过过滤处理，以防柱压升高，保留时间下降；当流动相从 A 换到 B 时，A、B 不相溶，必须选择能同 A、B 互溶剂 C，先换成 C 再把 C 换成 B。

（3）水易繁殖微生物，使柱子堵塞，并降低柱效，因此当用水和甲醇（或乙腈）混合液体溶剂时，工作结束后必须用纯甲醇冲洗 30 min 至 1 h，使柱子处于甲醇中。

（4）当使用缓冲液时，盐的浓度宜低，否则盐容易析出，柱效降低，柱压升高，使用后必须先用水替换缓冲液，冲洗使缓冲液排出，然后用甲醇冲洗。

（5）酸可使柱效降低，当流动相呈酸性时，使用后必须用水冲洗，然后用甲醇冲洗。

（6）较长时间不用时，应在柱中充满甲醇，并把两头封死，尽量不使柱子干枯。

（五）检测器

1．HPLC 对检测器的要求

要求灵敏度高，线性范围宽，响应快，稳定性好，对流量、流动相组成和温度的变化不敏感，可靠性好，噪声低，漂移小，不破坏组分，死体积小，适用范围广，操作简单，维修方便。

2．检测器的性能指标

（1）噪声和漂移：在仪器稳定之后，记录基线 1 h，基线带宽为噪声，基线在 1 h 内的变化为漂移。噪声和漂移都会影响测定的准确度，应尽量减小。

（2）灵敏度：表示一定量的样品物质通过检测器时所给出的信号大小。

（3）检测限：检测限是指恰好产生可辨别的信号（通常用 2 倍或 3 倍噪声表示）时进入检测器的某组分的量（单位为 g/mL 或 mg/mL），又称为敏感度，$D=2N/S$，式中 D 为检测限，N 为噪声，S 为灵敏度。检测限是检测器的一个主要性能指标，其数值越小，检测器性能越好。

（4）线性范围：是指检测器的响应信号与组分含量成直线关系的范围，即在固定灵敏度条件下，最大与最小进样量之比。也可用响应信号的最大与最小的范围值表示。

3．残留分析常用检测器

紫外 – 可见检测器（UVD）、荧光检测器（FLD）是 HPLC 使用的主要检测器。

（1）紫外 – 可见检测器（UVD）。UVD 是 HPLC 中应用最广泛的检测器，绝大多数 HPLC 系统都配备该检测器。当检测波长范围包括可见光时，又称为紫外 – 可见检测器。UVD 灵敏度高，选择性较好，能满足残留分析的一般要求。UVD 的检测依据是 Beer 定律。

（2）荧光检测器（FLD）。FLD 灵敏度较 UVD 高一个数量级，选择性强，但具有荧光性质的药物较少，FLD 主要用于一些芳香化合物的检测，许多低浓度残留组分常用荧光衍生化法进行检测。荧光检测器的原理是物质在紫外光的照射下，吸收特定波长的光，使外层电子从基态跃迁到激发态。当处于第一激发态的电子回到基态时，会发射比原来吸收的光波长更长的光，即荧光。这种吸收的光叫作激发光，波长为激发波长 λ_{ex}，发射的荧光叫作发射光，波长为发射波长 λ_{em}。荧光强度与激发光强度、量子效率和样品浓度成正比。

（六）数据处理系统

数据处理系统包括三个部分：采集、处理和分析数据；控制仪器；色谱系统优化和高级用户系统。

（七）恒温装置

色谱柱及某些检测器要求能准确控制工作环境温度，柱子的恒温要求为 ±0.5 ℃，不同的检测器对温度的敏感度不一样，紫外检测器在温度波动绝对值超过 0.5 ℃时，就会造成基线漂移，示差折光检测器的灵敏度和最小检出量取决于温度控制的精度，需将温度控制在 ±0.001 ℃。

九、常用的流动相

1. 有机溶剂
反相：乙腈、异丙醇、二氯甲烷、甲醇、乙醇。
正相：己烷、环己烷、四氯化碳。
2. 酸
乙酸、甲酸、三氟乙酸（正离子）。
3. 缓冲液
乙酸铵、甲酸铵。

作业单

一、简答
1. HPLC 的通用型检测器有哪些？各有什么特点？
2. 液 - 固吸附色谱法中的固定相和流动相有什么特点？
3. 化学键合相色谱中的固定相和流动相有什么特点？
二、论述
根据所学的知识试述高效液相色谱法的原理及应用特点。怎样做好高效液相色谱的检测？
三、课外能力拓展
查阅资料，学习酶标仪的原理及操作过程。

评估单

【评估内容】

一、名词解释
1. 抗原　2. 抗体　3. 色谱峰　4. 保留时间
二、简答
1. 简述酶联免疫吸附测定法抗原抗体的基本特性。
2. 简述直接 ELISA 法原理。
3. 简述间接 ELISA 法原理。
4. 典型的色谱仪由哪些基本单元组成？
5. 定性和定量的方法有哪些？
6. 典型的 HPLC 包括哪些？
7. HPLC 的通用型检测器有哪些？各有什么特点？
备注：项目二十六学习情境占模块五总分的 20%。

项目二十七 兽药速测卡检测动物组织兽药残留

【重点内容】

检测原理、结果判定。

【教学目标】

1. 知识目标

熟悉人食用含有盐酸克伦特罗残留产品后的中毒症状。熟悉盐酸克伦特罗胶体金检测卡的检测原理。

2. 技能目标

掌握盐酸克伦特罗残留胶体金快速筛选检测法，并能对结果进行准确判定。

技能单

胶体金检测卡用于测尿液、肉、饲料盐酸克伦特罗残留。

盐酸克伦特罗俗称瘦肉精，为一种人工合成的 β- 肾上腺素能兴奋剂，具有扩张支气管的作用。当人食用含有盐酸克伦特罗残留的产品后的中毒症状为心动过速、低血钾、低磷酸盐血症、肌肉震颤、头晕、口干、失眠甚至瘫痪等。国家已经明令禁止克伦特罗在动物饲养中使用。而检测卡常用于盐酸克伦特罗残留的快速筛选检测。胶体金检测卡结构如图 5-10 所示。

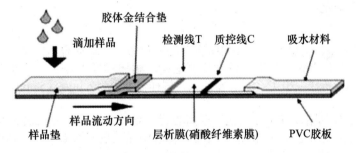

图 5-10 胶体金检测卡结构

一、检测原理

胶体金检测卡采用竞争抑制免疫层析技术的原理来测定动物尿液、饲料和肉等组织中的盐酸克伦特罗。胶体金检测卡含有被预先固定于膜上检测带（T）的盐酸克伦特罗偶联物和被胶体金标记的抗盐酸克伦特罗单克隆抗体和固定于膜上控制带（C）的二抗。利用竞争法胶体金免疫层析技术，检测液中的盐酸克伦特罗与金标垫上的金标抗体结合形成复合物，若盐酸克伦特罗在检测液中浓度低于灵敏度值，未结合的金标抗体流到 T 区时，与被固定在膜上的盐酸克伦特罗 -BSA 偶联物结合，逐渐凝集成一条可见的 T 线；若盐酸克伦特罗浓度高于灵敏度值，金标抗体全部形成复合物，不会再与 T 线处盐酸克伦特罗 -BSA 偶联物结合形成可见 T 线。未固定的复合物流过 T 区被 C 区的二抗捕获，金颗粒沉积，形成紫红色可见的 C 线。

C线出现表明免疫层析发生，即试纸有效。盐酸克伦特罗胶体金检测卡检测原理如图 5-11 所示。

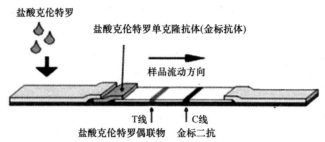

图 5-11 盐酸克伦特罗胶体金检测卡检测原理

二、试剂

纯水。

三、仪器与材料

检测卡、离心管、烧杯、超声波水浴箱、尿液、肉样、饲料。

四、方法与步骤

（一）样品制备

1. 尿液

样本必须用洁净、干燥不含有任何防腐剂的塑料尿杯或玻璃容器收集。可直接检测，如有浑浊须先离心取上清液。若不能及时检测送检，则尿样样本在 2 ℃～8 ℃冷藏可以保存 48 h。长期保存需冷冻于 –20 ℃，忌反复冻融。尿样检测限为 5 μg/g（5 ppb）。

2. 肉

装入大约 4 g 碎的猪肉样本（肉泥）于离心管，盖紧管盖，在 80 ℃左右的水浴锅中水浴 10 min；吸取煮出的溶液到 1.5 mL 的离心管。如有明显黄色浑浊需离心，则用上清液作为待测样品溶液。肉样等组织检测限为 7 μg/g（7 ppb）。

3. 饲料

取 1 g 样品粉末于离心管，加入 5 mL 水，混匀，置于超声波水浴中超声 30 min（每 10 min 取出混匀 1 次），超声提取后冷却至室温，以 3 000 r/min 的转速离心 5 min，取上清液进行测试。饲料检测限为 5 μg/g（5 ppb）。

（二）操作步骤

（1）在进行测试前先完整阅读使用说明书，使用前将检测卡和待检样本溶液恢复至室温。

（2）撕开铝塑袋，取出试纸。

（3）依据型号进行操作（尿液不得直接浸湿观察区）。

①将试纸白色一端浸入尿液（液面不得超过横线），保持 5 s。

②用滴管吸取待检样品尿液，逐滴缓慢加入 3 滴样品于加样孔。

（4）将试纸平放 1 min，等待红色条带出现。

（5）3～8 min 内读取结果，10 min 后判读无效。

（6）10 min 内可以检测出结果。

（三）结果判定

阳性：位置 C 显示出红色条带，位置 T 无条带时判为阳性。

阴性：位置 C 显示出红色条带，位置 T 同时出现红色条带时，判为阴性。

无效：位置 C 不显示出红色条带，则无论位置 T 显示出红色条带与否，该试纸卡均判为无效。

注意：测试区（T）内的紫红色条带可显现出颜色深浅的现象。但是，在规定的观察时间内，不论该色带颜色深浅，即使只有非常弱的色带也都应判定为阴性结果。

（四）注意事项

（1）按照操作步骤进行测试，勿触摸检测卡中央的白色膜面。

（2）检测时避免阳光直射和电风扇直吹。

（3）检测卡在保质期内一次性使用，勿重复使用。

（4）用 PBS 配制标准品，自来水、蒸馏水或去离子水不能作为阴性对照。

（5）尿样滴管不可混用，以免交叉污染。如果尿样出现沉淀或浑浊物，则离心后再检测。

（6）出现阳性结果，用本卡复查一次。

五、实训报告

根据检测结果写出实训报告。

 评 估 单

【评估内容】

序号	考核内容	考核要点	分值	评分标准	得分
1	样品制备	试样提取（尿液、肉、饲料）	50	有一项不符合标准扣 5 分，直到扣完为止	
2	测定	1. 加样 2. 观测，结果判定 3. 口述检测原理	50	有一项不符合标准扣 5 分，直到扣完为止	
	合计		100		

【评估方法】

以操作过程是否规范为主，评价动手操作能力。

备注：项目二十七学习情境占模块五总分的 5%。

项目二十八　酶标仪法检测动物组织盐酸克伦特罗药物残留

【重点内容】

酶联免疫吸附法原理，操作注意事项，结果计算与分析。

【教学目标】

1. 知识目标

熟悉动物性食品中盐酸克伦特罗中毒症状，盐酸克伦特罗残留的特点，了解动物性食品中盐酸克伦特罗残留检测国家标准要求。熟悉酶标仪的结构、工作原理。熟悉酶联免疫吸附法检测盐酸克伦特罗药物残留的原理。

2. 技能目标

熟悉酶标仪操作过程中的注意事项及日常维护。学会用酶联免疫吸附法测样品中盐酸克伦特罗的残留量，并能对试验误差进行有效分析。

资料单一　酶标仪的结构、使用及保养

一、酶标仪的结构

酶标仪是酶联免疫吸附试验的专用仪器，酶标仪的核心是一个比色计，即用比色法来分析抗原或抗体的含量。

（一）全自动型酶标仪的结构

全自动型酶标仪的结构框图如图 5-12 所示。

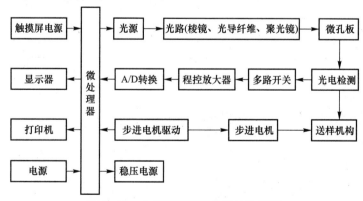

图 5-12　全自动型酶标仪的结构框图

（李俊锁：《兽药残留分析》，2002 年）

（二）全自动型酶标仪的工作原理

酶标仪是变相的专用光电比色计或分光光度计。光源灯发出的光波经过滤光片变成一束单色光，单色光进入微孔板中的待测样品后一部分被样品吸收，另一部分透过样品照射到光电检测器上，光电检测器将强弱不同的光信号转换成相应的电信号，电信号经过处理后送入微处理器进行数据处理和计算，最后由显示器和打印机显示结果。

二、酶标仪的使用

根据实验室不同型号酶标仪说明书进行。

三、酶标仪操作过程中的注意事项及日常维护

（1）酶标仪不应安置在阳光或强光照射下，操作时室温宜为 15 ℃～ 30 ℃，使用前先预热仪器 15 ～ 30 min，测读结果更稳定。

（2）不要在测量过程中关闭电源，操作时电压应保持稳定。

（3）根据实际情况及时修改参数，以达到最佳效果。

（4）勿将样品或试剂洒到仪器表面或内部，操作完成后注意做好清洁工作。

（5）如果仪器接触过污染性或传染性物品，应进行清洗和消毒。

（6）使用后盖好防尘罩。

（7）勿擅自拆卸酶标仪。

资料单二 **盐酸克伦特罗的检测方法**

一、盐酸克伦特罗概述

盐酸克伦特罗是一种白色或类白色的结晶粉末，无臭、味苦，熔点 161 ℃，溶于水、乙醇，微溶于丙酮，不溶于乙醚。化学名为 2-［（叔丁氨基）甲基］-4- 氨基 -3，5 二氯苯甲醇盐酸盐，商品名为克喘素、平喘素等，是一种人工合成的 β_2- 肾上腺素受体激动剂。临床上常用于防治哮喘、肺气肿等呼吸系统疾病。但当其应用剂量达治疗量的 5 ～ 10 倍时，盐酸克伦特罗能使饲料转化率和瘦肉率提高 10%～ 15%，骨骼肌脂肪降低 8%～ 15%，因此又称为"瘦肉精"，往往被非法作为饲料添加剂用于肉用动物的生产。

盐酸克伦特罗较高温度下不易分解，动物体内肠道吸收快，作用时间长，尤其是在动物肺脏、肝脏等器官残留。人食用了盐酸克伦特罗残留浓度较高的猪肉，轻者可使健康人肌肉发生震颤、心慌、恶心呕吐、头痛；重者可以使人突然昏迷、抽搐，特别是对患有高血压、心脏病、甲亢和前列腺肥大等疾病的人危害更大，严重时能致人猝死。

二、盐酸克伦特罗的限量标准

2002 年 12 月 24 日，原农业部修订发布了《动物性食品中兽药最高残留限量》（农业部公告 235 号），规定盐酸克伦特罗在所有食品动物中禁用，在动物性食品中不得检出。

三、盐酸克伦特罗的检测方法

盐酸克伦特罗残留的检测方法主要有四种，即高效液相色谱法（HPLC）、气相色谱 - 质

谱法（CG-MS）、免疫分析技术（IA）和毛细管区带电泳法（CE）。目前，最常用的检测方法有两种：酶免疫分析技术（ELISA）和气相色谱－质谱法（CG-MS）。检测盐酸克伦特罗较常用的筛选方法是 ELISA。ELISA 的优点是灵敏度高，操作简便，检测迅速，价格低，缺点是不能实现现场检测，而且假阳性率高。气相色谱－质谱法（CG-MS）的优点是能在多种残留物同时存在的情况下对某种特定的残留物进行定性、定量分析，而且具有较高的灵敏度，我国将气相色谱－质谱法（CG-MS）定为检测盐酸克伦特罗的确证性方法。气相色谱－质谱法（CG-MS）的缺点是检测过程烦琐，时间长，需贵重仪器，难以操作，价格高。

《动物性食品中克伦特罗残留量的测定》（GB/T 5009.192—2003）规定的检出限分别是：第一法气相色谱－质谱法为 0.5 μg/ kg，第二法高效液相色谱法为 0.5 μg/ kg，第三法酶联免疫法为 0.5 μg/kg。三种方法的线性范围分别为：第一法气相色谱－质谱法为 0.025 ～ 2.5 μg；第二法高效液相色谱法为 0.5 ～ 4 μg；第三法酶联免疫法为 0.004 ～ 0.054 μg。

技 能 单　酶联免疫吸附法测盐酸克伦特罗药物残留

一、原理

微孔板包被有针对盐酸克伦特罗的包被抗体。盐酸克伦特罗抗体被加入，经过孵育及洗涤步骤后，加入竞争性酶标记物、标准品或试样溶液。盐酸克伦特罗与竞争性酶标记物竞争克伦特罗抗体，没有与抗体连接的盐酸克伦特罗标记酶在洗涤步骤中被除去。将底物（过氧化尿素）和发色剂（四甲基联苯胺）加入孔中孵育，结合的标记酶将无色的发色剂转化为蓝色的产物。加入终止液后使颜色由蓝色转变为黄色。在 450 nm 处测量吸光度值，吸光度比值与盐酸克伦特罗浓度的自然对数成反比。

二、试剂

磷酸二氢钠、高氯酸、异丙醇、乙酸乙酯、高氯酸溶液（0.1 mol/L）、氢氧化钠溶液（1 mol/L）、磷酸二氢钠缓冲液（0.1 mol/L，pH 值为 6.0）、异丙醇乙酸乙酯（40+60）、针筒式微孔过滤膜（0.45 μm，水相）、盐酸克伦特罗酶联免疫试剂盒、96 孔板（12 条 8 孔）包被有针对盐酸克伦特罗 IgG 的包被抗体、盐酸克伦特罗系列标准液（至少有 5 个倍比稀释浓度水平的标准溶液，外加 1 个空白）、过氧化物酶标记物（浓缩液）、盐酸克伦特罗抗体（浓缩液）、酶底物：过氧化尿素、发色剂：四甲基联苯胺、终止液：1 mol/L 硫酸、缓冲液：酶标记物及抗体浓缩液稀释用。

三、仪器

超声波清洗器、具塞磨口玻璃离心管 [11.5 cm（长）×3.5 cm（内径）]、酸度计、离心机、振荡器、旋转蒸发器、涡旋式混合器、匀浆器、酶标仪（配备滤光片）、微量移液器 [单道 20 μL、50 μL、100 μL 和多道 50 ～ 250 μL 可调]。

四、试样测定

（一）提取

1. 尿液试样

若尿液浑浊先离心（3 000 r/min）10 min，将上清液适当稀释后上酶标板进行酶联免疫法筛选试验。

2. 血液试样

将血清或血浆离心（3 000 r/min）10 min，取血清适当稀释后上酶标板进行酶联免疫法筛选试验。

3. 肌肉、肝脏及肾脏试样

称取肌肉、肝脏或肾脏试样10 g（精确到0.01 g），用20 mL0.1 mol/L 高氯酸溶液匀浆，置于磨口玻璃离心管；置于超声波清洗器中超声20 min，取出置于80 ℃水浴中加热30 min。取出冷却后离心（4 500 r/min）15 min。倾出上清液，沉淀用5 mL0.1 mol/L 高氯酸溶液洗涤，再离心，将两次的上清液合并。用1 mol/L氢氧化钠溶液调pH值至9.5±0.1，若有沉淀产生，则再离心（4 500 r/min）10 min，将上清液转移至磨口玻璃离心管，加入8 g氯化钠，混匀，加入25 mL 异丙醇＋乙酸乙酯（40＋60），置于振荡器上振荡提取20 min。提取完毕，放置5 min。用吸管小心将上层有机相移至旋转蒸发器，用20 mL 异丙醇＋乙酸乙酯（40＋60）再重复萃取一次，合并有机相，于60 ℃在旋转蒸发器上浓缩至近干。用1 mL 0.1 mol/L 磷酸二氢钠缓冲液（pH值为6.0）充分溶解残留物，经针筒式微孔过滤膜过滤，洗涤三次后完全转移至5 mL 玻璃离心管中，并用0.1 mol/L 磷酸二氢钠缓冲液（pH值为6.0）定容至刻度。

（二）测定

1. 试剂准备

（1）竞争酶标记物。吸取浓缩液之前，仔细振摇，取实际需用量的酶标记物浓缩液，用缓冲液以1：10的比例稀释酶标记物浓缩液（如400 μL 浓缩液＋4.0 mL 缓冲液，足够4个微孔板条32孔用）。

（2）盐酸克伦特罗抗体。吸取浓缩液之前，要仔细振摇。取实际需用量的抗体浓缩液，用缓冲液以1：10的比例稀释抗体浓缩液（如400 μL 浓缩液＋4.0 mL 缓冲液，足够4个微孔板条32孔用）。

（3）包被有抗体的微孔板条。将锡箔袋横向压皱处的外沿剪开，取出需用数量的微孔板及框架，将不用的微孔板放进原锡箔袋中并且与提供的干燥剂一起重新密封，保存于2 ℃～8 ℃环境。

2. 试样准备

取20 μL 提取物进行分析，高残留的试样用蒸馏水进一步稀释。

3. 测定

使用前将试剂盒在室温（19 ℃～25 ℃）下放置1～2 h。

（1）将标准品和试样（至少按双平行试验计算）所用数量的孔条插入微孔架，记录标准品和试样的位置。

（2）加入100 μL 稀释后的抗体溶液到每一个微孔。充分混合并在室温孵育15 min。

（3）倒出孔中的液体，将微孔架倒置在吸水纸上拍打（每行拍打3次）以保证完全除去孔中的液体。用250 μL 蒸馏水注入孔，再次倒掉微孔中的液体，再重复操作两遍以上。

（4）分别加入20 μL 的标准品和处理好的试样到各自的微孔。标准和试样至少做两个平行试验。

（5）加入100 μL 稀释的酶标记物，室温孵育30 min。

（6）倒出孔中的液体，将微孔架倒置在吸水纸上拍打（每行拍打3次）以保证完全除去孔中的液体。用250 μL 蒸馏水注入孔，再次倒掉微孔中的液体，再重复操作两次以上。

（7）加入50 μL 酶底物和50 μL 发色试剂到微孔，充分混合并在室温暗处孵育15 min。

（8）加入100 μL 终止液到微孔。混合好后尽快在450 nm 波长处测量吸光度值。

4. 结果计算

用所获得的标准溶液和试样溶液吸光度值与空白溶液的比值进行计算。见下式：

$$相对吸光度值（\%）=B/B_0 \times 100（\%）$$

式中　B——标准溶液（或试样）的吸光度值；

　　　B_0——空白溶液（浓度为 0 的标准溶液）的吸光度值。

将计算的相对吸光度值（%）对应克伦特罗浓度（μg/L）的自然对数作半对数坐标系统曲线图，校正曲线在 0.004～0.054 μg（200～2 000 μg/L 范围内）呈线性，对应的试样浓度可从校正曲线算出。见下式：

$$X=\frac{A \times f}{m \times 1\,000}$$

式中　X——试样中盐酸克伦特罗的含量（μg/kg 或 μg/L）；

　　　A——试样的相对吸光度值（%）对应的盐酸克伦特罗含量（μg/L）；

　　　f——试样稀释倍数；

　　　m——试样的取样量（g 或 mL）。

计算结果表示到小数点后两位。阳性结果需要经过第一法确证。

5. 精密度

在重复性条件下获得的两次独立测定结果的绝对差值不得超过算术平均值的 20%。

6. 加标回收率

空白加标回收率：在没有被测物质的空白样品基质中加入定量的标准物质，按样品的处理步骤分析，得到的结果与理论值的比值。

样品加标回收率：相同的样品取两份，其中一份加入定量的待测成分标准物质；两份同时按相同的分析步骤分析，加标的一份所得的结果减去未加标一份所得的结果，其差值同加入标准物质的理论值之比。

加标回收率的测定，是实验室内经常用以自控的一种质量控制技术。计算方法如下：

$$加标回收率=（加标试样测定值-试样测定值）\div 加标量 \times 100\%$$

五、实训报告

根据检测结果写出实训报告。

作业单

一、填空

1. 盐酸克伦特罗在牛奶中的最高残留限量（MRL）为（　　），日许量（ADI）为（　　）。

2. 盐酸克伦特罗残留的检测方法主要有四种，分别为（　　）、（　　）、（　　）、（　　）。

3. 酶联免疫法测盐酸克伦特罗的线性范围为（　　）。

二、简答

1. 简述酶联免疫技术的基本原理。

2. 简述 ELISA 的操作过程。

3. 简述 ELISA 操作过程中加样的注意事项。

 评 估 单

【评估内容】

序号	考核内容	考核要点	分值	评分标准	得分
1	试样提取	肌肉试样提取	50	有一项不符合标准扣 5 分，直到扣完为止	
2	测定	1. 孔条插入微孔架，记录标准和试样的位置 2. 加液、洗涤、拍打演示操作 3. 口述完整操作步骤	50	有一项不符合标准扣 5 分，直到扣完为止	
	合计		100		

【评估方法】

以操作过程是否规范为主，评价动手操作能力。
备注：项目二十八学习情境占模块五总分的 20%。

项目二十九 高效液相色谱法检测动物组织氟喹诺酮类药物残留

【重点内容】

样品前处理、软件操作（方法建立、图谱处理）、定性定量分析数据处理。

【教学目标】

1. 知识目标

熟悉动物性食品中氟喹诺酮类药物残留的特点及残留量标准，了解动物性食品中氟喹诺酮类药物残留检测国家标准要求。

2. 技能目标

掌握高效液相色谱法测肉品中氟喹诺酮类药物残留量，并能对试验误差进行有效分析。

资料单

氟喹诺酮类药物是一类人工合成的广谱抗菌药，其开发始于 20 世纪 80 年代。氟喹诺酮类药物具有广谱抗菌、抗菌作用强、体内分布广泛、组织药物浓度高、蛋白结合率低、使用方便、不良反应小及价格低等特点，20 余年来，它已成为发展最快的化学合成抗菌药物，在临床上广泛用于动物和人类的各种感染性疾病的治疗。随着在食品动物的广泛应用，其残留问题引起了人们的广泛关注。氟喹诺酮类药物残留不但对人体有直接的危害，更为严重的是，致病菌对其耐药性正逐渐增强，从而不利于该药物治疗人类相关疾病。目前已发现某些氟喹诺酮类药物具有潜在致癌性。各国政府对氟喹诺酮类药物残留检测的研究都非常重视，各种分析方法得以发展和应用，主要有微生物法、色谱法、免疫分析法等。氟喹诺酮类药物在动物食品中的残留检测应选择特异性强、灵敏度高、高效快速的检测方法。微生物检测方法的检测限过高，特异性不强，不够灵敏，适合于快速筛选；液相色谱法具有高效、快速、灵敏、准确等特点，是目前应用最多的一种方法，但液相色谱法前处理较复杂；液相色谱质谱法所用仪器要求高，价格高，适用于残留药物的确证；免疫分析方法灵敏度高，特异性比微生物法强，单抗的特异性更高，可适用于大量样品的快速筛选及某一样品的确证。

技能单

动物性食品中氟喹诺酮类药物残留检测采用高效液相色谱法。

一、原理

用磷酸盐缓冲溶液提取饲料中的药物，C_{18} 柱净化，流动相洗脱。以磷酸三乙胺为流动相，用高效液相色谱 – 荧光检测法测定，外标法定量。

二、试剂

所用均为分析纯试剂，水为二级水。

达氟沙星：含量不得少于 99%；诺氟沙星：含量不得少于 99%；环丙沙星：含量不得少于 99%；沙拉沙星：含量不得少于 99%；磷酸；氢氧化钠；乙腈：色谱纯；甲醇；三乙胺；磷酸二氢钾。

（1）5.0 mol/L 氢氧化钠溶液：取氢氧化钠饱和溶液 28 mL，加水稀释至 100 mL。

（2）0.03 mol/L 氢氧化钠溶液：取 5.0 mol/L 氢氧化钠溶液 0.6 mL，加水稀释至 100 mL。

（3）0.05 mol/L 磷酸三乙胺溶液：取浓磷酸 3.4 mL，用水稀释至 1 000 mL，用三乙胺调 pH 值至 2.4。

（4）磷酸盐缓冲溶液（用于肌肉脂肪组织）：取磷酸二氢钾 6.8 g，加水溶解，并稀释至 500 mL。用 5.0 mol/L 氢氧化钠溶液调节 pH 值至 7.0。

（5）磷酸盐缓冲溶液（用于肝脏、肾脏组织）：取磷酸二氢钾 6.8 g，加水溶解，并稀释至 500 mL，pH 值为 4.0 ～ 5.0。

（6）达氟沙星、恩诺沙星、环丙沙星和沙拉沙星标准储备液：分别取达氟沙星对照品约 100 mg，恩诺沙星、环丙沙星和沙拉沙星对照品各约 50 mg，精密称定，用 0.03 mol/L 氢氧化钠溶液溶解并稀释成浓度为 0.2 mg/mL（达氟沙星）和 1 mg/mL（恩诺沙星、环丙沙星、沙拉沙星）的标准储备液，置于 2 ℃～ 8 ℃冰箱保存，有效期为 3 个月。

（7）达氟沙星、恩诺沙星、环丙沙星和沙拉沙星标准工作液，准确量取适量标准储备液用乙腈稀释成适宜浓度的达氟沙星、恩诺沙星、环丙沙星和沙拉沙星标准工作液，置于 2 ℃～ 8 ℃冰箱保存，有效期为 1 周。

三、仪器与材料

高效液相色谱仪（配荧光检测器）、天平（感量 0.01 g）、分析天平（感量 0.000 01 g）、振荡器、组织匀浆机、离心机、匀浆杯（30 mL）、离心管（50 mL）、固相萃取柱（C₁₈ 100 mg/mL）、微孔滤膜（0.45 μm）。

四、方法与步骤

（一）制样

样品的制备：取适量新鲜或冷冻的空白或供试组织，绞碎并使均匀。

样品的保存：置于 –20 ℃以下，冰箱中储存备用。

（二）试料的制备

饲料的制备，包括取绞碎后的供试样品作为供试试料，取绞碎后的空白样品作为空白试料，取绞碎后空白样品添加适宜浓度的对照溶液作为空白添加试料。

（三）样品处理

1. 提取

取（2±0.05）g 试料，置于 30 mL 匀浆杯，加磷酸盐缓冲溶液 10.0 mL，以 10 000 r/min 匀浆 2 min。匀浆液转入离心管，中速振荡 5 min，离心（肌肉、脂肪 10 000 r/min 5 min；肝、肾 15 000 r/min 10 min），取上清液待用。用磷酸盐缓冲溶液 10.0 mL，洗刀头及匀浆杯，转入离心管洗残渣，混匀，中速振荡 5 min 离心（肌肉、脂肪 10 000 r/min 5 min；肝、肾 15 000 r/min 10 min），合并两次上清液，混匀、备用。

2. 净化

固相萃取柱先依次用甲醇、磷酸盐缓冲溶液各 2 mL 预洗，取上清液 5 mL 过柱，用水 2 mL，淋洗，挤干，用流动相 1.0 mL，洗脱，挤干，收集洗脱液，经滤膜过滤后作为试样溶液，供高效液相色谱测定。

（四）高效液相色谱测定

1．色谱条件

色谱柱：C_{18} 250 mm×4.6 mm（直径），粒径 5 μm，或相当者。

流动相：0.05 mol/L 磷酸溶液 / 三乙胺 – 乙腈（82 ∶ 18，V/V），使用前经微孔滤膜过滤。

流速：0.8 mL/min。

检测波长：激发波长 280 nm；发射波长 450 nm。

柱温：室温。

进样量：20 μL。

2．标准曲线的制备

准确量取适量达氟沙星、恩诺沙星、环丙沙星和沙拉沙星标准工作液，用流动相稀释成浓度分别为 0.005 μg/mL、0.01 μg/mL、0.05 μg/mL、0.1 μg/mL、0.3 μg/mL、0.5 μg/mL 的对照溶液，供色谱分析。

3．测定法

取试样溶液和相应的对照溶液，做单点或多点校准，按外标法以峰面积计算。对照溶液及试样中达氟沙星、恩诺沙星、环丙沙星、沙拉沙星响应值均应在仪器检测的线性范围之内。在上述色谱条件下，对照溶液和试样溶液的高效液相色谱图，分别如图 5-13、图 5-14 所示。

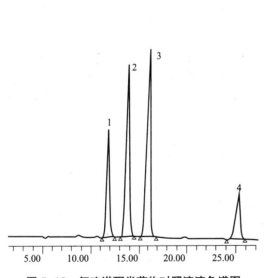

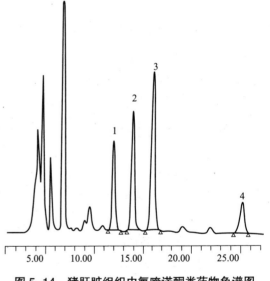

图 5-13　氟喹诺酮类药物对照溶液色谱图

1—环丙沙星；2—达氟沙星；3—恩诺沙星；4—沙拉沙星

（农业部 1025 号公告 -14-2008）

图 5-14　猪肝脏组织中氟喹诺酮类药物色谱图

1—环丙沙星；2—达氟沙星；3—恩诺沙星；4—沙拉沙星

（农业部 1025 号公告 -14-2008）

4．空白试验

除不加试料外，采用完全相同的测定步骤进行平行操作。

5．结果计算和表述

按下式计算试料中达氟沙星、恩诺沙星、环丙沙星、沙拉沙星的残留量。

$$X = \frac{A C_S V_1 V_3}{A_S V_2 M}$$

式中　X——试料中达氟沙星、恩诺沙星、环丙沙星或沙拉沙星的残留量（μg/g）；

　　　A——试样溶液中相应药物的峰面积；

　　　A_S——对照溶液中相应药物的峰面积；

C_S——对照溶液中相应药物的浓度（µg/mL）；

V_1——提取用磷酸盐缓冲溶液的总体积（mL）；

V_2——过 C18 固相萃取柱所用备用液体积（mL）；

V_3——洗脱用流动相体积（mL）；

M——供试试料的质量（g）。

注：计算结果需扣除空白值，测定结果用平行测定的算术平均值表示，保留 3 位有效数字。

6.　检测方法灵敏度、准确度、精密度

（1）灵敏度：达氟沙星、恩诺沙星、环丙沙星和沙拉沙星在鸡和猪的肌肉、脂肪、肝脏及肾脏组织中的检测限为 20 µg/kg。

（2）准确度：本方法在 20 ～ 500 µg/kg 范围，添加浓度的回收率为 60% ～ 100%。

（3）精密度：本方法的批内变异系数≤ 15%，批间变异系数＜ 20%。

作业单

根据试验操作方法及要求写出被检样检验分析报告。

评估单

【评估内容】

项目	考核内容		考核重点	分值比例 /%
氟喹诺酮类兽药残留的检测	样品预处理	制样	制样；食品加工器的正确使用	5
		提取	天平的正确使用；移液管的使用；旋涡振荡器的使用；托盘天平、离心机的正确使用	15
		净化	固相萃取装置的使用；旋涡振荡器的正确使用；移液管的使用，达到熟练操作	20
		其他操作	规定着装；能够进行标识；操作时间控制在规定时间里；注意操作文明；注意操作安全	10
	检测结果	回收率	统一送检，考察回收率结果	8
		精密度（RSD）	统一送检，考察精密度结果	7
	数据处理	定性分析	能够识别图谱，正确填写数据记录表	5
		定量分析	有效数字准确，计算公式正确使用；回收率和 RSD 结果准确	10
	软件操作	方法建立	能够建立检测方法（包括流动相、梯度洗脱方式、方法描述、色谱柱、流速、检测波长、温度、运行时间等的设置）	10
		图谱处理	能够对指定图谱积分处理；能够建立标准曲线，并对未知样品进行定性分析和定量分析	10
合计				100

【评估方法】

以操作过程是否规范为主，评价动手操作能力。

备注：项目二十九学习情境占模块五总分的 30%。

参 考 文 献

[1] 中国质检出版社第一编辑室. 畜禽屠宰加工标准汇编（上）[M]. 北京：中国质检出版社，中国标准出版社，2011.
[2] 农业部兽医局，中国动物疫病预防控制中心. 动物检疫员手册 [M]. 北京：中国农业出版社，2007.
[3] 孔繁瑶. 家畜寄生虫病学 [M]. 2版. 北京：中国农业大学出版社，2010.
[4] 蔡宝祥. 家畜传染病 [M]. 4版. 北京：中国农业出版社，2001.
[5] 张彦明，佘锐萍. 动物性食品卫生学 [M]. 5版. 北京：中国农业出版社，2015.
[6] 张彦明. 无公害动物源性食品检验技术 [M]. 北京：中国农业出版社，2003.
[7] 顾瑞霞. 乳与乳制品的生理功能特性 [M]. 北京：中国轻工业出版社，2000.
[8] 李春. 乳品分析与检验 [M]. 北京：化学工业出版社，2008.
[9] 张彦明. 动物性食品卫生学试验指导 [M]. 北京：中国农业出版社，2006.
[10] 王雪敏. 动物性食品卫生检验 [M]. 2版. 北京：中国农业出版社，2010.
[11] 曹斌，姜凤丽. 动物性食品卫生检验 [M]. 北京：中国农业大学出版社，2008.
[12] 农业部人事劳动司，农业职业技能培训教材编审委员会. 乳品检验员 [M]. 北京：中国农业出版社，2004.
[13] 王叔淳. 食品卫生检验技术手册 [M]. 2版. 北京：化学工业出版社，1996.
[14] 陆承平. 兽医微生物学 [M]. 3版. 北京：中国农业出版社，2001.
[15] 李舫. 动物微生物 [M]. 北京：中国农业出版社，2006.
[16] 赵良仓. 动物微生物及检验 [M]. 3版. 北京：中国农业出版社，2015.
[17] 中华人民共和国卫生部，中国国家标准化管理委员会. GB/T 5009.1—2003 食品卫生检验方法 理化部分 总则 [S]. 北京：中国标准出版社，2004.
[18] 中华人民共和国国家卫生和计划生育委员会，国家食品药品监督管理总局. GB 4789.1—2016 食品安全国家标准 食品微生物检验 总则 [S]. 北京：中国标准出版社，2017.
[19] 中华人民共和国国家卫生和计划生育委员会，国家食品药品监督管理总局. GB 4789.2—2016 食品安全国家标准 食品微生物学检验 菌落总数测定 [S]. 北京：中国标准出版社，2017.
[20] 中华人民共和国国家卫生和计划生育委员会，国家食品药品监督管理总局. GB 4789.4—2016 食品安全国家标准 食品微生物学检验 沙门氏菌检验 [S]. 北京：中国标准出版社，2017.
[21] 中华人民共和国国家卫生和计划生育委员会，国家食品药品监督管理总局. GB 4789.3—2016 食品安全国家标准 食品微生物学检验 大肠菌群计数 [S]. 北京：中国标准出版社，2017.
[22] 中华人民共和国国家卫生和计划生育委员会，国家食品药品监督管理总局. GB 4789.10—2016 食品安全国家标准 食品微生物学检验 金黄色葡萄球菌检验 [S]. 北京：中国标准出版社，2017.
[23] 中华人民共和国国家卫生和计划生育委员会，国家食品药品监督管理总局. GB 4789.5—2012 食品安全国家标准 食品微生物学检验 志贺氏菌检验 [S]. 北京：中国标准出版社，2012.
[24] 李俊锁，邱月明，王超. 兽药残留分析 [M]. 上海：上海科学技术出版社，2002.
[25] 中国兽医药品监察所. 兽药残留检测标准操作规程 [M]. 北京：中国农业科学技术出版社，2009.
[26] 中华人民共和国农业部. 农业部1025号公告-14-2008 动物性食品中氟喹诺酮类药物残留检测 高效液相色谱法 [S]. 北京：中国标准出版社，2008.
[27] 中华人民共和国国家质量监督检验检疫总局，中国国家标准化管理委员会. GB/T 21732—2008 含乳饮料 [S]. 北京：中国标准出版社，2008.